农产品贮藏与综合利用

Storage and Comprehensive Utilization of Agricultural Products

陆国权 主 编

成纪予 杨虎清 庞林江 副主编

ZHEJIANG UNIVERSITY PRESS

浙江大学出版社

图书在版编目（CIP）数据

农产品贮藏与综合利用 / 陆国权主编. —杭州：浙江大学出版社，2020.7

ISBN 978-7-308-17722-1

Ⅰ.①农… Ⅱ.①陆… Ⅲ.①农产品—贮藏 ②农产品加工 Ⅳ.①S37

中国版本图书馆 CIP 数据核字(2017)第 318528 号

农产品贮藏与综合利用

主　编　陆国权

副主编　成纪予　杨虎清　庞林江

责任编辑　徐　霞

责任校对　秦　瑕

封面设计　续设计

出版发行　浙江大学出版社

（杭州市天目山路 148 号　邮政编码 310007）

（网址：http://www.zjupress.com）

排　　版　杭州中大图文设计有限公司

印　　刷　杭州良诸印刷有限公司

开　　本　787mm×1092mm　1/16

印　　张　18.25

字　　数　456 千

版 印 次　2020 年 7 月第 1 版　2020 年 7 月第 1 次印刷

书　　号　ISBN 978-7-308-17722-1

定　　价　59.00 元

浙江大学出版社发行中心联系方式　(0571)88925591;http://zjdxcbs.tmall.com

前言

随着农业生产的发展，农作物产品经适当的贮藏与加工处理，具有延长供应时间、调整产品淡旺季差别、调节地区余缺、实现周年供应、增加经济效益等优点。本书涉及谷类、豆类、薯类、油料及其他农作物的贮藏与综合利用，分别就资源概况、物理和化学品质、贮藏原理及技术、综合利用原理及技术等内容进行系统的阐述；尤其是针对近年出现的新技术、新工艺及新方法进行了重点介绍。本书不仅可以作为农学、食品等相关专业的教学用书，也可作为培训农产品贮藏及加工行业从业人员的参考用书。

本书由陆国权担任主编。具体编写分工为：陆国权编写第二、三、四、八、九章；成纪予编写第五章；杨虎清编写第一、六、七章；庞林江编写第十、十一、十二、十三章。成纪予为本书的修订和资料文献查阅、整理做了大量的工作。在此，对所有关心、支持本书编写工作的同事表示衷心的感谢。

在本书编写过程中，我们查阅了大量国内外农产品贮藏与综合利用的技术资料，并在此基础上，本着科学、前瞻和实用相结合的原则，理论联系实际，尽力将其完善，使之能为更多的读者服务。由于编者水平有限，书中难免存在不妥和疏漏之处，恳请读者指正，以使本书不断完善。

陆国权

2020 年 5 月

目　录

第一篇　概　论

第二篇　谷类作物的贮藏与综合利用

第三篇 豆类作物的贮藏与综合利用

第四篇 薯类作物的贮藏与综合利用

第五篇 油料作物的贮藏与综合利用

第六篇　其他作物的贮藏与综合利用

第一篇

概　　论

第一章

概　　论

第一节　农产品资源概况

一、农产品资源情况的资料获取

农产品的统计数据主要来自联合国粮食及农业组织（FAO）数据库和国家统计年鉴。相关资料还可从国家统计局和农业农村部网站获得，也可向中国作物学会各专门委员会了解各种作物的生产情况及其发展趋势。地方资料则可从各省（区、市）农业部门获得。

二、农产品及其副产品资源量的估算方法

作物生产，除主产品外，还有许多副产品。这些副产品也是我们进行综合利用和研究的对象。对于这些副产品，目前官方往往没有正式统计资料，但我们可根据特定作物各器官的内在相关性进行估算。例如，已知甘薯块根平均鲜产量，根据其收获系数，便可推知薯藤产量。

三、农产品资源量的变化

农产品实际可供利用的资源量主要受其生产影响，还受外贸进出口等其他因素影响。因此，农产品资源量往往不断变化，年度间和季节间都会有波动。对于农产品加工企业而言，原料质量至关重要，企业需要随时把握好质量关才能处于主动地位。各种作物产品的具体数据可参见相关统计年鉴。

四、当今农产品资源开发新趋势

农产品资源的开发涉及数量和品质。究竟以怎样的品种、规格、形式进入市场，才能保证农产品既卖得出去，又卖出好价钱？这往往是广大农民朋友最为关心的问题。通过对农产品市场的调查，有关专家预测农产品开发将呈现以下趋势。

(一)错开季节

农产品生产的季节性与市场需求的均衡性矛盾日益突出，由此带来的季节性差价蕴藏着巨大的商机。因此，实施错季节供给，效益会更加显著。其主要途径有两种：一是实行设施化种养，使农副产品拉长销售期，由生产旺季销售转为生产淡季销售或消费旺季销售；二是开发适应不同季度生产的农副产品新品种，实行多品种错季节上市。

(二)嫩乳产品

近年来，人们的消费习惯正在悄悄发生变化，粮食当作菜吃，玉米要吃嫩玉米，小麦要吃嫩小麦，黄豆要吃青毛豆，猪仔要吃乳猪，鸡要吃仔鸡，出现了崇尚鲜嫩食品的新潮流。因此，农产品开发也必须适应这一新的变化趋势。

(三)高品质

随着人们生活水平的不断提高，不再满足于吃饱而更注重吃好，追求营养和品位，优质农产品的市场前景十分看好。因此，要实现农产品优质优价，必须把选育、引进和推广优质农产品作为抢占市场的一个重要措施，彻底淘汰劣质品种及落后的生产技术。

(四)多品种

如今，人们对农产品的消费需求越来越高，一种农产品不仅要求有多个品种，而且要有多种规格。因此，应根据市场需求，引进、开发和推广一些名、优、稀、特新品种，以新品种来引导新需求，开拓新市场。

(五)求新、求异

人们不仅要求蔬菜、水果等农产品新鲜、营养丰富、美味可口，还要求其具备一定的观赏功能，以满足消费者日益增长的猎奇心理和审美心理。为适应人们生活、工作中对农产品的这一需求，一些奇形异色的农产品相继问世，如香蕉形的番茄、飞蝶南瓜、黑色花生等一上市就引起了消费者的极大兴趣。

(六)绿色有机健康

随着健康意识的提高，人们不仅要求农产品优质、安全、无公害，更要求绿色甚至有机。目前日益流行起来的生态疗养农产品就是集优质性、安全性、生态性和健康性于一体的新型农产品类型，是农产品资源开发的一个重要发展方向。

第二节 农产品的品质及其变化

一、农产品的物理品质及其变化

(一)农产品的形态结构及其物理特性

1. 农产品的植物学类型

农产品是农田种植业中作物的收获体。这些收获体尽管种类很多,但从植物学角度来看,其可归结为种子、果实、花、叶、茎和根。

2. 农产品的形态结构和物理特性

(1)种子

①形态:球形(豌豆)、扁圆形(兵豆)、椭圆形(大豆)、肾状形(菜豆)、扁椭圆形(蓖麻)、卵形(棉花)、扁卵形(瓜类)、纺锤形(大麦)、近方形(豆薯)、三棱形(荞麦)、螺旋形(黄花苜蓿的荚果)、盾形(葱)等。

②大小:常用籽粒的平均长、宽、厚、千粒重来表示。种子学上用千粒重来衡量种子大小。例如,稻,15～43g;大麦,20～55g;小麦,15～88g;燕麦,15～45g;玉米,260～280g;黑麦,13～50g;荞麦,15～40g。

③色泽:由所含色素决定。种子的色素可存在于不同部位,如:荞麦的黑褐色存在于果皮内;红米稻的红褐色、高粱的棕褐色则存在于种皮内;大麦的青紫色存在于糊粉层内;玉米的黄色则存在于胚乳内。也有存在于子叶内的,如青仁大豆的淡绿色等。

④气味:正常。

⑤表面状态:有毛、无毛、平、不平。

(2)果实

果实主要是指水果,也包括薯类等,除要考虑其形状、大小、气味、表面状态之外,更主要的是其成熟组织特点和组织质地。

①成熟组织特点:在组织学上可分为四类,即薄壁组织、输导组织、机械组织、保护组织。

②组织质地:支持组织存在与否会影响果蔬的结构和品质。幼小植株多汁,细胞主要是薄壁细胞,随着植物生长,细胞壁会增厚而形成支持组织。这两种组织都会变成纤维而降低果实品质。

(3)花

花类产品在常规作物产品中不常见,但在药材中较常见。其形态及物理特性对加工贮藏也有一定的影响。

(4)叶

与花类似,叶类作物的品种也不多,主要是叶菜类蔬菜。

(5)茎

茎主要有甘蔗等,其物理特性包括:

①结构:由蜡质表皮、基本组织和维管束三部分组成输导组织。

②硬度:甘蔗的压榨性与维管束的数量和大小、维管束内厚壁组织中纤维壁的厚薄、细胞长短等有关。

(6)根

根主要指根茎类农产品,如薯类、芋类等。

(二)农产品物理品质的变化

1. 色泽变化

根茎类农产品如甘薯经贮藏后外表皮颜色会变淡,进而影响商品销售,具有"切开褐变,贮藏色变"的特征。

2. 组织结构和质地变化

果实类农产品在贮藏后会因失水而收缩、变硬,进而影响加工品质。

(1)成熟过程中的变化

①肉质果实:成熟时,肉变软,果皮的保护作用加强,组织细胞软木化和角质化,如桃子等。

②非肉质果实:皮层外侧细胞角质化,形成蜡被,减少肉质部分蒸发,外部水分难以存留。

③叶菜类:成熟时,多造成韧化或硬化,由淀粉和纤维增加所致。

④果肉紧密度或硬度:由细胞壁厚度和胞间等紧密度决定,又受细胞大小影响。

(2)加工处理中的变化

农产品的质地关系到采后处理,也与制品品质密切相关。影响结构或质地的各种处理方式,如干燥、烫漂、腌渍等都会使加工原料发生组织学变化,改变原来的大小、形状和外观。

①加工影响组织紧张度:新鲜组织是鲜脆和致密的,这与细胞的黏着性、构造和紧张度有关,且以紧张度为主。紧张度即持水力,它可影响制品的脆性。影响组织紧张度的因素有:

• 原生质透性:活组织与死组织的紧张度不同,原生质细胞死后,透性增大,溶质损失,失水紧张度减弱。如细胞内容物为可溶性物质,则损失更大;如细胞含淀粉,则死后可保存大量水分。

• 细胞内容物的保存力:不分解,稳定性好。

• 细胞液泡及细胞汁中渗透活性物质浓度:如糖分等。

• 细胞液泡、细胞质及细胞壁胶体性质:如甘薯成熟后,淀粉糊化,部分水解,吸水力增强,膨胀,使细胞充盈甚至胞壁破裂。

• 细胞壁弹性:它可影响细胞死亡时的变化。如果细胞壁弹性强大,在保持充分紧张状态时,细胞往往会表现出高度膨胀状态及高含水量。当细胞死后,因细胞壁收缩,内容物大量挤出。

• 胞间隙影响组织紧张度:包括盐水处理、烫漂、冰冻、解冻、干燥、复水等。细胞如经盐水或糖水处理,往往会失去紧张度而收缩,失水后还会发生质壁分离。

②加工影响细胞黏着性：细胞黏着性的改变是一种重要组织化学变化，与产品质地关系密切。

• 熟化处理：组织变软，黏着性减弱，纤维束水解，细胞壁黏结能力下降。

• 处理水中盐类的影响：如 $CaCl_2$ 可使菜豆的质地由柔软变粗硬，也可软化组织，这可能是半纤维素水解所致。

• 处理水中酸的影响：如水中的草酸、草酸铵、盐酸等能溶解果胶而降低细胞黏着性。

③加工影响淀粉糊化：

• 加热：淀粉组织（贮藏淀粉）受热时最主要的组织学变化是淀粉粒膨胀胶化形成胶体凝胶，此种胶依淀粉种类及胶化程度不同而有不同的硬度和流体性。

• 干制：干燥时，由于表层细胞收缩而使淀粉粒挤在一起，收缩到一定程度，则细胞破裂，散出淀粉粒，使制品外观呈粉状。

• 烫漂：因受胶化淀粉限制，细胞收缩不大。

④加工影响胞间隙空气：新鲜果蔬的薄壁组织中均有充满空气的胞间隙，其比例因种类不同而有所差异，桃子的胞间隙空气占组织总体的15%，李子则很少。加工可改变胞内空气的比例，从而改变制品的外观和形状。热处理可去除胞间隙空气，其原因和途径如下：

• 气体因受热膨胀而自切面逸出。

• 加热：胞壁变软，破裂，可塑性降低，使胞空隙变小。

• 热水处理时，还因水分进入胞间隙而将空气排出。从排出空气的效果来看，蒸汽处理不及热水处理，因蒸汽冷却后凝结的水，不足以填补空隙，而热水处理时，胞间隙可被水充满，从而使空气逸出。但假如果实外皮含淀粉组织，则热水处理可使淀粉糊化，从而阻止空气逸出。

⑤干燥过程中的组织学变化：干燥是指将产品中的水分除去的过程。细胞由于失去大部分水分而不能保持原有的组织结构和形态。干燥可分为全果干燥和切片干燥，两者有不同的组织学变化。

• 全果干燥：如高温可改变葡萄角质的透水性，随着水分不断减少，起初果皮弹性收缩，外形变化不大，后来随着体积不断缩小，果皮会皱缩，果粒完全变形。

• 切片干燥：切片并烫漂的干燥组织中的水分蒸发一致，质壁分离，胞质变性。如切片的胡萝卜其心部组织有木质细胞，干燥时心部组织比外层组织收缩少。

综上所述，农产品在加工贮藏时，必须注意其物理品质及其特性。

二、农产品的主要化学成分及其特点

任何农产品都由水分、糖类、含氮物质、脂类、矿物质、维生素、酶类、有机酸、单宁、糖苷类、色素、芳香油、木质素等十多种成分组成。由于这些成分种类不同、含量不同，就构成了多种多样的农产品有机体。

（一）水分

1. 水分的决定因素

农产品的水分含量取决于作物的解剖学特性、亲水胶体数量、作物成熟度、收割条件、贮运水平、采后处理等。

2. 水分的状态

水分依其在生物体中的存在状态，可以分为游离水、胶体结合水和化合水三种形式。

游离水是指存在于液泡各胞间隙中的表现出溶剂水特性的水分，流通性大，不仅可以从表面蒸发，而且可以借助毛细管从内部向外部移动。

胶体结合水是指农产品体内胶体物质结合的水分，依靠的是分子间的作用力，不表现出溶剂水的特性，因此不易除去，只有在除去游离水之后才能被除去。

化合水是指存在于农产品所含化学物质中的水分，是构成化合物的一部分，与化合物结合紧密，无法通过干燥方式除去。

(二)糖类

糖、蛋白质和脂肪是组成生物体的三大营养物质。糖是自然界最丰富的有机物质。糖的种类很多，分子结构简单的单糖可缩合成结构复杂、相对分子量高的多糖。多糖水解后又可生成单糖。依单糖缩合程度，糖类可分三类：单糖、寡糖和多糖。

1. 单糖

单糖是不能再水解的糖类，无色晶体，易溶于水、酒精，难溶于大部分有机溶剂。依分子中的碳原子数，单糖可分为 C_3、C_4、C_5、C_6、C_7 等，其中以戊糖(C_5)和己糖(C_6)最常见。

(1)葡萄糖。葡萄糖可由淀粉经酶解或酸解而得。特点：易被直接吸收，可作为能量营养食品直接食用，也可药用，由静脉注射，还可被酵母菌发酵。葡萄糖在自然界中的分布最广。

(2)果糖。果糖是最重要的单糖之一，因最初在水果中测出而得名。它几乎总是和葡萄糖共存，易为人体吸收。酵母菌可直接利用果糖发酵。现可用酶制剂(异物化酶等)在常温下使葡萄糖转化为果糖，为食品工业开辟了果糖生产的新工艺。

单糖的还原产物为糖醇。如葡萄糖还原成山梨醇、甘露糖，果糖还原成甘露醇。其中，肌醇是糖醇中的一种特殊形式，它是由植物中的乙糖经环化作用形成的。在植物体中，它以六磷脂的形态存在，称为植酸。植酸常以钙盐和镁盐的形态存在。

2. 寡糖

寡糖是由 2～10 个单糖分子缩合而成的糖类，其特点为：易溶于水，有甜味，结晶，有的有还原性，有的无还原性。常见的寡糖包括蔗糖、麦芽糖和纤维二糖等。

(1)蔗糖

①分布：蔗糖大量存在于根、茎叶、花果和胚内，是食品工业最重要的甜味剂之一。

②来源：甘蔗和甜菜。

③性质：易溶于水，易结晶，酵母菌可使之发酵，在与酸共热或在酶存在的情况下，水解生成葡萄糖和果糖的混合物。

(2)麦芽糖和纤维二糖

麦芽糖是由两个葡萄糖经由 α-1,4 糖苷键连接而成的二糖，又称为麦芽二糖。纤维二糖是由两个葡萄糖经由 β-1,4 糖苷键连接而成的，是纤维素的基本结构单元。

①分布：麦芽糖存在于发芽的种子中；纤维二糖在植物体中没有游离态。

②来源：麦芽糖由淀粉经淀粉酶解而得；纤维二糖由纤维素水解而来，它与纤维素的关系如同麦芽糖与淀粉一样。

③性质：麦芽糖是无色晶体，易溶于水，甜度为蔗糖的40%，吸湿性差，热稳定性好，也耐酸。纤维二糖在乙醇水溶液中会呈现细粒结晶（真空干燥后），熔点为225℃；它有一个半缩醛羟基，故能还原斐林试剂；它在水溶液中有变旋光的现象，比旋光度为+36.4°(15h)；它不能被麦芽糖酶水解，可被苦杏仁酶水解。

3. 多糖

多糖为无定形固体，一般不溶于水，无甜味，不结晶，无还原性。在强酸或弱酸作用下，可因水解程度不同而生成不同大小的寡糖，完全水解则生成单糖。常见的多糖包括淀粉、纤维素和果胶物质等。

（1）淀粉

①构成：它是由D-葡萄糖单体组成的多聚物。

②物理性质：白色粉末状，吸湿性强，不溶于冷水，比重为1.5～1.6。常利用其不溶于冷水和比重大的特性，用机械法（沉淀法）从原料中提取淀粉。

③种类：天然淀粉包括直链淀粉和支链淀粉。

直链淀粉：由200～980个葡萄糖组成的长链，可卷曲成长多旋状。溶于热水，可被淀粉酶全部水解为麦芽糖，遇碘呈深蓝色。

支链淀粉：由600～6000个葡萄糖组成，除长链外还有许多分支，分支还可再接分支。分支通常包含20～25个葡萄糖。不溶于热水，在热水中吸胀成糊状，淀粉酶只能水解60%，遇碘呈蓝紫色。

（2）纤维素

①分布：最丰富的天然有机物之一，是制作棉纱、黏胶纤维、纸张、纤维板等的原料。

②物理性质：无臭、无味白色纤维固体。基本结构单位为"纤维二糖"。水解（酸水解）为纤维素糊精，继续水解生成纤维二糖，最终水解产物为葡萄糖。酸水解时要求160～220℃高温。可利用农副产品如玉米芯、棉籽壳等来生产葡萄糖。

③功效：它是构成细胞壁的主要部分，起支持作用。幼嫩植物的细胞壁含纤维素，既软又薄，食用时感觉细嫩易于咀嚼，但老化后，纤维素木质化，成为坚硬的粗糙物，使食物品质下降。含有角质的纤维素具有耐酸、耐氧化和不透水等功效，不能被人体所用，但能刺激肠蠕动，有助于消化。

④改性：将天然纤维素经适当处理后，可改变其性质，而用于满足特殊需要，称为改性纤维素。

（3）半纤维素

半纤维素也是构成细胞的成分之一，是介于淀粉与纤维素之间的一种多糖。生产上把能用17.5% NaOH溶液提取的多糖统称为半纤维素。半纤维素不溶于水，易被稀酸水解成单糖。半纤维素存在于植物木质化部分如秸秆、种壳等。

（4）果胶物质

果胶物质是由半乳糖醛连接起来的一种直链多糖，以部分甲醛化状态存在。它存在于相邻细胞间的中胶层中，起黏结细胞的作用。它可分为原果胶、果胶和果胶酸三种状态，三者在酶作用下可进行转变。

①原果胶：常与纤维素和半纤维素结合在一起，故亦称果胶纤维。它是细胞壁胞间层的主要成分。由于具备胶黏和柔软的特性，因此可将相邻细胞粘连在一起，又可缓冲细胞

间的挤压。同时它与纤维和半纤维结合在一起，能使细胞保持一定形状。原果胶不溶于水，易水解成果胶。

②果胶：存在于细胞液中，可溶于水，具有一定黏性，经水解成果胶酸。在酒精和盐类溶液中，凝结沉淀，工业上常利用这个性质来提取果胶。它又可与适当的糖分和酸形成凝胶。果冻、果糕和果酱等的加工就是以这个原理为依据的。

③果胶酸：不溶于水或稍溶于水，无黏性，使组织呈软烂状，遇钙生成不溶性沉淀物。

(三)含氮物质

植物体内的含氮物质包括蛋白质氮主体部分和非蛋白质氮部分，后者占总含量的2%～3%，主要是游离氨基酸和酰胺、生物碱等。

1. 蛋白质和氨基酸

(1)概述

蛋白质是构成细胞的主要成分，纯蛋白质是无色、无臭味、半透明的无定形胶体，是一类含氮高分子化合物。氨基酸是蛋白质的基本组成单位。

(2)蛋白质的主要理化性质

①变性：天然蛋白质受物理或化学因素影响后，失去原有性质的现象。变性后的蛋白质，溶解度下降，甚至结絮凝固，黏度增大，失去结晶能力，严重时全部失活。

②等电点：蛋白质为两性电解质，在酸性液中带正电荷，在碱性液中带负电荷，当一定pH值时其所带电荷正负相等，这时的pH值即为蛋白质的等电点。蛋白质溶解度小，生产上常用此性质来提取。

③水化和膨化作用：蛋白质是典型的清水胶体，其分子可以与水结合，称为水化作用。吸水后其体积增大，称为膨化作用；干燥后又会复原。

④盐溶和盐析作用：蛋白质水溶液中加入无机盐，可出现盐溶和盐析现象。当盐浓度低时，蛋白质溶解度增大，发生盐溶作用；当盐浓度高时，如饱和或半饱和状态时，其溶解度降低，以致产生沉淀，称为盐析作用。我们可利用盐析作用从农产品中分离蛋白质，而不改变它的特性。沉淀出的蛋白质经加工后又可溶解。

⑤水解作用：蛋白质在酸、碱和酶的催化下，可水解为一系列中间产物，最后产物为氨基酸。

2. 酰胺

未完全成熟的、发芽的或自热的农产品，其非蛋白质氮数量增加。如当谷粒受到损伤时，微生物积极繁殖，使之内积酰胺。

3. 生物碱

生物碱常为非蛋白质氮，如蓖麻乳状汁里含有特别的蓖麻麦素；绒毛状的荠子、蔓状的矢车菊等均含有生物碱。

(四)脂类

脂类是指由脂肪酸和醇作用生成的酯及其衍生物的统称，包括油脂和类脂两大类。

1. 油脂

自然界中的油脂是多种物质的混合物，其主要成分是甘油三酯。一般将常温下呈液态的油脂称为油，而将呈固态的油脂称为脂。

脂肪由甘油与脂肪酸组成。脂肪酸有饱和与不饱和之分，两者的区别如表 1-1 所示。

表 1-1　饱和脂肪酸与不饱和脂肪酸的区别

对比项目	饱和脂肪酸	不饱和脂肪酸
凝固点	较高，常温下为固体	较低，常温下为液体
通称	脂	油
分布	大多存在于动物中，称动物脂	大多存在于植物中，称植物油
举例	月桂酸、硬脂酸等	亚油酸、亚麻酸等

亚油酸和亚麻酸为人体所需，但人体代谢中不能合成，须由食物供给，故称必需脂肪酸。脂肪酸的化学性质不十分活泼，在贮藏中其分解氧化速度较慢。

2. 类脂

类脂主要有蜡、磷脂、固醇等。

(1)蜡。蜡由高级脂肪酸与高级一元醇或固醇组成，固态，熔点为 60～80℃，极易溶于有机溶剂，不能被消化和吸收，对人体、动物体仅起保护作用。

(2)磷脂。它能使油脂乳化，帮助油脂在体内运输、消化和吸收。它包括卵磷脂、脑磷脂和神经磷脂。

(3)固醇(甾醇)。固醇(甾醇)是一类由 3 个已烷环及 1 个环戊烷稠合而成的环戊烷多氢菲衍生物。固醇不溶于水，但溶于任意脂肪溶剂，可分为动物固醇和植物固醇。动物固醇主要是胆固醇，它可在胆道中沉积形成胆石，在血管上沉积造成动脉硬化，它在食品加工中不易被破坏。植物固醇主要有谷固醇、豆固醇和多角固醇等。

(五)矿物质

在生物体所含的多种元素中，除 C、H、O、N 主要以有机化合物形式存在外，其余各种元素多以无机盐形式呈现，这些元素可统称为矿质元素或矿物质，它们包含在各种有机化合物中或以盐形式存在。

(1)生理作用

①作为生物组织的构成材料；②维持组织细胞的渗透区；③建立缓冲系统；④维持细胞膜的通透性；⑤重要酶系的组成成分；等等。

(2)存在形式

矿物质多以可溶性盐类形式存在于土壤中，其含量变化很大，受环境特别是农产品产地的生态环境的影响很大。

(3)类型

按人体对之需要量来分，矿物质可分为常量元素和微量元素。

(4)加工影响

由于受到加工的影响，一般矿物质损失较大，其原因在于汁液流失或矿物质随加工下脚料丢失。尤其经过去皮、烫漂、漂洗、分割切块等加工处理，矿物质损失更大。在米、麦的加工中，矿物质损失通常与加工精度成正比。

(5)常见矿物质

①钙(Ca)

分布:在农产品中分布广泛,但因植物体含有植酸、草酸等,这些酸类可与钙结合生成不溶性盐类,人体难吸收。因此,谷物、蔬菜并不是很好的钙来源。

特性:有增强组织的作用。在果蔬的加工中,常加氯化钙和硫酸钙等处理,可增加产品脆性。

功能:构成人体骨骼和牙齿的元素之一。正常成年人体内有 1200～1400g 钙,99%的钙集中于骨骼和牙齿中,成人需 800mg/d。

来源:以豆类、水果等为主。

②磷(P)

存在形式:磷常与蛋白质或脂肪结合形成核蛋白,以磷蛋白或磷肥的形式出现。磷主要以植酸形式存在,难以被人体利用。通过加工可破坏植酸结构而将磷放出成为无机磷,提高磷的吸收率。

③铁(Fe)

形式:铁在农产品中多以铁络合物形式存在。与它结合的有机分子有蛋白质、氨基酸盐等,可形成不溶性铁盐,故难以被人体吸收。维生素 C 和半胱氨酸等的存在有利于铁的吸收。

(六)维生素

1. 概述

功效:它是人体为维持正常生理功能所必需的微量有机物质。若维生素摄入不足,人体可发生维生素缺乏症。

种类:现有近 30 种,已知对人体健康和发育有意义的有近 20 种,大致可分为脂溶性维生素和水溶性维生素。其中,人体对维生素 C、D、B_1、B_2 及烟酸等最敏感。

脂溶性维生素:维生素 A、D、E、K 等。

水溶性维生素:维生素 C 和 B 族维生素(如烟酸、叶酸等)。

2. 常见水溶性维生素

(1)维生素 C(VC)

①性质:无色无臭,片状晶体,有显著酸味,强还原剂,抗氧化剂。

②维生素 C 氧化是在酸促下进行的。酸含量高、活性大、温度适当高、O_2 供应足均有利于反应。因此,减少 O_2 供给、降温等可减少维生素 C 损失。SO_2 熏蒸,罐藏时的密封及排气等,都有利于保存维生素 C。维生素 C 在紫外线、阳光照射下均不稳定。因铜和铁能加快维生素 C 损失,故加工时要少用这些材质的工具。

(2)B 族维生素

①维生素 B_1:又称硫胺素,易被破坏的维生素。缺乏症:脚气病。

来源:主要存在于谷物皮、豆类、坚果类、瘦肉、动物内脏等中。

稳定性:碱性条件下加热,SO_2 处理,热烫或预煮易破坏其稳定性,但在酸性条件下稳定。

②维生素 B_2：又称核黄素。缺乏症：舌炎、口角炎等。

来源：主要存在于米糠、蛋黄、肝、牛奶、豆荚及发芽种子等中。

性质：耐热性好，酸性条件下较稳定；易溶于碱液，但在碱液中易分解。干燥时较稳定，对光极敏感。

③烟酸(VPP)。缺乏症：癞皮病、皮炎等。

来源：主要存在于动物肝肾、牛奶、鸡蛋、糠麸及新鲜蔬菜等中。

性质：最稳定的一种维生素，不易受光、热、O_2 破坏。

(3)维生素 A(VA)

缺乏症：表皮角质化，皮肤粗，眼干燥，夜盲症。

来源：主要存在于动物的肝、乳、蛋等中。植物中缺少维生素 A，但有胡萝卜素，1 分子 β-胡萝卜素可水解成 2 分子维生素 A。

性质：易氧化，遇热、光更易氧化。食物烹调时因加热而损失维生素 A，冷藏食品可保存维生素 A，日光暴晒过的食品及脱水食品中，维生素 A 遭到大量破坏。

(七)酶类

酶是由生物体产生的具有催化活性的蛋白质，只要不处于变性状态，就可发挥作用。大多生化反应都有酶的参与。

1. 类型

(1)从化学组成看，酶可分为以下几类。

①简单蛋白酶：除酶蛋白外，不含其他物质，如用于催化水解的水解酶。

②复合蛋白酶：除酶蛋白外，还有一些非蛋白水分子物质。

③辅酶：与酶蛋白结合较为松散，对于特定酶的活性发挥是必要的。

④辅基：与酶蛋白结合较为紧密，在酶促反应中，辅基不能离开酶蛋白。

(2)从反应类型来看，酶可分为氧化还原酶类、转移酶类、水解酶类、合成酶类、异构酶类、裂解酶类等。

2. 特征

酶催化的反应要求温度较温和，较接近生物体体温或近中性条件。而化学催化剂通常在高温下进行，故应用酶制剂的工业生产对设备要求不高。

酶比一般催化剂效率高得多；在强酸、强碱、高温下固酶蛋白变性从而酶失去活力，大多酶在高于 50℃时已失活力；酶作用具有高度专一性。

3. 影响酶作用的因素

(1)温度：对温度敏感，大多数酶在高于 60℃或低于 0℃停止反应。各种酶都有作用最适温，通常动物为 37～50℃，植物酶为 50～60℃。

(2)pH 值：各种酶也有最适 pH 值，常在 5～8。植物微生物大多在 pH＝4.4～6.5，动物则在 pH＝6.5～8.0。

(3)酶浓度：与反应速度成正比，所以，酶含量高的反应速度快。

(4)激活剂：凡可提高酶活力的物质，大多为阳离子，如 K^+、Mg^{2+}、Zn^{2+}、Co^{2+}、Cr^{2+}、Fe^{2+} 等，也有阴离子，如 Br^-、I^-、CN^-、NO_3^-、PO_4^{3-}。

(5)抑制剂：有些物质具有酶蛋白的化学性质，发生改变会引起酶活力下降或丧失。如重金属离子、生物碱、氧化物、有机磷农药、麻醉剂等。

(八)有机酸

(1)分布:农产品中均有有机酸,但以果品最多。

(2)种类:果酸、柠檬酸、酒精酸、草酸、苯甲酸。

(3)酸味:不是完全取决于有机酸含量,而取决于pH值,即H^+浓度。

(4)对加工影响大:①含酸味食品,风味浓郁,无酸则风味平淡;②加热可促酸解离,使H^+浓度增大、酸味增强;③与金属反应,能形成金属味,影响风味,这种反应常发生在罐头食品中;④与花青素等作用,能影响食品色泽。

(5)作用:①促进组织中某些化学成分水解,如果胶水解等;②对微生物有毒害作用,这对罐头防腐剂、热力杀菌很重要;③可降低杀菌温度和时间,提高罐头食品质量;④可提高大多数防腐剂的防腐效果,pH值越低,防腐效果越好;⑤有机酸提高有些重要成分的稳定性,如维生素C等。

(九)单宁

单宁是一种具有鞣草性能的物质,故称植物鞣质。

(1)结构:多元酚衍生物,已知基本单位有茶酚、焦倍酚、根皮酚等。

(2)性质:涩味,溶于水、丙酮、甲醇、乙醇等。

(3)化学性质:①易氧化,生成黑色素(又称红粉或根皮鞣江),使产品变为褐色,称为褐变;②易与金属离子反应生成有色物质,如遇Fe^{3+}呈黑色,这就是为何含单宁食品易色变;③易在钠盐等盐中析出,与白明胶作用能生成沉淀或混浊液,可用此法检出含量0.01%的单宁。

(4)类型:①水解性单宁,焦性没食子酸单宁易在温和条件下水解为单体;②缩合性单宁,它与稀酸共热时,不是分解为单体而是缩合为高级无定形物(即红粉)。

(5)用途:常用于鞣革,也用于处理渔网、防腐,以及制作墨水和颜料等。

(十)糖苷类

结构:单糖与非糖物质缩合而成的化合物称为糖苷。

物理性质:常有苦味,易水解成糖和苷,可影响产品色、香、味和利用价值。

1. 黑芥子苷

黑芥子苷分布于十字花科菜中,是蕊、萝卜、芥菜等苦味的来源。它水解后生成具有特殊风味和香气的芥子油、葡萄糖及其化合物,苦味消失后品质得到改进。这就是腌渍后,食品风味变好的原因。

2. 龙葵苷

龙葵苷主要存在于马铃薯和西红柿等蔬菜中,未成熟的绿色西红柿中含量更高。在马铃薯块茎中,龙葵苷集中分布在薯皮下十余层,以及萌发的芽眼附近,受光发绿部分含量特别高;一般块茎含0.002%~0.01%;如其含量大于0.02%,即会使人中毒。它是一种有毒生物碱,对红细胞有作用。

3. 皂苷

皂苷为白色无定形粉末，味苦而辛辣，对人体黏膜有刺激，有溶血作用，溶于水。在热水中呈胶状，振荡会产生泡沫。又因有乳化、去污、抗渗漏、抗炎等特性，故可作为清洁剂、泡沫剂、杀虫剂、药剂等。

(十一)色素

依来源，色素可分为动物色素、微生物色素和植物色素。其中，植物色素最为缤纷多样，是构成食物色泽的主体。依溶解性，色素可分为脂溶性和水溶性两类。

1. 叶绿素

来源：叶绿酸残基部分。可分为叶绿素A(蓝绿色)和叶绿素B(草绿色)，两者比例常为3∶1。

性质：光热敏感，不溶于水。与碱发生皂化反应，生成鲜绿色的叶绿酸盐、叶绿醇及甲醇。叶绿酸如与碱反应，则形成稳定性好的钠盐，可保持鲜绿色。

2. 胡萝卜素

结构：不饱和碳氢化合物。

性质：溶于有机溶剂，不溶于水。

存在：常与叶绿素共存，呈橙黄色，多存在于胡萝卜、南瓜、番茄、辣椒等中，绿色蔬菜中也有，但与叶绿素同时存在时胡萝卜素常不显色。

3. 番茄红素

番茄红素是一种类胡萝卜素，在番茄西瓜中呈红黄色。其合成需在19～25℃下进行，如高于30℃则不会形成。

4. 花青素

花青素为水溶性植物色素。色泽受pH值影响，羟基越多，颜色向紫蓝方向增强；分子结构中甲氧基数量增多，则向红色方向变化。金属离子会使花青素变色或褪色。为热不稳定色素，所以茄子、萝卜等加热后，颜色即发生变化。

(十二)芳香油

概念：芳香油为油状挥发性物质，又称精油。芳香油是形成植物体特殊气味的主要物质，存在于植物体各个部分。有的植物体所含芳香油集中于某一器官，有的则全株均有。

性质：易溶于醇、酸等，微溶于水，燃点低。

类型：其化学组成复杂，多为混合物，来源不同，所含成分也不同，并有不同的化学反应。组成芳香油的化学物质有以下7类：①烃类，如月桂油烯、罗勒烯等；②醇类，如甲醇、玫瑰醇、松油醇、薄荷油等；③酚类及醚类，如百里香酚、大茴香脑等；④醛类，如香叶醛、香草醛、青草醛、苯甲醛、柠檬醛等；⑤酮类，如紫罗兰酮、樟脑、茴香酮等；⑥酸类，如氢氰酸、巴豆酸、乙酸等；⑦酯类，如乙酸酯、正丁酸桂酯、乙酸香叶酯等。

用途：①药用，制成人丹、清凉油、十滴水等，作为防腐剂、消炎剂、发汗剂、镇静剂、开胃剂等。②日用品制造，可制成各类化妆品和日用品，如香水、雪花膏、冷霜、牙膏、香皂等，均使用天然合成香油作香料。③食品制造，制作饼干、糖果、糕点、烟、酒、汽水、冰淇淋等。其芳香油中含大量植物杀菌素，如丁香油、肉桂油等，杀菌药力强，用于食品工业可增强风味，激发食欲。

(十三)木质素(木素)

存在形式:木质素(木素)与纤维素一起组成细胞壁。木素微粒存在于纤维素分子间的空隙部分,成为填充材料,是纤维素分子间的胶结物质。

性质:棕黄色粉末。能溶于强碱和亚硫酸盐溶液中,工业上可利用这一性质使它与纤维素分离。干燥后的木素砖或颗粒具有一定强度,大多用来干馏,制备活性炭、焦油、甲醇、醋酸、丙酮等。

第三节　农产品贮藏概述

一、农产品贮藏的意义

(1)通过提高贮藏技术保持农产品完整性,延长农产品供应期。

(2)贮藏的主要作用是为农产品流通保驾护航。贮藏使新鲜农产品在营销期间保持良好的外观和风味,以增强其市场竞争力,赢得消费者的青睐,从而卖到好价钱。

(3)贮藏要与搞活流通密切结合。

(4)贮藏和采后分级结合,提高产品竞争力。我国农产品在资源、成本和运输费用等方面较国外产品具有优势,但是缺乏采后配套技术的支持,加上我们尚缺乏国际知名品牌,所以我们的产品品质还无法与国外某些品牌竞争。

农产品贸易除了要有质量和规模之外,还要有质量的均一性,这样才能使经销商放心,才能建立起商业信誉。

二、农作物产品贮藏的现状及发展趋势

(一)现状

目前,主要果蔬的贮藏期与供应期明显延长。苹果的贮藏期达 6～8 个月;柑橘的常规性防腐保鲜问题得到解决;香蕉的催熟技术达到国外同类水平;杧果的贮存期可达 38d;荔枝冷藏达 34d,常温贮藏达 6～7d;冬贮大白菜的烂料损失率已大幅度降低。贮粮技术有了较大的发展,着重开发了粮食烘干、机械通风、低温贮粮、气调贮粮技术等。

对比国内外农产品的保鲜数据后发现:美国农业总投入的 30%用于采前,70%用于采后。农产品保鲜及采后其他产业的产业化率在意大利、荷兰为 60%,西欧其他国家为 50%。采后产值与采收时自然产值相比,美国为 3.7∶1,日本为 2.2∶1,而我国仅为 0.38∶1。据联合国粮食及农业组织对 50 多个发展中国家的调查结果显示,粮食收获后的贮藏损失率平均为 10%,果蔬、肉、蛋、奶则高达 30%～35%。我国粮食每年贮藏损失平均为 9.7%,果品、蔬菜的损失率高达 25%。美国等发达国家的粮食损失率不超过 1%,果蔬损失率为

1.7%～5%(控制值)。我国因贮藏保鲜技术不过关,造成农产品损失严重,仅粮食每年就有400多亿千克白白损失,奶、肉、水产品等易腐农产品的损失更大。

(二)贮藏技术存在的问题及对策

1.贮藏能力不足

1978—1998年,我国果品产量从657万吨增加到5452.9万吨,增长了7.3倍。而果品贮藏能力仅为1700万吨左右,约为总产量的31.18%,其中冷藏能力1000万吨左右,约为总产量的18.34%。因此,贮藏设施的配套问题必须引起高度重视。

2.尚未建立合理的流通链

为了进一步提高果蔬质量,减少采后损失,解决采前采后脱节的问题,应尽快研究并提出适合我国国情的果蔬流通综合技术,建立合理的流通体系,在有条件的地方,率先实行"冷链"流通。

3.贮运保鲜技术普及率低

为全面提高贮藏技术水平,在主要果蔬产区,通过各种渠道,加强果蔬常规技术和新技术的推广与应用。

4.贮运理论和技术研究不足

目前荔枝、大枣的保鲜技术尚未攻克,板栗的产地贮藏保鲜问题尚未解决,而且我国龙眼的保鲜技术相当落后。因此,要加大科研资金投入和先进贮藏保鲜技术的推广,突破传统的贮藏保鲜模式,这对进一步促进我国水果产业的发展,提高经济效益有着非常重要的意义。

5.采后商品化处理意识淡薄,采后处理设施缺乏

研究建立适合我国国情的果蔬采后商品化处理技术体系,改进包装,制定与国际接轨的水果标准,使果蔬产品商品化、标准化和产业化,是提高我国果蔬在国际市场上竞争力的重要措施之一。

6.保鲜产业应尽快适应市场经济发展的需要

市场经济条件下,尤其是在加入WTO以后,果蔬保鲜产业要及时了解国内外市场,研究市场,掌握市场,向适度规模经营和集团化方向发展,走产、贮、销一体化的道路,以增加抵抗风险的能力。

7.贮藏技术本身还较落后

存在的问题主要有采收时缺乏可靠的成熟度指标,贮运时粗劣的生产处理引起机械损伤,贮藏时不适当的温度、湿度控制,不适当的病害控制,缺少等级标准等。过去传统的果蔬保鲜技术已不能满足现代人们对果蔬的需求。化学杀菌剂一直是控制果蔬病害的主要处理方法,然而,基于环境与健康等因素的考虑,它在果蔬保鲜上的应用越来越受到质疑,辐射贮藏对果蔬安全性的影响有待进一步的研究,如是否会致毒、致癌、致畸及致突变,果蔬照射出现病害与营养问题尚在研究阶段。未来果蔬采后生物学研究是从细胞与分子上阐明果蔬成熟与衰败的机理,从而指导新的有效的采后贮藏保鲜技术的研究开发。

(三)我国贮藏保鲜技术的发展方向

1.大力开发天然保鲜剂贮藏保鲜技术

据国内有关报道,多菌灵、托布津等化学农药对人、畜有致畸作用,三唑类有机化合物有一定的致癌性，残留在食品中的二氧化硫能引起严重的过敏反应。因而从长远的观点看，化学药物用于果蔬防腐保鲜是没有发展前景的，因此，应该更加注重天然食品保鲜剂的开发和应用。

2. 大力发展气调贮藏保鲜技术和设备

用气调库贮藏保鲜是目前世界上最先进的贮藏方法，采用这种方法能大大延长果蔬的贮藏期限以及大幅度降低由于微生物和生理病害造成的损失，并能保持果蔬的营养价值。

气调库的方向是发展重量轻、效率高、建造方便、造价低廉的组合式冷库。

3. 大力推广应用塑料小包装

塑料小包装的作用在于为果蔬创造一个相对独立的环境，防止水分、氧气的自由通透，它不仅能抑制蒸腾作用，也能防止变质果蔬的互相传染，而且成本低廉、使用方便，应大力推广。

4. 大力发展冷藏气调集装箱

冷藏气调集装箱是果蔬产、供、销冷链的中间环节，采用冷藏气调集装箱，不仅可以保证易腐果蔬不受损坏，达到保鲜的目的，而且可以提高装卸效率。

由于与国际贸易接轨的需要，未来应发展标准化冷藏气调集装箱，不但要发展其数量，还要发展集装箱内相应的设备，如制冷设备、除气/除臭设备、气调设备等。

三、农产品贮藏的类型

农产品贮藏保鲜的类型一般可以分为两大类：

(1)长期贮藏，通常以月来度量。

(2)短期贮藏，也称流通贮藏，一般以周来度量。

四、农产品贮藏方法和技术

农产品贮藏方法和技术的提出由农产品本身采后的贮藏生理特点决定。为了延长货架期，一般都要设法降低代谢强度。因此，需要通过调控温度、气体和湿度等影响产品代谢的贮藏因素来进行贮藏。

为降低温度，可以采取机械制冷降温，贮藏于室内、地下、山洞等温度较低且较稳定的地方；为控制气体，可以采用机械通风、自动供气(包括特殊气体等)、沙、草木灰等通气介质进行贮藏；为调控湿度，可以贮藏在不同湿度环境，或给予必要降湿处理。此外，还可以结合化学处理等方式进行调控。低水分农产品，一般在降低含水量、降低温度的条件下能安全贮藏。但对于高水分农产品，如果蔬，则需要相对较高的湿度和温度。总之，贮藏方法的采用必须根据农产品本身特性来决定。

贮藏方法很多，可根据贮藏方法的本身特点分成多种类型。如根据所采用技术的先进性，可分为常规贮藏和现代贮藏；根据所采用技术的范畴，可分物理贮藏和化学贮藏等。常用方法有：保鲜袋贮藏、化学贮藏、气调贮藏、制冷贮藏、调压贮藏、介质贮藏、地下贮藏、特殊容器贮藏、仓库贮藏、特殊处理贮藏等。

(一)包装贮藏

包装贮藏常用于果蔬贮藏。根据包装材料的不同,可分为塑料袋包装贮藏、纸包装贮藏、麻袋包装贮藏等多种类型。

1. 聚乙烯包装贮藏

聚乙烯塑料薄膜袋小包装是利用塑料薄膜包装农产品,抑制农产品在贮藏中的蒸腾和呼吸等生理活动,达到长期保鲜的目的。

2. 活性陶土和聚乙烯塑料制成的袋包装贮藏

采用活性陶土和聚乙烯塑料制成的袋,袋膜似极细微的过滤筛,装在袋内的果蔬在熟化过程中产生的气体和水分可以通过袋膜而流通,从而达到抑制真菌生长而不使果蔬迅速腐烂的目的。用此袋保鲜水果、蔬菜及花卉等,保鲜率比采用普通塑料袋提高1倍多。

3. 小果蔬保鲜膜贮藏

它是由两层透水性较强的尼龙半透明膜组成的,两层之间装有渗透压高的砂糖糖浆。使用这种保鲜膜来包装瓜果蔬菜,能慢慢地吸收从果蔬表面渗出的水分,从而达到保鲜的目的。

4. 强密封性塑料包装袋贮藏

它是用一种叫作"奇克伦"的塑料制成的,具有极好的隔氧作用,用它来包装新大米,保鲜效果特别好,可长久保持大米的色、香、味,而且袋内产生的二氧化碳还有防虫防霉作用。

5. 空运果蔬保鲜法

该方法在空运中使用的是有空调性能的新型包装箱,这种包装有一层特制的薄膜,薄膜纤维能吸收氧分子,而让氮气通过。这样空气通过薄膜进入包装箱后,箱内的氮气含量可高达98%,从而使果蔬的呼吸作用减慢,达到长时间保鲜的目的。

6. 水果保鲜包装箱

该方法是在瓦楞纸箱的瓦楞纸衬上加一层聚乙烯膜,然后再涂上一层含有微量水果清毒剂的防水蜡涂层,以防止水果水分蒸发并抑制呼吸,达到保鲜目的。

(二)化学贮藏

化学贮藏主要施用保鲜剂来保鲜贮藏。可分为吸附/防护型保鲜和中草药保鲜,主要作为与冷藏配合的辅助保鲜手段,应用于批量、家庭式的保鲜市场。这些新型保鲜剂,包括可食用保鲜剂、VC化合物和壳多糖。除此之外,还有雪鲜、森伯保鲜剂、复合联氨盐、特殊保鲜溶液和烃类混合物等。

1. 二氧化碳石灰水浸泡法

将二氧化碳施入饱和澄清的石灰水溶液中,制成pH=4.5~4.6的贮存液。将全红的番茄浸泡在里面,使贮存液高出番茄2~3cm,并用清洁木板压住番茄,防止其露出水面而感染杂菌。然后用麻纸密封器口,置于较低温度下贮存,当气温过高时,可在贮存液中加入0.1%的苯甲酸钠,以防杂菌感染。

2. 亚硫酸石灰水浸泡法

将分析纯6%的亚硫酸用水配成0.31%的稀释液,然后用饱和石灰水将pH值调节为4.5~4.6,将全红番茄浸泡其中,操作规程与上法相同。采用本法贮存番茄4个月,好果率达 90%，成本低，效果好。

3. 可食用的水果保鲜剂

英国一家公司制成了一种可食用的水果保鲜剂，它是由糖、淀粉、脂肪酸和聚酯物调配成的半透明乳液，可采用喷雾、涂刷或浸渍等方法覆盖于苹果、柑橘、西瓜、香蕉等水果表面，保鲜期可达 200d 以上。由于这种保鲜剂在水果表面形成了一层密封膜，故能防止氧气进入水果内部，从而延长了水果熟化过程，起到保鲜作用，这种保鲜剂还可以同水果一起食用。

4. 烃类混合物保鲜法

它采用一种复杂的烃类混合物。在使用时，将其溶于水中成溶液状态，然后将需保鲜的果蔬浸泡在溶液中，使果蔬表面很均匀地涂上一层液剂。这样就大大降低了氧气的吸收量，加大了二氧化碳释放量。因此，保鲜剂的作用酷似给果蔬施了“麻醉药”，使其处于休眠状态。

5. 甘藻聚糖保鲜法

甘藻聚糖是以魔芋、海藻等可食用植物为原料而制取的一种白色晶体，其水溶液具有防虫、防腐和被膜保护等多种效果，可有效延长水果、蔬菜在常温下的保鲜期。

6. 防腐纸

把原纸放入含有 2%琥珀酸钠和 0.07%山梨酸的乙醇溶液中，浸透干燥后即可使用。用这种防腐纸包装浸过卤汁的水产品，在 38℃高温条件下存放 3 周不会变质。

7. 新型纸罐

这种纸罐采用 5 层纸制成，每层涂上一种特殊胶水。内外再加上一层铝箔，用塑料封严，可盛装各种固体或流体食品。它的特点是能承受很大压力，耐高温，使用效果不亚于铝、铁等罐，而制造成本却比其低 20%。

8. 电生功能水贮藏保鲜技术

电生功能水也称电解离子水，是经过特殊电解处理得到的强酸性水和强碱性水。研究证明电生功能水不仅具有极强的杀灭病菌和微生物的作用，而且在杀菌后暴露于空气时会逐渐被还原为水，不污染环境，不伤害人畜，使用安全、无残留。

（三）气调贮藏

气调贮藏，是指在特定的气体环境中的冷藏方法，或改良贮藏环境气体成分的冷藏方法。气调贮藏就是采用低温、低氧和较高的二氧化碳，使果实呼吸作用降低，营养物质消耗减少，后熟衰老过程减缓，保持较好品质和延长贮藏寿命的一种方法。

所谓气调保鲜就是通过气体调节方法，达到保鲜的效果。气体调节就是将空气中的氧气浓度由 21%降到 3%～5%，即保鲜库是在高温冷库的基础上，加上一套气调系统，利用温度和氧含量两个方面的共同作用，以达到抑制果蔬采后呼吸状态的目的。

1. 气调贮藏技术的起源

气调贮藏的研究，是从贮藏水果开始的。早在 1860 年，英国一位学者建立了一座气密性较好的苹果贮藏试验库，库体用钢板密封，用冰进行冷却，库温不超过 1℃，效果较好。我国历史上就有将水果等放在竹节、瓦缸或地窖中贮藏的记载。唐朝杨贵妃千里品荔枝的故事，就是将荔枝装在竹节里，千里迢迢运至长安。还有民间的窖藏、埋藏，都是类似自然降氧法(MA)的气调贮藏。

2. 气调贮藏保鲜的原理和特点

气调贮藏的原理:就是建立特定适宜的温度、氧含量、二氧化碳含量、乙烯含量和相对湿度的贮藏环境条件的技术手段;在维持果蔬正常生命活动的前提下,有效地抑制果蔬的呼吸作用、蒸发作用与微生物的作用的技术途径,以达到延缓果蔬的生理代谢过程、推迟后熟衰老和防止腐烂变质的目的。

气调贮藏的特点:可保持新鲜果蔬的原有品质,减少贮藏损失,抑制果蔬的生理病害及延长贮藏期和货架期。

3. 气调的方法

目前常用的气调方法有四种:塑料薄膜帐气调法、硅窗气调法、催化燃烧降氧气调法和充气降氧气调法。

(1)塑料薄膜帐气调法。即利用塑料薄膜对氧气和二氧化碳有不同渗透性与对水透过率低的原理来抑制果蔬在贮藏过程中的呼吸作用和水蒸发作用的贮藏方法。

塑料薄膜帐简易贮藏的最大优点是在相对高湿的贮藏环境中,仍能获得较好的贮藏效果,这就使人们能够充分利用大自然的冷源来降低贮藏温度,即使在比标准冷藏库高出10～15℃的温度中贮藏,亦能取得与冷藏库或气调库相接近的效果。

(2)硅窗气调法。根据不同的果蔬特征及贮藏的温湿条件,选择面积不同的硅橡胶薄膜,热合于用聚乙烯或聚氯乙烯制成的贮藏帐上,作为气体交换的窗口,简称硅窗。硅胶膜对氧气和二氧化碳有良好的透气性与适当的透气比,可以用来调节果蔬贮藏环境的气体成分,从而达到控制呼吸作用的目的。选用合适的硅窗面积制作的塑料帐,其气体成分可自动恒定在氧气含量为3%～5%、二氧化碳含量为3%～5%。

(3)催化燃烧降氧气调法。用催化燃烧降氧机将汽油、石油液化气等燃料与从贮藏环境(库内)中抽出的高氧气体混合进行催化燃烧反应。反应后无氧气体再返回气调库内,如此循环,直到把库内气体的含氧量降到要求值。当然,这种燃烧方法及果蔬的呼吸作用会使库内的二氧化碳浓度升高,这时可以配合采用二氧化碳脱除机降低二氧化碳浓度。

(4)充气降氧气调法。从气调库内用真空泵抽除富氧的空气,然后充入氮气,这两个抽气、充气过程交替进行,以使库内的氧气含量降到要求值。与直接在空气中包装食品相对比,其货架寿命可延长2～5倍。

4. 气调冷库的分类

按结构类别,气调冷库可分为组合板式气调冷库、土建式气调冷库和窑洞式气调冷库。

按气调贮藏环境中气体成分的控制方法,气调冷库可分为自然降氧法(MA)气调贮藏、快速降氧法(CA)气调贮藏和减压降氧法气调贮藏。

按贮藏工艺参数控制方式方法,气调冷库可分为全自动控制、半自动控制和手动操作控制的气调冷库。

5. 常用的主要气调设备

常用的气调设备主要有降氧机、二氧化碳脱除机、除乙烯机和加湿器等。

6. 气调贮藏技术的问题

效果和贮藏时间都比较理想,但是其设施费用昂贵,能耗大,成本高,即使在国外也只用来贮存某些特定的水果。且一旦库房打开,整库贮藏的果实应随即出库销售。在目前我国果蔬价格走低的状况下,气调贮藏保鲜很难作为大宗果蔬保鲜的主要手段。

7. 气调贮藏技术的发展

气调贮藏技术主要以果蔬贮藏保鲜为依托。随着商品经济的发展,人们更注重商品的价值,因而气调贮藏技术的应用范围更为广泛。除果蔬气调贮藏保鲜外,还有肉食品充气包装贮藏、粮食气调贮藏、花卉气调贮藏、名贵中药材气调贮藏和文物的气调贮藏保存等。

(四)制冷贮藏

微型冷库及果蔬保鲜贮藏技术是具有中国特色的贮藏保鲜技术,是广大农户、农产品经销单位投资创业、发展致富的理想项目。结合我国农户分散生产的实际,研究开发的农产品贮藏保鲜新技术,考虑到目前的经济特点,本书着重介绍较为经济的两种保鲜冷库,其特点是投资小、见效快,有投资价值。

1. 微型保温保鲜冷库

库体为面积在 15～20m^2 的一般民用房屋及仓库等,可贮藏水果蔬菜 5～7t,投资 3 万元左右。此种保鲜库就是在一般房屋的基础上,增加一定厚度的保温层,设置一套制冷系统,将门做保温处理,制冷机组设于库外,因体积小可不设机房,制冷机组间歇性工作,耗电小。保鲜原理:采取降低温度的方法(－1～5℃)抑制水果蔬菜的呼吸。

2. 微型气调保鲜冷库

气调保鲜库是目前国内外较为先进的果蔬保鲜设施。它既能调节库内的温度、湿度,又能控制库内的氧气、二氧化碳等气体的含量,使库内果蔬处于休眠状态,出库后仍保持原有品质。其作用在于:①延长果蔬的贮存期;②可使果蔬保持鲜度、脆性;③可抑制果蔬病虫害的发生,使果蔬的重量损失及病虫害损失减至最小;④果蔬出库的货架期可延长到 21～28d,而普通冷藏库只能维持 7d 左右。

3. 机械冷藏法

机械冷藏法是水果贮藏的主要方式之一,其保鲜效果可以满足一般保鲜需要,但必须是电能充足的地方才能使用,而且能耗高、设备维护与管理成本较高。其控温效果好,贮量大,贮存质量好,但投资更大。

(五)调压贮藏

调压贮藏包括减压贮藏和加压贮藏。常用低压或真空进行贮藏,即将贮藏物保持在低于大气压(0.1MPa)的压力环境下,维持低温,并连续地补给一定湿度的饱和空气。这种减压条件可以使果蔬的贮藏期比常规冷藏延长几倍。减压贮藏保鲜法的原理:应用降低气压,配合低温和高湿,并利用低压空气进行循环等措施,为果蔬创造一个有利的贮藏环境。加压保鲜法是一种利用压力制作食品的方法。蔬菜加压杀菌后可延长保鲜时间,提高新鲜味道,此方法用于保存咸菜和水果最为理想。

(六)介质贮藏

1. 草木灰贮藏

贮藏青椒的室内应保持干燥、通风,在地上垫一层稻草或塑料薄膜,其上铺一层 10～15cm 厚的草木灰,灰上摆一层青椒,青椒上再覆一层草木灰,如此一直堆到 50cm 高为止。

贮藏期间每 15～20d 检查翻动一次。

2. 沙藏法

在阴凉、干燥的室内，铺一层 5～10cm 厚的稻草，再铺 5cm 厚的细沙，然后摊放板栗。随后板栗和沙交互层放，也可将板栗与沙按照 1∶2 质量比例混合堆放，最后再盖一层 5cm 的细沙，再盖上一层稻草。注意堆积高度不超过 80cm，沙的相对湿度不宜过大，含水量在 15%～30%，并定期检查，及时补充水分。

3. 木屑贮藏法

把含水量 30%的未霉变的木屑与板栗按 1∶1 质量比例混合盛入木箱，或用砖围成方池，其底部和上部都盖 5～10cm 厚的木屑，注意及时给木屑补充水分。

4. 鲜花新包装

以色列波利思公司研制了一种新的鲜花保鲜包装方法，解决了种植鲜花剪下后容易枯萎的问题。该方法是将通常用于包装电子仪器的带有气泡的塑料加以改进，制成一种新的包装物。包装鲜花时将这种新包装物放入装鲜花的箱子作为内衬，不仅能将箱内温度降低几度，还可以隔绝箱外的氧气起到良好的保鲜作用。

（七）地下贮藏

1. 沟藏法

贮前在露地挖东西向的贮藏沟，沟宽 1m，深 1～2m，长度根据贮量确定，沟底铺 15～20cm 厚的沙。采后的辣椒可不经预贮直接入沟，散堆或装筐或同沙、稻壳等层积，面上加覆盖物，覆盖物厚度随气温降低而增加。贮藏中注意防冻、防雨水，每隔 15～20d 翻检一次。

2. 窖藏

在窖或库内有垛贮、架贮、筐贮等方式。如在大型通风库内安装机械通风设备，加速通风降温和排除乙烯，则效果更好。传统的窖藏或窖洞保鲜在我国有着悠久的历史，具有成本低等优势。但其贮藏规模、效果和时间都十分有限，很难满足流通的需要。

（八）特殊处理保鲜

1. 微波保鲜

微波保鲜即静电场下的果蔬保鲜。这是一种新颖的保鲜方法，最近由于微波技术的应用研究，在果蔬保鲜领域，可利用诸如电磁波、电磁场和压力场等微弱能源对加工对象进行节能、高效及高品质的处理。

2. 陶瓷保鲜袋

陶瓷保鲜袋是一种具有远红外线效果的果蔬保鲜袋，主要在袋的内侧涂上一层极薄的陶瓷物质，于是通过陶瓷所释放出来的红外线与果蔬中所含的水分发生强烈的“共振”运动，从而促使果蔬得到保鲜。

3. 微生物保鲜

乙烯具有促进果蔬老化和成熟的作用，所以要使果蔬达到保鲜目的，就必须要去掉乙烯。科学家经过筛选研究，分离出一种“NH-10 菌株”，这种菌株能够制成除去乙烯的“乙烯去除剂 NH-T”物质，可防止葡萄贮存中发生的变褐、松散、掉粒，对番茄、辣椒起到防止失水、变色和松软的作用，有明显的保鲜作用。

4. 电子技术保鲜

它是利用高压负静电场所产生的负氧离子和臭氧来达到目的的。负氧离子可以使果蔬进行代谢的酶钝化，从而降低果蔬的呼吸强度，减弱果实催熟剂乙烯的生成。而臭氧是一种强氧化剂，又是一种良好的消毒剂和杀菌剂，既可杀灭消除果蔬上的微生物及其分泌毒素，又能抑制并延缓果蔬有机物的水解，从而延长果蔬贮藏期。

5. 辐射贮藏保鲜

它是指农副产品、食品、调味品的辐照灭菌。例如，大蒜、马铃薯、生姜的辐照抑芽保鲜；苹果、梨、草莓等水果的辐照保鲜；脱水蔬菜、调味品、干果、谷物等农副产品的辐照杀虫灭菌；烧鸡、小包装酱菜等方便食品的辐照灭菌保鲜。

6. 生物技术保鲜

(1)生物防治在果蔬保鲜上的应用。生物防治是利用生物方法降低果蔬采后的腐烂损失，通常有以下四种策略：降低病原微生物含量、预防或消除田间侵染、钝化伤害侵染以及抑制病害的发生和传播。

(2)利用遗传基因进行保鲜。通过遗传基因的操作从内部控制果蔬后熟；利用 DNA 的重组和操作技术，来修饰遗传信息；用反 DNA 技术革新来抑制成熟基因的表达，进行基因改良，从而达到推迟果蔬成熟衰败、延长贮藏期的目的。

7. 高温处理保鲜

英国发明了一种鳞茎类蔬菜高温贮藏的技术。该技术利用高温对鳞茎类蔬菜发芽的抑制作用，把贮藏室温度控制在 23℃，相对湿度控制在 75%，这样就可达到长期贮藏的目的。但在这种条件下蔬菜易产生腐生性真菌，造成病斑。目前，英国正在研究如何控制这种腐生性真菌。据报道，洋葱在这种条件下可贮藏 8 个月。

8. 奶制品保鲜“外衣”

用食用的奶制品做“外衣”，包裹已切开的瓜果、蔬菜，可使其保鲜 3d 以上。其保鲜的原理是：因大多数果蔬切开后会释放出二氧化碳，如果包装封闭不让其通过，食品就会变味，而采用奶制品做保鲜“外衣”，牛奶中的蛋白质可形成一种很好的薄膜，它像一种极细微的栅栏一样，防止水分和氧气通过，达到保鲜作用。

第四节　农作物产品综合利用概况

一、农产品综合利用概念

农产品综合利用实际上就是农产品的综合加工处理，把农产品按其用途分别制成成品或半成品，并最大限度地减少资源浪费、减少污染的生产过程。根据原料的加工程度，加工过程可分为初加工和深加工。

初加工：加工程度浅，层次少，产品与原料相比，理化性质、营养成分变化小的加工过程。

深加工：加工程度深，层次多，经过若干道加工工序，原料的理化特性发生较大变化，营养成分分割很细，并按需要进行重新搭配的多层次的加工过程。深加工是在应用现代科学技术的基础上所进行的现代化加工方式。它与传统的加工方式存在三个方面的显著区别。

(1)传统的农产品加工建立在自然经济的基础上，而现代的农产品加工则建立在社会化生产的基础上。

(2)传统的农产品加工建立在手工操作的基础上，而现代的农产品加工则建立在机器工业的基础上，大多是进行批量生产。

(3)传统的农产品加工凭借经验的积累进行生产，而现代的农产品加工则是随着现代科学技术的发展而发展起来的。

二、农作物产品综合利用的意义

改革开放以来，我国农产品加工有了长足发展，但与庞大的农业相比并不协调。发达国家农产品加工业的产值和农业值的比例，一般为(2～4)∶1，而我国只有0.78∶1。我国作为一个农业大国，把农产品加工放到更加重要的位置来发展是毋庸置疑的。

(1)积极发展农产品加工，可以缓解我国农业资源相对不足的矛盾。一方面，我国农业发展后备资源数量不足，而且质量低下。我国人均耕地只有0.11公顷，不足世界人均水平的45%。另一方面，由于我国人口基数较大，增长速度快，只有大力发展农业生产能力，增强农产品的精深加工能力才是可行的途径。

(2)积极发展农产品加工，可以促进产业结构调整，增加农民收入。

(3)积极发展农产品加工，可以增强我国农产品在国际市场上的竞争能力。我国已经加入WTO，入世后农产品所受到的冲击与压力是巨大的。首先，是价格劣势。其次，我国农产品加工层次低。在目前我国粮食生产比较优势难以改变的形势下，大力发展农产品加工，挖掘加工潜力，缩短同发达国家的差距，对提高我国农产品国际市场竞争能力，缓解入世压力是非常重要的。

(4)积极发展农产品加工，可以促进我国小城镇建设。小城镇建设的核心是大力发展乡镇企业，增加农村剩余劳动力的就业机会。

(5)农产品综合利用可以促进相关工业(如食品工业)的发展，有利于提高人民的物质生活水平、社会效益，满足人口增长的需要。

(6)农产品综合利用可以实现农产品增值，提高经济效益，促进城乡经济发展，有利于农民脱贫致富。

(7)农产品综合利用可以提高资源利用率，减少浪费，减少污染，提高环境效益。

(8)农产品利用有利于提高农产品综合利用水平，开辟综合利用新途径。

(9)农产品综合利用是农产品与销售消费间一个极重要的环节。农产品加工是农业与市场连接的重要纽带，是农产品商品化必不可少的中间环节，同时也是农业现代化的重要标志。

(10)改变传统农产品的消费形式。传统的农产品加工业是"农民生产什么，企业加工什么，消费者就消费什么"，而现代农产品加工业则是"消费者需要什么，企业就加工什么，农民就生产什么”。

三、农产品加工的主要内容

根据加工原料的不同,农产品加工可以分为粮食作物加工、油料作物加工、果蔬加工、畜禽加工、蛋制品加工、乳制品加工等。下面以果蔬加工为例进行说明。

果品、蔬菜含有丰富的营养成分,是人类饮食中不可缺少的组成部分。果蔬加工是以新鲜果蔬为原料,依不同的理化特性,采用不同的方法和机械设备制成各种制品的过程。主要制品有果干和菜干、果蔬罐头、果酒、速冻制品、果汁和菜汁、腌渍制品和糖制品等。

针对果蔬产品败坏的原因,可将果蔬产品加工措施归纳为物理、化学和生化三大类,生产中常以物理方法为主,辅以化学和生化方法。

(一)果蔬加工原料及预处理

果蔬的加工方法较多,其性质相差较大,不同的加工方法和制品对原料均有一定的要求。优质、高产、低耗的加工,除受工艺和设备的影响外,还与原料的品质好坏及原料的加工过程有密切关系。果蔬加工对原料的要求是要有合适的种类和具体品种,适当的成熟度和良好、新鲜完整的状态。

加工前的预处理是保证加工品的风味和综合品质的重要环节,一般包括选别、分级、洗涤、去皮、修整、切分、烫漂(蒸煮)、抽空等工序。

(二)重点果蔬加工制品的技术内容

(1)果蔬罐头。果蔬罐头是将果蔬原料经处理后密封在一种容器中,通过杀菌将绝大部分微生物消灭掉,在维持密闭状态的条件下,在室温下长期保存果蔬的保藏方法。其工艺过程包括原料的预处理、装罐、排气、密封、杀菌与冷却等。

(2)果品、蔬菜干制。果品、蔬菜干制是指脱去一定水分,使产品具有良好保持性的一种加工方法。如果干和脱水菜等。干制过程中的干燥技术发展较快,由传统的自然干制发展到人工干制,其中人工干制有微波干燥、远红外干燥等技术。

(3)果汁、菜汁加工。人工加入其他成分的称为果汁、菜汁饮料或软饮料;饮用时需稀释的、加糖果汁的称为果饴或果汁糖浆;直接饮用的、适当加糖果汁的称为果汁。近年来,果汁、菜汁的加工技术发展较快,体现在冷冻技术、浓缩技术、无菌包装技术、反渗透和超滤技术的广泛应用上。

(4)果蔬糖制。果蔬糖制是以食糖的保藏作用为基础的加工保藏法。果蔬糖制品具有高糖(蜜饯类)或高糖高酸(果酱类)的特点。糖制品加工是果蔬原料综合利用的重要途径之一,其制作工艺多沿用传统糖制加工技术。

(5)果酒酿造。果酒是以果实为主要原料制成的含醇饮料,目前果酒的主要品种为葡萄酒。酿造工艺的主要环节包括发酵前的预处理、酒精发酵、贮存与陈酿、成品调配、过滤杀菌、装瓶等。

(6)果蔬速冻保藏。果蔬速冻保藏是将经过处理的果蔬原料采用快速冷冻的方法使之冻结,然后在$-18\sim20$℃的低温中保藏的过程。它是当前果蔬加工保藏技术中保存风味和营养素较为理想的方法。其加工工艺流程如下:原料选择→预冷→清洗→去皮→切分→烫漂→沥干→快速冷冻→包装。

(7)果蔬原料的综合利用。果蔬在生产过程中会产生15%~20%的副产品和下脚料,如果对果、汁、皮、渣、种子、壳、叶、茎、根、花等进行有效的加工利用,则可大大提高经济效益。

四、农产品综合利用的现状、发展方向和发展趋势

(一)现状和问题

1.国外农产品加工现状

农产品采后的增值潜力巨大。世界发达国家均将农产品的贮藏、保鲜和加工业放在农业的首要位置。从农产品的产值构成来看,农产品70%以上的产值是通过采后的贮运、保鲜和加工等环节来实现的。美国用于采前田间生产的费用仅占30%,而70%的资金都用在采后环节,从而保证了农产品高附加值的实现和资源的充分合理利用。

2.我国农产品加工现状

我国农产品保鲜加工业在近几十年来有了较快的发展,极大地改善了我国食品市场的供应现状,随着计划经济向市场经济的过渡,农产品采后处理和加工行业已由销地向产地转移。

近几年来,食品及农产品的包装材料、包装机械、包装技术、加工工艺等进一步提高。一些高新技术不断地被引入加工领域,如电子计算机技术、生物技术、新包装材料等,促进了农产品加工的飞速发展,新技术、新工艺、高度机械化、自动化的生产线不断为人们提供更高、更新、更优质的食品。

主要成果:农产品加工向深度、精度及专用化的方向发展,开发出各种等级的专用面粉和玉米粉、变性淀粉、各种专用油、系列植物蛋白,研制成功具有高附加值的低酚棉蛋白发泡粉和乳化剂等;以果蔬为原料开发了果汁菜汁、脱水蔬菜、保鲜食品;麻类生物脱胶技术的开发利用,提高了纤维的产量和质量;薯类产品的开发,菌类产品的培植,以及大豆、花生、棉花产品的深度加工,把农产品的加工推向了一个新的高度。一批适用的先进技术与机械在农产品加工中得到了初步推广,国外先进技术的引进和设备的应用,取得了良好的经济效益,推动了我国农产品加工业的发展。

3.与国际同类加工业的差距及我国存在的主要问题

世界发达国家均将农产品加工业放在农业的首要位置。目前我国农产品加工业的发展有多个制约因素:①缺少专用的优质原料;②缺少标准化的原料;③加工企业的设备、技术、管理水平不适应现代化的要求;④没有发挥出区域优势;⑤我国加工企业规模小,技术更新慢,技术创新能力低,科技储备不足,产品单一;⑥农产品加工业的发展长期以来受到忽视;⑦资源综合利用水平低,产品单调,科技含量低;⑧研究领域经费短缺,存在低水平重复现象,人才匮乏;⑨农产品加工科学研究成果中,有关初级产品的成果占很大比重,而有关次级产品和精深产品研究的成果比重明显不足;⑩在农产品加工领域,研究力量分散,重复立题。

(二)我国农产品加工业发展的方向

(1)我国农业首要的任务是保障十几亿人口的粮食基本供给。因此,不能将大量的粮食转化为数量极少的营养成分或微量元素,更不能用于酒的生产;粮食加工的主要目标应是生产质量好、营养价值综合平衡、方便的食品。

(2)一种农产品如果只加工成单一产品,不但造成资源浪费,而且经济效益低下,因此应开发两种以上的主产品,才能物尽其用。

(3)我国水果目前均以鲜食为主,消费形式单一,与世界消费水平差距甚大,因此要培育推广适合水果加工的品种,且早、中、晚熟品种要相配套,以保证有较长的加工生产周期,适应市场的需求。

(4)农产品加工可以使农产品增值数倍,但并不等于一定有好的经济效益。这是因为高产值需要多投入,同时加工出来的产品其市场风险亦随之增大,因此必须按照市场经济规律来确定每个具体加工项目,切忌盲目上马。

(5)农产品加工研究是农业发展的导向。目前我国农业总产值已超过1.5万亿元,而食品工业产值仅5000亿元,农业与食品工业的产值比为1∶0.3。而发达国家两者之比高者已经达到1∶4。我国农产品加工业发展也不均衡,农业与食品工业产值之比:西部地区如云南省仅为1∶0.03,中部地区如湖南省仅为1∶0.1,东南沿海地区则较高,无锡市高达1∶2.09。

(6)发展农产品加工业必须从"源头"抓起。要使我国农产品加工业及早进入快速、健康、稳定发展的轨道就必须:一方面,根据加工的要求筛选、选育、引进并推广适宜的加工专用品种;另一方面,正确引导种植业结构的调整,改变传统的"二元种植结构"(粮食作物和经济作物)。同时,还要制定相应的配套政策,确保加工专用优质原料的有效供给。

(三)农产品加工的发展趋势及其研究重点

21世纪中国食品已不是农业食品的概念,以农产品为主要原料的工业食品将在食品消费中占主导地位。在农产品的品种、质量及稳定的供给上适应工业食品制造的要求已成为关键问题。农产品生产基地将建设成为布局合理的食品工业基地。农业种植结构必定按食品工业制造的需求进行调整。农产品的加工科研与技术开发将迅速发展,并且是集多种学科、多项技术应用为一体的。如食品营养学、食品化学和食品微生物学在农产品的加工中起着重要的作用,是制定科学合理的加工工艺的理论基础。食品生物技术、微生物发酵技术为农产品资源加工及综合再生利用打开了广阔的前景。食品工程学、食品机械学是实现农产品加工极其重要的保证和手段。一些高新技术在农产品加工中的广泛应用,必将为高品质的农产品加工提供坚实的技术保证。

1.粮油加工的发展趋势及其研究重点

第一,面粉加工向小包装、专用系列化发展。

第二,大米加工向小包装、免淘洗强化米系列化发展。

第三,油脂加工向精炼油脂发展。

围绕发展趋势,粮油加工技术设备的研究和开发重点包括:①稻谷加工新技术、新装备的研究和开发;②小麦碾皮制粉加工新技术、新装备的研究和专用面粉的开发;③提高玉米

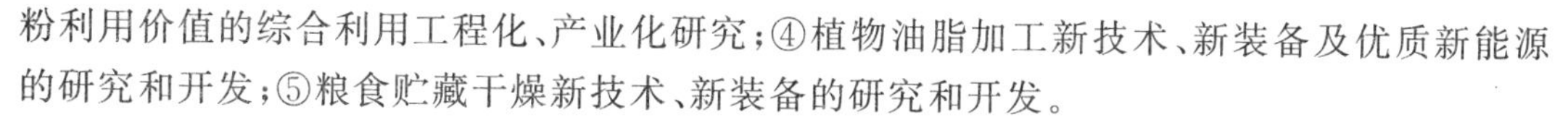

粉利用价值的综合利用工程化、产业化研究;④植物油脂加工新技术、新装备及优质新能源的研究和开发;⑤粮食贮藏干燥新技术、新装备的研究和开发。

2. 果蔬加工的发展趋势及其研究重点

果蔬产品含水量高,容易腐烂,现阶段我国新鲜果蔬腐烂损耗率高,水果达到30%,蔬菜达到40%~50%,而发达国家的损耗率则不到7%。目前我国果蔬产品总量已居世界第一,但传统的果蔬加工方法如罐藏、腌制等已难以达到人们的要求。下面介绍国内外果蔬加工的新趋势。

第一,果蔬功能成分的提取。果蔬中含有许多天然植物化学物质,这些物质具有重要的生物活性。如蓝莓被称为果蔬中的"第一号抗氧化剂",它具有防止功能失调、改善短期记忆、提高老年人的平衡性和协调性等作用。红葡萄中含有白藜芦醇,能够抑制胆固醇在血管壁的沉积,防止动脉中血小板的凝聚,有利于防止血栓的形成,还具有抗癌作用。从果蔬中分离、提取、浓缩这些功能成分,制成胶囊或将这些功能成分添加到各种食品中,已成为当前果蔬加工发展的一个新趋势。

第二,果蔬的最小加工。不对果蔬产品进行热加工处理,只适当采用去皮、切割、修整等方法进行处理,果蔬仍为活体,能进行呼吸作用,具有新鲜、方便、可100%食用的特点。近年来此方法在发达国家被广泛使用,如用于胡萝卜、生菜、圆白菜、韭菜、芹菜、马铃薯、苹果、梨、桃、草莓、菠菜等。

第三,果蔬汁加工。近年来我国的果蔬汁加工业有了较大的发展,大量引进国外先进的果蔬汁加工生产线,采用一些先进的加工技术如高温短时杀菌技术、无菌包装技术、膜分离技术等。果蔬汁加工产品的新品种目前有:①浓缩果汁,体积小,重量轻,可以减少贮藏、包装及运输的费用,有利于国际贸易;②复合果蔬汁,利用各种果蔬原料的特点,从营养、颜色和风味等方面进行综合调制,创造出更为理想的果蔬汁产品;③果肉饮料,较好保留了水果中的膳食纤维,原料的利用率较高。

第四,果蔬粉加工。将新鲜果蔬加工成果蔬粉,其水分含量低于6%,不仅最大限度地利用了原料,减少了其因腐烂造成的损失,而且干燥脱水后的产品容易贮藏,能大大降低贮藏、运输、包装等方面的费用。目前,果蔬粉的加工正朝着超微粉碎的方向发展。

今后,果品、蔬菜贮藏保鲜与加工技术的研究开发重点有:①适合不同加工和利用目的的专用优质品种的选育;②果品、蔬菜主要品种的耐贮性研究;③果品、蔬菜及其加工产品质量标准的系列化、国际化;④果品、蔬菜最适保鲜、保质包装材料的研究与开发;⑤果蔬速冻、脱水制品。

3. 农产品干燥技术的发展趋势

干燥设备将沿着有效利用能源,提高产品质量及产量,减少环境影响,操作安全,易于控制,一机多用等方向发展。干燥设备的发展将着重于:设计灵活、多作用的干燥器,采用组合式传热方式(对流、传导与介电或热辐射的组合),在特殊情况下,使用容积式加热(微波或高频场),采用间断传热方式,大量使用间接加热(传导)方式,运用更新型或更有效的供热方法(如脉动燃烧、感应加热等),运用新型气固接触技术(如二维喷动床、旋转喷动床等)等。

4. 高新技术在农产品加工领域中的应用

现代科学技术在化学工程、电子工程、机械工程、材料工程等领域的飞速发展,给食品工业带来了一些颇具生命力的高新技术，这些高新技术将使农产品加工产生一些根本性的变更。目前，国际上广泛应用于农产品加工领域的高新技术主要有：现代生物技术、生物工程技术、速冻技术、真空冷冻干燥技术、超微粉碎技术、冷冻浓缩技术、膜分离技术、微波技术、膨化技术、挤压技术、超临界萃取技术、微电子技术、微胶囊技术、超高压加工技术、特征红外干燥技术、新型贮运保鲜技术等。

5. 对比国内外加工技术，国外更突出以下几个特点

工厂化设计和设备现代化，严格科学管理，工艺规范化，产品多样化，注重产品质量、卫生和营养，强调食用方便，易于保鲜，普遍采用自动微机监督和控制。现代技术和生物工程的应用，保证了产品质量，并提高了资源本身附加值，使其加工增加值由原来的50%～60%提高到150%～200%。

五、农产品加工政策

2016年发布的《国务院办公厅关于进一步促进农产品加工业发展的意见》，提出用5～10年时间形成与优势农产品产业带相适应的加工布局，建成一批农产品加工骨干企业和示范基地，建立农产品加工业的技术创新体系，健全重要农产品加工制品质量安全标准，使农产品加工业增加值在国内生产总值、工业增加值中的比重有较大提高。

国家将采取政策鼓励重点发展三大农产品加工领域，大力发展粮、棉、油料等重要农产品精深加工，积极发展“菜篮子”产品加工以及巩固发展糖、茶、丝、麻、皮革等传统加工。其具体规定如下。

（一）粮食加工

以小麦、玉米、薯类、大豆、稻米深加工为主，配套发展粮食烘干等采后处理能力。发展各类专用粮油产品和营养、经济、方便食品的加工。

（二）果蔬加工

积极发展有机蔬菜产品和绿色蔬菜产品加工，搞好蔬菜的清洗、分级、整理、包装，推广净菜上市，发展脱水蔬菜、冷冻菜、保鲜菜等，注重发展干鲜果品的保鲜、储藏及精深加工。

（三）传统加工

鼓励发展精制糖，发展名优茶、有机茶和保健茶，发展丝和麻加工系列制品；积极开发牛、羊等皮毛（绒）深加工制品；合理利用和开发食用菌等农业野生资源，发展特色农产品加工。

为此，国家今后将通过加大投入力度、给予相关金融支持、落实税收支持政策及其他配套措施，鼓励和加快农产品加工业发展。具体内容包括：①增加技术改进投入；②增加财政扶持力度；③优化税收政策；④合理安排加工企业用地；⑤水电部门积极配合。

六、农产品加工发展战略目标

(一)发展绿色食品

绿色食品是指没有污染、安全优质的营养食品。发展绿色食品是我国政府面向21世纪实现社会经济和农业持续发展的一个重大战略举措。

(二)发展功能性食品

食品作为一种商品具有营养功能、嗜好功能、生理功能和文化功能等四大功能。所谓功能性食品，是指具有特定营养保健功能的食品。食品除具有营养功能外，还有增进人体健康、调整机体生理活动的功能。其生理功能包括：①调节生理活动节奏；②调节和增强人体免疫系统；③调节精神状态；④延缓衰老。功能性食品材料已成为世界食品科技界的重点研究内容，如膳食纤维、寡糖、糖醇、多不饱和脂肪酸、磷肽酪蛋白、维生素、无机盐等。

(三)发展农产品加工原料产业

选育、引进适合加工的农产品原料品种是实现高产、优质、高效农业的基础，只有获得一批具有良好的加工特性的农产品原料品种，才能制造出高质量的农加工品。

(四)发展农产品生产全过程的质量检测技术

建立农产品标准和食品法规，为食品质量控制提供科学的理论依据。目前国际上重要的食品法规和系统有：良好规范(good manufacturing practice，GMP)、危害分析和关键控制点(hazard analysis and critical control point，HACCP)等。

七、农作物产品综合利用途径

(一)食品工业

1. 食品工业的重要性

食品工业应该是农业的导向工业，农业产业化的发展在很大程度上依赖于食品工业技术的发展和膳食结构的优化，国民的营养与健康都依赖农产品加工业的发展。目前我国农业面临着与国际竞争的严峻局面，处理好农副产品生产与加工转化的关系，加快食品工业的发展，实现农业生产的良性循环已迫在眉睫。

2. 食品工业的主要任务

瞄准国际食品工业高新技术发展前沿，以国内外市场为导向，以生产绿色食品为基础，以现代食品加工业高新技术开发为核心，深入开展对农业资源持续利用、农产品精深加工工艺和技术、无公害及绿色食品生产技术体系和功能性食品开发的创新研究，丰富和发展生物资源学和农产品营养加工学，是我国食品工业的主要任务。

3. 食品工业的具体研究方向

应用生物技术，开展粮食组成的分离、改性和解决稳定性的研究；应用高新技术研发粮油及其副产品和野生植物中具有保健疗效与药用价值的生物活性物质,用作生物制剂和保健食品的功能因子;开展植物蛋白的结构、功能与改性技术研究,开发植物蛋白短肽、寡肽等高活性蛋白肽类产品;利用微生物发酵技术,开展秸秆缩合利用的创新研究;应用现代营养学最新成就,研究提高米、面、油的营养效价和改善膳食的实用技术;研究粮食在贮藏过程中的品质变化规律,提供最佳贮藏条件和无危害的防腐剂;研究食品添加剂的功能性、使用安全性和稳定性及其制造新工艺新技术,开发天然食品添加剂;研究绿色农产品生产环境监测标准、方法和技术体系,探求符合国际标准的绿色农作物生产环境的调控途径和措施;研究绿色农作物优质、高产、高效的耕作栽培技术体系,研制开发生物肥料、生物农药和生物防治的配套生态技术。

4. 21 世纪食品加工开发的新领域

(1)利用上等原料加工成净菜、净果等新鲜原料产品;利用一般原料加工成可常温保存的半成品,如竹笋、甜玉米、山野菜、食用菌等,通过季节差价与区域差价获取利润。

(2)开发有利于健康的低盐、低糖、低脂肪、低胆固醇、低热量和高纤维食品,为糖尿病、心血管病和老年肥胖症的病人提供营养合理的食品。

(3)中国传统食品,如包子、饺子、馄饨、米粉等;地方小吃,如北京酱肘子、哈尔滨红肠、西安泡馍、成都汤团、湖南腊肉、无锡排骨、嘉兴粽子、金华火腿、福建佛跳墙等;名菜名点,如川菜、粤菜、鲁菜等。这些小吃和菜肴的工业化、规模化生产经营都值得发展。

(4)开发适合年轻消费者食用的休闲方便食品,如五香花生、剥皮板栗、鱿鱼条、怪味豆等。

(5)利用当地特有资源加工成高档产品,如福建、广东、广西的荔枝、龙眼,云贵的松茸,湖北的红菜薹、白花菜、桂花,甘肃的百合,河北的板栗等。

(6)供应学校、企业、医院、部队的营养配餐;连锁经营快餐店和盒饭配送中心等。

(7)引进有市场前景的国外食品,如咖喱饭、鱼肉豆腐、汉堡包等。

(8)利用中国特有资源加工成出口产品,如蕨菜、松茸、香菇、板栗、魔芋、榨菜等适合国外超市销售的终端产品。

5. 能减少污染的食品加工高新技术

(1)高压低温杀菌技术。将食品原料充填到柔软容器中密封,再将其投入到静水的高压装置中加压处理,使细菌死亡,酶失去活性,这既能杀死细菌,又能保持食品原有的色香味。

(2)磁力杀菌。把需要杀菌的食品放于 6000 高斯磁场中的 N 极与 S 级之间,经过连续搅拌,不需加热就可杀死细菌,而对食品的营养成分无任何影响。

(3)高压电场杀菌。利用强电场脉冲的介电阻断原理对微生物产生抑制作用。该技术可避免加热法引起的蛋白质变性和对维生素的破坏。

(4)膜分离技术。用于食品加工分离的膜包括超滤膜、反渗透膜、电渗析膜等,适当选择膜并配合使用能有效地分离液体混合物质。膜分离技术在食品废水治理、果蔬汁饮料浓缩、混合植物油分离等方面已经得到成功应用。

(5)真空冷冻干燥技术。真空冷冻干燥技术是使物料首先冻结,然后在真空条件下升温,使冰升华,达到最后干燥的目的。采用的加热方式有红外线加热、微波加热等,能保持食品原有的色、香、味、形以及营养成分,适用于热敏性食品杀菌。

(6)臭氧杀菌技术。臭氧杀菌技术是现代食品工业采用的冷杀菌技术之一,即利用臭氧水杀菌代替传统的消毒剂,该技术在食品工业中更显示出巨大的优越性。该技术具有杀菌谱广、操作简单、无任何残留及瞬时灭菌等特点,而且它完全避免了化学消毒剂给环境带来的危害,是一种理想的杀菌新方法。

(二)饲料工业

(1)作为饲料组分之一。作为日粮,如米、甘薯等;作为添加剂,如糠、叶粉、豆饼等。

(2)作为饲料添加剂生产原料。如叶蛋白等。

(3)饲料产品类型。①配合饲料;②发酵饲料;③高蛋白饲料;④饲料添加剂。

(4)饲料生产技术。①混合;②热处理,如豆饼等;③脱毒,如菜籽饼等;④制作配方饲料。

(5)饲料发展方向。①配方化;②特种化,制作特殊饲料如金鱼饲料等;③资源化,以本地资源和本地销售为主;④规模化,即大规模生产;⑤多样化;⑥保健化,如制作含酶制剂、抗药剂、中草药等。

(三)化学工业

(1)提取分离纯化得到的有用化学物质,如色素等,进而混合配制成新产品。

(2)分解得到的有用化学物质,如果胶、纤维素、砻糠干馏系列产品等。

(3)经理化转化而来的有用化学物质,如变性淀粉等。

(4)经化学反应而来的有用物质,以农产品为原料形成的有用产品,如肥皂等。

(5)酶反应处理而来的有用化学物质,如饴糖、麦芽糖、酒精等。

(6)经生物转化成的有用农产品,如发酵而成酒、醋等。

(四)医药工业

(1)农产品直接做成医药制品,如药用棉、中药组分等。

(2)同化学工业一样,生产医化产品,经生化转化成医药产品。

(五)其他应用领域

(1)能源工业。有的农副产品废料的纤维含量高可作为燃料或制成燃料。

(2)农业。①化肥,农产品及其加工副产品大多含有营养物质,可用作肥料或土壤改良剂,如薯酒渣肥田又改土(调 pH 值);②农药,有的农产品可以加工成农药;③生长调节剂;④农用薄膜,如甘薯淀粉可加工成光解地膜等;⑤农具,不少农产品可经机械处理后制成农用工具,如箩筐等;⑥食用菌。

(3)建材工业。如涂料、砖等。

(4)造纸工业。如纸浆等。

(5)日用化工。如化妆品、洗涤剂等。

八、农产品综合利用技术和方法

前面我们讨论了农产品的化学特性，从农产品的理化特性可得知，农产品的综合利用方法可分为化学方法、物理方法和生物方法，在实际加工中往往综合运用这三种方法。

（一）化学方法

1. 定义

利用化学方法和手段来对农产品进行化学加工处理。其本质是使农产品的化学组成或化学性质发生变化，转变成人类可用的一系列物品。其主要方法包括水解、中和、沉淀、凝聚、解析等。

2. 种类

依化学变化种类的不同，化学方法可分为分解法、氧化法、还原法等。

（二）物理方法

1. 定义

利用物理学理论方法和手段来对农产品进行物理加工处理，其本质是不使农产品的化学成分发生变化，而转变成人类可用的产品。其主要方法包括提取、粉碎、筛理、搅拌、加热、浓缩、干燥、浸出、压榨、过滤、蒸馏等。如制米、磨粉就是以物理机械加工方法为主的加工类型。采用该类方法后，一般都会改变农产品的形状和大小。

2. 物理方法中的高新技术

（1）超临界萃取技术。超临界萃取技术即以气体作溶剂，在超临界点范围进行提取的方法。超临界萃取尽管提取率不是很大，但它没有溶剂残留，提取速度快，具有提取温度低，提取率和选择性高等特点，使它成为动、植物原料中所含微量有用或有害成分分离加工的有效手段。现代超临界萃取技术广泛应用于食品、医药、香辛料等领域。如食用油提取、色素提取、辣素提取、食用香辛精油提取等。

（2）微胶囊技术。微胶囊技术是用可以形成胶囊壁或膜的物质对核心体进行包埋和固化的技术。胶囊化后的微粒，由于内核外部有保护层，可避免光、热、氧等环境因素的影响，保持相对稳定，可延长贮存期，并方便于应用。主要应用于以下几方面：①包埋营养物质，如核黄素、胡萝卜素等；②包埋肉类添加剂，如山梨酸等；③包埋香料和风味提取物；④包埋无机盐类；⑤包埋酸味剂和甜味剂；⑥包埋酒类饮料。

（3）挤压技术。挤压技术是指利用螺杆的旋转与推进作用，使原料在机械剪切力的作用下，完成输运、混合、搅拌、流变、蒸煮、成形的连续化过程后而生产出新型食品的技术。该技术具有通用性强、生产效率高、成本低、产品形式多样、产品质量高、能效高、可生产出许多新型质地的产品、无污染等特点。目前，应用挤压技术加工的食品主要有：早餐谷物、膨化食品、饼干、面包片、高蛋白食品、婴儿食品、糖果、果酱、变性淀粉、方便食品等。

（4）超高压技术。超高压技术是诸多食品加工贮存方法中被认为最有潜力、最有希望的加工方法，被誉为“最能保存美味的保藏方法”。所谓食品超高压技术，就是先将食品的原料充填到塑料等柔软的容器中并密封放入装有静水的高压容器中，然后给容器内部施加

100～1000MPa 的压力，在高压的作用下，杀死微生物，使蛋白质变性、淀粉糊化、酶失活等。它可以避免因加热引起的食品变色变味、营养损失，以及因冷冻引起的组织破坏。目前该技术主要用于果酱、橘子汁及果蔬的加工。

(5)膜分离技术。膜分离技术是对溶液中不同溶质的分离技术。每一种溶质由不同的分子构成，因此，膜分离技术也是一种分子级分离技术。目前应用的膜大多是指醋酸纤维素膜。膜分离技术主要应用在以下几个方面：①在食品加工水处理中的应用，这里主要指饮料水、矿泉水、纯净水等；②在发酵及生物过程中的应用，主要包括酶制剂生产，无酶啤酒生产，生啤酒生产，低度葡萄酒、白酒生产，果酒、黄酒、各种氨基酸的浓缩，动物血浆的浓缩，酱油、醋的除菌、除浊等；③在果汁和饮料生产中的应用，主要指果汁的澄清和浓缩，速溶咖啡、速溶草药的浓缩等；④在色素生产中的应用，如焦糖色的净化，天然食用色素的提纯、浓缩等；⑤在食用胶生产上的应用，如食用明胶、果胶的提纯、浓缩等；⑥在蛋白质加工中的应用，如大豆分离蛋白质的生产和蛋清、全蛋的浓缩等。

(6)辐照技术。辐照技术利用射线的穿透性，杀死被照物表面或内部的各种微生物或害虫，或者抑制某些生理活动的进程，起到延长贮藏、保鲜时间的作用。由于射线没有残留，又可以彻底杀虫灭菌，所以它卫生、安全、可靠。食品辐照技术具有以下几个优点：①耗能低，与传统的热处理、干燥、冷藏食品相比，耗能仅为十几分之一至几分之一；②射线穿透力强，可杀灭各种包装、散装、固体、液体、干鲜果蔬表面及内部的各种微生物和害虫，尤其对不适于加热、熏蒸、湿煮的食品特别适用；③辐照加工属于冷加工，不会引起食品内部温度的明显增加，可以保持食品的色香味、外观及品质，同时它又是物理加工，不需要添加任何化学药剂，没有农药残留，也不产生放射性，不污染环境；④辐照处理可以改变某些食品的工艺质量，如辐照过的牛肉更嫩滑，辐照过的酒可以提高香味及陈酿度，辐照过的大豆更易于消化吸收等。

(三)生物方法

1. 定义

采用生物学的方法和手段来加工农产品，它可以引起农产品的理化性质变化而转变成人类可用的产品。其主要方法包括发酵、微生物的培养利用等。如酿造就是以生物方法为主的加工类型。

2. 种类

(1)微生物法。如发酵、酿造等。

(2)人体法。如提取尿酶等。

(3)动物法。如提取蛋白酶等。

(4)现代生物技术法。它是以重组 DNA、细胞固定化、细胞和组织培养技术为核心，对生物有机体进行遗传操作的技术。它包括四个方面：基因工程、细胞工程、酶工程和发酵工程。与传统的生物技术相比，其主要特点是可在分子或细胞水平上对基因进行操作，从而定向地改变生物的某些性状，同时打破物种之间难以交配的天然屏障，使基因在不同物种之间甚至在动物、植物和微生物之间相互转移。生物技术在农产品加工上的应用可极大地提高产品的效益。据科学家们预言，21 世纪将是生命科学的光辉世纪，食品工业将成为现代生物技术应用最广阔、最活跃、最富有挑战的领域。

尽管可综合利用的具体方法很多，但其终产品不外乎食品类、饲料类、医药类等几大门类产品，而这正是其综合利用的新途径。

九、作物综合利用的可行性和合理性

如前所述，农产品综合利用的方法和途径很多，产品类型也很多。这只是我们从作物收获体本身的化学成分及组成特点来考虑其理论上的可能性。但某一产品真正要投入开发，还需考虑实践上的可操作性和经济、生态环境等方面的合理性以及市场上的竞争性。

一个产品、一条利用途径能否成功要看其理论上是否可行，经济上是否合理，对生存环境的不利影响是否可以减少，在市场上是否有竞争力。

第二篇

谷类作物的
贮藏与综合利用

第二章

水稻的贮藏与综合利用

第一节　概　　述

一、水稻资源概况

(一)稻谷资源

据FAO及我国的统计,2014年,全球稻谷总产量达74096万吨,我国为20651万吨,浙江省为752.2万吨。我国是世界稻谷产量第一的国家,占全球稻产量的27.9%,我国有2/3人口以大米为主粮。其中,浙江省占全国稻谷产量的3.6%。

(二)稻谷加工产品资源

稻谷在加工成大米的过程中,除得到大米外,还产生稻壳、米糠、碎米等副产品。

(1)糙米。糙米是我们的主粮,按出糙率80%来算,如将浙江省的稻谷全部加工成大米,则生产糙米约601.8万吨。

(2)稻壳。一般稻壳约占稻谷总量的20%,浙江省年产稻壳约150.4万吨。

(3)米糠。米糠是大米的果皮、种皮、糊粉层、胚的混合物,每100kg大米可产米糠5～12kg。按米糠占糙米的10%计算,则浙江省年产米糠约60.2万吨。

(三)稻草资源

稻草是稻谷加工中产生的最主要副产品。稻草产量的计算公式为:

稻草产量=生物学产量×经济学系数

或

稻草产量=生物学产量-经济产量

其中,水稻的经济学系数约为0.5。

二、水稻贮藏与综合利用的目的与意义

(一)水稻贮藏的目的与意义

(1)延长供应期。
(2)调节市场价格。
(3)备战备荒。
(4)利于调运。

(二)水稻综合利用的目的与意义

(1)改善大米食用品质,开发副产品,满足社会和人们日益增长的需求。
(2)变资源优势为商品优势,提高商品率。
(3)实现农产品多层次增值,提高农民经济收入,提高稻谷经济效益。

第二节 水稻的品质

一、水稻的化学组成

(一)水稻的器官组成

1. 水稻的形态组成

水稻的形态组成如图 2-1 所示。

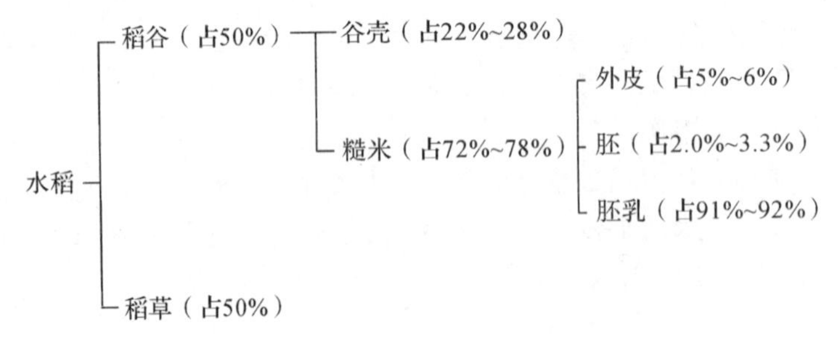

图 2-1 水稻的形态组成

2. 稻谷加工产品组成

稻谷加工产品的组成如图 2-2 所示。

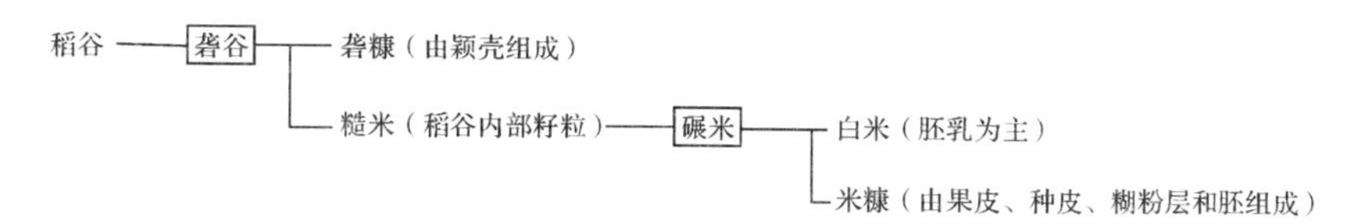

图 2-2　稻谷加工产品的组成

(二)水稻的化学成分

我们知道,任何作物都含有蛋白质、碳水化合物、脂肪、色素、维生素、醇、矿物质和水等化学成分,但不同作物的化学成分结构、含量、性质等有差异。水稻的化学成分有其特殊性(见表 2-1、表 2-2 和表 2-3)。

表 2-1　水稻不同部分的化学成分　　单位:%,绝干计

化学成分	稻谷		米		米糠	谷壳
	变异范围	平均	变异范围	平均		
水分	8.1～19.6	12.0	9.1～13.0	12.2	12.5	11.4
蛋白质	5.4～10.4	7.2	7.1～11.7	8.6	13.2	3.9
淀粉	47.7～68.0	56.2	71.0～86.0	76.1	—	—
蔗糖	0.1～4.5	3.2	2.1～4.8	3.9	38.7	25.8
糊精	0.8～3.2	1.3	0.9～4.0	1.8	—	—
纤维素	7.4～16.5	10.0	0.1～0.4	0.2	14.1	40.2
脂肪	1.6～2.5	1.9	0.9～1.6	1.0	10.1	1.3
矿物质	3.6～8.1	5.8	1.0～1.8	1.4	11.4	17.4

注:米糠包括果种皮、糊粉层及胚。

表 2-2　稻谷及其加工品的化学成分　　单位:%,绝干计

种类	水分	蛋白质	脂肪	碳水化合物	纤维素	灰分
稻谷	11.7	8.1	1.8	64.5	8.9	5.0
糙米	12.2	9.1	2.0	74.5	1.1	1.1
精米(胚乳)	12.4	7.6	0.3	78.8	0.4	0.5
胚	12.4	21.6	20.7	29.1	7.5	8.7
米糠(皮层)	13.5	14.8	18.2	35.1	9.0	9.4
稻壳	8.5	3.6	0.9	29.4	39.0	18.6

表 2-3　普通米(100g)和蒸谷米(100g)的化学成分

稻谷品种	大米精度	水分/g	灰分/g	粗脂肪/g	粗蛋白/g	钙/mg	磷/mg	铁/mg	维生素B_1/mg	维生素B_2/mg	烟酸/mg
粳稻谷	生谷 88 白米	11.58	1.51	1.50	8.49	46.50	150	2.3	0.18	0.061	1.47
	蒸谷 88 白米	11.86	0.90	1.63	8.59	55.97	264	2.4	0.50	0.065	7.85
籼稻谷	生谷 88 白米	10.99	0.72	1.16	9.38	53.13	183	2.1	0.25	0.060	2.46
	蒸谷 88 白米	11.32	1.24	2.06	9.97	57.96	300	2.6	0.40	0.067	4.10

稻谷在制米过程中，除去了颖果皮而成糙米，再经精制剥离糠层而成白米。所以，制米过程实际上是一个机械操作过程，主要改变了外部状态，使灰分、纤维和脂肪含量发生变化，重要成分集中分布在种皮、胚中。

二、水稻的化学成分变化

水稻和其他作物一样，其产品化学成分受其遗传因素影响，也受栽培条件的影响，即内外因素共同影响。在开展水稻综合利用研究之前，必须先了解其化学成分的变化情况。

(一)水稻遗传因素

水稻遗传因素造成的化学成分差异主要指品种间和类型间的差异。水稻收获体中化学成分的组成和含量会因品种和类型的不同而变化。

(二)栽培条件

实行优质栽培，是生产优质稻米的重要措施。栽培条件如肥料、水分、气候、土壤、病害等的差异会影响化学成分的不同。各穗期增施适量氮肥可使蛋白质含量提高 12%～30%。旱作栽培稻谷的蛋白质含量比水淹栽培平均高 39%。水稻成熟期遇高温，米粒淀粉含量不足，会使米粒背白，基白增大，乳白米增多，糠层加厚，使米粒显得无光泽；成熟期气温和水温偏高，可增加蛋白质含量；成熟期遇低温，米粒发育不完整，米粒瘦小，青米、死米增多，蛋白质含量降低，米饭的食味差，黏性下降。一般冲积土壤和第三级层土壤生产的稻米食味好；火山灰土、泥炭土生产的稻米食味差，米饭黏性下降；旱田地改水田后生产的稻米食味好；砂质土壤所产稻米食味不好；施用农肥较多或肥沃的土壤生产的稻米食味好，反之则差。发病严重地块所产稻米，品质严重下降，其表现是加工性能(出米率、精米率和整米率)变劣，蛋白质等化学成分含量降低，米饭质量和食味均有所下降。

第三节　水稻的贮藏

关于水稻贮藏的原理和技术，可参阅种子学、种子贮藏学等相关材料，这里仅作简单介绍。

一、稻谷贮藏特点

(一)从稻谷组织结构看

(1)有利贮藏条件：有抵抗虫、病、侵害的坚硬外壳，水分低于糙米。

(2)不利贮藏条件：稻粒表面毛糙，粮堆孔隙度较大，易受不良环境影响。

(3)稻谷抗高温能力弱，经夏季高温后，往往陈化加速，品质变劣。高温对稻米品质的影响如表 2-4 所示。

表 2-4　高温对稻米品质的影响

稻谷水分/%	贮藏前脂肪酸值/(mg KOH/100g 干重)	三个月后的脂肪酸值/(mg KOH/100g 干重)			三个月后的等级(白粳)		
		15℃	25℃	35℃	15℃	25℃	35℃
13.8	13.8	21.1	21.7	23.7	上白	近上	上中
15.2	14.6	22.1	23.3	23.3	上白	上中	中
17.2	16.9	24.4	23.5	23.5	上中	中	中级
19.6	18.9	24.6	46.8	43.3	上中	中级	上级

(二)从稻谷生理特性看

(1)大多稻谷无后熟期，收时已成熟，有发芽力，且一般含水量达 25%即可发芽，因此，收时遇连阴雨就可发芽。贮藏中如遇清露等都会导致发芽霉烂。

(2)稻谷的呼吸强度与含水量、外界环境有关。12～20℃时，含水量小于 16%，呼吸弱；含水量大于 16.5%，呼吸加快，且从含水量 16%时开始呼吸强度显著加大，据此，可制定安全水分标准。这个安全水分标准，随品种、季节与气候条件的不同而有所差异，晚稻大于早、中稻，气温低时可高些，反之则低些。一般，在南方地区，稻谷的适宜温度为 5～30℃，含水量为13%～18%。

(三)从不同收获期看

(1)早稻收割早，入库后原始粮温度高，易受病虫危害，特别是进入秋末冬初，因温差大很易结露生灾，造成生芽霉烂。

(2)晚稻收割时,气温已降低,不易及时干燥,原始水分高,易发热霉变,加上入库水分高(在7.7%左右),即使冬季也能发热。

二、稻谷贮藏方法

(一)常规贮藏方法

(1)控制水分。经曝晒或干燥处理,使水分低于安全标准。

(2)清除杂质。即清除杂草、稗子、疮粒,要求含杂量小于0.5%。因杂质含水多,使粮堆孔隙度小,湿热积累于堆内,不易散发。

(3)秋后通风降温,缩小谷层温差。防止谷堆上层结露,中下层发热。

(4)低温密闭。当冬季粮温降至10℃以下时,应密闭压盖。

(二)高水分稻谷短期保管方法

(1)薄膜密闭法。收后湿谷(含水量约25%)的晒场或仓内,堆成高80cm、底宽1m的梯形长条,覆膜密闭,可保3d内不发芽霉变,加工成米虽有异味,但仍可食用。

(2)拌和漂白粉密封法。可保5d内不发芽霉变,加工成米无异味,漂白粉用量为1kg/500kg稻谷。

(3)喷洒丙酸法。丙酸是一种无毒抑菌剂,对湿谷有抑制发芽作用。每500kg湿谷喷0.5kg丙酸。喷后1～2d不会发热,但3d后谷堆易发热,故要常翻动,这样可使湿谷保存7～10d不发芽腐烂,晒干加工成米品质好。

第四节 水稻的综合利用

一、稻谷的综合利用技术

稻谷的综合利用,首先是进行初加工,使其成为大米、稻壳和米糠。这是机械碾制的过程,属于物理加工方法。由稻谷加工成稻米的过程统称碾米。其中剥除颖壳的操作过程称为砻谷,所得到的颖壳称为砻糠,内部籽粒称为糙米。去除果皮、种皮、糊粉层和胚的过程称精碾米。所剥除的果皮、种皮、糊粉层和胚(也总称为皮层、糠层)为糠,内部为白米。

(一)稻谷加工技术

稻谷加工的主要产品是稻米,副产品为稻壳和米糠。实际上,稻谷的加工过程就是制米过程,它包括清理、分级、砻谷、精碾、成品清理和包装过程,其中的主要工艺为砻谷、精碾。

1.稻谷清理和分级

(1)稻谷品质指标

一般,稻谷品质的指标主要包括:

①新鲜度。指稻谷的酸度和水溶物含量。

②水量。过湿难碾磨，不易筛粉；太干易出碎米，损害品质。

③夹杂物。稻谷由于生长条件、收获期、收获技术及保管和运输条件不良，会增加稻谷中的夹杂物，影响保管和加工，降低生产效率或出品率，甚至有的还会影响人体健康。

④千粒重。其值大，含粉多，加工得率高；反之，粒小而轻，得率低。

⑤容重。指单位容积原料的重量，kg/m^3。它是计算仓库体积和运输工具容量的依据，也是测定原粮品质和计算出米率、出粉率的指标。容重和千粒重大，在一定程度上保证了原粮品质；而容重大、千粒重小或容重小、千粒重大的原粮则品质较差。

⑥病害虫感染度。被病害虫感染的原粮，加工得率低，带有不良气味和滋味，有时还会危害人体健康，原粮中不允许有活虫存在。

(2)稻谷清理分级

①目的

工厂在制米过程中，因原料来自各地，品质各异，故必须对不同品质的原粮按品种、类型、产地、成熟度及完好程度给以分类，同时依含水量、灰分含量、粮粒纯净度和大小等予以分级。清理分级使得原料具备适于加工的条件。

②清理原理和方法

a. 夹杂物的类型。稻谷杂质按其化学性质可分为无机杂质和有机杂质。无机杂质包括：泥土、砂石、砖瓦块、并肩石(其形状大小与稻谷相仿)及其他无机物质。有机杂质包括：无食用价值的稻谷粒、黄粒米(胚乳呈黄色)、稗子、异种粮粒及其他有机物质(虫尸、虫蛹、虫卵、稻草等)。

稻谷杂质按杂质粒度大小可分为大、中、小型杂质，以及并肩石杂质。大型杂质(也称大杂)是指留存在直径为 5mm 圆孔筛上的杂质；中型杂质(也称中杂)是指留存在直径为 2mm 圆孔筛上的杂质；小型杂质(也称小杂)是指通过直径为 2mm 圆孔筛的杂质。

稻谷杂质按杂质比重不同可分为轻型杂质和重型杂质。轻型杂质如绳头、布片、秸秆、杂草、纸屑等；重型杂质如石块、金属等以及细小杂质(泥沙、尘土)。

b. 清理原理。利用原粮粒与各种夹杂物间大小、形状、比重、静止角、悬浮速度等的不同来清理。

c. 清理方法。常用的稻谷清理方法包括筛分、风选等。

• 筛分。这是最常见的清谷方法。它利用筛面倾斜度或往复运动，使谷物在筛面上做相对运动来清理大小杂物。因谷物与杂质的大小不同，选用适当的筛孔，混合物料在筛面运动时，会产生自动分级现象，大粒而比重小的浮在上面，小粒而比重大的则下沉到物料底层与筛面接触。筛孔选择得当，就能将比粮粒大与比粮粒小的杂质分开。若通过装有 2～3 层不同筛孔大小的筛面的筛理，就可较好地清理出杂物。筛面类型：固定筛面、振动倾斜筛面、圆筛面。

• 风选。当杂质的大小与粮粒相当，不成熟粮粒与成熟粮粒大小相近时，就可用风选法进行筛分。风选就是依据杂质与稻谷悬浮速度的不同而进行筛分，不同比重的物质在不同方向的气流中表现出不同特性。常用的风选方法包括：

上升气流分离杂质，可采用大于杂质而小于基本粮粒的临界气流速度来分离杂质；

水平气流分离杂质，一般采用向上倾斜约 30°的气流来分离杂质，如风车、去石风箱等。

- 其他方法。如磁选、袋孔分离、斜面分离、摩擦分离等方法。

③清理设备

a. 筛分设备，如溜筛、振动筛、高速筛、圆筛、平面回转筛等；

b. 风力分离设备，如去石风箱、吸式比重去石机、吹式比重去石机等；

c. 磁选设备，如吸铁箱、磁选机等；

d. 袋孔分离设备，如碟片精选机、滚筒精选机等；

e. 斜面分离设备，如倾斜环带和抛车等；

f. 摩擦分离设备，如打芒机(金刚砂打麦机)、立式花铁筛打麦机、擦麦机等。

各种清理设备间用绞龙、输送机、升运机等串联。

④稻谷清理过程

稻谷清理以筛子筛分为主，常先用振动筛、去石机、吸石设备做初步清理，再用打芒机及振动筛去芒，最后用分级筛分开大小粒。

2. 砻谷

砻谷是指净谷脱去内外颖成为糙米的过程，它包括脱壳、谷壳分离、谷糙分离三个工序。

(1)脱壳。用砻谷机使净谷通过两个相反方向转动的滚筒或砂盘中间，谷粒因受机械摩擦及稻谷间的摩擦而脱去谷壳。

(2)谷壳分离。利用比重差异，采用风车、吸风机等风选设备可将谷壳分离出来。

(3)谷糙分离。采用筛分对谷糙混合物进行分离。糙米比谷粒体积小，比重大，表面光滑，因而能下落到粮层底部，谷粒集中于筛上层易将之分出。

3. 碾米

碾米是指糙米除去外皮和胚成为白米的过程。

(1)方法和原理。碾米时主要运用物理机械方法。其原理：利用米粒与碾米机构件和米粒与米粒间的相对运动产生摩擦，由于糙米皮层柔软而内部胚乳坚硬，因而能使糙米皮层剥离，利用金刚砂辊筒的表面，沿着糙米表皮做连续的快速运动，不断地把米皮剥离下来。糙米层碾米后的产物为白米和米糠，用筛可将两者分开。

(2)有关碾米方面的几个名词。

出糙率——稻谷经砻谷后，出糙米的百分率。

出米率——糙米经精碾后所得白米的百分率。

精度——除去种皮与胚的程度，即精碾程度。

4. 成品整理

糙米碾制后，所得米粒表面仍附有一层糠层，使米色混浊而无光，既影响成品产量，又影响贮藏，必须经整理。这个过程包括如下三道工序。

(1)擦米。利用铁辊筒碾米机或卧式腰带擦米机，使米粒光洁、耐藏。

(2)凉米。从米机中出来的米温较室温高 15～20℃，可利用吸风分离器及生产中的通风等进行冷却。

(3)成品分级提碎。一般来说，成品分级工作就是提碎，即根据成品质量标准，分离出超过规定数量的碎米。筛分设备可选用圆筛、溜筛、平摇筛等。分级是为了适应国内外大米质量的特殊要求而设置的工序(按大米中含碎米量定级)。

5. 成品质量

制米的每项操作都会影响到成品的产量和品质，其中以精碾的影响最大。精度即指精碾程度，关系到米色、出米率以及米粒营养成分（见表 2-5），其中以糙米的营养价值最高。

表 2-5　不同精度米(100g)的化学成分

米的名称		蛋白质/g	脂肪/g	灰分/g	Ca/mg	P/mg	Fe/mg	VB_1/mg	VB_2/mg	VPP/mg
粳米	糙米	8.9	2.0	1.5	84	290	2.0	0.35	0.09	5.5
	标准米	8.3	1.6	1.0	—	208	—	0.29	0.05	—
	精白米	8.0	1.0	0.6	40	200	1.5	0.14	0.04	3.2

营养价值同时也取决于人体对营养成分的吸收率和吸收量，精度高的米，吸收率高，但除糠以后吸收量又较小。所以，制米虽是一种机械操作，但需考虑成品的品质、出米率及营养成分。

6. 蒸谷米加工

蒸谷米定义：把谷粒先浸泡再蒸，待干燥后碾米制得。最初制蒸谷米是为了避免未晒干稻谷发芽或霉变，而采用蒸煮、炒干等方法以利贮藏和保管。

(1)加工过程。浸渍→蒸煮→干燥→碾米→成品。

(2)蒸谷米的优点。①营养丰富。因浸泡和蒸煮使谷壳和米糠中的 VB、VPP 溶于水而渗入米粒中，使之营养增加。常压浸渍蒸煮及干燥制得的蒸谷米（粳稻），其 VB_1、VB_2、脂肪、Ca、P 均高于常规白米。减压浸渍、加压蒸煮、减压干燥制得的蒸谷米中 VB_1、VB_2、VPP 含量增高。②不易发热生虫而利于保存。经热处理后，谷粒及微生物丧失活力，酶活性受抑，故易保存；胚孔经胶化后干燥，硬度增大，不易受虫害，不易吸水传热，含水量稳定。③出米率高，碎米少。在制蒸谷类等特殊米时，因采用了加热处理，使稻米产生了很多生化变化，改变了胚乳结构和化学成分，使蒸谷米胚乳硬度增大，胚和表皮紧密黏在米粒上，使碎米粒减少，出米率提高，脱壳变易。④出饭率高。蒸谷米胀性增加，较普通白米出饭率提高 4%，较稻米提高 4.5%。⑤增进煮制性。其饭粒表面光滑，不易煮烂破碎。⑥增进风味。经煮制部分淀粉被糖化，故略有甜味。又因胚及皮层中的芳香物在煮时已进入胚乳，故有特殊香味，是五谷米很有价值的加工方法，值得推广。⑦饭松软可口。可溶性营养物质增加，易于消化吸收。

(二)米的综合利用

米是我们重要的粮食。其产后用途首先可直接用作粮食，当作为粮食有富余时就可开展综合利用。米的综合利用主要仍是作为食品工业原料，以加工成副食品，满足人们需求。此外，米也可作为饲料、医药、化工等其他行业的原料。米的产后去向如图 2-3 所示。

图 2-3　米的产后去向

1.食品工业

(1)特制米类

①强化米。大米中添加营养物质,可增加食用米的营养价值。大米中的营养成分如蛋白质、维生素、无机质等,其含量随精白率的下降而减少(见表 2-6),其中维生素的损失最大,由于人体所需 VB_1 主要来自粮食供给,所以减少 VB_1 损失,或添加 VB_1 以补充损失就起到了强化作用。

表 2-6 100g 米的精白率与主要营养成分含量关系

精白率/%	水分/%	蛋白质/g	脂肪/g	糖类/g	纤维素/g	灰分/mg	Ca/mg	P/mg	Fe/mg	VA/mg	VB_1/mg	VB_2/mg	VPP/mg	VC/mg
100	14.5	7.5	2.3	73.4	1.0	1.3	9	280	0.1	0	0.4	0.4	5.0	0
94	14.5	6.8	1.2	76.3	0.4	0.8	6	170	0.5	0	0.25	0.25	3.0	0
92	14.5	6.4	0.8	77.4	0.3	0.6	6	160	0.4	0	0.10	0.04	1.5	0

②胚芽米。胚芽米即含有胚芽的白米。胚芽营养丰富,每 100g 胚芽含粗蛋白 21.57g、脂肪 23.59g、VB_1 0.45mg、VB_2 0.36mg、VB_4 4mg、菸碱酸 35mg、VE 35.47mg 等。胚芽在糙米中占 3%,碾米时,大多落入米糠中。如采用高速研削式碾米机,则可得到胚芽米。但胚芽米贮藏性差,易酸,饭微黄,黏度小,粗硬,适口性差。

③不淘米。不淘米是指采用湿法碾米加工工艺精制而成的白米。加工原理:在碾白时用水或蒸汽把糙米表面润湿,使其软化,然后迅速去糠层,再用气流把糠屑排出。这样,可全部去除糠层,使大米白度增高,外表光洁,不易黏附糠屑。这种米可直接水煮成米饭。

⑤水磨米。水磨米是我国传统精米产品,又称水晶米。其关键在于将碾米机碾削脱皮后的白米陆续渗水磨光。水磨米的生产技术关键包括:加强稻谷清理除杂,确保净谷上砻;提高砻谷和谷糙分离操作水平,确保大米色泽白;渗水碾磨的用水要清洁卫生;渗水量掌握要适当;渗水碾磨成品米粒呈油润光泽,冷却后要“浸白”。

⑤膨化米。将含水量较少的大米装入膨化机中,经加热加压处理,使其体积膨化,组织结构发生变化。经粉碎后可加工成米粉和各种米制食品或作为加工面包、蛋糕、饼干等的补充原料。

(2)大米方便食品

大米方便食品于 20 世纪 40—50 年代开始流行于日、美等国,它包括多种类型。

①即食米饭。即食米饭是指已经煮熟并经调味,用容器密封保存,打开封口或稍经加热即可食用的米饭。

加工方法:大米→淘洗→常温第一次浸泡于水 30min,使重量增加 25%～30%→第一次常压蒸煮 10～20min→60℃温水第二次浸泡 0.5～1min,使重量增加 60%～80%→第二次蒸煮 10～20min→60℃温水第三次浸泡,使重量增为原料重的 200%～230%→滤去水→成品黏度小,包装易。此为三浸二煮工艺。

调味:可以在最后一次浸泡中以调味液代替温水制成风味多样的产品,或者将佐料包装成小袋与米饭一起用蒸煮袋或罐头包装并杀菌,以利保存,食用时先用热开水加热 10min 后再启封。

②速煮米饭(脱水米饭)。按加工工艺不同,一般只要短时间(5min)蒸煮或不用蒸煮,仅用热水浸泡即可食用的米饭,称为速煮米饭(脱水米饭)。它可分为两类:多孔性速煮米饭(如用膨化工艺)和非多孔性速煮米饭(如利用 α 化工艺)。

以美国用糙米制作速煮米饭工艺为例,其加工方法:原料→淘洗→第一次浸泡→第一次烘烤→第二次浸泡→第二次烘烤→成品。

条件要求:室温下浸泡 2~3h,使其体积增大 1 倍。烘烤可用普通烤炉,在 149~177℃下烘烤 40min,使米粒呈淡黄色。这样制得的速煮米饭只需蒸煮 5min 即可,它不粘锅且开胃好吃。

③大米方便粥。大米方便粥主要包括速煮粥、八宝粥、方便米粥、咸味八宝粥、乌饭营养八宝粥等。

④大米早点制品。以大米为主料用各种方法加工而成,是一类松脆可口、风味独特、易于保存且方便食用的食品,在欧美常作为早点,它花样很多,常见的有膨化大米和米片等。

⑤米粉条。米粉条是中国南方具有悠久历史的传统方便食品。其工艺为:淘洗→浸渍→粉碎→和粉→压粒→蒸制→榨粉→冷却→曝晒→成品。

⑥米粉类。米粉类是指以米粉为主料制成的食品,包括速食方便米粉、高蛋白米粉、膨化速食健儿粉、糕点、黑米羹、黑芝麻糊、膨化锅巴、蒜为素、云片糕皮、营养麦圈等膨化小食品、大米面包、大米饼干等,这是大米加工副食品的主要途径。下面仅介绍主要几种:

a. 膨化速食健儿粉。这是一类以大米为主料,经膨化后加入奶粉、蔗糖粉、麦胚粉、强化赖氨酸、多种维生素、钙盐和锌盐等制成的食品。谷物食品膨化后改变了内部分子结构和性质,如膨化米水浸物含量增加 6 倍,糊精含量增加 4 倍。经膨化使淀粉部分裂解,提高人体吸收率,再加工后的膨化组织呈多孔性,有利于提高消化率。膨化对产品中的营养成分破坏少,使产品易于长期保存。产品可直接沸水冲食,方便,口感好,可作为婴儿食品。

• 配方。大米膨化粉 65%、全脂牛奶粉 8%、蔗糖粉 17%、全蛋粉 2%、麦胚粉 4%、赖氨酸 0.12%、精盐粉 0.5%、植物油 3%、VB_1 5mg/kg、VB_2 3mg/kg、$CaCO_3$ 10g/kg、$CaHPO_4$ 或 $Ca_3(PO_4)_2$ 11.2g/kg、葡萄糖酸锌 30~50mg/kg、$FeSO_4$ 150mg/kg、VC 50mg/kg。

• 工艺流程(见图 2-4)。

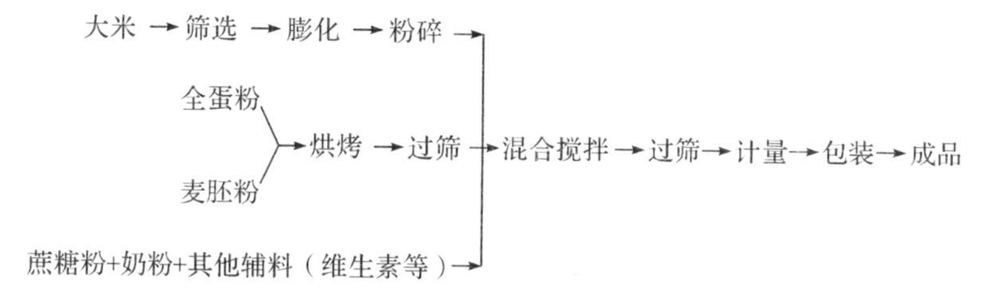

图 2-4　膨化速食健儿粉的工艺流程

• 工艺要点。大米膨化后粉碎过 60 目筛,放入搅拌机,一边搅拌一边加植物油,以增加粉粒比重以便混匀;全蛋粉和麦胚粉放入烘箱于 100℃下烘烤一定时间,以达到杀菌目的;原料混合,该工序的关键是混合均匀,这关系到产品剂量的准确性、营养价值及外观,尤其是添加剂及营养米混合的均匀程度,直接影响到产品质量。事实上,固体原料间是不可能完全混合均匀的。各种固体原料粉碎度适当及颗粒大小相近是混合均匀的先决条件,混合操作仅是用外力使各成分排列达到近似均匀态。

盐水 猪油
↓ ↓

b. 米巴。其工艺流程为：米粉→搅拌→再搅拌→蒸粉→打散→加淀粉搅拌→压片→切块→油炸→调味→冷却→包装。

调味液
↓

c. 大米香酥片。其工艺流程为：米粉、淀粉→过筛→ 拌料 →蒸料→舀糕→压糕→切条→冷置→切片→干燥→油炸→调味→冷却→成品包装。

d. 大米膨化锅巴。其工艺流程为：米粉、淀粉、面粉→混合→润水搅拌→膨化→凉冷→切段→油炸→调味→称量→包装。

(3)大米酿造食品

大米通过发酵可制得酒、醋、味精等食品。

①大米酿酒。以大米为原料可以酿制黄酒、白酒、啤酒等。

a. 淋饭酒。其成品主要有传统做法的绍兴元红酒和加饭酒。本品酿造设备极简单，仅需瓦缸、酒坛、蒸桶、木耙等少量工具。淋饭酒的酿造流程如图 2-5 所示。

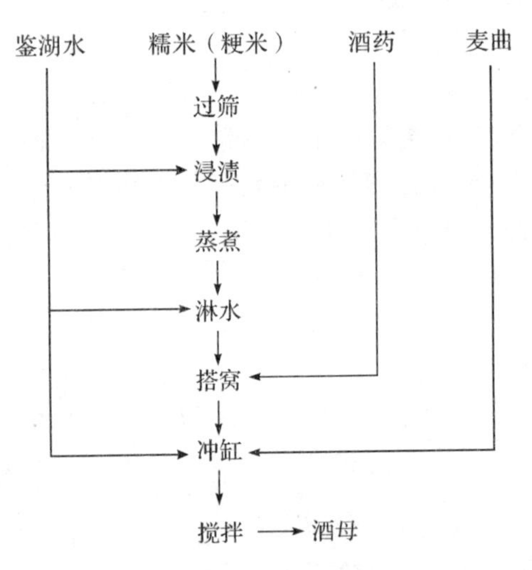

图 2-5 淋饭酒的酿造流程

• 配料。配料依米质和用途不同而异，以糯米和粳米为例，其具体配比情况如表 2-7 所示。

表 2-7 糯米与粳米酒母配料(以缸计)

品名	米量/kg	饭量/kg		酒药/g	麦曲/kg	水(落缸用)/kg
		出饭量	总饭量			
糯米	100	0.975	195	350	15.5	100
粳米	75	1.125	169	300	11.75	60

• 米清理和浸渍。精白度要求 92%以上，浸渍使米充分吸水而使淀粉膨胀，利于蒸煮糊化。

• 蒸煮和淋水。蒸煮是使淀粉糊化，易被淀粉酶水解糖化，这是一个关键环节。浸米要求吸足水，蒸米要求软而不烂，一粒米一粒饭，淋水畅通。糯米性软，饭黏性强，可采用一次蒸煮法，蒸时二次浇水；粳米性硬，胀性大，吸水力强，黏性差，可采用二蒸一泡法。淋水要在蒸煮后立即进行，目的是速降饭温，洗去饭粒黏质，利于通气和拌酒药。

• 落缸（拌药搭窝）。即指原料蒸煮糊化后，拌入糖化发酵剂的操作。淋水后，沥干余水，倾入缸中，常分次倾缸，每次拌入酒药粉末，使饭药充分拌匀，然后搭成U字形。

• 糖化与发酵。酒药中的微生物呈休止状，但落缸后遇到丰富营养和适宜温度就会生育。其过程分为两个操作。

操作一：冲缸。糯米饭落缸后经保温发酵59h，粳米经保温糖化发酵约51h即可冲缸，这时窝液满至八成，冲缸时先去掉保温草席和草织、缸盖，而后以前述配料，糯米加曲15.5kg、粳米加曲11.75kg，分别注水111kg和50kg搅匀。经冲缸后，发酵醪中的糖分和酒精浓度均被稀释一倍，更利于酵母的增殖和发酵。

操作二：灌坛。在5～20℃条件下，采取提前灌坛，即在冲缸后以草织盖和草席围上保温4～8h，待品温上升2～3℃后即行灌坛，使其主发酵和后发酵均在坛内完成。灌坛后一般不加管理，任其发酵20～25d，即可作为酒母使用。

b. 白酒。固态白酒的酿制工艺为：选料→预处理→配料→蒸煮→摊凉拌曲→入池发酵→蒸酒→贮酒老熟→勾兑调味→成品。

c. 加饭酒。它是在配料中增加了饭的用量并以摊饭法酿制而成的一种特殊黄酒。其酿造工艺基本上与元红酒相同，但在酒醪中的饭量增多。主发期延长至15～20d。

d. 葡萄酒。以葡萄为原料，经发酵、陈酿而成的低度饮料酒。

e. 啤酒。即用碎米制啤酒。在低温下，用米粉高浓度糖液与酵母作用能进行微弱发酵，可制成一种具有啤酒香味、色调和发泡性，而又不含乙醇（啤酒含乙醇3%～5%）的碳酸饮料。

2. 饲料工业

用碎米配制饲料。

3. 化学工业

大米经化学处理或酿造可制取酒精、丙酮、丁醇、柠檬酸等。

（三）米胚芽的综合利用

一般米胚芽在碾米过程中大多会进入米糠，可采用分离技术生产米胚芽，如采用风筛结合振动筛分离可得到胚芽。

（1）米胚芽油。分离下来的胚芽经酵素钝化处理，集中提油，集中精炼，所榨出的米胚芽油富含天然VE，这在美国、日本十分流行。

（2）米胚芽食品。胚芽经100～150℃干热处理可制成全脂胚芽、脱脂胚芽或制成胚芽粉等产品，然后作为食品添加剂（物）用来生产含胚芽的面包、糕点、面条等。

（四）稻壳的综合利用

稻壳又称杂糠，含有水分7.5%～15%、粗纤维35.5%～45.0%、木质素21%～26%、多缩戊糖16%～22%、粗蛋白2.5%～3%、灰分13%～22%，其主要成分为粗纤维、木质素、多缩戊糖等。因此，稻壳可用作燃料或饲料，也可分解或提取多种工业产品。

1. 饲料工业

(1)蛋白饲料。日本用稻壳粉、米糠、纤维分解酶及 $NH_4H_2PO_4$ 等混合物,经米曲霉发酵,生产出的饲料粗蛋白含量高达 30%。

(2)高蛋白饲用酵母。利用味精厂的废酸水水解稻壳来生产高蛋白饲用酵母。所得干酵母粉粗蛋白含量大于 43%,含多种氨基酸,安全无毒。其关键技术为合理控制稻壳酶解条件,提高水解糖收得率与质量。酸解法比碱解法的收得率更高,各味精厂废水 pH=0.8~1.0,是理想的稻壳粉水解剂。这样处理废水,可节省大量盐酸和相当数量的排污费,化害为利,经水解的稻壳渣仍可作燃料。

2. 化学工业

(1)干馏系列产品

稻壳干馏是指在 270~550℃高温隔绝空气的条件下进行热裂解反应。干馏得到的产物有气体、液体和固体。将这些初级产物再进行分馏、提炼、精制,可得到许多有价值的化工产品,如甲醇、糠醛、活性炭、白炭黑、二氧化硅等。稻壳干馏的综合利用如图 2-3 所示。

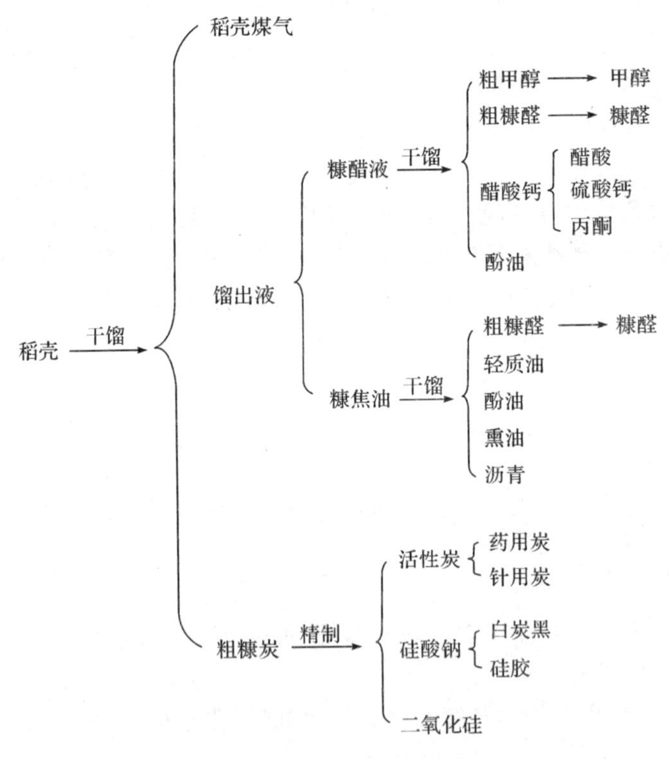

图 2-6 稻壳干馏的综合利用

(2)水解制品

砻糠用酸水解的主产品是糠醛,水解后的糠渣还可经干馏生产上述产品。糠醛是有机合成化学工业的基本原料。由于糠醛具有醛基、二烯基醚官能团,因此糠醛具有醛、醚、二烯烃等化合物的性质,可制造橡胶、树脂、人造纤维、药物、尼龙、染料等工业产品,它还可广泛地用作有机溶剂、除锈剂、防腐剂等。凡有多缩戊糖成分的农林改料,如稻壳、棉籽壳、玉米壳、菜籽壳、花生壳、向日葵壳、玉米芯、麦秆、木屑等均可用来生产糠醛。

（3）利用稻壳及其水解残渣制活性炭

活性炭是一种多孔性物质，表面积大，特别是内表面积可达 500～1000m^2/g，所以，对气体、蒸气有强大的吸附力，用途很广。活性炭可用于糖液、油脂、甘油、醇类等的脱色、除臭、净化和精制，溶剂分离，气体净化及用作化学合成催化剂和催化载体等，它分为粉末、颗粒两种类型。

①原料。如稻壳、碎木材、木屑、核桃壳、杏仁壳、棉花包壳、花生壳、玉米芯、棉籽壳等。

②制法。以植物原料制取脱色用活性炭的方法主要有以下三种：

a. 高温闷烧法。原料在 400℃下裂化，并挥发掉含 C、H、O 的化合物和含微量 Ca、K、Na 等的盐类，得到干馏炭。这种炭因毛细管被高级烃等堵塞，没有活性，经除杂、高温闷烧，使其活化，才能得到成品。

b. 药品激活法。原料用 $ZnCl_2$、NH_4Cl、$CaCl_2$ 等激活药品浸渍，然后进行低温炭化，再灼烧活化而得成品。使用激活药品的目的是使原料中的纤维素及一些碳氢化合物、胶质物在高温加热时加速分解或氢化除去，以增加表面积。

c. 水蒸气活化法。将已炭化的原料通过热的水蒸气在高温下使其活化，此法有成本低、质量好、生产快等特点，但对设备要求高。

③工艺流程。

a. 以皮壳为原料生产工业脱色用活性炭的工艺流程为：植物皮壳→粗碎→浸药→炭化→活化→回收药物→盐酸浸洗→水洗→离心脱水→烘干→粉碎→工业用活性炭。

b. 以水解残渣为原料制取工业脱色用活性炭，有以下两种方法。

其一，高温水蒸气活化法，工艺流程为：残渣→炭化→活化→粉碎→活性炭。

其二，高温闷烧法，工艺流程为：残渣→炭化→粉碎→漂洗→离心脱水→高温闷烧→活性炭。

c. 以皮壳或水解残渣制电池用活性炭的工艺流程为：原料→浸料→烘干→炭化→活化→整理→活性炭。

（4）合成橡胶

从稻壳中分离得到的硅化物是橡胶的增强剂，加入稻壳灰制成复合橡胶及其制品，其机械性能超过普通橡胶，而且成本低。

（5）其他化工产品

稻壳还可制硅酸钠、沸石、草酸等。

3. 能源工业

（1）稻壳煤气发电。其原理是将稻壳通过煤气发生炉产生煤气，再用煤气驱动煤气内燃发动机，带动发电机组发电。主要设备是稻壳煤气发生炉、稻壳煤气发动机。该法经济效益好，成本低，易推广。江苏吴江市八圻米厂安装了一套 140kW 稻壳煤气发电机组，多年来运行正常，经济效益好。

（2）稻壳生产炭柴。稻壳在密封炭化炉中缺 O_2 干馏成炭粒→压制成各种形状的炭块、炭棒。这种炭块或棒燃烧时间长，起火快，成本低，是火锅等的优质燃料。

泰国采用螺旋挤压机挤压稻壳生产的"劈柴"，火苗消失后仍可烧 2h，其热值比普通木柴约高 60%，其生产工艺为：粉碎稻壳→去水→压制成型。

（3）稻壳代煤、代汽油直接作能源。①稻壳燃烧时产生的热量为 2800～3800kcal/kg，1t

稻壳产生的热量相当于 0.6～0.8t 煤。稻壳价廉，用来代替煤是合算的。②日本把稻壳(10%～20%)与煤粉混合制成煤砖，所含热量比单独用煤粉做煤砖高 500～1500kcal/kg。③日本把稻壳、木炭粉、无烟煤粉、无烟火药、水等混合成粉末燃料，代替汽油作燃料。

4. 建材工业

(1)制砖和水泥。稻壳含 20%无定形硅石，是制砖和水泥的良好原料。

(2)造板材。①印度用稻壳和水泥按 1∶2 质量比压制成的松散容重为 $1100kg/m^3$ 的建筑板材，抗压强度可达 $120kg/km^2$。人造稻壳板发展潜力大。②我国上海等地以稻壳为原料加入有机或无机黏合剂生产稻壳板，已制出酚醛树脂和脲醛树脂胶黏剂，并摸索出一套制造稻壳板的工艺，试制了一批家具。

5. 环保工业

稻壳可作为环保的原料，利用稻壳或炭化稻壳过滤废矿污水，可除去废水中的铁、镉、锌等重金属。

6. 农业

稻壳含有机质 21.17%、氮 0.15%、磷 3.65%、钾 3.83%，可作肥料。如可用稻壳灰、菜油下脚、菜饼等配成有机复合肥，该复合肥氮、磷、钾保全，有机质丰富，作物增产显著。

稻壳作为培养基，生产香菇、木耳等食用菌，效果好。如可用稻壳和棉籽壳各一半配合培养平菇，采用该法成本低了一半。

7. 钢铁工业

稻壳制成的硅酸钾可作为钢铁工业上的添加剂，其工艺流程如图 2-7 所示。

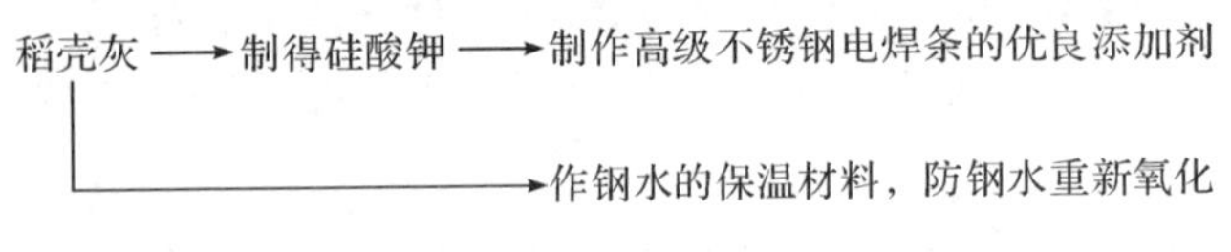

图 2-7 稻壳制成钢铁工业添加剂的工艺流程

8. 利用稻壳生产石油天然气钻井液用堵漏剂

通过特殊的理化手段(膨化技术，又称裂解技术)提取稻壳占 85%的韧性纤维，将提取的纤维在科学的配方中进行复配，开发保护油层的随钻堵漏剂。

(五)米糠的综合利用

米糠是指糙米的外皮和胚芽的混合物，占糙米重的 5%～7%。米糠的成分随品种、精碾条件等不同而有较大差异。它的主要成分为：粗蛋白 12%～18%，油脂 14%～24%，植酸盐 7%～11%，无氮浸出物 28%～43%，水分 7%～14%，灰分 8%～12%。

1. 食品工业

米糠可直接制酒、米糠粉、饴糖、米蛋白，还可以制酱和制油等。

(1)米糠制油。米糠是一种重要的油源，而且它与大豆、油菜等油料作物不同，不需要专门栽培，不占耕地。米糠油是一种营养丰富的植物油，食后吸收率达 90%以上。米糠的脂肪酸组成及维生素 E、甾醇、谷维素等脂质有利于人体的吸收，它有清除血液中的胆固醇、降低血压、加速血液循环、刺激人体内激素分泌、促进生长发育的作用。由于米糠油本身稳定性良好，适合作为油炸用油，还可制造人造奶油、人造黄油、起酥油、色拉油等。

采用压榨法或溶剂浸出法从米糠中得到液体毛糠油，毛糠油再经过脱胶、脱色、脱臭、脱蜡、脱固体脂，可以得到精制米糠油。米糠油中含15%～20%的饱和脂肪酸和80%～85%的不饱和脂肪酸，其中含有棕榈酸13%～18%、油酸40%～50%、亚油酸26%～35%。

(2)提取米糠蛋白。米糠蛋白是公认的优质植物蛋白，其必需氨基酸组成平衡合理，接近FAO、WHO推荐模式，其中赖氨酸含量较高，为其他植物蛋白所无法比拟。米糠蛋白的生物效价很高，且是低过敏性蛋白，营养价值可与鸡蛋和牛肉相媲美。

目前，提取米糠蛋白的方法有碱法、物理法和酶法三种。碱法提取米糠蛋白简单易行，且提取较为完全，因此比较常用。但应用碱法提取米糠蛋白时碱的浓度不能太高，否则会产生不利反应；物理法提取米糠蛋白可以提高蛋白提取率，但提取不完全；酶法提取米糠蛋白条件比较温和，蛋白提取率较高，且能更多保留蛋白的营养价值，但酶法提取目前仍仅在实验室中进行。因此酶法提取米糠蛋白应是科研工作者今后研究的重点。目前，实验室酶法提取米糠蛋白的工艺流程如下：米糠＋水→搅拌→调pH值→加酶→反应→离心→取清液→调pH值→离心→中和残余物→干燥米糠蛋白。

(3)米糠制酱。日本以米糠为主料，添加少量食盐与适量水，在一定温度下，加氧发酵快速制酱。在密封的容器内装入40%～45%米糠→放盐5%、水50%～55%(如米糠含水率为5%，则加水45%～50%)→在35℃下培养→发酵→24h后为好氧性培养，pH＝7→又24h为厌氧性培养，pH＝3→成品。

(4)脱脂米糠制作饲料和米粉蛋白。脱脂米糠的成分包括：水7.25%，粗蛋白6.96%，脂肪1.9%，纤维9.1%，灰分10.01%，可溶性无氮浸出物54.78%。

2.化工和医药工业

米糠通常先提油，对残渣脱脂糠饼进行综合利用。毛油可进行精炼，油精炼副产物是重要化工医药原料。

(1)糠饼提取植酸钙镁、植酸和肌醇

①植酸钙镁。植酸钙镁广泛存在于植物种子糊粉层中，以米糠饼中的含量最多。脱脂米糠饼含10%～11%植酸钙镁，是提取植酸钙镁的良好原料。制法：糠饼先粉碎，用盐酸液浸泡，经过滤再用石灰乳中和即可。现生产上常用稀酸萃取、加碱中和沉淀的方法，其工艺流程如图2-8所示。

米糠饼粕→粉碎→酸浸→过滤→中和沉淀→压滤→含水膏状植酸钙镁

图2-8　糠饼提取植酸钙镁的工艺流程

②植酸。植酸有多种用途，可用作生产防腐剂、防锈剂和保有剂的原料。它的生产都要先制得植酸盐。脱脂米糠提取植酸的工艺流程包括：

a.浸提萃取。将脱脂米糠放入稀HCl或稀H_2SO_4溶液中使酸度达0.1%～1.0%→加热至60～65℃→搅匀→静置萃取6～12h→过滤→再加水二次浸提过滤→合并滤液。

b.中和沉淀。在滤液中加NaOH或氨水，使pH值调整成偏碱性，重新沉淀出植酸钙镁碱或盐，沉淀完全后，抽滤，获得植酸钙镁复盐→用碱液洗涤过滤1～2次→用蒸馏水洗2～3次，以除去蛋白和无机酸→在90℃下烘干，碾碎→植酸钙镁复盐。

c.离子交换。复盐→悬浮于水中→并与少量阳离子树脂混合→拌匀，使pH＝2～3→过滤→阳离子树脂塔去除Na^+、NH_4^+、Mg^{2+}、Ca^{2+}等→再经阴离子树脂塔去除PO_4^{3-}、SO_4^{2-}

等，即可得 pH<1.5 的植酸液。

d. 真空浓缩。真空浓缩成淡黄色黏稠液，浓度可达 50%～70%。

③肌醇。植酸钙镁中含 20%肌醇，经水解，每精制 100kg 植酸钙镁可得 7～7.5kg 肌醇。肌醇是治疗肝炎、动脉硬化、营养不良的药品。

(2)制取碳酸氢钙

其工艺流程包括：

①酸浸。取糠饼粉 100 份→加 5 倍 0.5%稀 H_2SO_4 搅匀，并加入适量的水植酸防腐→25℃下浸 6～10h→吸去上层清液，将糠渣用 1.7 倍清水洗涤一次→压滤去渣→滤渣可制干酪素。

②澄清。将滤液集于大缸，加 5%酸性白土，用细布过滤 3～4 次。

③钙化。先用洁白鲜石灰 3 份，加水 15 份制成均匀的石灰乳，徐徐倒入滤液中不断搅拌→pH 7～8 的混合液→再拌 15min→静置去上清液→加入等量清水→洗去色素→至上清液清亮为止→压滤去水分。

④干燥。70～80℃下烘 24h，压碎过筛即可。

(3)制干酪素

干酪素由多种氨基酸组成，可作为塑料和皮革工业的上光剂，是纸和木材工业的胶合剂，优质干酪素还是高级营养品。

(4)制取糠蜡和三十烷醇

糠蜡是米糠油精炼时的副产物，主要成分是高级脂肪醇的蜡酸、木焦油酸、蜡酸酯。其用途广泛，如制地板蜡、鞋油等。

脱蜡，即米糠油精炼时通过低温过滤分离蜡质的过程。此过程可得到蜡糊。从蜡糊中可通过两种方法(压榨皂化法、溶剂萃取法)得到糠蜡。溶剂萃取法提蜡，蜡的得率高，质量好，经济效益优于压榨皂化法，但对设备要求高。

三十烷醇是新植物刺激剂。在纯米糠蜡中其含量达 10%，它常用于与高级脂肪酸合成蜡。糠蜡、蔗蜡、棉蜡、苜蜡、向日葵籽蜡等均可提纯三十烷醇，其中以米糠蜡为主。

(5)糠油皂脚制肥皂、脂肪酸、谷维素、谷甾醇

糠油皂脚是含脂肪酸钠、中性油、游离碱和水分的混合物，是一种没有完全皂化的皂料，如配合适当的硬化油，可以制成洗衣肥皂。利用廉价的糠油皂脚生产肥皂，是肥皂厂节约油、碱，降低成本的途径之一。

糠油皂脚的脂酸组成和米糠油基本相同，油酸为主占 40%，亚油酸占 35%，棕榈酸及硬脂酸含量占 20%。棕榈酸和硬脂酸的混合酸可供外贸出口，此外在医药、橡胶、肥皂等领域也有广泛应用。油酸与豆油酸可作乳化剂、有色金属浮造剂。皂脚制脂肪酸的方法以皂化酸解法为主，另外还有酸化水解法、水解酸化法等。

谷甾醇(谷固醇)是米糠油中不皂化物组分之一，从米糠油皂渣中提取的谷固醇是一种植物甾醇混合物，其中 60%～72%是 β-谷固醇。

二、稻草的综合利用

稻草含有纤维素 49%，淀粉 5.5%，蛋白 3.8%和油脂 1.48%。从成分看，稻草是造纸的良好原料。由于稻草中含有淀粉，故可利用其中的淀粉酿酒，然后再将酒糟作为饲料等。

(一)食品工业

1. 稻草酿白酒

工艺流程为:原料处理→配料→蒸料→摊凉→接种→发酵→蒸酒→脱臭及兑酒→成品。

(1)原料处理。稻草先去杂、去霉变的稻草,切成1～3cm长的小段,粉碎,过30目。

(2)配料。100kg稻草粉添加糠饼粉25kg,拌匀后掺入0.25%稀H_2SO_4溶液200kg,拌匀。加酸可调发酵物的pH值,抑制杂菌,并可在蒸料中促使部分纤维水解,增加白酒得率,也可利用其他含淀粉多的加工副产品或野生根茎类产品来代替糠饼粉。

(3)蒸料。蒸料可促使淀粉糊化,易于被微生物利用,促进部分纤维分解,并可消灭杂菌。一般把拌好的料放入隔水蒸锅内,蒸1h。

(4)摊凉及接种。场地洗净并用石灰粉消毒。用木铲搅拌并摊成20cm单堆,翻料9次,使各处温度均一,待料温降到30～35℃时,均匀拌入黄曲与一部分原料的混合物,黄曲用量一般为原料量的6%～10%。待料温降到25℃时,喷洒酵母液,10%用量,拌匀。

(5)发酵。待料温降到20℃时,把料分层放进发酵池或缸中铺平,盖上草垫或木盖,压实。控制料温为25～35℃,发酵4～5d,比甘薯、玉米等的发酵时间稍长。

(6)蒸酒。快速将发酵料出池,装入蒸馏锅中,接酒温度为30～60℃。

(7)脱臭及兑酒。稻草酿制的白酒,异味重,可用0.1%活性白土、0.1%活性炭及0.01%高锰酸钾均匀混入白酒,封缸后静置1～2d,过滤,即可去杂质中所含甲醇。一般100kg稻草可出5kg白酒,酒糟气味芳香,质地软,还含糖、淀粉、粗蛋白等,故可作饲料。

2. 制饮料业原料葡萄糖异构化酶

我国台湾中兴大学,在高温下用4% NaOH溶液浸提100g稻草24h,获得12g半纤维素和45.5g残渣,12g半纤维素可溶解于1200mL发酵液,其中含有2400单位的葡萄糖异构化酶,余下残渣含有许多纤维素,还可作饲料或生产葡萄糖、酒精。

(二)饲料工业——发酵饲料(除直接饲用外)

稻草在一定温度下与大豆渣、米糠皮等拌匀,接上曲霉和酵母菌,使其发酵,使稻草中的部分纤维素分解,增加糖的含量,接入酒曲等微生物发酵后,加入3%以下尿素,可使发酵物粗蛋白明显增加,质量提高,用其喂养家畜可提高消化率。

(三)农业

稻草可用于培养食用菌如蘑菇、草菇、凤尾菇。

1. 培养凤尾菇的方法

消毒:稻草把(1kg重)→0.5%石灰水浸泡48h→软化,并消灭病原菌→取出,用水冲至pH=8→滤干水→供接种。

播种期与播种量:播种→选用25～30d菌龄的栽培菌种→用种量占稻草干重的13.3%。

接种处理:接种用具用0.1%高锰酸钾消毒→拆开经消毒处理的稻草把,并铺于塑料膜上→撒菌种再卷起→外用草绳或铁丝扎2～3道,按三角形或井字形堆放在薄膜上→保温保湿促发菌。

培养管理：pH＝8～9，每潮菇采收后停水3～4d，通风。

2. 草菇配方

草菇配方：①稻草85％～90％，干猪（牛）粪5％～7％，石膏粉3％～5％，过磷酸钙少量，制成70cm×45cm×30cm的草砖；②稻草＋1％石膏，常用于室外栽培。

3. 蘑菇配方

蘑菇配方：每111m^2用稻草500kg、大麦秆1000kg、干牛粪3000kg、石灰50kg、石膏粉50kg、过磷酸钙25kg、尿素15kg、菜饼100～150kg，含水量65％。

（四）建材业

稻草可应用于建材领域，用来作为建筑物的墙体，如制成纤维板，或生产水硬性水泥等，这样可以少用红砖，节约用煤。

（五）造纸工业

稻草制纸浆的（土法）方法有低碱常压、碱法高压及石灰乳工艺三种。在山区农村，仍以石灰乳法为主。工艺流程为：原料整理→腌料→发酵→洗酱→压榨→干燥→成品。

第三章

小麦的贮藏与综合利用

第一节 概　　述

一、小麦资源概况

(一)小麦的重要性

(1)小麦是仅次于水稻的主要粮食作物,全球35%～40%人口将之作为主粮。小麦占人类食物总干物质的18%,食物蛋白质的17%由其提供。

(2)小麦是一种耐藏商品粮,在全国粮食消费总额中占20%,除作主食和副食外,其副产品还有多种用途,是食品、化工等许多领域的主要原料。

(二)小麦的生产概况

全球:2013年统计数据显示,小麦的播种面积为2.18亿公顷,总产量为71318万吨,主要集中在亚洲、欧洲以及美洲地区。

中国:2013年统计数据显示,小麦的播种面积为2411.73万公顷,总产量为12193万吨,占全球总产量的17.10%,主产地为河南、山东、河北、四川和安徽,并均以冬小麦为主。

浙江省:2014年统计数据显示,小麦的播种面积为123.18万亩,总产量为30.95万吨,主产于萧山、永嘉、兰溪等地。

(三)副产资源量

以经济系数0.35计,每生产100kg小麦,将同时生产$\frac{100}{0.35}-100=185.7$(kg)小麦秆。

二、小麦贮藏与综合利用的意义

从小麦供应现状来看，小麦与玉米、大豆、水稻等相比，利用程度居众粮之首。全球对小麦的需求量大，2008—2018 年，全球小麦消费量由 616.83 百万吨增至 739.86 百万吨，预计需求量呈现缓慢上升趋势。我国小麦基本能够自给，高档优质面粉尚需部分进口，所以对小麦的贮藏和综合利用有迫切需求。

从提高经济效益来看，小麦贮藏与综合利用意义重大。从国内外小麦加工技术发展趋势看，我国小麦同玉米、大豆等相比，在食物中占有更重要的地位，是食品工业的主要原料。要提高经济效益，促进小麦生产，还必须从其加工及深度利用着手。

从提高社会效益、提高人民生活水平角度来看，小麦贮藏及综合利用极为重要。要改善人民生活和营养，丰富人们物质生活，减少资源浪费，发展关于小麦的综合利用势在必行。

三、小麦贮藏与综合利用的现状与发展趋势

(一)小麦贮藏与综合利用的现状

小麦是易贮藏作物，其他方面没必要投入过多研究，目前主要集中在加工利用上。其综合利用现状如下。

1. 小麦的主要加工方向是制粉，变成主食面粉

其常规制粉工艺如图 3-1 所示的。

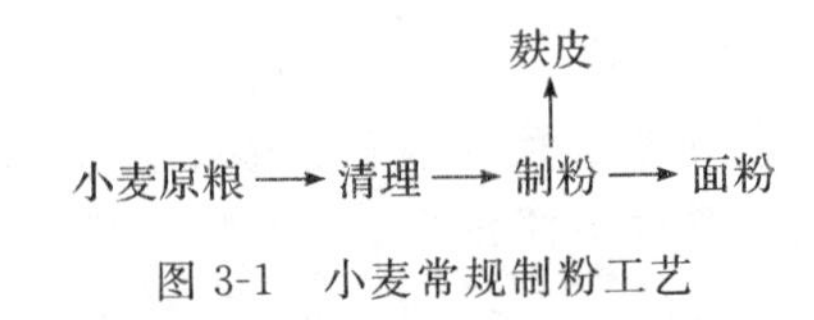

图 3-1　小麦常规制粉工艺

面粉是初级加工品，可再经不同工艺加工成面包、糕点、面条等食品；麸皮则是一种饲料，或用于发酵工业。

(1)国内利用水平。2005 年，全国小麦粉产品产量为 3480.4 万吨，其中特制一等粉 1481.1 万吨、特制二等粉 916.5 万吨、标准粉 408.4 万吨、专用粉 432.6 万吨。中华面粉网统计资料表明，2005 年面粉市场专用粉用粮已经占 35%，其中食品专用粉(包括部分方便面及速冻食品)占 20%、主食专用粉占 15%。随着食品专业化细分的加强，专用粉的市场需求十分强劲。虽然专用粉的市场空间很大，但目前专用粉产量不足面粉市场总量的 10%，许多需求还远远得不到满足。随着经济的发展，专用面粉需求量将逐年增大。

(2)国外利用水平。全用途面粉比例已减少到总量的 5%～10%，即随着大规模食品工业的发展，美国、加拿大等国家 90%以上面粉是以满足特定制成品质量的专用粉。面粉质量依用途和用户要求而定。面粉质量不再仅仅以粉色、灰分等常规指标来评价，而是以面粉均衡、稳定地生产某种物美价廉成品的能力来评价质量优势。质量标准如表 3-1所示。

表 3-1　不同类型面粉的质量标准

面粉类型	蛋白质/%	灰分/%	细度(微米筛孔)
面包用粉	>12.0	0.44～0.47	130
糕点面粉	<9.0	0.32～0.38	110
多用途粉	9～11	0.44～0.48	130
面条面粉	>12.5	0.42～0.50	110～130

日本有三个面粉标准:①强力粉(硬质面粉),蛋白质 11.5%～13.5%,干面筋>13%,湿面筋 40%,制面包用。②中力粉,蛋白质 9%～10.5%,干面筋 10%～13%,湿面筋 30%,用硬质和软质小麦混合制成。③薄力粉(软质粉),蛋白质 6.5%～8%,干面筋<10%,湿面筋 20%,用软质小麦制成,适用于制饼干、点心、面包。

总之,在各国的面粉等级中,大多以蛋白质含量为重要标准。全球范围内,瑞士、英国的面粉加工设备居领先地位,其生产上用微机控制,可依配方自动搭配小麦,自动控制水,自动改变面粉规格,自动混合面粉,自动检测计量质量等。

目前,全球制粉工艺总的发展趋势是:生产数量多的面粉品种,满足多种特定制成品质量的要求,适应食品工业发展的需要。

2. 小麦面粉的深度利用

小麦初级加工仅可生产面粉及麸皮,这种加工增值少,现小麦深度加工工艺及其产品日益发展,其经济效益也相应提高。国外已对小麦中的淀粉、面筋、胚芽、麸皮、有机酸、糖类、氮素和酵素等进行综合开发利用,生产出 20 种产品,重要的有小麦蛋白、淀粉、胚芽产品(如油、糖果、点心、面食)等。

(二)小麦贮藏与综合利用的发展趋势

(1)小麦制粉的综合利用技术将逐步提高。面粉将向多品种、等级化、专用化方面发展,副产品麸皮也出现等级化。

(2)面粉及其副产品的深加工综合利用将逐渐深入,所涉及的产品类型、工业用途日益广泛。

第二节　小麦的品质

一、小麦产品的组成

小麦产品是指从麦田中收获的生物体,包括小麦籽粒和小麦秆,其中小麦籽粒约占 35%、小麦秆(包括茎、叶、去麦稻头)约占 65%。小麦籽粒是其最重要的产品。

二、小麦籽粒的物理品质

(一)小麦籽粒的结构

小麦籽粒(通常也称麦粒或小麦粒)植物学上是个颖果,由果皮、种皮、糊粉层、胚乳及胚组成。小麦宜于制粉而不宜于制米是由麦粒本身的组织结构和化学成分决定的。

(1)小麦粒皮层厚,果皮各层细胞中,除膜细胞层是横向排列外,其他各层都是纵向排列的,整个皮层结构紧密而坚韧,剥皮较难。

(2)小麦粒有一条深度约为麦粒厚度一半的腹沟,腹沟内层皮面积占麦粒皮层总面积的 1/4～1/2,腹沟内的皮层难以去除,要使胚乳不碎而把皮层全部剥离也是很难的,所以适宜制粉。

(3)从化学成分看,小麦胚乳中的蛋白质能形成面筋,故其面粉具有其他谷物所不具有的特殊筋力,可做面包、馒头、饼干等多种食品,因此,全球大多用小麦制粉。

(二)小麦籽粒的外表形态特征

1. 麦粒形状和大小

麦粒外部形状呈长圆形,横断面呈心脏形。麦粒的粒度与品种、生长情况有关,也与含水量有关。

(1)含水量。麦粒含水多,颗粒饱满肥大;反之,则颗粒细小。

(2)颗粒大小。颗粒大的麦粒其表面积比颗粒小的相对小,麸皮含量相对少,在同等条件下,颗粒大的小麦与接近球形的小麦的出粉率高。

2. 麦粒充实度和劣质麦

(1)充实度。即麦粒饱满程度。饱满的麦粒中胚乳所占比例大,出籽率高;不充实和不成熟的麦粒中胚乳所占比例小,出籽率低,且表皮多皮缩、麦沟深。

(2)劣质麦。植物组织脆弱,清理时易产生碎麦,且吸水不均匀,影响研磨,因此,较多的劣质麦必然会影响出籽率。

3. 麦粒的均匀度(整齐度)

麦粒的均匀度(整齐度)是指麦粒大小一致的程度。均匀度好的小麦,除杂及磨粉时易处理。

(三)小麦籽粒的物理特性

1. 麦粒容重

麦粒容重是指单位容积的小麦重量(单位:kg/m^3),它是麦粒充实度和纯度的重要标志。容重大的麦粒,质量好,蛋白质含量高,胚乳较多,出籽率高。

2. 麦粒千粒重

麦粒千粒重是指一千粒麦粒的重量(g),通常为 17～41g。千粒重大的麦粒,颗粒大,含粉多。

3. 麦粒散落性

麦粒散落性即指麦粒自粮堆向四面流开的性质，它受麦粒表面结构、粒形、水分和含杂等情况影响。麦粒在某物体上能自动滑下的最小角度为麦粒对该物体的自流角，自流角与散落性有直接关系。一般，散落性差的小麦，清理较难，易堵设备，所以，散落性与制粉工艺直接相关。

4. 麦粒自动分级性

麦粒在运动时会产生自动分级现象，粮堆中较重的、小的和圆的籽粒沉到下面，而较轻的、不实籽粒则浮于上面。

三、小麦籽粒的化学品质

(一)麦粒的化学成分

前已述及，麦粒的化学成分对制粉有影响，小麦中化学成分的分布是制取面粉的依据。事实上，制粉的目的就是把富有营养的部分制成面粉，把人体不易吸收的部分除去。小麦中各种化学成分的含量因品种和生长条件等而有所差异，一般化学成分如表 3-2 所示。

表 3-2　整粒小麦的化学成分

名称		水分/%	蛋白质/%	碳水化合物/%	脂肪/%	灰分/%	纤维素/%
冬小麦	饱满籽粒	15.0	10.0	70.0	1.7	1.7	1.6
	中等籽粒	15.0	11.0	68.5	1.9	1.7	1.9
	不饱满籽粒	15.0	13.5	64.0	2.2	2.6	2.7
春小麦籽粒		15.0	13.2	66.1	2.0	1.9	1.8

(二)麦粒中各种化学成分及其制粉工艺的关系

1. 水分

麦粒中的水分含量常在 10%～13.5%，新麦含水较多，正常储藏条件下的小麦安全储藏的水分含量一般在 14%以下。适量水分的麦粒才能适应磨粉工艺要求，制出符合水分标准的面粉。

水分不足，胚乳坚硬不易磨碎，粒度粗，麸皮脆而易碎，影响面粉质量。水分过高，胚乳难从麸皮上刮净，物料筛理难，水分蒸发快，产品在溜管中流动性差，易堵塞，动力消耗大，产量低，管理操作难。因此，对入磨小麦的水分含量要加以调节，使之适合制粉工业要求。

2. 碳水化合物

小麦的主要成分是淀粉和水分，另外还有五碳糖、糊精和少量还原糖。淀粉在制粉中遇水凝结时会发生糊化现象而阻塞筛孔，影响筛理效果。小麦中碳水化合物的分布情况如表 3-3 所示。

表 3-3 小麦中碳水化合物的分布情况

碳水化合物	小麦粉	胚芽	麸
淀粉/%	69.84	15.06	17.98
糊精/%	2.80	1.52	2.07
五碳糖/%	2.79	5.07	21.52
纤维/%	0.31	1.75	7.74
还原糖/%	0.03	1.39	0.60

3. 脂肪

脂肪主要存在于胚中。

4. 蛋白质

(1)小麦蛋白种类多,主要是麦胶蛋白和麦谷蛋白,两者以接近 1∶1 的质量比例可结合成一种经吸水后即富有黏结力和弹性的物质——面筋。小麦的糊粉层和胚中的蛋白质含量虽高,但不能形成面筋质。

(2)蛋白质变化。若温度>50℃,则蛋白质会凝固变性。因此,研磨时,温度不宜过高,发酵时也要注意温度。

(3)蛋白质中的氨基酸。小麦蛋白质中的氨基酸以谷氨酸居多,赖氨酸、苏氨酸等较少,且品质优于米中的氨基酸。制粉后大部分蛋白质仍存在于粉中,而大米蛋白则大多存在于糠中。

5. 灰分

(1)分布。小麦各部分的灰分含量不同。麸皮和胚中的灰分含量高,而胚乳中的含量低。面粉质量愈高,要求所含的麸屑愈少,它所含的灰分也应愈低。因此,灰分目前仍为鉴定面粉质量的主要指标。小麦灰分愈高,则胚乳含量愈少,出籽率愈低。一般,硬的胚乳灰分含量较高,灰分含量高的小麦,其面粉含灰分也高。

从表 3-4 中可知,当糊粉层磨入粉中时,面粉的灰分含量高而纤维含量低,面粉营养价值高;当其他皮层磨入粉中时,则相反。我国小麦的灰分含量一般为 1.5%~2.2%。

表 3-4 小麦各部位所占比例和灰分含量

名称	数量比例/%	灰分(干基)/%	糊粉层占皮层厚/%
胚乳	78~84	0.35~0.55	40~50
皮层(麸皮与糊粉层)	14.5~18.5	7.3~10.8	—
胚	2.0~3.9	5.0~6.7	—
麦粒	10.0	1.5~2.2	—

6. 维生素

小麦中含有丰富的 B 族维生素,但大多分布在胚部、糊粉层和皮层中。小麦加工成面粉后,除去了胚部和麦麸,因而 B 族维生素有所损失。加工精度愈高,损失愈大。

第三节　小麦的贮藏

不用于种子播种的小麦易于贮藏。小麦收获脱粒后，只要晒干扬净，使其含水量降至安全水分(12.5%以下)，即可进仓贮藏。在日光下曝晒后趁热进仓，能促进麦粒的生理后熟和杀死麦粒中的害虫。在贮藏期间要注意防热，防湿，防虫。南方夏季气温高，湿度大，麦堆易发热生虫，要翻晒。

少量种子，可贮藏在有生石灰的容器中，加盖并封口。农户则可趁晒热入缸，盖塑料膜即可。麦秆收获干燥后只要不淋水即可。

第四节　小麦的综合利用

前已述及，小麦收获体由麦粒和麦秸秆两部分组成，各部分由其所含化学成分的特异性决定了其不同用途。

一、小麦籽粒的综合利用

小麦籽粒可通过两条途径进行综合利用。①制粉。这是最基本的利用途径，小麦经制粉，得到面粉，面粉可用来生产主食面条、面包等。随着经济发展，特别是食品工业发展，面粉的用途也不断增多，除主食外，还不断向多样化、高质量化发展，例如开发出淀粉、粉条、面筋蛋白、强化食品等，制粉副产品麸皮的食用蛋白含量大于15%，可作饲料、制味精、提维生素E、制醋等。②制麦仁。小麦可进一步加工成系列食品，如八宝粥等。

(一)小麦制粉

小麦制粉是将小麦经清理后，研磨出一定数量和比例的不同标准等级粉的过程。制粉的目的就是把麦粒富有营养的部分磨成面粉，把人体难以利用的部分分离出来。其原理是利用机械作用破碎谷粒使其成为粉状制品，并进行各组分的分离。其工艺流程为：小麦原粮→清理→研磨→筛理→成品面粉。

1. 小麦清理

小麦清理是指利用麦粒和杂质的物理特性(粒形、大小、比重、容重、摩擦系数和悬浮速度等)差异，采用筛选、风选、打麦、去石、精选、磁选和洗麦等方法把杂质清理出来的过程。

依清理过程中目的和作用的不同，整个清麦过程可分为三个阶段：①毛麦处理；②净麦处理；③水分调节(小麦经此阶段后，应达到入磨净麦的要求)。

带有杂质的小麦原粮称为毛麦。

(1)毛麦处理

①毛麦处理的目的。集中清理小麦中的各种杂质。

②毛麦处理的步骤。依各种杂质的物理特性及清理难易程度进行。常分为两步:第一步,清理数量多、影响大的杂质,即初清;第二步,清理小麦中那些物理特性与小麦相近的杂质,即精清。

(2)净麦处理

①净麦处理的目的。小麦经初清、精清后,各种杂质含量大幅下降,但对于麦粒上的麦毛、麦皮和紧嵌在麦沟中的砂土难以做到彻底清理。因此,还须净麦处理。

②净麦处理的步骤。采用筛—打—吸铁过程:润麦后的小麦→振动筛或高速筛→金刚砂打麦机→吸铁→净麦仓。

(3)小麦搭配和水分调节

①小麦搭配。大多制粉厂的原料来自各地,质地复杂,品质不一,通过小麦搭配,将各种小麦按一定比例混合加工,以求达到保证质量、提高出粉率等目的。小麦搭配不仅要考虑面粉色泽、面筋质,还要考虑灰分、水分、杂质等。

②水分调节。它指在制粉前利用水、热和时间的作用,使小麦改善工艺性质,得到良好的制粉条件,保证面粉质量的必要工序。调节加水的工序称为着水,着水后即于润麦仓中“润麦”。面粉含水量约为13%,但由于在磨制等过程中,水分还会蒸发损失0.5%~1.5%,所以,应将净麦的含水量调到14%~15%。这样润麦时间一般为12~24h。

2. 研磨(磨粉)

研磨(磨粉)是指利用机械力量将小麦剥开,把胚乳从皮层上刮下,并磨成细粉的过程。这一过程常用磨粉机来完成。磨粉机的主要工作机件是两对以不同速度做相对旋转运动的圆柱体磨辊,当小麦通过两辊之间时被研磨,现大多是齿辊式磨粉机。

3. 筛理

每经一道磨粉机,物料即需筛理一次。因为磨后得到的是颗粒大小不同及质量不一的混合物,其中有麸皮、麦渣、麦心及面粉,需通过筛理筛出面粉,并将其他物料按颗粒大小分成麸片、麦渣和麦心,以送入不同的机器进行处理。用于制粉的筛子有圆筛和平筛两种。

(1)圆筛。一个水平装置的圆筒形筛面,利用筛面的旋转并依靠打板的打击而对物料进行筛理。

(2)平筛。面粉一般是以平筛来完成筛理任务。平筛的筛面做水平回转运动时,筛面上的物料产生离心惯性力。若离心力小于物料与筛面的摩擦力,则物料在筛面上处于相对静止状态,物料不能得到筛理。只有当离心力等于或大于物料与筛面的摩擦力时,物料才可在筛面上做相对运动,发生筛理作用。

4. 制粉对原料的要求

(1)品质均匀,即品种、水分、粒形、大小等品质一致。

(2)杂质少,水分含量低。

(3)工艺性状优良,如种皮薄、腹沟浅、粒大而饱满、面筋含量高等。

(4)无虫,无病,未发芽,未发热。

5. 面粉品质鉴定

面粉品质鉴定是指评价面粉作为焙烤面包基料的适用性,该环节对面粉厂和面包厂都很重要。

(1)蛋白质含量。面粉中的蛋白质分为面筋性蛋白(麦胶蛋白和麦谷蛋白,它决定面团形成)和非面筋性蛋白质(清蛋白、球蛋白、糖蛋白和核蛋白)。面筋性蛋白遇水迅速吸胀而形成坚实的面筋网,这种网状结构即称面团中的湿面筋,它具有特别的黏性和延伸性,形成了面包工艺中各种重要的、独特的理化性质。

(2)面筋数量与质量。面筋——一种胶体混合蛋白质,主要由麦醇溶蛋白和麦谷蛋白组成,还含有少量淀粉、纤维、脂肪、矿物质等。其中,麦醇溶蛋白的含量约为40%,麦谷蛋白的含量约为35%。

湿面筋或干面筋产出率——用水洗净小麦粉团得到的水化软胶或干软胶的产量在所取面粉重量中所占的百分数。此值与面粉的蛋白质总含量间存在一个近乎直线的关系,我们可依湿面筋产出率,将小麦面粉分为四等:含量＞30%为高筋粉;26%～30%为中筋粉;20%～25%为中下筋粉;＜20%为低筋粉。

面筋产出率与蛋白质含量、面团静置时间、洗水温度、酸度等有关。

(3)面粉粗细度对调制面团的影响。面粉粗细度也与面粉吸水能力大小有关,面粉越细,吸水能力越强。

(4)酶的作用。生产面包时的面团发酵,使用生物性硫软剂——由酵母菌的发酵作用所产生的气体,使面包获得多孔状的较大体积。面粉中通常只含有少量的可发酵的糖类(0.5%),不足以供给酵母的发酵作用,若外加糖,虽能增加面团的容积产出率,但也不能解决问题,加入糖后会使发酵速度太快,从而使大部分营养和气体损失。因此,高品质面包的制造,有赖于α-淀粉酶的存在和添加。

α-淀粉酶在焙烤制品中有两个作用:第一,在发酵期间能将淀粉连续地水解成可供发酵的糖类,供酵母发酵之用,维持连续均匀的发酵速率;第二,影响面团的性质,以及改善成品的组织和面包的保存品质。

6. 面粉的营养价值

小麦中的蛋白质含量比大米高,常在12%,但其含量随加工精度的提高而下降(见表3-5)。

表3-5　100g不同精度面粉的营养成分

面粉种类	水分/g	蛋白质/g	脂肪/g	碳水化合物/g	粗纤维/g	灰分/g	维生素B_1/mg	维生素B_2/mg	烟酸/mg
全麦粉	12.3	12.1	1.8	73.7	1.5	1.6	—	—	—
标准粉	12.0	9.9	1.8	74.6	0.6	1.1	0.46	0.06	2.5
富强粉	13.0	9.4	1.4	75.0	0.4	0.8	0.24	0.07	2.0
精白粉	13.0	7.2	1.3	77.8	0.2	0.5	0.06	0.07	1.1

(二)面粉的综合利用

1. 面包

面包自古为西方人的主食,它是经面团发酵和烘烤而成的食品,营养丰富,松软可口,易于消化，现在在我国也广为流行。

(1)面包生产工艺

面包的生产工艺为：原料处理→面团调制→发酵→整形与成形→烘烤→成品。

①原料处理

制面包专用料：基本料，包括面粉、酵母、水等；辅料，包括糖、油脂、营养添加剂、盐等。

制面包所用面粉：要求较高，如法式面包的化学组成为淀粉 60%～72%，氮化物 8%～12%(其中面筋 7%～10%)，灰分 0.45%～0.6%，水 14%～16%，对面粉的物理特性、酶活性也有要求。

原料选择后的处理：面粉的陈化处理、漂白(漂白剂为 NO_2、Cl_2 等)，过筛干酵母的活化，水的 pH 值及硬度的调整，辅料的过筛、过滤、去除杂质等。

②面团调制

按照配方用量及一定的投料顺序，将各种原辅料调和均匀，调制成适合加工的面团过程称为调粉或面团调制。它分为手工和机械操作两种，常用调粉机为斜式搅拌调粉机。

面团调剂次数依发酵工艺而定。一次发酵工艺所采用的面团是将全部原辅料按面粉、水、糖、盐的顺序先后加入调粉机，搅拌后加入酵母液，混匀后再加入油脂调制。二次发酵工艺则将面团分两步调制，先调制 30%～70%面粉，发酵后再将其余面粉及辅料加入调和。

按生产品种不同，面团有不同的含水量，其可分为三种：软面团，含水 65%；半硬面团，含水 60%；硬面团，含水 55%。其中，半硬面团造型易，使用广。

调制面团需要考虑因素有：其一，加水量。面团的形成主要是由面筋的膨胀作用所引起的，加水量的多少与湿面筋的形成量有密切关系。一般加水量为面粉的 40%～70%，即 100 份面粉所制得的面团重为 140%～170%。其二，用水温度。发酵面团的温度要求为 28～30℃，这个温度不仅适于酵母发酵，也适于面筋吸水膨胀形成面团。由于面团调制时，温度会上升一些，所以，加水温应低于面团所需温度。其三，为取得优质面团，务必使酵母在面团中均匀分布，以利其生长和繁殖，同时防止面团发生粉粒现象。其四，面团形成时间。软质小麦粉 1～4min，硬小麦粉 4～16min。

③面团发酵

面团发酵是面包生产中最重要的工序。其结果使面包内部形成蜂窝状气孔而使烘烤后面包膨松，改善面团塑性，并赋予其特有风味。

发酵原理：所用酵母是一种典型的兼性厌氧菌，在有氧和无氧条件下都能成活。在整个发酵过程中，酵母利用面粉中所含有的和由淀粉所得的糖类及其他营养物质进行呼吸作用和酒精发酵作用，产生大量的 CO_2、水和乙醇，促使面团发酵成熟。

呼吸作用又称为有氧呼吸。面团发酵初期，酵母以已糖为营养基质，在 O_2 参与下，进行旺盛的有氧呼吸，产生大量的 CO_2 及热量。CO_2 大多累积在面团的内部，随着发酵作用的持续进行，使面团逐步膨松，体积越来越大。

酒精发酵作用又称为无氧呼吸。随着呼吸作用的进行，CO_2 累积量增多，面团中 O_2 变得稀薄，于是有氧呼吸被无氧呼吸所取代。无氧呼吸的结果是产生乙醇、少量 CO_2 和水，并释放能量。具体反应如图 3-2 所示。

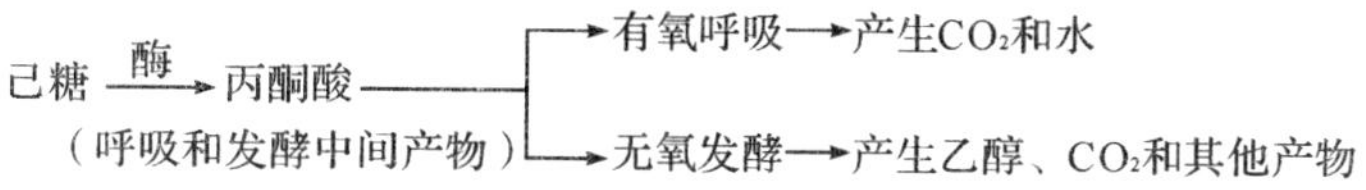

己糖 —酶→ 丙酮酸 ——→ 有氧呼吸 → 产生CO_2和水
（呼吸和发酵中间产物）——→ 无氧发酵 → 产生乙醇、CO_2和其他产物

图 3-2　面团发酵

影响面团发酵的因素有温度、酵母发酵力、酸度和面粉品质等。

面团的发酵技术类型(或方法)有波兰式、一次式和二次式等，但常用一次发酵法。

一次发酵法又称直接发酵法：调制好面团的温度为 27～29℃并放入发酵室，空气湿度为 75%，环境温度不得低于面团温度，发酵时间为半硬面 4h、软面团时间再稍长。发酵时间还需按酵母用量及水温、环境温度进行调整。发酵期间，还要翻揉 1～2 次，俗称“拨气”。翻揉的目的是将面团中存储的 CO_2 驱除，增加面团韧性，使面团再度起发。翻揉时间由多种因素决定，翻揉时间越提前，面团越有延伸性，反之则越有韧性。可根据面团的韧性和延伸性的不同要求来掌握翻揉时间。判断面团是否成熟以起发程度或比容为依据。发酵完成后的面团一般比原体积增加 1/3。

④整形与成形

整形工序包括面团的切块、称重、搓圆、静置、整形等。一般，待面团发酵成熟后方可进行整形工序。

面团切块机械有容积切块机和称重切块机两类。切块后的面团随即被送往揉圆机或整形机整形为各种外形的面包坯。一般揉圆后的面包坯还要静置数分钟，使其恢复柔软性，以利整形。整形后的面包还要经最后一次发酵，称为醒发。

面包成形是指把整形后的面包经过最后一次发酵，使面包坯胀大到一定程度，使其形成面包的基本形状的过程。该操作在预烤箱中进行。

已成形的面包坯，入炉前在其外表涂一层液状物质(如蛋液等)可增加面包光泽和风味。

⑤面包烘烤

醒发后的面包坯应立即入炉烘烤。使用的烤炉有多种类型，按结构不同有连续式和固定式两大类，其所使用的能源有蒸汽、电、煤气等。法式花色面包在烘烤时，还会往炉内喷射蒸汽，使面包表层柔软、细腻。

烘烤中的面包坯会发生一系列物理学、化学及微生物学的变化。这个过程使面包坯由“生”变“熟”，转变过程可分为两个阶段：

第一阶段，当坯中心温度仍低于 45～50℃时，发酵过程仍在进行，CO_2 不断产生并受热膨胀，使蜂窝空腔增大，腔壁变薄；当温度在 60～70℃时，面筋凝固，淀粉糊化，面包内的空腔结构便被固定下来。

第二阶段，温度继续升高，面包坯表面形成面包皮，受热强烈的部位发生糖的焦化及美拉德反应，使面包皮形成特有的烤黄，并赋予面包特有的香味。

炉温一般在 200～280℃。

烘烤程度凭经验。用手指弹面包底时，如有脆响声，说明烘烤程度合适。

⑥面包质量标准

本标准适于以小麦粉为原料的各种面包。其技术要求主要包括如下几个方面。

a. 规格：一般，用料100g面粉的各种面包在达到冷却标准时的重量要求为：淡面包、甜面包>140g，咸面包>135g，花色面包>145g。

b. 感观指标，具体要求包括：

色泽：表面金黄色或棕黄色，均一，无一缺点，有光泽，不能有烤焦和发白现象；

表面状态：光滑，清洁，无气泡、裂纹、变形等；

形状：按所要求的形状呈现；

内部组织：气孔细小均匀，呈海绵状，有弹性；

口感：松软适口，不酸，不黏，无异味，无未溶化的糖盐等粗粒。

c. 理化等指标：无杂质，无霉变，无虫，无污染。砷(As)≤0.5mg/kg；铅(Pb)≤0.5mg/kg。食品添加剂用量符合《食品添加剂使用标准》(GB 2760—2014)规定，原辅料符合国家卫生标准。

d. 细菌指标：出厂(个/g)≤750；销售(个/g)≤1000；大肠杆菌(个/100g)≤30；其他致病菌不得检出。

(2)几种常见面包的配方及工艺要点

①麸皮面包

配方：白面粉750g，细麸皮250g，食盐20g，酵母15g。

工艺要点：将全部主配料混合，加适量水调制成软面团或半硬面团。主面团发酵及最后醒发均要求时间稍短些，使面团较嫩。

②全麦面包

配方：全麦面粉1kg，酵母10g，食盐18g。

工艺要点：采用半硬面团。为改善口味，可用牛奶代替调粉用水。主面团发酵3h后翻揉1次，醒发时间稍短些。

③糙米面包

配方：小麦粉500g，糙米粉75g，酵母15g，蔗糖30g，食盐11g，活性面筋10g，起酥油30g，水400g。

工艺要点：先将除起酥油外的全部用料混合，再加入起酥油，调粉后在环境温度30℃下发酵2h，切块揉圆整形后经轻度醒发，入炉烘烤。

④高级奶油小面包

配方：粗粒面粉1kg，脱水黄油750g，酵母40g，糖25g，麦芽制剂15～20g，鸡蛋15个，牛奶适量，朗姆酒少许。

工艺要点：全部主配料混合，以鸡蛋加适量牛奶代替水调制成半硬面团。发酵温度应低于常规面包，其间应翻揉2次以上。因面团稀软，揉圆前需冷藏一下，常做成重30～40g的小面包。

2. 面条类食品

目前面条类食品主要包括挂面、方便面、通心粉(通心面)三类。我国及日本等地多以挂面为主，通心粉在西方国家稍普遍，方便面则从20世纪50—60年代起在全球广为流行。

(1)挂面

挂面的生产工艺较简单，食用较方便，贮存期较长。挂面的生产基本工艺流程为：原料选择与处理→和面→压延→切条→干燥→包装→成品。

①原料选择与处理。面粉要求：面筋含量在26%～32%的中力粉。筋力过弱，则面条易断；筋力过强，则面条发硬，口感不好。大规模生产中可采用不同筋力的面粉适当混配的方法来进行调整。

②和面。和面时一般加入2%～3%的食盐、25%～30%的水，来改善面粉的吸水性、韧性及弹性。

③压延及切条。经和面后的料坯中，面筋尚未完全形成，需静置一段时间，或送入熟化机中低速搅拌，才能送入压延机进行压片。大规模生产时，压延机常与切条机组成复合设备。料坯先经面带复合机的辊筒初步压成均匀的面带，再经连续压延机或分立的粗压机、中压机及细压机，多次通过辊筒压成均匀薄实而有韧性的面带。最后通过切条机切成面条。使用具有不同凹槽形状的切刀(辊筒)，即可制成不同断面形状的面条。常见的断面形有圆形、梯形等。

④干燥。切出的面条挂在挂杆上烘干或晒干。一般刚切下的湿面条，不能直接高温烘烤或暴晒，否则会因面条表层干结而内部仍潮湿而引起大量断条。利用日光干燥时，可先将面条自然风干一定时间后再晒干。如采用烘房，则可先直接通入冷风，使一部分水分自然蒸发，然后在较高pH值下提高温度，并加大通风量以排去水分，最后再慢慢降温。

⑤包装。采用传统的圆筒形纸包装或新型的塑料密封包装。

(2)方便面

方便面是一种采用特殊工艺处理，使淀粉α化并在面条内部形成疏松微孔结构，从而大大缩短复水时间，只需用开水泡数分钟即可食用的面条。其基本工艺流程为：配料→和面→压延→切条→α化处理→特殊干燥处理→配汤料→包装。

①配料至切条。配料、和面、压延、切条的工序和挂面生产基本相同。但生产方便面的切条机出口一般配有折花成型装置，将面条折成波浪形，以使面条间的间隙增大，利于脱水和复水。

②α化处理。主要用蒸汽蒸，在6.25%～5%的糖及糖醇类等亲水性物质的水溶液中浸泡数分钟，可提高面条的得率及风味，并缩短复水时间。

③特殊干燥处理。其目的在于使面条脱水，同时在其内部产生微孔结构，以便复水。具体方法有：

a.热风干燥。在70～90℃下，将α化处理后的面条干燥40～60min，使之含水量低于12.5%，但干燥时面条表皮糊化收缩，组织较硬，因而复水性差。

b.油炸干燥。面条放入150℃含较高饱和脂肪酸的食用油(如猪油、椰子油等)中炸1min。利用热油加温使面条内的水分快速气化蒸发，从而留下大量微孔。这种方法设备简单，面条复水性好，在我国得到了广泛应用。但油炸方便面易因所含的油脂氧化而变质，保存期不长。

c.冷冻真空干燥。将α化后的面条缓慢冻结，使面条内部水分结成大的冰晶，然后真空干燥至含水量12%以下。其方法是先将α化后的面条用－30℃冷风降温，务必使其迅速通过－4～0℃区域，因该区域温度下α化淀粉最易恢复β化(即回生)。将0℃以下面条用较慢的速度(3～5h)冻结至－30℃→送入真空干燥库，真空度13～67Pa下干燥至含水量12%以下。该法设备要求高，能耗大，但复水时间短，风味好。

④配汤料。方便面一般不经烹调即可食用，若要进行调味，常采用以下两种方法：向蒸煮好的面条上喷洒各种风味调料或将面条泡于调味液中；更常用的是将各种调料按比例配成不同风味的汤料，单独包装。

⑤包装。常采用复合塑料袋，要求冷却后再包装。

(3)通心粉(通心面)

通心粉(通心面)是指采用特殊品质的小麦，经挤压成形工艺制作而成的面条，在欧、美、日等地广为流行。制作通心粉的面粉常为硬质小麦，日本则用面筋含量高的强力粉。

其制造工艺为：面粉在40℃下加水充分揉和(不加食盐)→保持同样温度，面团在高压下通过挤压机的卡口→压出的通心粉冷却→干燥。通心粉的截面形状可通过更换挤压机卡口而改变，如管形、十字形、星形等。

通心粉的种类很多，如意大利通心粉、鸡蛋通心粉、人造肉面条等。

3.面筋及其食品

(1)面筋制备

小麦面筋的生产工艺为：面粉或麸皮→投入大桶，并加水40%～70%、食盐1%～1.5%(溶成盐水加入，以增强面筋强度并利于洗出)→充分混合→放置0.5～1h→使面筋充分形成→置于箩内加水揉搓→淀粉在水中游离并由缝隙流于桶中，沉淀后为小粉→箩内残留者即为面筋→再用水洗后即得生面筋(湿面筋)，生面筋的含水量达70%，易变质，故应迅速干燥。

(2)面筋食用方式

①煮面筋。将面筋拉条缠于竹筷，或做成球形，煮熟吃。

②蒸面筋(即烤麸)。生面筋制得后，放置稍久，稍发酵后做成小球形蒸熟。因面筋中所含多余水分受热变冷，并发酵产气，加热后面筋凝固成蜂巢状。食用时或卤或烧。

③油面筋。以无锡的油面筋最出名，其生产工艺为：生面筋→切成小粒→投入约120℃热油中预炸，待体积稍微膨大上浮→捞出间歇片刻→再投入170～180℃热油中炸至完全失水，形成薄皮中空球形→取出沥油即可。因其含油，为延长保藏期可在热油或面筋中加入抗氧化剂。

面筋有柔韧弹性，味道鲜美。其主要成分为蛋白质，营养价值高。面筋经调味后可配制成罐头。

(3)面筋食品

以往在用植物蛋白加工食品时，多将植物蛋白与畜肉、鱼肉等原料混合使用。但这些食品原料的吸油性差，在加工时，特别是在加热时，会产生油脂从食品中分离等现象，结果降低了制取率和营养价值，并使口感变差。现以小麦面筋为主体的食品原料经加热、凝胶化后，干燥至含水量为30%～65%，可制成吸油性好的高蛋白食品。这里所用小麦面筋包括鲜面筋和活性面筋。加工时还可在面筋中添加辅料如$NaHCO_3$等发泡剂，Na_2SO_3等还原剂，羧甲酸纤维素(CMC)等增黏剂，甘油酯等面活性剂，NaOH等碱，醋酸等酸，胰蛋白酶等蛋白分解酶，猪脂、牛脂等油脂。添加辅料后可使用经消毒后的切割机、切碎机和搅拌机充分混合。

4. 制淀粉

面粉的主要成分是蛋白质和淀粉，除直接供作各种食品外，还可从中提取淀粉和蛋白质。制淀粉的过程和制蛋白质的过程实际上是同步的。其方法是：面粉中加入40%水，充分混合后静止1h以上使蛋白质充分吸水，将面团切成块状置于捏和机中捏和，同时进行淋水洗出淀粉，剩余的为面筋，得率为10%～15%；洗出的淀粉乳可用流槽或离心机分离得到，得率为55%。另有20%的次级淀粉中含有蛋白质，可作制造胶凝剂用。

小麦淀粉可制糊料、发酵原料、精制淀粉、淀粉糖、变性淀粉等，但其生产成本高，竞争不过玉米淀粉等。

小麦淀粉提取：小麦含淀粉高，但因蛋白质遇水变成黏稠物，提取难，加之小麦是主粮，所以，小麦淀粉在淀粉工业上所占比例很小，有的工厂则以提面筋为主，淀粉则作为副产品。

5. 糕饼类

糕饼糖果食品花色、品种繁多，一般作为点心或零食，具有销量大等特点。

(1)饼干

①产品介绍

饼干的主料是面粉，配合其他辅料(如淀粉、糖等)，经和面机充分捏和调制成面团，再经滚轧机轧成面片，经成型机模压成一定形状，最后经烤炉而成。

②饼干类型

按原料配比、制法和制品性质，饼干可分为两类。第一类，韧性饼干：质地较硬，表面光泽而平整，印纹清晰(大多为凹花)，断面结构有层次，入口有松脆感，表面常有针形气孔。第二类，酥性饼干：质地轻而酥脆，表面无光泽，显得粗糙(大多为凸花)，表面无气孔，面粉揉捏时质地稍软，糖油含量较韧性饼干高。

③原料配比

面粉：饼干用面粉不像面包那样要求使用高面筋含量的面粉，一般采用含蛋白质10%以下、灰分0.4%的低面筋粉。韧性饼干要求湿面筋含量24%～36%，酥性饼干则要求24%～30%。此外，还要求面粉粉质细白，无杂质，用前过筛。

淀粉：玉米等食物淀粉或马铃薯、甘薯淀粉。也可混合花生、黄豆粉等强化营养。加淀粉的目的是降低面粉黏性，使其易于延长，便于制作，并增加酥脆性。

糖类：有白糖、饴糖、转化糖等，添加后既有甜味又能增加制品酥脆性，还可为烘烤时增色，并防止过分干燥。加白糖时要先磨成细粉(100目)或溶化为含糖60%的糖浆，以免造成饼干表面有可见的糖粒。

油脂：加油脂的目的在于改善制品色泽，提高发热量，提高营养价值，改善风味，增加酥脆性，防止收缩变形。液态植物油、猪油可直接加入；奶油、氢化油等先用文火加热，搅拌，使其软化，再加入调匀。

磷脂：可代替部分油脂，使饼干更酥松。

鸡蛋：提高营养价值，增加酥脆性与改进风味，有利多孔产生。

香料：宜选在高温下不易挥发的原料，如柠檬油、橘子油、橙油、香草精等。

膨松剂：$NaHCO_3$、$(NH_4)_2CO_3$ 等，使用时先与少量面粉混合，过筛，再与全部材料相捏和。若只用小苏打捏和，则先把它溶于水中，记住不要用热水溶解，否则小苏打会受热分解，从而降低膨松效果。具体配方可参见表3-6和表3-7。

表3-6 韧性(硬质)饼干原料配比(以面粉为基准)

原料	基本配方	普通韧性	牛奶饼干	动物饼干	钙质饼干
小麦面粉/kg	94	94	94	94	94
淀粉/kg	6	6	6	6	6
精炼油/kg	12	8	—	10.7	6.7
猪油/kg	—	1.5	18	—	4
磷脂/kg	1	—	—	2	1.6
白砂糖粉/kg	30	21	31	31	18.7
淀粉糖浆/kg	3～4	4	—	—	1.0
全脂奶粉/kg	3	—	1.3	—	—
鸡蛋/kg	—	—	1.3	—	—
食盐/kg	0.3～0.5	0.43	0.2	—	0.43
小苏打/kg	0.7	0.8	1.0	1.0	0.8
碳酸氢铵/kg	0.4	0.5	0.4	0.4	0.4
碳酸氢钙/kg	—	—	—	—	1.0
香油/kg	0.1	—	—	1.6	—
抗氧化剂/g	1.2	1.2	2.8	—	1.6
柠檬酸/g	2.4	2.4	5.6	3.2	3.2
亚硫酸氢钠/g	—	4.5	4.5	4.5	4.5
奶油香精/mL	—	—	50	—	—
香兰素/g	—	—	24	—	—
水果香精/mL	适量	35	—	60～100	40～80
水	适量	适量	—	—	—

表3-7 酥性(软质)饼干原料配比(以面粉为基准)

原料	基本配方	普通酥性饼干			高档酥性饼干		
		牛奶	香酥	甜趣	巧克力	奶油	椰蓉
小麦面粉/kg	93	93	93	93	90	90	90
淀粉/kg	7	7	7	7	10	10	10
糖粉/kg	32～34	28.4	30.3	33.6	36	36.7	36
葡萄糖浆/kg	—	4	—	—	3	1.33	—
起酥油/kg	14～16	—	—	16	14	21.3	30
奶油/kg	—	2	—	—	12	6.67	20

续表

原料	基本配方	普通酥性饼干			高档酥性饼干		
		牛奶	香茸	甜趣	巧克力	奶油	椰蓉
猪油/kg	—	15	20	—	—	—	—
磷脂/kg	1	1	2	1	—	—	—
全脂奶粉/kg	4	4	—	—	6.67	6	—
鸡蛋/kg	—	—	—	—	—	4	10
食盐/kg	0.5	0.33	—	—	0.83	0.5	0.5
椰丝/kg	—	—	—	—	—	—	8
香精/mL	适量	—	—	—	200	300	300
香兰素/g	—	—	60	60	33	33	—
可可粉/kg	—	—	—	—	12	—	—
小苏打/kg	0.6	0.67	0.87	0.6	0.33	0.33	0.5
碳酸氢铵/kg	0.3	0.33	0.4	0.33	0.17	0.17	0.27
二丁基羟基甲苯(BHT)/g	—	2.67	3.33	2.67	4.67	5.33	10
柠檬酸/g	—	4	6.67	5.3	9.33	10.67	20
水/kg	适量	适量	适量	适量	适量	适量	适量

④工艺流程

面粉、淀粉、膨松剂等原料充分混合→调制面团(混捏温度 30℃)→滚轧整形(压延、成型)→烘烤(温度 150～250℃,15min)→冷却→包装。

⑤几种重要饼干

a. 膨化饼干。膨松酥绵,入口即化,体积大,含糖、油少,风味好。

配方:精面粉 150kg,糖 35kg,糖精 35g,淀粉 6kg,鸡蛋 6kg,奶粉 1kg,油 6～7kg,NH_4HCO_3 3kg,泡打粉 1.5kg,盐 250g,小苏打 400g,香精 100g,焦亚硫酸钠 80g。

b. 小米饼干。以小米加工成的米粉和小麦粉为主料,以鸡蛋、奶粉、油、盐、糖等辅料制成,它香酥可口,奶香味浓,老少皆宜。

配方:小米粉 43kg,小麦粉 32kg,奶粉 2kg,鸡蛋 3kg,猪油 5kg,植物油 3kg,糖浆(70%)20kg,糖粉 5kg,盐 230g,小苏打 250g,NH_4HCO_3 100g,香甜泡打粉 200g,香精 30g。

(2)糕点

糕点的主料有面粉、砂糖、鸡蛋、油脂等,辅料有水果、香料等。

①海绵蛋糕

海绵蛋糕是利用蛋白起泡性能使蛋液中充入大量空气,加入面粉烘烤而成的一类膨松点心,因其结构类似于多孔的海绵而得名。

面粉、砂糖、鸡蛋三者的用量比例相等者,制品质地较重;面粉和砂糖的用量较鸡蛋少者,制品质地较轻(见表 3-8)。

表 3-8　蛋糕原料配比

原料	重质型	轻质型
鸡蛋	100	100
砂糖	100	70
面粉	100	70
水	30	少量

制法:鸡蛋白注入打泡机尽量打泡→依次加入蛋黄、砂糖与适量的水→搅打均匀→待混合物泡沫滴下后,应达可塑程度→加过筛后的面粉→轻轻和匀→勿使泡沫内的空气散出→注入已涂油的适当模型内→烘烤而成。

上述所制的为单纯蛋糕,如配用各种香料、水果、干果以及奶油则成为花色蛋糕。

②油炸面食饼

凡是用油炸的面食品都属于此类,如油炸圈、开口笑、油条、油麻花等。其配料和面团制作方法与面包相似,有用酵母发酵的,也有直接用膨胀剂的(见表 3-9)。

表 3-9　油炸饼原料配比

原料	采用酵母者	采用膨胀剂者
面粉	100(高面筋面粉)	100(低面筋面粉)
糖	14	25～28
盐	1.5～2	1.5～1.8
奶粉	5～6	5
油脂	10	15～17
鸡蛋	10	20～22
水	50～55	35～38
干酵母	1～2	—
膨胀剂(发粉)	—	5～6

用酵母发酵时,手续烦琐,费时,但可直接整形,或内包馅料。

加膨胀剂时,不宜捏和过久,也不宜包馅。

整形后的制品以 160～165℃油炸熟后→淋油→沾上糖粉或包糖衣(80%热糖液,冷后凝固),也有沾上巧克力糖浆的。

6. 快餐方便食品类

这一类食品主要有全麦粒快餐食品、高蛋白快餐食品等美式食品,以及麦粒制品等朝鲜式食品。本书将重点介绍蛋酥卷。

(1)产品介绍。蛋酥卷营养丰富,制作简单,投资小,适于在城市生产和销售,也同样适于在农村生产和销售。

(2)主辅料配方。鸡蛋 3kg,白糖 10kg,饴糖 4kg,富强粉 20kg,小麦淀粉 2kg,植物油 4kg,酵母 125g,香兰素 250g。

(3)设备。打蛋机或手工打蛋器、小型自熟蛋卷机等。

(4)工艺流程。鸡蛋清洗,去壳,加砂糖、饴糖→打蛋→配料→制糊→摊片→烘烤→成形→冷却→包装→成品。

(5)操作要点。①打蛋:鸡蛋洗净,去壳,将蛋液、砂糖、饴糖一同放入打发机中拌匀。②制糊:用少量温水溶解酵母,与富强粉、小麦淀粉一同倒入上述蛋液中,搅拌成糊状,稀稠适度,再加入植物油、香兰素拌匀。③摊片、烘烤成型:在烤盘上刷油,用勺子把蛋糊舀在烤盘中,摊至薄平,送入180℃烤箱,待烤熟后切割成块,趁热用手卷成圆筒。④包装:待凉透后包装,以防潮。

(6)质量标准。①外形:片薄厚均匀,长短一致。②色泽:淡黄。③口味:香甜酥脆。

7. 烤麸

烤麸以粉末状面筋为主料,通过添加小麦粉、小苏打等辅料,经拌混、醒发、烘烤等工艺制成。

(1)制法特点。在以粉末面筋为主料的烤麸制造工艺中,混合搅拌时间为10～20min,小苏打用量为0.15%～0.3%。过去主要以水面筋或冷冻面筋为主料,适当添加小麦粉,采用普通方法制作,现改用粉末面筋为主料。

(2)原料选择。①小麦粉:所用的小麦粉是混合粉。混合粉与水面筋的混合比例,依烤麸种类、地区而异,但一般水面筋与混合粉的混合比例为1∶(0.5～3)。②面筋:冷冻面筋是由湿面筋冷冻而成的,使用时需解冻。现用粉末活性面筋的干燥法,可分为喷雾干燥法、冷冻真空干燥法和闪蒸干燥法。

(3)制作举例。向10kg湿面筋、10kg烤麸用混合粉中加2kg水→混合搅拌机搅拌5min→面团切成重1kg的面块→在室温中醒30min→向每1kg面团中加0.2g $NaHCO_3$→混捏2min→再切成18个小面团(约56g/个)→在180℃下烤10min→得到重量为36g,比容为32.3mL/g,外观好、内部均匀的棒状烤麸。

(三)小麦胚芽的综合利用

国内制粉工业不重视小麦胚芽,但国外制粉工业已普遍提取小麦胚芽,并开发出了一系列产品。

1. 小麦胚芽的特点

虽然胚芽只占麦粒的很小一部分(约2.5%),但营养极丰富。每100g胚芽中含热量247kcal,蛋白质27.9%,脂质9.7%,糖47%,纤维素2.1%,同时含有人体缺少的维生素B_1 2.1mg,维生素B_2 0.6mg,维生素B_6 1.0mg,叶酸0.5mg,维生素E 22mg,泛酸0.8mg,其中维生素E含量极高。

维生素E有特殊价值,可促进细胞分裂,延缓细胞衰老,使人保持青春。生物活性高的α-生育酚、β-生育酚在胚中的比例也高,均利于胆固醇沉淀,利于人体健康,被称为强化油。

麦胚可制糖果、点心、面食等,营养好,口味好,色泽好,食感爽口。胚芽可作为食品添加剂强化脱脂奶粉,还可制造加工调味品、汤汁饮料、冷冻制品等。

2. 几种麦胚芽制品

(1)谷物胚芽粉。谷物胚芽粉主要指小麦胚芽粉和玉米胚芽粉。小麦胚芽粉中含30%以上蛋白质(其中,球蛋白18.9%,麦谷蛋白0.3%～0.37%,麦醇蛋白14%),是重要的谷物蛋白资源。小麦胚芽蛋白为完全蛋白，必需氨基酸占总氨基酸含量的34.74%，赖氨酸占5.5%，甲硫氨酸占2%，组氨酸占2.5%，故是很好的食品强化剂，适于添加到谷物食品中，具有平衡氨基酸、提高生物效价的作用。

(2)胚芽油。小麦胚芽油是由小麦胚芽经过压榨或浸出工艺制取的一种油脂，呈棕色，具有小麦胚芽油特有的气味。它集中了小麦的营养精华，富含维生素E、亚油酸、亚麻酸及多种生物活性组分，是天然的健康佳品，是目前最好的油脂。每100kg小麦的胚芽可以制取4～5kg的胚芽油。

(3)脱脂小麦胚芽粉。将小麦胚芽经过低温脱脂后制粉，可得脱脂小麦胚芽粉，脱脂小麦胚芽粉再经过特殊杀菌处理，可用于保健品、食品、医药等行业。

(4)麦胚面包。北京已制成这一产品投放市场。

(四)麦麸的综合利用

小麦经磨研后，被刮除或带有部分胚乳的种皮称为麦麸。它含有丰富的碳水化合物及部分蛋白质，可作为制曲原料，也可用于酿酒和制酱等。

1. 饲料工业

由于麦麸直接食用其食感和风味很差，过去多作为饲料，现在在广大农村仍主要被用作饲料。在一些制粉厂还生产复配饲料。

由小麦淀粉厂废渣废水发酵可制得产品，该产品含蛋白质50%，仅次于鱼粉，优于大豆粉。含氨基酸32%，维生素B 14.2mg/100g，属于上等饲料。

2. 食品利用(即食用麦麸的制法)

近年来人们着眼于进一步开发麦麸的营养价值，研发出了一些食品。为使制品的风味多样化，可加入各种调味料、着色料和香料，还可加入淀粉、蛋白、乳制品、油脂等辅料。以麦麸为主制成的食品可防治部分贫血症、心脏病和糖尿病。现全球生产的纤维面包、全麦面包中的纤维含量通常为1.5%～2.5%。

(1)食用麦麸制法1。取麦麸100份→放入蒸煮器中蒸煮15min→移入立式搅拌机中→添加柠檬酸1.5份、糖30份和水40份制成的水溶液→快速搅拌使麦麸均匀吸水→把麦麸摊放在平板上→放入烘箱→110℃下加热干燥30s即可。

(2)食用麦麸制法2。麦麸放入蒸煮器中煮15min→用150℃热风干燥15s→粉碎→过40目筛→取100份麦麸→添加柠檬酸1份、酒石酸0.5份、蜂蜜50份和水50份制成的水溶液→快速搅拌使麦麸均匀吸水→摊平，放入烘箱→在110℃下干燥40min。

3. 提取膳食纤维

麦麸是可利用的最广泛的膳食纤维源，其膳食纤维总量占干物质成分的35%～50%。麦麸膳食纤维分为水溶性和水不溶性两种，其中可溶性膳食纤维含量约为2%。目前，国内外提取麦麸膳食纤维的主要方法是物理法、化学法、酶法、化学酶法。

物理法是指利用超微粉碎技术、挤压蒸煮技术、瞬时高压技术、膜分离技术等物理方法从麦麸中提取膳食纤维的方法，主要用于提取麦麸中的可溶性膳食纤维。其工艺简单，提取产物具有较高生物活性，但提取率很低。化学法是指经过粗处理后用化学试剂(酸或碱)提取膳食纤维的方法。此法具有工艺简单、成本低廉等优点，但反复水浸泡冲洗和频繁热处理会明显减少纤维产品的持水力和膨胀性，且膳食纤维损失较大、口感较差、环境污染严重。因此，这两种方法都不适于大规模的生产。

酶法是指利用外源复合酶制剂进行处理，在除去蛋白质、淀粉等非膳食纤维成分的同时得到膳食纤维的一种方法。酶法提取条件温和、对环境污染较小，而且双酶法的提取率目前也得到一定的提升，所以有一定的发展前景。其工艺流程如下：麦麸粉碎→过 40 目筛→洗涤、煮沸→α-淀粉酶水解→热水洗涤 2 次→NaOH 调 pH 值→蛋白酶水解→离心沉淀→热水洗涤 2 次→80～90℃烘干→H_2O_2脱色→HCl 调至中性后洗涤→65℃干燥 9h→粉碎过筛。

化学酶法是指酸或碱结合 α-淀粉酶、糖化酶或蛋白酶等进行复合处理提取膳食纤维的方法。化学酶法克服了化学试剂和酶制剂单独使用时膳食纤维损失严重、提取率不高的问题，提取的膳食纤维纯度较高，但是成本也会相应地提高。其中流程举例如下：麦麸预处理→称取 2g 麦麸于锥形瓶中→加入蒸馏水煮沸 20min（$m_{麦麸}$ ∶ $m_{热水}$ ＝1 ∶ 10）→降温至 65℃加入蛋白酶，降解蛋白类物质→高温灭酶（100℃）→酸水解淀粉水洗→离心脱水→干燥（105℃，2h）→膳食纤维→称重。

二、小麦秸秆的综合利用

我国有丰富的小麦秸秆资源。目前，大多小麦秸秆用作燃料、肥料、造纸原料，或用来制作编织工艺品等。其综合利用水平低，技术含量过低。随着经济发展和科技进步，人们对麦秆的利用途径和方法将会不断增加。

（一）工业利用

小麦秸秆能够成为化工原料来源。一般来说，麦草包括四大主要部分：最外层的蜡质、纤维素、半纤维素和木质素。

纯化的蜡质可用来作化妆品的基本原料，如口红等。与此同时，在这种蜡质中，还含有一种叫植物甾醇类的物质，目前，人们正把它用作降低胆固醇的扩散剂。纤维素可用来生产黏胶纤维，这种黏胶纤维可以制成玻璃纸和人造丝。半纤维素可以制成许多不同类型的聚合物用于许多工业领域，如油漆和涂料等。木质素具有一些特殊的用途，因其具有高热值故可在热能厂和发电厂作为燃料。

要从小麦秸秆中提取有价值的东西，其关键是要在分步提取各种不同产物时，又能使余下的部分不被破坏，同时还要尽可能地采用对环境无害的工艺。此外，还应加强科研与市场部门之间的紧密合作，以便及时了解市场需求。为此，必须仔细地设计各个加工环节，以便得到所需要的产品。

（二）秸秆盐化饲用

秸秆盐化就是将盐溶液按一定比例喷洒在秸秆上，经一定时间后，使秸秆软化，增加饲料的适口性和采食量，提高秸秆利用率。具体方法为：①将要盐化的秸秆切成 1～2cm 的小段；②每 100kg 秸秆，需用 0.5kg 盐和 30kg 水配制盐溶液；③将盐溶液喷洒在秸秆上，要求边喷洒边搅拌，混合均匀；④装入袋中，封严，夏季需经 12～24h，冬季 24～36h 即可。

第四章

大麦的贮藏与综合利用

第一节 概　述

一、大麦资源概况

(一)大麦的生产特点

(1)适应性强，分布广。大麦除不适于在酸性土壤中种植外，可种于各种土壤中，其分布范围遍及全球各地。由于其发育期短、成熟早，故利于耕作安排。

(2)用途广。大麦籽粒是畜禽、鱼等的重要饲料，也是酿造啤酒的主要原料，有的大麦籽粒经炒熟磨粉后亦可作为主食。

(二)大麦的生产概况

全球：大麦的种植范围遍布世界各地，除南极洲外，其余五大洲均有分布。其种植总面积和总产量仅次于小麦、水稻和玉米三大主要粮食作物，居谷类作物第四位。据 FAO 统计数据，2014 年播种面积为 49.21 百万公顷，总产量为 139.74 百万吨。主产国(地区)集中在欧盟、俄罗斯、澳大利亚、乌克兰、加拿大、土耳其等。

中国：2014 年播种面积为 45 万公顷，总产量为 155 万吨。主产地为江苏，南方地区大多为冬大麦种植区。

浙江省：2014 年播种面积为 2.45 万公顷，总产量为 9.29 万吨。

二、大麦贮藏与综合利用的现状与发展趋势

大麦是一种重要的饲料和工业加工原料。有关大麦贮藏的研究很少，目前仍主要沿用传统方法，但其综合利用近年来发展极快。目前大麦已不仅仅是作为饲料和用于制造啤酒

等，还发展到粮食、食品、医药、化工等各个领域，所开发的产品多达数百种。

大麦综合利用的发展趋势主要体现在以下两个方面：

(1)专用型品种对应专用产品。目前已出现专用于酿制啤酒的啤酒大麦。与其他作物一样，今后具体的大麦产品开发也将与品种密切结合。

(2)不断开发新产品、新用途，并向技术含量高的产品发展，如麦绿素等。

第二节　大麦的品质

一、大麦的物理品质

大麦籽粒扁平，中间宽，两端尖，腹面有腹沟，根据果皮是否与内外颖紧密黏合而分成皮大麦和裸大麦。颖壳因含有花色素而呈淡黄色、乳白色、紫色和黑色等颜色。皮大麦又称有稃大麦，其稃壳与籽粒粘连。裸大麦又称裸麦、元麦、米麦或青稞等，其裸粒大，千粒重大，蛋白质含量高。

六棱和四棱裸大麦籽粒蛋白质含量高，宜作饲料或食用。带壳的六棱大麦籽粒较小而均匀，发芽整齐，是麦曲的主原料。

二棱皮大麦：籽粒大而饱满，均匀整齐，壳薄，蛋白质含量低，最适于酿啤酒。

四棱皮大麦：籽粒大小不均匀，且壳厚，多作饲料。

二、大麦的化学品质

(1)大麦籽粒的化学成分(干基%)：碳水化合物68%～78%，蛋白质9.5%～12.5%，脂肪1.9%～2.6%，纤维素4.5%～7.2%，灰分2.7%～3.1%。其中，淀粉占56%～66%。

(2)大麦胚部脂肪含量(干基%)：约为22.42%。

(3)大麦因其所含化学成分不同，其用途也有差异。如高强、高淀粉、蛋白含量适中的大麦适于酿啤酒。

(4)北方气候干燥，酿造用大麦宜在成熟期收获，此时籽粒蛋白质含量较低，能提高啤酒品质，早收不易脱粒，造成损失。饲用大麦以成熟后期收为好，此时产量高，光泽好，品质佳。

第三节　大麦的贮藏

一、大麦贮藏原理

大麦属谷类作物。通常收获后，含水量在12.5%以下时入库即可安全贮藏。贮藏过程要防止受潮、发热，要保持仓库干燥和低温。同时，贮藏中注意防麦蛾、米象或谷象发生。浙江省湿度大，大麦种子胚部分皮薄，吸水性强，极易受热、受潮或生虫变质。

二、影响大麦贮藏的因素及贮藏技术

收获期等许多因素会影响大麦的安全贮藏，为此，需针对性地提出贮藏方法。为确保大麦种子安全贮藏，可采取如下方法：

(1)控制水分含量。大麦种子应晒干扬净，使水分含量<12.5%。

(2)趁势进仓。梅雨季应选晴天分 2 次翻晒后再趁势进仓。

(3)药物处理。种子晒干后，用防虫灵拌糠撒在麦子上可防虫蛀。

(4)仓库消毒。

(5)少量种子可用石灰缸等贮藏。缸底放生石灰，缸口加盖白尼龙布并扎紧封口，经石灰缸贮藏 4 年，种子发芽率还有 83%。

第四节 大麦的综合利用

一、大麦籽粒的综合利用

(一)大麦籽粒加工利用方法

大麦和其他作物籽粒的加工方法有些不同，其主要加工利用方法有发芽加工法、粉碎加工法、浸泡法等。

(1)发芽加工法。大麦籽粒发芽后，含有丰富的 α-淀粉酶和 β-淀粉酶。α-淀粉酶可使淀粉水解为糊精，β-淀粉酶则能使淀粉水解成麦芽糖。大麦芽多用于作饴糖(麦芽糖)生产中的主要糖化剂。大麦芽榨出的麦芽汁，经轻度发酵后则可制成低酒精的饮料。

(2)粉碎加工法。大麦籽粒粉碎成 0.5～10mm 的颗粒，可提高对育肥猪的饲养价值，按一定比例做成配合饲料，如按 70%的玉米(或以大麦、小麦、稻谷为基础饲料)、30%的添加饲料来喂养牲畜，其饲喂价值低于玉米、小麦，而高于稻谷。脂肪碘价则以大麦、小麦配合饲料为最高。

(3)浸泡法。将大麦籽粒浸泡 12～24h，起水进行催芽，当籽粒破壳露白时，即进行蒸熟压成片状饲料，用来饲养猪、家禽及鱼类，经济效果更好。

(4)烘烤或烘炒法。大麦烘烤后制成大麦茶或咖啡的替代品。这种产品冲泡后呈褐色，有浓郁的香味。

(5)蒸煮法。将大麦仁用蒸汽处理后再磨成大麦粉，并添加维生素和矿物质，可制成婴儿食品和特种食品。

(二)食品工业

1. 酿酒

利用大麦芽可进行酿酒生产,如生产啤酒等。

(1)大麦啤酒的特点

啤酒是以大麦芽和啤酒花为原料,以大米、玉米等淀粉产品为辅料,经糖化发酵而酿制成的饮料酒。它含有丰富的CO_2和较多的浸出物,酒精含量低(2%～4%),营养丰富,易为人体所吸收,并具有特殊香气。啤酒品质的好坏主要取决于酵母。所含主要成分啤酒花及适量酒精能助消化。

(2)大麦啤酒的制造原理

利用大麦发芽过程中所产生的各种酶,将原料中的淀粉和蛋白质等物质水解为糖和氨基酸,然后利用酵母菌的发酵作用,将糖转化为酒精和CO_2,同时加入啤酒花,使啤酒产生特有的爽口苦味。其生产工艺为:原料大麦→浸麦→发芽→干燥→除根→粉碎→糖化→过滤→麦芽汁煮沸,加啤酒花→冷却→主发酵→后发酵→过滤→装瓶→杀菌→成品。

(3)大麦啤酒的生产原料

①水。因其直接影响啤酒制造工艺过程与啤酒品质,一般要求无色透明,无沉淀,无异味,少微生物,pH值呈中性或微碱性,不含对糖化发酵有害的成分。

②大麦。大小均匀,皮薄,呈鲜黄色,二级大麦含量大于85%,发芽性好。要求大麦蛋白质含量适中,淀粉含量高,浸出物多,干燥充分。大麦各品种中以二棱皮大麦为最优,它经浸渍、发芽、烘干后所制成的大麦芽是酿制啤酒的主料。

③辅料。为降低蛋白质含量,增加啤酒保存性,改善风味,降低生产成本,常掺用部分未发芽大麦或其他原料(如碎米、玉米等),以代替部分麦芽为辅助原料。

④啤酒花。啤酒花为蛇麻草的雌花,属荨麻科,有健胃作用。它含有酿制啤酒所需的酒花油、树脂、单宁、苦味酸和酵母。

(4)麦芽制造工艺过程

麦芽制造工艺:原料大麦→浸麦→发芽→干燥→除根→麦芽产品。

①浸麦。即用水浸渍大麦,可使其吸收一定的水分与空气中的氧气,以促发芽。浸麦一般用饱和澄清石灰溶液作为浸麦水。石灰可起杀菌作用,并可使浸麦水呈碱性,从而使麦皮中的单宁、苦味物质、蛋白质、半纤维素及色素等浸出。因单宁等物会影响啤酒风味,蛋白质易引起啤酒混浊,浸渍大麦4～8h后需再用清水洗涤。也可以在浸麦末期加少量石灰石,以防止发芽期间霉菌生长。

②发芽。大麦经发芽激活了许多酶,用这些酶来作糖化时制各类麦芽汁的催化剂。发芽需足够的水、适当的温度和适量的氧气。发芽条件:最低温度3～4℃,最高温度39℃,最适温度30℃,一般以12～20℃为宜;相对湿度>85%;用强光易使叶芽长得过快,并产生叶绿素,使淀粉酶活力减退,这不仅会增加麦粒的消耗,也会影响啤酒风味,所以发芽时多用暗色或蓝色的玻璃窗,以阻止阳光直射。

③干燥。由于绿麦芽水分多,不易贮藏,因此必须进行干燥处理,使水分含量降至2%～5%。干燥还可终止绿麦芽的生长、酶的分解作用。干燥的同时进行烘烤(温度可达100～105℃,使绿麦芽水分含量降至1.5%),温度升高,麦粒内发生化学变化,生成香味和色素,

去除了绿麦芽的生青气味，给啤酒带来了一种特有的香味和色泽。

④除根。因麦根有苦味，含蛋白质，会影响啤酒质量，所以，干燥后需要除根。除根一般采用除根机。

(5)麦芽粉的制备

①目的。麦芽是带皮的，为了使可溶性物质中的易浸出、不溶性物质受酶作用而分解，常用粉碎机将麦芽粉碎成麦芽粉后再使用。

②麦芽的粉碎程度与糖化的生化变化、麦芽汁的组成及原料的利用率有关系。麦皮在过滤时构成自然过滤层，因此不应磨得太细，但也不能太粗，否则难以构成致密的过滤层，同时也会降低浸出物收得率。胚乳是组成浸出物的主要部分，应适当磨细。麦芽粉的筛理分级情况如表 4-1 所示。

表 4-1　麦芽粉的筛理分级

组成	比例/%	筛孔大小/mm
麦皮	15	1.27
粗粒	11	1.01
细粒	13	0.547
粗粉	20	0.253
细粉	9	0.152
微粉	32	<0.152

(6)麦芽汁的制备

以麦芽粉为原料制麦芽汁的工艺为：麦芽粉→糖化→过滤→麦芽汁煮沸，加啤酒花→冷却。

①糖化。

a.麦芽糖化作用：将麦芽粉与温水混合，使麦芽中的可溶性物质浸渍出来，不溶性物质通过自身酶作用分解成可溶性物质，即将固体原料酿制成液态的麦汁。

b.糖化方法：常用浸出法和煮沸法，也可使用将两种方法相结合的混合糖化法。

c.大米的糊化：糊化锅内加入 45℃温水→先后加入已粉碎好的麦芽和大米，控制麦芽用量为辅料用量的 1/3～1/2→加热至大米液化成粥状的大米醪。大米糊化时掺入麦芽的目的是利用麦芽中的 α-淀粉酶将辅料淀粉糊化，以降低糊化醪黏度，防止淀粉粘锅，加速糊化过程。

d.大米醪和麦芽的糖化：糖化锅内加入 45～55℃温水→加入粉碎好的麦芽粉→在 45～55℃下保温 30～90min，使有效物浸出，蛋白分解→加入大米醪→63～68℃下糖化，如麦芽汁和碘反应呈黄色，则表示糖化已完全→从糖化锅中取出部分醪液入糊化锅，进行第二次煮沸→再入糖化锅→使醪液温度升至 75～78℃(液化温度)，并保持 10min。

②过滤。使麦糟与麦芽汁分开，而得到清亮的麦芽汁。

③麦芽汁煮沸，加啤酒花。清麦芽汁→加热煮沸→分次加入啤酒花(共 3～4 次)，煮沸时间一般为 2h。麦芽汁煮沸的目的包括：蒸发多余水分，使其浓缩到所要求达到的浓度；对麦芽汁进行消毒杀菌；破坏全部酶的活性，稳定麦芽汁成分；促进啤酒花中的有效成分浸

出，赋予啤酒独特的香味和苦味，同时起到一定的防腐作用；使蛋白质凝固析出，增强啤酒稳定性；煮沸后，经过滤可进一步澄清麦芽汁和除去啤酒花残渣。

④冷却。将加啤酒花后的麦汁冷却至发酵温度 6.5～8℃。

(7)啤酒的生产工艺：啤酒花、麦芽汁→发酵→装酒，杀菌→啤酒。

啤酒发酵分两个阶段进行。第一阶段称为主发酵，在较高温度下于发酵室中进行，约需 10d；第二阶段称为后发酵，在较低温度下于贮藏罐中进行，约需 3 个月，将主发酵后残存的浸出物继续发酵，使发酵所生成的 CO_2 饱和溶于啤酒中，并促使啤酒澄清和改善风味。

①酵母增殖。啤酒发酵前，需培养酵母。把上述冷却后的麦芽汁注入酵母培养缸→加酵母(上次发酵的沉淀酵母泥经过清水冲洗后，可作为这次增殖的菌种)→通入无菌压缩空气→经 8h→静置 20min，使其增殖→缸温 7～10℃、品温 6～8℃下进行增殖。

②主发酵。主发酵时，发酵室温度，夏季 7.5～13℃，冬季 4～6℃；品温，夏季 6.5～12℃，冬季 5～8℃。在适宜室温、品温下，将酵母从培养罐通入发酵糟(池)中→发酵 2～4d 后酵母生长最旺，5～6d 后逐渐衰弱，7～8d 后泡沫消失，而液面有黄褐色致密层，该致密层为酵母细胞、蛋白和啤酒花残渣等混合物，味苦发黏，应仔细去除。pH 值由 5.5～5.6 降至 4.2～4.1。随着酸度增加而有苦蛋白凝固，一部分苦味物被凝固物及酵母吸附而减少。主发酵 10d 完成，残糖浓度为 2.5°Bx。

③后发酵。后发酵又称啤酒后熟。将主发酵啤酒中残存的浸出物继续发酵，使发酵所生成的 CO_2 饱和于啤酒中，并促进啤酒澄清和改善风味。其工艺为：主发酵后→移至密闭的后发酵罐内→密闭贮藏，经 3 个月后熟完毕→吸出→冷却以减少泡沫→过滤、澄清→包装。

④装酒、杀菌。60～70℃下巴氏杀菌 25～30min，杀菌后得到熟啤酒；不经杀菌而直接装桶的，则为生鲜啤酒。

在制麦和糖化过程中，蛋白质分解的重要性不亚于淀粉，它影响啤酒泡沫的产生与持久性，分解不良易引起混浊。

高分子蛋白质中的球蛋白及其分解产物与单宁反应形成的结合物如被氧化，便会发生混浊。中分子蛋白质对啤酒风味和泡沫的产生与持久性有良好作用，但过多会造成啤酒的早期混浊。低分子蛋白质过多或过少都会引起酵母的早衰，所以蛋白质的各级分解产物最好能维持一定比例。

2. 制米

(1)由大麦制成的米有大麦米和珍珠米。大麦米：大麦脱壳后压碎成的米。珍珠米：精碾成椭圆形、整粒的大麦米，或碾制成球形的碎粒米。

(2)设备及加工过程。大麦脱壳和精碾都用大麦脱壳机，该机由两个同心装置的辊筒和自动选择装置组成。

内辊筒工作面由金刚砂制成，外辊筒朝向内辊筒的表面由带孔筛片组成，两个辊筒以相向和不同的速度回转，使麦粒在两个辊筒工作面间受到摩擦而脱壳，一般用四道脱壳机进行。各道脱壳机的金刚砂粒度自粗到细，逐渐缩小。麦粒可脱壳一次，用吹风器清除一次。大麦籽粒脱壳后用数道粗磨碾碎成大麦米。每碾碎一次，用筛子筛理一次，分开成各级大麦米：穿过孔为 2.5mm 筛面，而留存于筛孔为 2.0mm 筛面者为大粒米；穿过孔为

2.0mm 筛面，而留存于筛孔为 1.5mm 筛面者为中粒米；穿过孔为 1.5mm 筛面，而留存于筛孔为 0.56mm 筛面者为小粒米。

加工珍珠米时，脱壳和精碾用六道脱壳机。筛理时，留存于筛孔为 2.5～2.8mm 筛面者为大粒米，留存于筛孔为 1.5mm 筛面者为中粒米，留存于筛孔为 0.56mm 筛面者为小粒米，三者产量各约占 1/3。

3. 制粉

(1)糌粑。糌粑为藏族人民喜爱的主食。其制法为：大麦(常为裸大麦)→炒熟→磨粉→大麦熟粉(又称糌粑)。

(2)大麦配合粉。大麦配合粉是以大麦生粉为主要原料，配以其他作物产品加工粉制成的。这里重点介绍薏米大麦粉及其制品。

①薏米大麦粉。薏米又称薏苡仁，具有滋补强身和利尿效果，最近作为保健食品引起人们关注。但因其所含淀粉不易 α 化，必须经长时间浸泡后蒸煮，这就限制了薏米的利用。现其多用于薏米茶生产，也有少量掺入大麦中加工成米饭食用的。二战前后，日本人很爱吃大麦饭。现发现大麦富含纤维素，有益于人体健康。以这两种原料为基础，加工成薏米大麦粉，可用来加工面条、面包、蛋糕、点心、饺子皮、烧卖皮等面制品，这类制品的营养价值较高。

制作工艺流程为：精白或带胚薏米→水洗→水浸泡→待含水量达 20%～25%时，用定温加热干燥器或微波加热装置进行蒸汽加热(95℃)，自然冷却干燥→使含水量降至 12%～15%→淀粉的 α 化度达到 10%～20%→保存于调质罐进一步促 α 化→按适当比例(如 3∶7)与大麦粉混合→放在膨化机中，高温高压挤压膨化，均匀混合→得到完全 α 化膨化制品→用制粉机将膨化物加工成 80～160 目的混合物，再与 80～160 目精制大麦粉混合(两者质量比为3∶7)→得到成品。

②薏米大麦面。薏米大麦面是以薏米大麦粉为原料加面料制成的面。其制作工艺流程如图 4-1 所示。

膨化薏米大麦粉→粉碎过80~160目→得原料A
大麦粉（或荞麦粉）→粉碎过80~160目→得原料B
小麦粉（或荞麦粉）→粉碎过80~160目→得原料C
} 混合后用普通制面法加工成面条

图 4-1 薏米大麦面制作工艺流程

例子：α 化后的精白薏米 10kg 加精白大麦粉 10kg，混合膨化→取 18kg 膨化薏米大麦粉(A)与大麦粉 45kg(B)和 35kg 小麦粉(C)混合→加 36L 水→揉制面团→经压制面带、切条、干燥、切断等工序，制成 100kg 薏米大麦面条。这种面结合力强，有筋力，风味好。

4. 大麦饮料

大麦可经烘烤、粉碎后提汁，也可经发芽制成麦芽薏米生产饮品，具体产品有：

(1)麦芽汁保健粉。麦芽汁如用酵母发酵可制成啤酒，如改用乳酸菌发酵则可制成麦芽饮品。其工艺为：选料→发酵→离心过滤→调制→浓缩→成品筛粉→包装→检验→成粉。

(2)麦香芦笋茶。配方:芦笋皮干 50kg,麦芽干 25kg,海带丝(干)10kg,炒青茶 15kg。其工艺流程如图 4-2 所示。

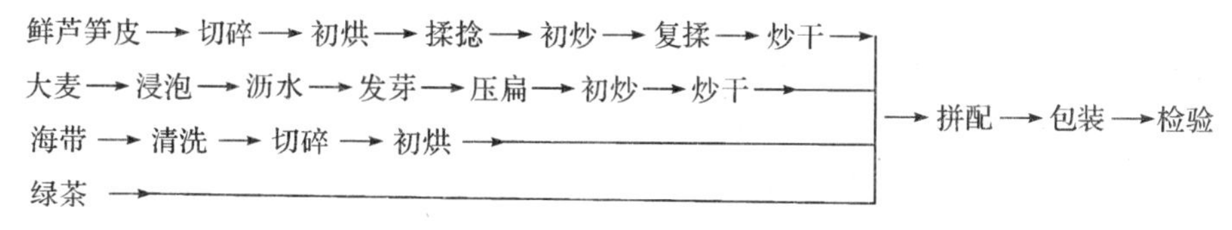

图 4-2　麦香芦笋茶制作工艺流程

(3)麦片(固体食品)。麦片(固体食品)是常见的早餐食品之一。欧、美、日等地的快餐店,将发芽大麦、玉米等,磨粉之后添加适量菜汁,制成多种口味的系列早餐食品(包含片状、块状早餐食品等),浇上牛奶即可食用。这类食品香滑可口,营养丰富。

(4)麦茶。其制作工艺为:大麦→炒制或焙烤→粉碎→提汁→加茶汁→加环状糊精→真空喷雾干燥→麦茶精。

5. 其他类

大麦还可用于制作糖饴、酱油、糕饼、豆浆、味精、麦曲、大麦饭等。

(三)饲料工业

随着人们生活水平的提高,畜牧业发展很快,饲料工业得到长足发展。大麦籽粒是家畜、家禽(配)混饲料的重要原料之一,它在饲料中的重要性体现在:①作为牲畜饲料的大麦,其消化能力为玉米的 85%,为稻谷的 113%,可消化蛋白质含量达 75g/kg,高于玉米的 66g/kg 和稻谷的 49g/kg。其饲用价值仅次于玉米,高于稻谷。②大麦蛋白中,多种氨基酸的含量高于玉米和稻谷。③大麦中的胡萝卜素及维生素 E 含量比玉米少,B 族维生素含量则比玉米和稻谷高,这对提高猪肉品质有重要意义。金华猪以前就是以吃大麦为主。

目前,我国用于饲料的大麦约占大麦产量的 70%。大麦主要以籽粒为原料作饲料,并且近年来也开始有饲用大麦、大麦青饲料出现。

1. 大麦配合饲料

大麦用作配合饲料的原料以籽粒为主,干燥籽粒配以其他原料和添加剂可制成各种类型配合饲料,包括猪、鸡、鱼、鸭等的专用饲料。

2. 大麦青饲料

近年来,由于饲料资源短缺,尤其是冬春季青饲料供应紧张,于是人们把目光转向大麦青饲料。人们在大麦生育盛期、生物学产量较高时开始分次收割。国外也有将大麦加工成青饲料粉,并配以其他饲料组成全价青饲料,其饲用效果良好。

3. 大麦叶蛋白

近年来,不断有人开发大麦叶蛋白。由于大麦叶子中的蛋白质含量高,因而被作为重要的叶蛋白资源而受到人们的重视,但目前尚未见有大麦叶蛋白产品进入市场。

(四)化工、医药工业

1. 大麦制酵素

从大麦中提取的超氧化歧化酶(Superoxide Dismutase,SOD),能清除体内自由基,延缓衰老。现在已有青稞SOD的调理胶囊、青稞SOD的抗缺氧胶囊、青稞SOD酥油茶、青稞SOD鲜奶等产品。

2. 大麦制大麦精

大麦精是以大麦为原料，在各种外加酶制剂的作用下，经过糖化将大麦中的淀粉分解为较小的糊精、低聚糖、麦芽糖和葡萄糖等低分子糖类，将不溶性蛋白质降解为低分子肽和氨基酸。因此，大麦精的基本组成是其所用原料内容物的分解产物，包括糖类、含氮化合物、多酚、矿物盐以及维生素等。其生产过程分为：原料处理、计量调浆、喷射液化、冷却糖化、麦汁分离、初级浓缩、调整精滤、终级浓缩、成品包装。根据成品要求的不同，具体工艺有所区别。

大麦精对肠胃具有功能性调节作用，同时具有麦芽的天然香味，而且口感饱满柔和。大麦精作为原料或辅料可用作糖果、面包、含馅类食品的添加剂，可改善其组织结构和色、香、味，主要用于烘焙食品、早餐食品、糖果、固体饮料、麦片、冰淇淋、药品、宠物食品、豆奶乳饮料和啤酒生产中。

二、大麦秸秆的综合利用

以前，对于作物秸秆（如麦秆等）的利用大多只局限于常规的几种方法，如作为燃料、编织、褥草、造纸、麦秆还田等。

目前，大麦秸秆可以作为制备蘑菇培养基的主料之一，搭配蘑菇生长所需的矿物质、维生素等营养物质，可缩短蘑菇的生长周期，提高蘑菇产量。将大麦秸秆投入水体中抑制藻类生长是目前为止最为成功的利用化感作用控制藻类恶性增长的方法之一，该法已在欧、美等地成功应用。

第五章

玉米的贮藏与综合利用

第一节　玉米资源

玉米在世界上具有重要的粮饲兼用作用。在世界谷物总产量中，玉米居第2位，仅次于小麦。玉米是种植最广泛的谷类作物，目前全世界有100多个国家和地区种植玉米。其中，美国、中国、巴西、墨西哥、阿根廷是世界上最主要的玉米生产国，这五国的产量之和达到世界玉米总产量的70%以上。拉美、非洲把玉米生产放在首位，亚洲将之放在水稻、小麦后的第3位。国家统计局数据显示，2015年我国玉米播种面积为3811.66万公顷，总产量达到22458.0万吨。近年来，世界玉米种植面积基本稳定，平均产量持续提高，总产量不断增长。

第二节　玉米品种介绍

一、糯玉米

糯玉米又称蜡质玉米、黏玉米，支链淀粉与直链淀粉的区别是前者的相对分子质量比后者小得多，食用消化率则比后者高20%以上。糯玉米具有较高的黏滞性及适口性，可以鲜食或制成罐头，我国还有用糯玉米代替黏米制作糕点的习惯。由于糯玉米食用消化率高，故用于饲料可以提高饲养效率。在工业方面，糯玉米淀粉是食品工业的基础原料，可作为增稠剂使用，还广泛地用于胶带、黏合剂和造纸等工业。积极引导鼓励糯玉米的生产，将会带动食品行业、淀粉加工业及相关工业的发展，并促进畜牧业发展，增加国民经济收入。

二、甜玉米

甜玉米又称蔬菜玉米，可分为普甜玉米、超甜玉米和加强甜玉米等类型。①普甜玉米含糖量6%～8%，是普通玉米的2～3倍，鲜果穗皮嫩汁多，可溶性多糖含量较高，食味香甜可口，可鲜食，也可削粒炒菜或加工成罐头(需速冻处理)。②超甜玉米又称水果甜玉米，含糖量一般为16%，高的可达20%以上，是普通玉米的10倍左右，水溶性多糖含量低，耐贮藏，食味清甜爽口而不腻人，一般煮熟后食用，也可生食，或者煮熟速冻保鲜后上市。③加强甜玉米含糖量10%～16%，既含有普甜玉米特有的水溶性多糖，籽粒具有糯味，含糖量又高于普甜玉米，甜里带糯，风味独特。

目前在我国广泛应用的甜玉米包括su1型普甜玉米、sh2型超甜玉米及su1se型加强甜玉米。

三、高油玉米

高油玉米是培育出来的一种籽粒含油量比普通玉米高50%以上的玉米类型。普通玉米的含油量通常为4%～5%，而高油玉米的含油量为7%～10%，最高可达20%以上，使玉米从单纯的粮食或饲料作物变成了油粮或油饲作物，大大提高了种植玉米的经济效益。玉米油含棕榈酸8.0%～12.7%、硬脂酸1.0%～2.0%、油酸24.4%、亚油酸60.0%～65.0%、亚麻酸1.0%～1.5%，不饱和脂肪酸含量高，且含有丰富的维生素E，是人类理想的食用植物油。除油分外，高油玉米还含有丰富的蛋白质、赖氨酸、类胡萝卜素等。用高油玉米作饲料喂养家禽、家畜，效益十分可观。目前我国推广的高油玉米品种主要有：高油1号(含油量8.2%)、高油6号(含油量9.1%)、高油115号(含油量7%～10%)及春油号等，其籽粒产量与普通玉米接近。

四、优质蛋白玉米

优质蛋白玉米也称高赖氨酸玉米，其赖氨酸含量在0.4%以上，普通玉米的赖氨酸含量一般在0.2%左右。赖氨酸是必需氨基酸之一，食品或饲料中欠缺这类氨基酸人体或动物体会因营养缺乏而造成严重后果。优质蛋白玉米的营养价值很高，相当于脱脂奶。若作为饲料，猪的日增重较普通玉米提高50%～110%，喂鸡也有类似的效果。随着高产的优质蛋白玉米品种的涌现，其发展前景极为广阔。

五、高直链淀粉玉米

高直链淀粉玉米是指玉米淀粉中直链淀粉含量在50%以上的特用型玉米。玉米中的直链淀粉是生产光解塑料的最佳原料，这种塑料可大量应用于包装和农用薄膜工业，是解决目前日益严重的“白色污染”的有效途径，也是高直链淀粉玉米将来的主要用途。高直链淀粉玉米杂交种的产量在不同地区的表现还不稳定，平均产量只相当于普通玉米的75%～80%。在美国，生产上用的高直链淀粉玉米有两种类型：一种是5级，直链淀粉含量为50%～

60%;另一种是7级,直链淀粉含量为70%~80%。在我国,工业所需要的直链淀粉主要从美国进口,因此我国急需开发出更高产的高直链淀粉玉米杂交种,从而促进高直链淀粉玉米相关产业的进一步发展。

六、其他玉米品种

(一)笋玉米

笋玉米是指专门用来生产玉米笋的专用型品种。玉米笋是指玉米吐丝或刚刚吐丝时收割,除去苞衣和花丝,剩下的形似笋尖但还没有膨粒的幼嫩雌穗。笋玉米含有较高的维生素、糖分、磷脂、矿物质及人体所必需的各类氨基酸,是近几十年来国内外新开发的一种玉米食品。在我国,笋玉米的研究始于20世纪70年代,目前也有若干优质品种育出,可分专用型和兼用型两类。专用型品种如鲁笋玉1号、冀特3号等,兼用型多为甜笋兼用,如晋甜1号、超甜43等。目前笋玉米的育种目标为多穗型,笋形细长,呈宝塔形,着粒紧密,排列整齐,色泽金黄,风味清香,口感脆嫩等。笋玉米适于腌制泡菜,拌沙拉生菜或鲜穗爆炒,亦可以加工成笋玉米罐头。近年来,笋玉米罐头在欧美、日本市场上畅销不衰。笋玉米以其低热量、高纤维、无胆固醇等特点成为当今世界上一种高档优质蔬菜。

(二)青饲青贮玉米

青饲青贮玉米是指在不同生育阶段采收青绿的玉米茎叶和果穗作饲料,或采收乳熟期的果穗和茎叶、经加工贮藏后喂饲家畜的一类玉米。青饲青贮玉米的特点是茎叶产量高,可溶性糖含量丰富,营养生长期长,光合效率高,蛋白质含量高,木质素和纤维素含量低,茎叶粗壮,抗倒伏能力强,耐密性好。近几年,我国培育的青饲青贮玉米品种有专用型和兼用型两类,前者一般为多枝多穗型品种(如京多1号等),后者有粮饲兼用型(如辽原1号等)及特用玉米兼用型(如笋玉米、甜玉米、糯质玉米等)。青饲青贮玉米茎叶柔嫩多汁,营养丰富,尤其经过贮藏发酵以后,适口性更好,是肉牛和奶牛业的主要饲料来源。

(三)爆裂玉米

爆裂玉米是一种专门用于爆制玉米花的玉米类型,其胚乳几乎全部是角质淀粉。由于其淀粉粒排列紧密,各淀粉粒间蛋白质基质和大量蛋白质粒将淀粉粒连成一体,很少有间隙,当籽粒受热时,蒸汽运动回旋余地小,因此爆裂性好。好的爆裂玉米的爆裂率可达99%,膨胀倍数达30倍。爆裂玉米具有丰富的蛋白质、无机盐、维生素,它能提供同等重量牛肉所含蛋白质的67%、铁质的110%和等量的钙质。它是高纤维、低能量食品,常吃有利于儿童的发育和老年人的保健。我国近几年培育出的优质爆裂玉米品种有黄金花菜、太爆1号、沪爆1号等。目前我国爆裂玉米的生产和销售还处于起步阶段,民间用于爆制玉米花的品种大多为普通玉米品种,其品质和适口性是无法与专用型品种相比的。

(四)极早熟鲜食玉米

极早熟鲜食玉米是近年兴起的一种鲜食专用型玉米。它主要是利用其早熟性,进行早春或晚秋种植，使鲜食玉米于淡季上市，或作为果蔬保护地栽培的接茬作物，以提高复种指数，增加经济收入。这类玉米最主要的特点是早熟性好，春播一般较普通玉米鲜穗早上市15～30d，早春覆膜栽培更为明显。其次这类玉米还具有耐密性强、鲜穗产量高、鲜食风味好等特点。津鲜1号是甜质型×硬质型选育出的全国第一个通过审定的极早熟鲜食玉米品种，其推广面积正在逐年增加。烟鲜1号也是典型的极早熟鲜食玉米，目前全国部分省(区、市)正在扩大示范种植面积。

(五)黑玉米

黑玉米是指籽粒颜色相对较深(如紫、黑色等)的玉米，富含水溶性黑色素及各种人体必需的微量元素、植物蛋白质和各种氨基酸，营养价值明显高于其他谷类作物。按籽粒类型，黑玉米可分成黑普通玉米、黑意大利玉米、黑糯玉米、黑甜玉米和黑爆玉米。黑玉米不但可以生吃，还可以加工成黑色系列食品和饮料。目前，生产上种植的黑玉米主要有糯质型和甜质型两种(即黑糯玉米和黑甜玉米)。糯质型黑玉米胚乳全部为支链淀粉，煮熟后籽粒柔黏细腻、气味清香、皮薄无渣、口感纯美，是采收青果穗的主要类型，约占黑玉米的85%，青穗可鲜食或加工保鲜，成熟籽粒是提取黑色素、加工营养食品或酿酒的优良原料。甜质型黑玉米籽粒含糖量高，因采后糖分降解快，鲜食保鲜难度较大，应现采现吃或速冻冷藏，以籽粒制罐更为理想，生产上所占比重较小，约为15%。此外，甜糯型黑玉米因籽粒含糖量适中，并具有糯玉米柔黏清香、富有嚼劲等优势，尽管尚在试验中，但有望成为今后极具发展前途的黑玉米类型。

第三节　玉米的贮藏

一、玉米贮藏的特点

玉米在贮藏过程中具有如下特点：

(1)原始水分含量一般较大，成熟度不均匀。各玉米产区在收获季节，由于受温度、湿度、太阳辐射等因素的影响，虽然玉米原始水分含量差别较大，但一般都较高，新收获玉米的水分含量在华北地区一般为15%～20%，在东北和内蒙古地区一般为20%～30%。玉米的成熟度也很不均匀，穗的顶部籽粒成熟慢，含水量大，脱粒时容易损伤。这种未成熟粒与破碎粒的存在，增加了玉米贮藏的难度。

(2)玉米胚大，呼吸旺盛。玉米胚部约占籽粒体积的1/3，占粒重的10%～12%，组织疏松，含有较多的蛋白质、可溶性糖和脂肪，呼吸量大，呼吸强度为小麦的8～11倍，使得玉米在贮藏中易吸潮、生霉、发酸、发苦。

(3)玉米胚部含脂肪多，易酸败。玉米胚部含有整粒77%～89%的脂肪，胚的脂肪酸值始终高于胚乳，酸败通常从胚部开始。

(4)玉米胚部容易霉变。由于胚部营养丰富,微生物附着量较多,所以胚部是虫和霉菌首先危害的部位。胚部吸湿后,在适宜温度下,霉菌即大量繁殖,开始霉变。玉米粒破碎程度越高,带菌量亦越多。

(5)容易感染害虫。危害玉米的害虫较多,主要有玉米象、大谷盗、杂拟谷盗、锯谷盗、印度谷螟、粉斑螟、麦蛾等。害虫一般先危害胚部,玉米一旦感染了害虫,其受害程度要比其他粮种严重得多。

二、玉米的贮藏方法

干燥防霉,防治虫害,除杂净粮,是贮藏好玉米的三项主要技术措施。在我国,北方贮藏玉米以防霉为主,南方以防虫为主。玉米的贮藏方法有穗藏与粒藏两种,国家入库的玉米全是粒藏,农户大多采用穗藏。

(一)玉米带穗贮藏

玉米属晚秋作物,收获后不易在短期内晒干,未充分干燥的果穗脱粒时,籽粒破损率高、湿度大、带菌量多,对贮藏条件要求严格,难安全贮藏,常采用带穗贮藏。这是一种典型的通风穗藏方法,在华北和东北地区,由于收获玉米时温度较低,高水分的玉米穗藏具有很大的优越性。经过一冬的自然通风,来年4—5月份玉米水分可降至12%~14%。本法属无公害贮藏法。

带穗贮藏方法很早就在我国农村广泛采用。贮藏时果穗堆放的孔隙度大,空气流通,湿热容易散失,并且穗轴吸湿性强,可较好地保持籽粒干燥。高水分玉米有时不经晾晒,经过一个冬季的自然通风,即可将水分降至安全标准以内。且籽粒和胚埋藏在穗轴内,仅顶部暴露在外,而顶部为坚硬的角质层,对害虫、霉菌侵害有一定的保护作用。新收获的玉米,在穗轴上可以继续进行后熟,穗轴内的营养物质可继续向籽粒供应,使籽粒淀粉含量增加,可溶性糖含量降低,品质不断改善。玉米籽粒经过充分后熟,其色泽与食味都比粒藏的好。此外,穗藏还能有效缓解玉米收获期劳动力紧张的压力。但玉米穗藏也有一定缺点,它占用仓容较多,运输时费用和耗用劳力较多。所以目前穗藏方法多在玉米收获后未能及时晾干时采用。

玉米果穗贮藏的操作要点如下。

1. 初步干燥、降低水分

贮藏前果穗要经过7~10d的晾晒处理,经初步干燥后,使籽粒含水量降到20%以下。

2. 选择健壮果穗贮藏

贮藏前要认真挑选健壮、后熟好的果穗贮藏,将未完全成熟,含水量过高,受湿、病、鼠侵害和霉变的果穗择出,以提高贮藏质量。

3. 选择适宜贮藏方式

带穗贮藏有挂贮和仓堆贮两种。挂贮是将有苞叶的果穗,相互连接编成辫,或用细绳将无苞叶的果穗逐个连接在一起,挂在通风避雨防晒的地方。仓堆贮是在地势高燥、排水通风良好的地方,用编织好的树条或秫秸围成高2~3m、直径3~4m的圆形仓,仓底铺厚 30～40cm 的干树条或秫秸，仓顶部用秫秸或草席做成圆锥形遮雨棚，将健壮的去苞叶果穗贮藏其中。

4. 贮藏期管理

在北方冬春干旱、少雨雪的气候条件下，由于挂贮或仓堆贮中的果穗空隙大，通风好，穗轴和籽粒经过一个冬季会自然风干，籽粒水分降到 12%～14%，一般不需倒仓。第二年春季即可脱粒，再进行籽粒贮藏。

一般将玉米果穗装入特制的容仓内贮藏。容仓形状分为长方形和圆形两种。长方形容仓离地垫起 0.5～1.0m，长度依地形而定，宽不超过 2.0m，用木杆或高粱秸秆等制成；圆形容仓的底部垫起 0.5m，直径 2～4m，高 3～4m，用荆条编制品或高粱秸秆围成。贮藏时应注意，上部盖好，防止雨雪入仓，并选择地基干燥而通风的地点。仓与仓之间保持一定距离，以利通风。果穗水分含量低时，可及时脱粒，避免高湿季节果穗吸湿引起霉变或酸败。如果入仓时果穗水分均匀，且在安全标准以内，一般不会出现发热霉变现象。入仓后应注意检查，一旦出现热湿，要及时倒仓降温、降湿。

（二）玉米粒贮藏

粒藏的第一步是要控制玉米入库水分，要求入库玉米的水分含量在 13%以下，贮藏温度不超过 30℃。另外可以针对玉米胚大、呼吸旺盛的特点，采用缺氧贮藏方法，或根据实际需要，采用“双低”贮藏、“三低”贮藏等方法或采用“缓释熏蒸法”等综合方法贮藏，防止玉米堆发热、生霉、生虫。

玉米粒贮藏的操作要点如下。

1. 干燥防霉

充分干燥，做好防湿工作，是玉米长期安全贮藏的主要措施。玉米除种用之外，一般用于制粉和发酵，不强调发芽能力，因此可以充分采用曝晒或烘干处理，这是玉米长期安全保管的主要措施，不致影响其利用价值。根据实践经验，如果玉米水分含量在 12.5%以下，温度即使在 35℃左右，一般也可以安全贮藏。新收获的玉米经过冬季通风散湿，如水分仍未降至过夏标准，可采取春晒、凉后归仓、散堆密闭、做好防潮隔湿工作等措施，以安全过夏。对于在冬季已充分干燥的玉米，在北方采用低温处理，将粮温降至 0℃以下，趁冷密闭压盖，对安全过夏有良好效果。新收获的高水分玉米，未能及时干燥的，入冬之后要做好防冻工作。水分含量 20%左右的玉米长时间处于 0℃的低温环境中，容易冻伤，冻伤玉米的食用和种用品质都差，且难以保管。

2. 防治虫害

防治玉米蛾类害虫，在 3 月底采用一般密闭压盖即可收效。北方地区可采用冷冻处理，而后密闭压盖，这对防治甲虫和蛾类幼虫都有较好效果。目前有些地区采用塑料幕布压盖或密闭缺氧方法，不仅可防虫，而且防潮防霉效果也都很好。对已经生虫的玉米，可用过筛或熏蒸的方法除治，由于玉米颗粒较大，害虫体躯较小，采用 6 眼/英寸的淌筛除虫，效果可达 90%以上；也可用氯化苦或磷化铝熏蒸，费用比较节约，杀虫效果也较彻底。但应注意，氯化苦会伤害玉米的发芽力，所以种用玉米不宜用氯化苦杀虫。

3. 除杂净粮

玉米中往往含有较多的未熟粒、破碎粒、糠屑及穗轴碎块等，机器脱粒的杂质量尤其高。除穗轴外，其他杂质一般散落性低，用输送机散堆时，较多集中于粮堆锥体的中部，形成明显的杂质区。由于这些杂质吸湿性强、呼吸量大、带菌量多、孔隙度小，湿热容易积聚，能引起发热生霉和招致虫害。因此，玉米在散堆前进行一次过筛、除杂净粮，是争取安全保管的必要措施之一。对于少量玉米，可以采取果穗贮藏法，既有利于促进后熟、改善品质，又能使玉米经过一个冬天的自然风干，将水分降至安全标准。

4. 贮藏期管理

干燥的玉米粒可放入仓内散存或囤存。堆高以 2～3m 为宜。一般玉米水分含量在13%以下，粮温不超过 30℃，可以安全过夏。如果仓贮新玉米粒，可在入仓 1 个月左右或秋冬交替时进行通风翻倒，以散发湿热，防止“出汗”。对已经干燥、水分含量降低到 14%以下的玉米粒，可在冬季进行低温冷冻处理，并做好压盖密闭工作，帮助安全过冬。籽粒在仓库内应按品种、质量等分类，挂牌进行堆放，建立档案资料，不允许与其他物品混放。

（三）玉米粉贮藏

玉米制粉时往往要经过水洗，使水分含量增大。新出机玉米粉的温度一般为 30～35℃，由于温度高、水分大，故易滋生微生物。而且，玉米粉脂肪含量高，易氧化变质。因此，玉米粉是不易贮藏的成品粮，极易发生霉变，酸败变苦，不宜长期贮藏。

玉米粉在常规贮藏过程中，水分含量不能超过 14%。另外，玉米粉不宜采用大批散存的方法，一般用袋装，码成通风垛，并于 5～7d 倒垛 1 次，倒垛的原则与面粉倒垛相同。如果发现有结块成团现象，应及时揉松。条件允许时，最好采用低温贮藏或气调贮藏。

加工玉米粉时最好先去胚再制粉，这样既可提取玉米胚油，增加经济效益，又可提高粉质，利于贮藏。

（四）鲜嫩玉米保鲜

收获的鲜玉米脱离母体后，籽粒的养分含量发生变化：一是呼吸作用消耗籽粒中可溶性糖类；二是可溶性糖类迅速转化为淀粉，使籽粒中可溶性物质含量迅速下降，失去商品性质。鲜嫩玉米的保鲜是近年来出现的新需求，具有很好的市场发展潜力。通常采用的保鲜方法有：

1. 真空保鲜

这是一种真空包装、高温灭菌、常温贮藏的方法，贮存期可达一年。基本工艺流程为：原料→去苞叶除须→挑选→水煮→冷却沥干→真空包装→杀菌消毒→常温贮存。首先将鲜玉米穗去苞叶除须，选择无虫口果穗在沸水中煮 8min，捞出冷却沥干水分，单穗真空包装（真空包装机）。然后高温高压灭菌。灭菌消毒可采用巴氏消毒法，即用蒸锅蒸 0.5h，隔 2d 后再蒸 0.5h；也可采用压力蒸汽灭菌消毒法，温度 125℃，压力 0.14MPa，蒸 10min。消毒完成后，检查包装有无破漏。将完好无损的包装装箱，常温贮藏。食用时需开水煮10～15min。

2. 低温冷藏/冷冻保鲜

鲜玉米采摘后到开始降温的时间很重要，在常温下存放时间太长，蔗糖会很快转化为淀粉，影响其食用品质，若采后立即将其冷冻在0℃的环境中，辅以相对湿度90%～98%，可贮存7d。适期采收的鲜果穗在剥去苞叶、水煮(一般20min，中心温度要达90℃以上)后再进行冷藏，其效果优于不经处理直接冷藏的。若将已处理的果穗放于－38℃低温库冻结10h或－45℃快速冷冻机冻结2h，再放于－18℃低温库可长期保存，可以真正摆脱鲜玉米采收期短、受时节限制的缺点，达到随吃随取的目的。

3. 保鲜剂保鲜

将采摘后的嫩玉米浸泡于事先配制好的保鲜液中，即可达到长期保鲜的目的，保鲜期长达8个月以上。基本工艺流程为：原料→预处理→保鲜液浸泡→成品。原料采收应选择籽粒刚刚饱满未固化、穗头雄蕊未发干的嫩玉米(即7成熟状态)。保鲜液浸泡前应除去苞叶、雄蕊，用清水冲洗干净。采下后要当天处理完毕，否则品质老化无保鲜处理价值。保鲜液使用量应以没过玉米为准。保鲜贮存容器可选用塑料桶、大缸或水池，使用前洗净杀菌。贮存保鲜玉米，应尽可能装满容器，并加盖密封，以减少空气的氧化作用。保鲜液中的各成分均属食品添加剂，需符合《食品添加剂使用标准》(GB 2760—2014)要求。

4. 气调贮藏保鲜

将采后的甜玉米立即降温，并将盛玉米的容器置于塑料帐中，使氧含量降到2%～5%，或使氧含量维持在21%，而二氧化碳含量升到15%，并在1～2℃温度下贮存，这样可贮存3个星期左右；若将玉米放在50mmHg的低压下贮存，同样可贮存3个星期左右。

第四节　玉米的综合利用

玉米是世界公认的“黄金作物”，具有良好的营养保健功能。为了充分利用玉米资源，要对玉米进行精深加工，这样才能提高玉米附加值、扩大销路。从玉米品质特性可知，玉米的开发和综合利用的途径很多，产品也很多，如图5-1所示。

一、玉米的食品工业利用

(一)玉米食品工业概况

我国是世界上的玉米种植大国，原料丰富。玉米食品的开发是我国食品工业的一个新亮点，给玉米的广泛应用和食品工业的发展开拓了新的领域。玉米食品加工包括：改变玉米原料的理化性质；发挥营养优势，弥补营养不足；提高消化率；改善风味和口感；去除不良的玉米味。玉米食品工业原料包括籽粒、幼穗、花粉、穗轴、加工副产品等。玉米食品工业的加工技术包括蒸煮、烘烤、膨化、油炸、冷冻、复配、强化、挤压、研磨、粉碎、发酵、造型、浸泡、喷涂、包埋、分离、杀菌、提取、微胶囊化、浓缩、干燥、煎炒、包装、辐照、超临界提取等。玉米富含多种营养物质，玉米胚芽含有大量的不饱和脂肪酸及人体必需氨基酸，可以直接食用，也可以加工成各类食品成品与半成品或者作为部分原料存在于其他食品中。

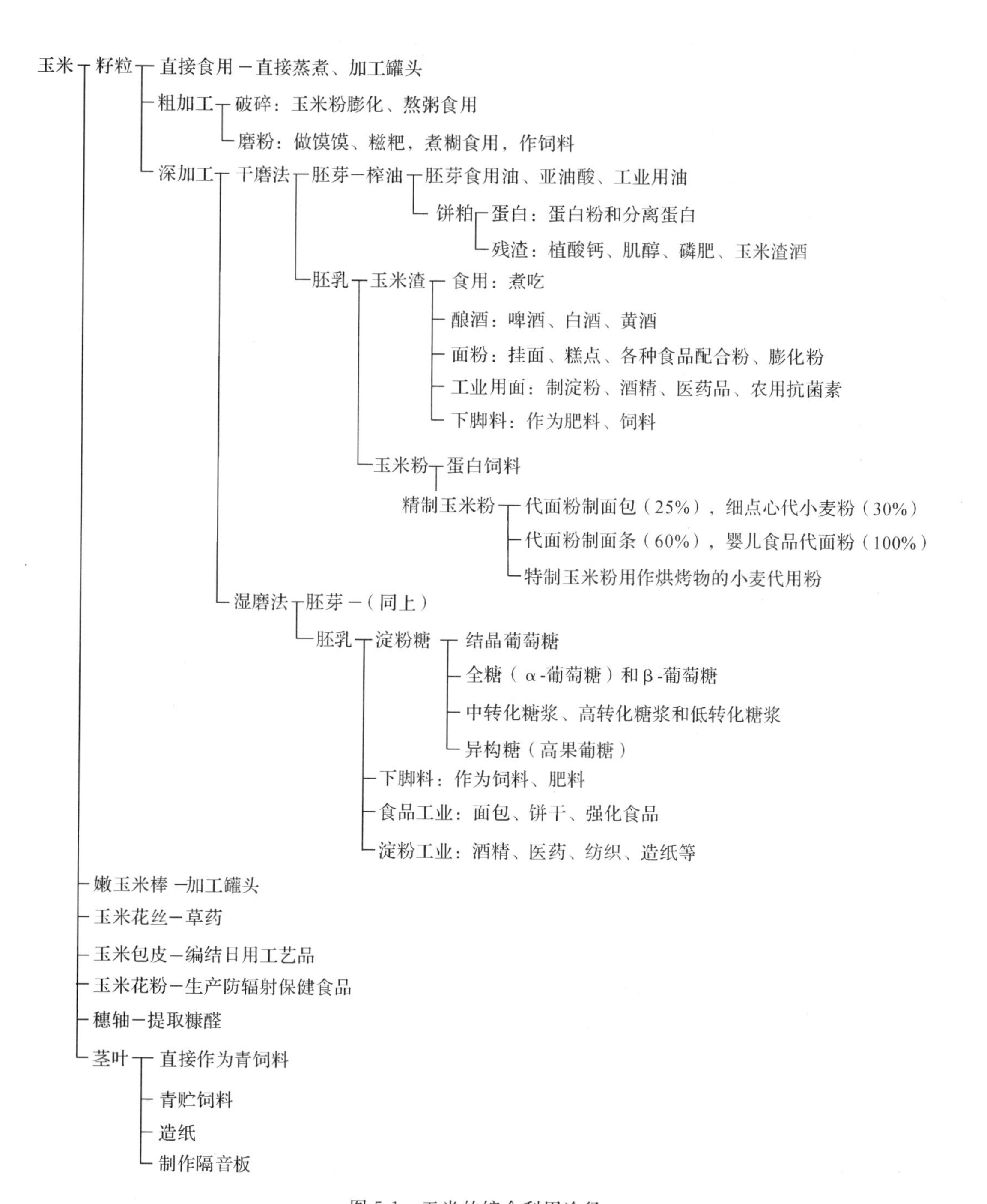

图 5-1　玉米的综合利用途径

(二)玉米鲜食

鲜食是传统的食用方法,即新鲜时经蒸、煮或烤等方式加工后直接食用。对于干质玉米,可干磨成各种颗粒规格的玉米渣及玉米粉,用于煮粥或与其他面粉搭配制作面包、发糕、挂面等日用食品。直接食用的还有爆裂玉米,它可以在常压下加热膨胀至原体积的几倍至几十倍而成为玉米花,是一种方便食品或休闲食品。

本书主要介绍爆裂玉米的加工技术。爆裂玉米的加工设备并不复杂,工艺简单,操作容易,成本低,经济效益高,在我国大、中、小城市乃至乡镇都可生产。

1. 工厂化生产爆玉米花

大批量生产爆玉米花必须使用专用设备,主要有玉米花机和包装封口机。玉米花机有国产机和进口机,可根据生产量选择不同的规格和样式。玉米花机构造简单,由锅体、自动搅拌系统、自动控温系统和照明灯光等组成。其操作十分容易,打开电源,待锅体达到一定温度(一般为 180℃左右)后,先放入食油及其他调料,再放入爆裂玉米籽粒,而后放入砂糖。在自动搅拌系统的作用下,爆裂玉米籽粒被均匀加热 2～3min 后自动爆花,爆完后即可进入下一次操作,爆玉米花经过短时间的冷却后即可包装出售。

2. 微型机制作爆玉米花

美国、韩国及我国均有生产家庭用玉米花机。其体积小,重量轻,使用方便,适用于商店、影院及街头摊点经营,也适用于家庭自制爆玉米花。

3. 家庭厨房简易制作爆玉米花

选用锅体较厚的铁锅、铝锅(高压锅)等普通厨房用锅,先将锅烧干烧热,再加入食用油,随之加入爆裂玉米,翻动加热片刻,加入适量食糖。在中火条件下边加热边晃动,使爆裂玉米均匀加热,2～3min 后便开始爆花,待仅存零星的爆花声时,将玉米花全部倒出,冷却片刻即可食用。

爆裂玉米花品种达数十种,具有香、甜、酥、脆的特点,与普通玉米花相比,无皮渣,无污染,营养价值高。采用不同的原料配方,可以生产各种风味的爆玉米花,如天然型、甜味型、咸味型、奶油型、奶酪型、巧克力型、辣味型等。天然型玉米花不加任何调料,风味自然。风味玉米花需添加各式调料,为使调料充分附着在玉米花上,需要配制相应的乳化液。乳化液主要由主料(如油、糖等)、表面活性剂及香精组成。

(三)加工成各类食品成品与半成品

玉米干磨成不同颗粒规格的玉米粒后,可制成各类食品成品与半成品。玉米人造米是玉米面经过加水搅拌、膨化成型、冷却、烘干、过筛等工序后加工而成的。用黄玉米做的人造米为淡黄色,用白玉米做的人造米为白色,这种人造米由于经过 100℃以上温度的淀粉糊化过程,可使 β 淀粉转化为 α 淀粉,有利于人体消化吸收,而且还可以在其中加入氨基酸、矿物质、维生素等各种营养成分,提高玉米的营养价值。此外,还可以制作烘干玉米片、油炸玉米片等。美国、欧洲、日本等地常见的玉米产品有油炸或烘焙的玉米筒、点心小球、玉米脆片、玉米角、早餐食品、玉米薄片等。

(四)玉米产品作为部分原料在食品中的应用

玉米深加工的主要产品为玉米淀粉，玉米淀粉经过不同方式的化学过程，可以制成上千种食品添加剂，分别应用于各类食品加工的各个阶段。如在食品中可以用作抗结块剂、稀释剂、成型剂；在饮料、奶油中用作悬浮剂；经预糊化后用于速食食品；淀粉经酵母发酵，可制成6%的低度酒液，经蒸发可制成白酒；糖化后的淀粉，可加工成饴糖；淀粉加酵母发酵，成为酵母泥，经过清洗成为制作面包用的酵母；发酵的酵母陈酿半年，可制低度黄酒，再经醋酸发酵，拌翻淋醋成为食醋；玉米淀粉相对分子质量变小可转化为高热糊精，用作携带香料的载体、黏着剂等；交联淀粉用于制作酸性食品、罐头等，可用于抗酸性、抗热及抗剪力；部分淀粉脂可用作乳化剂；高直链淀粉由于是一种天然可食性淀粉，且糊化后可形成良好的薄膜，可用于包覆特定食品、改良油炸食品的颜色和脆度等；用玉米淀粉加工的各类糖，用作甜味剂，在食品中的应用趋势增加；将玉米淀粉转化提取柠檬酸，用于饮料生产；淀粉还具有使坚果发亮、使面包保持水分等多种用途。

二、制粉工业

(一)玉米制粉工业概况

玉米粒主要包括麸皮、胚乳、胚芽、根冠等四个部分，各类营养成分在各部分中的含量不同，淀粉主要存在于胚乳，胚芽中富含蛋白质和脂肪，麸皮和根冠中则含较多纤维素。为了将玉米的淀粉、脂肪、蛋白质、纤维素等主要成分最大限度地分离，以满足进一步加工的需要，玉米制粉工艺有湿磨法和干磨法两种。

湿磨法是以水或水溶液为分离介质，采用物理方法，将玉米籽粒中的各种成分分离开来的方法。采用此法时先把玉米籽粒放在稀亚硫酸溶液中浸泡，使籽粒柔软，淀粉漂白。再将浸泡后的玉米籽粒研碎成数瓣，通过胚分离器，使胚与皮和胚乳淀粉分开。然后将胚干燥，榨油，再将胚乳磨碎、过筛，再通过离心机使淀粉和蛋白质分开，即可进行干燥、粉碎和包装。湿磨法加工产品主要为玉米淀粉及其副产品。玉米淀粉在淀粉糖、有机酸、酒类、味精、食品添加剂、焙烤食品、肉制品等食品工业的应用十分广泛。玉米胚芽、麸质蛋白也是极好的食品原料。湿磨法加工适用于规模较大的生产，若生产规模大，则便于发挥设备性能好、效率高的优点；若生产规模较小，则其优点难以发挥。

干磨法常用于干磨玉米，产品常用于各类玉米食品原料和啤酒工业。好的干磨玉米产品要求油脂、灰分、蛋白质含量低，所以多以去胚芽的玉米籽粒为主。该法先使玉米籽粒吸水1～3h，待含水量达20%～22%，种子的果皮和胚变韧时用脱皮机去皮，再放入胚分离器磨碎，使胚和胚乳分离，取胚，最后通过各种筛子分出粗细不同的玉米渣和玉米粉等。对于干质玉米，可干磨成各种颗粒规格的玉米渣及玉米粉。干磨法加工的产品主要有玉米糁、玉米粉、玉米胚等，可以煮食或与面粉搭配制成面条、面包、馒头、饼干等日常食品。

玉米制粉工业包括全粉和淀粉生产及其深加工。这里介绍一系列以玉米全粉或淀粉为原辅料加工而成的产品。

(二)即食速溶玉米粉(晶)的生产工艺

即食速溶玉米粉(晶)是以玉米去皮、去胚芽后的纯胚乳部分加工成的生玉米粉(晶),经熟化、造粒加工成适合不同人群之风味各异的即食食品。其粉粒直径通常为1～3mm,冲入开水搅拌后即可食用。

生产过程:玉米→清理→软化→去皮→提胚→粉碎→熟化→调配→造粒→干燥→冷却→包装→杀菌→检验→成品。

玉米粉(晶)的加工分别在两大车间进行:

(1)生粉车间,即加工到生玉米粉工段。生粉车间采用的是干法清理,干法提胚工艺具有无污染,工艺调整灵活性强,操作、维修方便等多项优点。

(2)熟粉车间,即即食速溶玉米粉(晶)加工车间,它对生粉进行瞬间熟化处理。最大限度地保留物料原有营养成分,同时又可根据人们的不同饮食习惯,按配方生产不同风味的系列保健食品,可开发生产老年用粉、儿童用粉等多种功能性食品。

相关设备包括:调质器、包装机、熟化机、支架管件、造粒机、电控柜、杀菌机、绞龙、冷却器等。

(三)玉米米(人造大米)制作技术

玉米米米粒像大米,呈淡黄色、半胶化状态,有一定的透明度,故称为“人造大米”。此类人造大米是以糯玉米面为主要原料,按不同比例掺入面粉、大豆粉、大米粉、小米粉、小麦胚芽粉等,经着水搅拌和膨化成型而制成的半透明凝胶颗粒状方便食品。其外形很像大米,用冷开水或热水浸泡片刻即可食用,适于用作夏季家庭快餐食品或野外作业及旅行食品。

人造营养米的生产过程是将糯玉米加工成细面,加适量的水,搅拌混合使其含水均匀,然后进入玉米主成型机,在机器里经过膨化、成型两道工序,再通过风力输送,把米粒送进烘干机。通过烘干使分子间的游离水汽化,直到降至安全储藏水分标准为止。然后根据原料的粒度进行筛选,除去大颗粒、粘连粒、碎米、粉末等,使米粒整齐均匀,最后定量包装。

玉米米的生产工艺流程为:原料→加水搅拌→成型→冷却→烘干→分级→成品。

其主要技术要点为:

1. 原料处理与配料

主要原料为玉米粉或淀粉、碎米和面粉。应选用去皮去胚的玉米渣磨制成的玉米粉,粗细度要适当。过粗或含有皮、胚的玉米粉,加工出来的米粒表面粗糙,光泽差。过细的玉米粉,由于摩擦系数小,将会影响产量和玉米米的质量。此外,玉米粉过粗或过细,都容易焦化,造成型孔堵塞。如果在玉米粉中添加适量的小麦粉、豆粉等多种营养物质,则可制成“营养米”。此外仍需要添加少量固结剂,如氯化钙、明矾、碱类及干酵素等。淀粉质量须较好;面粉最好使用面筋含量较高的强力粉或中薄力粉,以增强黏结力;碎米可增加风味,降低米粒的透明度。为了提高营养价值,可加入维生素及赖氨酸等。

2. 加水搅拌混合

根据配方比例,把原料和营养强化剂(每1kg原料配制维生素13.27g、钙质6.5g、赖氨酸1g左右)投入混料机,并加入适量温水充分混合,使水分完全渗透到淀粉颗粒中去。加少量食盐(0.2%),再充分搅拌,使面粉团含水量达35%~37%。加水量的多少直接影响玉米米成型机机膛内的温度和压力。加水量过多,物料不易膨化和糊化;加水量过少,机膛内余热增加,会引起物料焦化,堵塞型孔。

3. 制粒成型

成型是加工玉米米的关键工序,主要设备是成型机。此设备把喂料、膨化、制米、切削四工序组合在一个机体内,进行连续生产,每小时可生产玉米米100kg左右,配备动力21~24kW。玉米粉经过加水搅拌运入成型机的料斗后,由喂料装置连续均匀地送进膨化筒。物料在膨化筒内受到高温高压的作用,迅速形成半膨化状态并从型板挤出,再进入制米筒。半膨化的物料在制米筒内经过充分揉和压缩,形成液态凝胶,最后挤出型孔,被削刀切成扁形米粒。出机后的米粒表面光滑,不留切削痕迹。用辊筒式压面机将面团压成宽面带,然后送带有米粒形状凹模的制粒机[①],在加压状态下把面带压成米粒,然后用分离机将米粒分离筛选,筛掉粉状物。

4. 蒸煮

将含水量40%左右的米粒,在输送带上用蒸汽处理3~5min,使米粒表面形成保护膜,并杀死害虫和微生物。如用成型机,则可不需蒸煮工序。

5. 冷却

成型后出机的玉米米温度较高,并且部分米粒存在粘连现象,必须进行冷却,使粘连的米粒得以散开。

6. 烘干

经过冷却的玉米米还含有较高的水分,应当进行干燥处理。温度一般为39℃,烘干时间约需40min。烘干后的玉米米水分含量降至13%左右,再经冷却水分离,降低至11%~11.5%。烘干过程中,玉米米不断翻滚,互相摩擦碰撞,形成椭圆形大米状,同时也产生粉米和碎粒。

7. 分级

采用筛选设备,将成品中少量粘连或破碎的米粒分选出来,确保产品质量,即可贮存食用,或包装上市。

将净玉米(也可配以1/4的大豆仁或花生仁)配以果蔬泥和乳粉、蛋黄粉、大豆磷脂、调味剂、增稠剂等(占总量1/3)糊料,分别用速食米机和造粒机等加工混配成人造速食玉米片。速食玉米片用开水冲调后,保持粒状不化碎,无硬芯,在薄糊中均匀分散,糊料则形成黏稠流质态薄糊,似炊煮的米糊,还带有糊料颗粒所具有的风味和营养。因此,其食感、风味、营养俱佳,适用于作早餐食品。

(四)玉米粉面包的制作

传统的面包生产对所需原料小麦粉的面筋含量有一定的要求,在面粉中加入不超过20%的特制玉米面粉,用传统方法烘制出来的面包,其色、香、味、形与富强粉面包无明显差异,而且还有一个突出的特点——松脆可口,尤为儿童所喜爱。以玉米粉为主要原料制作

---

① 制粒机有辊筒式和挤压式等多种,辊筒式制粒机米粒凹模的长径为0.8cm、短径为0.3cm。挤压式制粒机与螺旋式通心粉碎压成型机大体相同,物料经过挤压后,从模孔挤出成形,但工艺参数复杂,技术要求高。

的面包，色泽艳丽，酥脆味甜，营养丰富，深受消费者喜爱，销路广阔，是使玉米增产、加工致富的好途径。

(五)麻杆糖的制作

麻杆糖香甜，酥脆可口，营养丰富，是人们喜食的糕点。玉米粉是制作麻杆糖的上乘原料。现将其制作方法介绍如下。

(1)将25kg玉米面粉掺上50g淀粉酶拌匀，放入铁锅内，加入冷水52.5kg，用锅铲或棍棒搅拌到无疙瘩时，再生火熬熟成粥。

(2)将熬熟的玉米粥舀入大缸内，加冷水22.5kg。当粥温降到70℃时，再加50g淀粉酶，用棍棒搅拌，使其糖化。

(3)将糖化后的玉米粥过滤到另一口缸里。过滤完后将滤汁全部倒进锅里，用急火熬2h，使其变成稠粥状。当翻滚的粥汁呈鱼鳞状时改为慢火，当温度达到35℃时用棍棒挑起粥汁，当其成丝状的糖稀时停火。

(4)将熬成丝状的糖稀倒入平底锅里，再将平底锅置于更大一些的盛有冷水的容器里，让糖稀迅速冷却。当糖稀冷却至不烫手且不黏手时，再从平底锅中取出来扯长。

(5)将扯长的糖稀套在抹过食用油的木桩上，用双手抓住反复拉扯，使其由褐色变为白色，成为传统的皂糖。

(6)将扯好的皂糖放在案板上，用刀切成条、块，再滚上事先炒熟的芝麻，即成为麻杆糖。

(六)玉米营养面

挂面存放期长，食用方便，是我国一种传统的大众化食品。用20%的特制玉米粉与小麦粉和少量的添加剂混合后，经一般挂面生产工艺加工出的挂面，基本无断头，不糊汤，食味也不错，受到消费者青睐。将玉米粉与小麦粉、大豆粉以各占1/3的比例进行搭配，生产营养面，可使蛋白质营养价值提高7～8倍。糯玉米面条是用30%～50%的糯玉米粉与50%～70%的小麦面粉混合而制成的特色风味面条，其口感鲜美淡香，筋道滑爽，营养价值高，市场前景好。

(七)玉米方便粥

方便粥是一种挤压食品，呈片状，复水后口感较好，有嚼劲。糯玉米粥是以糯玉米粉为主料，配以麦片、奶粉等辅料，采用挤压膨化技术加工而成的，具有玉米的清香，口感细腻，清爽可口，还含有能促进儿童生长发育的微量元素。

生产工艺流程为：原料粉碎→混合→挤压→造粒→冷却→压片→干燥→调味→包装。原料可用玉米粉、大米粉或其他谷物粉。挤压前调节水分至16%～25%，然后经螺杆挤压机挤出，切断成粒。挤出温度为140℃，转速一般为100r/min。压片由一对辊筒完成，再经烘干至水分8%左右，调味后即可包装。

(八)速调玉米豆芽粉

采用发芽的玉米、红小豆、绿豆为原料，经干燥、膨化等工艺即制成速调玉米豆芽粉。

这种产品复水后从薄糊状到半固体状态，含有的一些有益活性物质(如维生素、可溶性糖等)含量也有较大幅度的增加，因此食用后可增强营养和促进消化吸收，在国外被作为理想的幼儿食品，具有适口的香味。

生产工艺流程为：玉米、红小豆、绿豆→发芽→去芽除皮→清洗→干燥→配料混合→膨化→粉碎→包装→成品。

主要技术要点为：

1. 原料处理及配料

干玉米芽制备：将净玉米用清水冲洗漂净并浸泡 6h，浸后置于 27～29℃条件下，经 7h 后开始萌发，在发芽期每天漂洗 3 次并挑出霉坏粒，当发芽产量达干玉米的 200%时终止发芽，再通过风吹除芽、除种皮，并用清水充分漂洗，接着进沸腾干燥机，以小流量通过 50～60℃低温热风，将制品水分干燥至 15%左右，即制得干玉米芽。

干豆芽制备：方法基本同上。发芽时间控制为 48h，发芽产量红小豆为 250%，绿豆为 400%。

将干玉米芽和红小豆芽(或绿豆芽)按 7∶3 的质量比例混配，并充分混合均匀。

2. 膨化、粉碎

混合配料经粗粉碎后用挤压膨化机膨化，并粉碎成 120 目的粉体，即可进行无菌包装而成为产品。

(九)膨化玉米粉

膨化玉米粉是将优质玉米经高温、高压挤压膨化，再经深加工而制成的粉状产品，食用方便，营养价值高，可作粥食用，也可作焙烤食品的配料。

生产工艺流程为：玉米→清理→剥皮→破渣→提胚→精制→膨化→粉碎→成品。

主要技术要点为：

1. 清理、剥皮

选用干净、不霉烂、含水量不超过 14%的玉米粒作为原料，用振动筛和比重去石机去除尘土、砂石等杂质，用立式金刚砂碾米机剥皮，一般需剥皮 3 次。

2. 破渣、提胚

剥皮后的玉米用破渣机粗碎，破至 2～4 块，再用组合式风筛比重提胚机提取胚芽，然后用辊米机进一步精制磨成细玉米粉，要求玉米粉无皮无胚。

3. 膨化、粉碎

把玉米粉放入膨化机中膨化，膨化时先加水将玉米水分含量调整至 40%左右，调合成面团，再分别制成 200g 重的小面团，按膨化机进料速度要求，将小面团投入膨化机。膨化后的玉米棒经磨粉机磨碎，过 54 目筛后即为膨化玉米粉成品。

将膨化玉米粉与风味营养糊调制后经模压成型制成 0.8mm 左右的薄片体即为玉米纸片食品，片体呈多孔结构状态，口感脆香，咀嚼即化，好消化，易吸收，其色泽及风味主要取决于营养糊的种类，如黑芝麻、枣泥、鸡蛋等。

(十)玉米蜜饯

用普通玉米，笋长 7～9cm，去苞叶，洗干净，放在 3%的食盐液中腌制，并加入少量明矾，5h后移入氯化钙溶液中硬化，将硬化好的玉米笋放入50%糖液中，真空浸糖30～40min。再将玉米笋放在60%糖液中煮沸1～1.5h，直到笋尖通明为止。捞出沥干糖液，放入60～70℃烤箱烘烤16～18h。

甜玉米粒蜜饯生产工艺流程为：原料采收→剥皮→预煮→脱粒→糖制→沥糖→烘烤→回软→质检→称重包装→入库。

主要技术要点为：

1. 糖制

糖制是制作甜玉米粒蜜饯的主要工序。糖制的关键作用在于使糖液均匀、尽快地进入甜玉米粒内并占据组织内的空隙，从而使甜玉米粒蜜饯饱满而富有弹性，色泽透亮，具有上好的口感及外观。糖制甜玉米粒蜜饯采用速煮法制作效果较好，即把甜玉米粒放入30°Bx的稀糖液中，煮沸后保持10min后马上捞出，如此反复进行3～4次，当糖液达到65°Bx时即完成了煮制全过程。热膨胀、冷收缩多次交替进行，保证甜玉米粒吸糖，使之快速达到饱和状态，这样可在1～2h内完成糖制全过程。

2. 烘烤

烘烤时先将烘房温度调节为50～55℃，烘制2～4h，再把烘房温度调节为55～60℃，烘制10～12h，烘至甜玉米粒水分含量为18%～20%即可。在整个烘制过程中要进行2次翻盘，并注意整个烘烤环境的通风除湿，使甜玉米粒烘烤均匀、快速。

3. 回软

烘制完毕的甜玉米粒，必须在密闭条件下放置20～24h，以达到水分的平衡。未经回软的甜玉米粒由于各颗粒间含水量不匀，会在袋壁蒙上一层雾甚至水珠从而引起粘连，甚至影响产品的外观及保质期。

（十一）用玉米粉生产酵母

用玉米粉生产酵母，是中科院上海有机化学研究所首创的一项新技术。该项技术以玉米为主要原料，先将玉米部分去皮去胚（玉米胚可另用于生产玉米油），然后采用首创的磷酸-糖化酶法水解制糖新技术制备水解糖，糖液在大型高效空气提升式发酵罐内，用选育出的产朊假丝酵母优良酵母菌种，进行高密度酵母细胞深层连续培养并采用废水循环利用新工艺，转化生产酵母及副产高蛋白玉米粉。它是一项无污染或少污染的玉米酵母综合生产新技术。

（十二）用玉米粉制造包装材料

玉米粉制成浆料，通过压缩机挤压、膨胀后做成的颗粒，可有效承受冲击和压力，抗静电，防霉，不易受潮，而且对环境不会产生污染。用玉米可以生产出可再生并对环境无害的包装原料。这项技术的核心是加工工艺和设备，玉米粉配制浆料不仅要加水，而且要加入类似植物油的添加剂和磨碎的草根，以增加颗粒的稳定性。这种包装材料一次成型，操作人员要严格控制好挤塑的时间和温度。

（十三）特制玉米粉

特制玉米粉即把某些理化性质做了改变后的玉米粉，也叫改性玉米粉。特制玉米粉的性质介于普通玉米粉和玉米淀粉之间。其特点是去掉了玉米原有的特殊气味和颜色，成为白色的、无怪味的粉末。特制玉米粉去掉了低级酮、醛和变质氨基酸产生的苦涩味，保留了对人体有用的脂肪、氨基酸和维生素，改善和提高了玉米粉的食用品质，扩大了玉米粉的使用范围，它可以单独作为主食，可以代替小麦粉制成各色糕点、面包、面条等方便食品。用特制玉米粉作食品辅料，除了能保证食品的色、香、味外，还能降低成本。特制玉米粉的技术要点在于脂肪、蛋白质与玉米粉的分离。

三、玉米淀粉及其深加工

玉米淀粉是淀粉中最主要的品种，占世界淀粉总量的80%。玉米淀粉是玉米加工的初级产品，不但可直接使用，更是重要的工业原料，广泛应用于食品、制糖、发酵、医药、造纸、化工等行业。据中国淀粉工业协会统计，2013年我国玉米总量约为2350万吨，约占全国淀粉总产量的94%。

(一)玉米淀粉生产原理和技术

玉米淀粉加工的主要原理是利用淀粉不溶于冷水，且比重大于水的特性。这里着重介绍其生产设备、工艺流程、主要产品及副产品、淀粉的质量标准。

1. 生产淀粉的主要设备

淀粉的生产设备主要包括除杂、粉碎、分离、脱水洗涤、干燥等设备，具体如表5-1所示。

表5-1　淀粉加工的主要设备

序号	设备	序号	设备	序号	设备
1	除石器	7	淀粉除砂器	13	蛋白浓缩离心机
2	玉米浸泡桶	8	淀粉脱水筛	14	离心机
3	头道磨	9	纤维洗涤筛	15	板框压滤机
4	二道磨	10	淀粉浓缩离心机	16	纤维脱水机
5	冲击磨	11	淀粉蛋白分离离心机	17	纤维干燥机
6	胚芽分离器	12	淀粉洗涤装置	18	淀粉干燥机

2. 生产玉米淀粉工艺简述

玉米淀粉的生产工艺流程如图5-2所示。

(1)清理。清除玉米原粮中的杂质，通常用筛选、风选、比重分选等方法。玉米净化的目的是去除玉米粒中的尘土、砂石、铁钉、木片等杂质。

(2)浸泡。玉米籽粒坚硬，有胚，需经浸泡工序处理后，才能进行破碎。玉米通过浸泡，第一，可软化籽粒，增加皮层和胚的韧性。因为玉米在浸泡过程中大量吸收水分，使籽粒软化，降低结构强度，有利于胚乳的破碎，从而节约动力消耗，降低生产成本。另外，胚和皮层的吸水量大大超过胚乳，增强了胚和皮层的韧性，不易破裂。浸泡良好的玉米，如用手指压挤，胚即可脱落。第二，水分通过胚和皮层向胚乳内部渗透，溶出水溶性物质。这些物质被溶解出来后，有利于以后的分离操作。第三，浸泡可使黏附在玉米表面上的泥沙脱落。借助玉米与杂质在水中的沉降速度不同，能有效地分离各种轻重杂质，把玉米清洗干净，有利

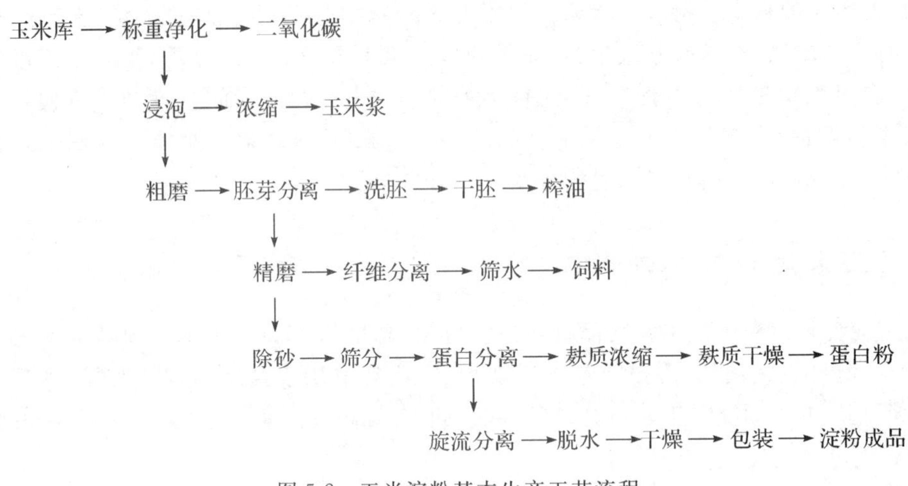

图 5-2 玉米淀粉基本生产工艺流程

于破碎玉米和提取淀粉。

浸泡玉米的方法，目前普遍用管道将几只或几十只金属罐连接起来，用水泵使浸泡水在各罐之间循环流动，进行逆流浸泡。浸泡水中通常加二氧化硫，以分散和破坏玉米籽粒细胞中的蛋白质网状组织，促使淀粉游离出来，同时抑制微生物的繁殖活动，但是二氧化硫的浓度最高不得超过 0.4%，否则酸性过大，会降低淀粉的黏度。浸泡水的二氧化硫浓度为 0.15%～0.2%，pH 值为 3.5。在浸泡过程中，二氧化硫被玉米吸收，浓度逐渐降低，最后放出的浸泡水所含二氧化硫浓度为 0.01%～0.02%，pH 值为 3.9～4.1。温度对二氧化硫的浸泡作用具有重要影响，提高浸泡水温度，能促进二氧化硫的浸泡效果。但温度过高，会使淀粉糊化，造成不良后果，一般以 50～55℃为宜。浸泡时间的长短与浸泡作用有密切关系。浸泡时间短，蛋白质网状组织不能分散和破坏，淀粉颗粒不能游离出来。一般浸泡时间为 40～60h。浸泡条件应取决于玉米的品质。通常，储存较久的老玉米和硬质玉米要求较高二氧化硫浓度、较高温度、较长浸泡时间。玉米经过浸泡以后，水分含量应在 40%以上。

(3)粗碎。粗碎的目的主要是将浸泡后的玉米粒破碎成 10 块以上的小块，以便将胚分离出来。玉米粗碎大多使用盘式破碎机。粗碎分两次进行：第一次把玉米粒破碎到 4～6 块，进行胚的分离；第二次再破碎到 10 块以上，使胚全部脱落。

(4)胚的分离。目前国内用来分离胚的设备主要是分离槽。分离槽是一个 U 形的木制或铸铁制的长槽，槽内装有刮板、溢流口和搅拌器。将粗碎后的玉米碎粒与 9°Bx(相当于比重 1.06)的淀粉乳混合，从分离槽的一端引入，缓缓地流向另一端。胚的比重小，飘浮在液面上，被移动的刮板从液面上刮向溢流口。碎粒胚乳较重，沉向槽底，经转速较慢(约 6r/min)的横式搅拌器推向另一端的底部出口，排出槽外，从而达到分离胚的目的。

(5)磨碎。为了从分离胚后的玉米碎块和部分淀粉的混合物中提取淀粉，必须进行磨碎，破坏细胞组织，使淀粉颗粒游离出来。磨碎作业的好坏，对提取淀粉影响很大。磨得太粗，淀粉不能充分游离出来，会影响淀粉产量；磨得太细，也会影响淀粉质量。为了有效地进行玉米磨碎，通常采用两次磨碎的方法，第一次用锤碎机进行磨碎，第二次用砂盘淀粉磨进行磨碎。有的用万能磨碎机进行第一次磨碎，再用石磨进行第二次磨碎。金刚砂磨的硬度高，磨齿不易磨损，磨面不需经常维修，磨碎效率也高，因此目前逐渐以金刚砂磨代替石磨。

(6)纤维的分离。玉米碎块磨碎后，得到玉米糊。玉米糊中除含有大量淀粉以外，还含有纤维和蛋白质等。如果不去除这些物质，会影响淀粉的质量。通常是先分离纤维，然后再分离蛋白质。分离纤维大多采用筛选方法，常用设备有六角筛、平摇筛、曲筛和离心筛等。筛分时，清洗粗纤维和细纤维需用大量水，100kg 干物料清洗粗纤维一般需水 230～250L，清洗细纤维需水 110～130L，水温为 45～50℃，且含有 0.05%二氧化硫，pH 值为 4.3～4.5。如是淀粉筛分，经细磨得到的玉米浆，可用六角筛、平摇筛、曲筛将淀粉和粗渣及细渣分开。

(7)蛋白质的分离。玉米经破碎并分离纤维后所得到的淀粉乳，除含有大量淀粉以外，还含有蛋白质、脂肪等，是几种物质的混合悬浮液。这些物质的颗粒虽然很小，但比重不同，因此，可用比重分选的方法将蛋白质分离出去。分离蛋白质的简单设备为流槽。流槽是细长形的平底槽，总长为 25～30m，宽为 40～55cm，槽底斜度为 2/1000，槽头高度为 25cm。流槽一般用砖砌成，表面涂层为水泥或环氧树脂，也有用木材制成的。淀粉乳从槽头输浆管流出，呈薄层流向槽尾。淀粉颗粒的比重大，沉降速度比蛋白质快 3 倍左右，所以先沉淀于槽底，蛋白质尚未来得及沉淀，淀粉就已向槽尾流出，从而使蛋白质和淀粉分开。槽底淀粉可用水冲洗出粉槽，或用人工将淀粉层由流槽内铲下。但是因流槽占地面积大，分离效率低，现已逐步改用离心机，离心机的分离效率高。经离心机分离蛋白质以后的淀粉乳，还需要在旋液分离机(串联起来共 9 个)中进一步分离蛋白质。一般经离心机分离后，淀粉中蛋白质的含量为 2.5%，经旋液分离机分离以后，蛋白质含量降至 0.3%。

(8)清洗。淀粉乳经分离蛋白质后，通常还含有一些水溶性杂质。为了提高淀粉的纯度，必须进行清洗。最简单的清洗方法是将淀粉乳放入淀粉池中，加水搅拌后，静置，待淀粉沉淀后，放去上面的清液。再加水，搅拌，沉淀，放去上面的清液。如此反复 2～3 次，便可得到较为纯净的淀粉。此法的缺点是清洗时间长，淀粉损失较大。现在多采用旋液分离器进行分离。

(9)脱水。清洗后的淀粉水分含量相当高，不能直接进行干燥，必须首先经过脱水处理。一般可采用离心机进行脱水。离心机有卧式与立式两种。卧式离心机的离心篮是横卧安置的，转速为 900r/min。离心篮的多孔壁上有法兰绒或帆布滤布。淀粉乳泵入篮内，借助离心力的作用，使水分通过滤布排出，淀粉则留在篮内，最后用刮刀将淀粉从篮壁上刮下，进行干燥。淀粉乳经脱水后，水分可降至 37%左右。立式离心机的离心篮是竖立安置的，工作原理和转速都与卧式离心机相同。

(10)干燥。脱水后得到的湿淀粉，水分含量仍然较高，这种湿淀粉可以作为成品出厂。为了便于运输和储存，最好进行干燥处理，将水分降至 12%以下。湿淀粉的干燥方法很多，最简单的是日晒，但该法受天气影响很大，故只适用于手工生产。小型淀粉厂常用烘房干燥，将湿淀粉放于燥架上，在烘房内进行干燥。此法干燥效率低，劳动强度大，而且烘房通风不好，如温度控制不当，还会有淀粉糊化的危险。目前广泛用于干燥湿淀粉的设备是带式干燥机。

(11)成品整理。干燥后的淀粉，往往粒度很不整齐，必须进行成品整理，才能成为成品淀粉。成品整理通常包括筛分和粉碎两道工序。先经筛分处理，筛出规定细度的淀粉，筛出物再送入粉碎机进行粉碎，然后再进行筛分，使产品全部达到规定的细度。为了防止成品整理过程中粉末飞扬，甚至引起粉尘爆炸，必须加强筛分和粉碎设备的密闭措施，安装通风、除尘设备，及时回收飞扬的淀粉粉末。

3. 提高淀粉出粉率的途径

(1)恒温泡粮，延长浸泡时间。浸泡温度保持在40～60℃，浸泡时间为72h，可以提高浆液的酸度，使老浆pH值达到3.5，引浆pH值达到4左右，从而提高出粉率。

(2)先粗后细，两次粉碎。在加工时将玉米用小钢磨一次磨烂，会把皮纤维磨碎，不仅出粉率低，而且粉质不好。若采用两次粉碎，第一次把玉米打成6～8瓣，第二次再磨细，比一次磨细出粉率提高0.76%。

4. 玉米淀粉加工的其他工艺

(1)玉米淀粉加工其他工艺之一

工艺流程：选料去杂→水洗浸泡→分离取胚→沉淀淀粉→烘干包装。

①选料去杂。选用干净、无霉烂、含水量小于14%的玉米为原料，用三层振荡筛振荡筛选，去掉杂质，使玉米粒的净度达到98.5%以上。

②水洗浸泡。先用清水将玉米籽粒冲洗干净，再送入池中浸泡72h，浸泡水中加入适量的亚硫酸钠(约0.2%)，促其软化。

③分离取胚。将泡软的玉米粒送入立式粉碎机中进行粉碎，使玉米胚和胚乳分离，再将胚乳送入卧式粉碎机粉碎成浆。

④沉淀淀粉。将玉米胚浆及时送入流板沉淀4h，得到湿玉米淀粉，剩下的黄浆水可用于提取蛋白质。

⑤烘干包装。将湿淀粉送入刮刀式烘干机上，烘烤4h左右即得干淀粉，按不同重量单位装袋封口即可运销或贮存。

主要设备：三层振荡筛，立式、卧式粉碎机，刮刀式烘干机。

(2)玉米淀粉生产其他工艺之二

①浸泡。让玉米籽粒吸足一定数量的水，使之软化。为了缩短浸泡时间，防止浸泡过程中微生物发酵，使蛋白质与淀粉易于分离，浸泡时除加水外，还要加温和加微生物抑制剂(温度通常控制在50℃左右，以硫黄作物微生物抑制剂)。浸泡水在几个大型浸泡罐之间循环使用，当水中固形物含量达到6%～10%时才排放，提取固形物或留作生产乳酸盐用。

②粗磨脱胚。将泡软的籽粒用粉碎机破碎，调节好两磨片间隙，获得含蛋白质、淀粉、胚芽、外皮的糊状物。然后将糊状物注入流槽底部分离出来(胚芽干燥后用于榨油)，淀粉、蛋白质等从流槽底部排出，在调和器中用水清洗除去可溶性物质。

③精磨分离。采用立式钢制粉碎机，利用强大的离心力使碎块爆裂，然后用振动筛除去纤维和糖等(可作饲料用)，将蛋白质与淀粉的混合物送入离心分离机，利用离心力使两种物质分离，分别从离心机的两个排口排出，使两者分离。

④干燥粉碎。用离心机甩去多余水分，经干燥与粉碎后即制成玉米淀粉。

(二)玉米淀粉深加工技术及其产品

玉米加工成淀粉仅是加工的第一步，如果进一步增值，还可以以淀粉为原料进行深加工。利用玉米淀粉不仅可生产淀粉糖(如葡萄糖、果糖、麦芽糖等)，而且可生产山梨醇(用于制造维生素C等)，还可制造淀粉化学加工产品(如淀粉塑料、高吸水性树脂、变性淀粉和医药工业用包醛氧淀粉等)。其中,将淀粉用于塑料工业,生产可被生物降解的塑料;用淀粉发酵来制造生物高聚物塑料;用淀粉和丙烯腈聚合生产超级吸湿材料,以及用淀粉制作胶囊、微囊是目前及未来颇有前景的几项新技术。

1. 玉米淀粉深加工技术

玉米制取淀粉,具有原料充足、工艺成熟、得粉率高、生产成本低、不受季节限制可周年生产等优势,所以它是最具备工业化生产条件的谷物原料。

(1)物理技术

通过物理的方法对玉米淀粉进行加工,是针对玉米淀粉不溶于水、湿热润胀、可剪切等物理特性,依照生产和生活的需求,采用不同的手段,生产制取原淀粉、预糊化淀粉、改性淀粉以及修饰变性淀粉。物理加工最明显的特点是以改变物理特性为主,一般不发生化学性质改变。常用的物理技术有:

①加热、湿润的挤压加工技术。该技术依靠滚筒干燥机、挤压膨化机和喷雾干燥机等设备来生产预糊化淀粉、膨化淀粉、颗粒淀粉等。这类淀粉主要用于食品加工业,特别适合于制作方便食品。

②电离辐射、高周波加工技术。该技术利用 α、β、γ 射线及中子线对淀粉进行照射处理,生产改性淀粉和修饰变性淀粉。这类产品主要用于食品工业和医药行业,也可作为进一步加工转化产品的预处理原料。

③超微粉化和均质化加工技术。该技术是生产淀粉的主要手段,淀粉常作为各种食品的强化剂和稳定剂,也是直接制作玉米淀粉食品的原料。

(2)化学技术

化学方法应用于玉米淀粉的加工,与物理方法相比最大的区别是以改变淀粉的化学性质为目的。化学方法可变性大,产品类型更为丰富。常用的化学技术有:

①羟基化加工技术。应用该技术可生产阳离子淀粉、羧甲基淀粉、羟乙基淀粉等。

②羧甲基淀粉加工技术。其特性是溶于水,吸湿性强,具有良好的乳化性,适用于作食品工业的增黏剂和乳化剂,医药行业作“代血浆”。

③羟乙基淀粉加工技术。造纸工业作胶黏剂,纺织工业作浆布剂,医药行业作“代血浆”药品,食品工业作增稠剂和填充剂。

④羧基化加工技术。该技术可生产氧化淀粉、双醛淀粉、磷酸酯淀粉等。

⑤多元化加工技术。该技术可生产交联淀粉、醋酸酯淀粉、接枝共聚淀粉等。

⑥酸化加工技术。该技术可生产酸化淀粉水解糖等。酸化淀粉水解糖可作为食品工业软糖填充剂,也是生产各种糊精的原料。

由于现代淀粉加工业的需要,新的化学试剂不断被研究出来,应用于玉米淀粉的化学方法源源不断地得到发展。

(3)生物技术

生物加工技术在玉米淀粉工业中,被列为精细化工行业。生物发酵由菌种、原料、装备及生物工艺构成,生产的产品有酒精、乳酸、柠檬酸、草酸、山梨酸、丙酮、正丁醇、葡萄糖酸、味精、赖氨酸等。生物酶法是利用 α-淀粉酶、β-淀粉酶、葡萄糖淀粉酶、转化酶、乳糖酶等酶的特性对淀粉进行酶解,生产的产品有饴糖、高麦芽糖、麦芽糖醇、麦芽糊精、葡萄糖等。酶法具有反应条件温和、排放无污染等优势,日益受到人们的重视。

(4)多效能深加工技术

多效能深加工技术是指由物理与化学方法或其他加工方法构成的加工系统。其特点是在一个体系中将淀粉加工成具有一种或多种功能的产品，将现在常用的淀粉转化为衍生物原料再转化为多种衍生物产品，该技术也称为淀粉修饰技术。由此技术生产的产品称为修饰变性淀粉。多效能技术生产的产品亦分为食品、工业、医药三大种类，国内除了食品和医药行业有少量很有限的使用外，其他行业还有待开发。

随着粮食连年丰收，粮食库存积压增加，价格下跌，玉米生产受到了严重影响。解决这一问题的根本出路就是进行玉米深加工与综合利用，创造高附加值的产品，提高玉米生产的经济效益。淀粉是玉米籽粒的重要成分，约占其干重的70%，容易分离提取，价格较低，易用物理、化学和生物方法转化为有用的低分子化合物或高分子聚合物。因此，以玉米淀粉为基础原料生产的新产品及新技术格外引人注目。本书主要介绍用玉米淀粉生产的一些重要淀粉产品及其生产技术，包括可降解的表面活性剂、超吸水性树脂、农药和除草剂的胶囊技术等。

2. 玉米淀粉制麦芽糊精

麦芽糊精又称酶法糊精或水溶性糊精，是以淀粉或玉米、薯类等淀粉质农产品为原料，经淀粉酶低程度转化而成的糊精、麦芽糖、果糖等的混合物。由于糊精比例大，葡萄糖值相对降低，所以它甜味微弱、增稠性强、发酵性小。麦芽糊精溶解性好，故饮料中可作增稠剂，用来提高饮料的黏稠感；吸湿性低，特别是制作成粉状、颗粒状固体饮料(包括风味汤料)不易吸潮，不易结块；还原糖弱，可减少食品加工时的褐变；流动性好，贮取方便，易混合均匀；成膜性好和泡沫稳定性强，能赋予食品一定形态和黏度，并可抑制对砂糖的结晶作用；易消化和吸收，宜作病人、婴儿、运动员食品，适于作冠心病、肥胖症、硬化症等患者的低热疗效食品。

麦芽糊精的生产工艺有酸法、酸酶法和酶法三种。其中，酸法过滤困难，产品的溶解性差；酸酶法效果较好，但不适宜于淀粉质原料(如玉米、薯类等)；采用酶法工艺最为适合。

生产工艺流程为：淀粉调浆→糊化→液化→精制→浓缩→喷雾干燥→成品包装。

主要技术要点为：

(1)淀粉调浆、糊化。由于淀粉颗粒的结晶结构对酶作用的抵抗力较强，不能使酶直接作用于淀粉，所以先用热水将淀粉调成30%～32%的淀粉乳，并使其充分吸水膨胀、糊化。同时调节pH值至6.2～6.4，加0.5%～1.0%氯化钙，以提高淀粉酶的耐热性。

(2)液化。这是生产麦芽糊精的关键工序，因为麦芽糊精是淀粉低转化产品，DE值(也称葡萄糖当量值)控制在10～20，黏度较高，如果液化控制不好，会给后道工序带来许多困难，造成得率低、产品质量差的后果。为此，先用α-淀粉酶将淀粉浆液化到DE值2.0～5.0，迅速升温到140℃，使蛋白质类杂质凝结，降温到88～90℃，再加酶转化到需要的DE值，这样的转化液过滤性好。

(3)精制。精制包括过滤、脱色以及离子交换等工序。①过滤：将上述转化液中的沉淀物用压滤机过滤，一般可用硅藻土等作助滤剂，以加快过滤速度。这道工序可除去纤维、蛋白质类物质和脂类物质等杂质，得到澄清的滤液。②脱色：滤液用活性炭予以净化处理，活性炭的用量为滤液干物质的0.5%左右，活性炭在pH=4.0～6.0时其脱色能力基本相同，但在较低pH值下脱色糖液受热色泽增加少，所以脱色操作时可将pH值调至4.5～5.0。脱色时温度一般采用80℃,保持30min。③离子交换:为了进一步提高产品质量,用离子交换树脂除去盐类。

(4)浓缩。在真空蒸发罐中,可采用标准式蒸发罐,进行初蒸或直接浓缩到76%浓度。

(5)喷雾干燥。将纯化的麦芽糊精初蒸浓缩液经热交换器加热到110℃,用高压泵经喷嘴喷入干燥室中与150～200℃的热空气接触,干燥到水分含量3%以下,得到白色粉末。这种产品易溶于水,透明度高。

(6)成品包装。可采用双层食品塑料袋或夹有防潮层的双层牛皮纸袋包装。

3. 玉米淀粉制塑料

玉米塑料是一种生物降解塑料,其成分为聚乳酸,由玉米淀粉发酵产生乳酸,再经化学合成法制得。聚乳酸是世界上第一种100%用玉米制造的高分子物质。用玉米制成的聚合物可以做成布料纤维,也可以做成杯子、瓶子、食品容器、包装纸或地毯。用聚乳酸做成的布料有丝绸质感,耐用程度可与涤纶媲美。此外,这种新材料能100%生物降解,其原料玉米又是一种再生性资源。

从2005年11月开始,零售业巨头沃尔玛开始在美国的3000多家沃尔玛超市和邻近国家的沃尔玛超市,使用玉米塑料制作的食品包装。

4. 玉米淀粉制淀粉糖

以糯玉米为原料生产支链淀粉,可以省去利用普通玉米为原料的分离及变性工艺,从而大幅度提高淀粉产量和质量,降低生产成本,提高经济效益。支链淀粉是一种优质淀粉,其膨胀系数为直链淀粉的2.7倍,加热糊化后黏性高、强度大,可作为多种食品工业产品和轻工业产品的原料。目前,我国支链淀粉需要量大,而且主要依靠进口,因此用糯玉米为原料生产支链淀粉具有较好的市场发展前景。另外,利用糯玉米淀粉生产淀粉糖,可以简化工艺流程,更利于用酶法制糖取代酸法制糖,可以提高产品质量和产量。

5. 玉米淀粉制生物可降解表面活性剂

用可再生淀粉生产的烷基葡萄糖苷非离子表面活性剂安全无毒、对皮肤无刺激,并具有生物可降解性,可缓解合成洗涤剂对环境的污染,自20世纪80年代一问世就受到各国普遍欢迎,发展迅速。烷基葡萄糖苷是一系列产品的总称。其中乙二醇葡萄糖苷是由淀粉与乙二醇在质子酸催化下经糖基转移反应生成,反应温度视催化剂的不同在120～180℃范围内波动,反应时间30～50min。生成的乙二醇葡萄糖苷,再与环氧乙烷(或环氧丙烷)反应生成烷氧化葡萄糖苷,进而与脂肪酸或高碳脂肪酸反应,制得各种乙二醇葡萄糖苷脂或醚类非离子表面活性剂。工业合成十二烷基葡萄糖苷的方法如下:将30份正丁醇加入装有搅拌机、温度计、滴液漏斗、回流冷凝器及分水器的装置中,加入0.44份对甲苯磺酸催化剂,缓慢升温至110℃,然后滴加由30份正丁醇和36份葡萄糖组成的悬浊液,回流条件下反应3h,再加入预热的36份十二烷醇。加料完毕后减压脱去正丁醇,维持体系在6265Pa,反应温度控制在140～150℃,反应1h,所得产品为褐色固体,收率约为70%。十二烷基葡萄糖苷的表面活性与十二烷基苯磺酸钠相似,是一种优良的表面活性剂。

6. 玉米淀粉制高吸水性树脂

1974年,美国农业部北部研究所将淀粉-丙烯酸接枝共聚物进行水解,得到一种吸水量达到自身质量数百倍甚至数千倍的超吸水性树脂,从而开辟了超吸水性聚合物的新领域。

(1)淀粉与丙烯腈(或丙烯酸)接枝共聚水解产物

用硝酸铈铵为引发剂,和玉米淀粉与丙烯腈(或丙烯酸)接枝共聚后,用碱水解而成。制备方法为:淀粉加水搅拌至92～94℃糊化,淀粉与水的质量比为1∶5左右,通氮气1h,然后冷却至25℃,加入硝酸铵与硝酸混合液,搅拌10min后,加入丙烯腈,在氮气保护下反应2h。所得共聚物加碱水解,使接枝的腈基转变为酰胺基、羧酸基、羧酸基等亲水性基团。再用酸溶液中和至pH=7.6,在110℃下干燥、粉碎、过筛得成品,其吸水能力每克为1200克水。

(2)淀粉与丙烯酰胺的交联产物

淀粉与丙烯酰胺通过具有两个官能团基的单体接枝共聚而成。典型的制备方法为:30份淀粉与400份水调成淀粉乳,升温至80℃,通氨气1h,将生成的凝胶冷却至30℃,再与1200份甲醇、70份丙烯酰胺、30份硝酸铈盐溶液和0.1份N,N-亚甲基双丙烯酰胺混合,在35℃下搅拌3h,干燥后得淀粉接枝丙烯酰胺共聚物。淀粉类超吸水性树脂制备的关键是如何提高接枝率,增强吸水能力,同时降低原料消耗。虽然铈盐法接枝率高,但铈为稀土元素,价格昂贵,铈盐的成本占总成本的50%左右。因此,寻求和铈盐相当的接枝率,而价格又大大低于铈盐的引发剂是当务之急。

(3)淀粉类超吸水性树脂的应用

①卫生材料。可用作生产卫生纸、纸尿布、餐巾、一次性抹布等的添加剂,也可与香料混合用来做吸收汗液的鞋垫或防护帽内衬等。

②机能吸水材料。将超吸水性树脂在高效混合器中配制成2%的水溶液,再用聚氧乙烯壬基酚醚稀释,可制得玻璃表面防雾剂。其在干燥条件下有较好的吸水性,成膜后透明度高,吸水后透光率小,形成的凝胶不会被过剩的水分冲走,反复吸水、干燥后仍有防雾性,是较好的玻璃防雾剂,适用于火车(或汽车)的视野玻璃、门窗玻璃及农用塑料薄膜等。

③低温渗透压脱水片。该脱水片由表面活性剂半透膜、渗透压超过百万帕的物质和高吸水性聚合物构成。使用时,被脱水食品用玻璃纸包好,放于脱水片之间,轻轻压紧,然后在低温下保持一定时间,脱水片干燥后可重复使用。此外,用低温渗透压脱水片还可以制取低糖、低盐食品,在医学上也有很大的使用价值。

④在农作物培养方面的应用。在5cm的砂性土壤表层中加入0.1%的超吸水性树脂可起到蓄水和保水作用,提高作物抗旱能力,并使烟草产量增加35%,西红柿和大白菜产量提高1倍。作为种子包衣剂,可提高种子发芽和出苗率。用含0.1%～0.5%超吸水性树脂的溶液处理插条、接穗,可提高扦插移栽成活率。用于培养基,蘑菇产量比用锯末和堆肥高20%～30%。

⑤日用化工。超水性树脂对香精具有良好的吸附作用,将超吸水性树脂加入香料、杀菌剂和乳化剂中制成空气清新剂,具有留香持久的性能。在化妆品中加入超吸水性树脂,可增加皮肤润滑感,使皮肤保湿持久,不会干裂。带有羧基的超吸水性树脂具有吸氨性,可作为除臭剂。

⑥其他。在工业上利用其吸水而几乎不吸油的性质,可用于油品脱水。含有超吸水性树脂的过滤材料可用于去除柴油和汽油中的水分——当酒精混合燃料中有少量水分时非常有效。

7.玉米淀粉制胶囊

化学农药由于存在挥发、漏失及光照分解等,相当一部分被浪费掉了,这不但使其难以发挥应有功效，而且加剧了环境污染。美国农业部农业研究中心开发了一种包胶技术，将化学农药或除草剂包裹于淀粉黄原酸酯中，有效控制这些化学成分的释放，避免了损失，延长了药效，效果十分理想。其制作方法是：将农药分散于淀粉黄原酸酯水溶液中，然后利用氧化法或多价金属离子、双官能团试剂对淀粉黄原酸酯进行交联，在数秒钟内全部物料成为凝胶状态，再继续搅拌数秒钟后成为颗粒状固体，经干燥即得到残留水分很低的产品。无论是水溶性还是非水溶性、固体还是液体的农药均可采用这种方法，对含液体农药的包胶颗粒，有效成分占总质量的55%，固体的还要高。除草剂采用该技术后，在施加同样质量的有效成分条件下，控制杂草的有效期从45d延长至120d。玉米淀粉用作生物农药的载体或包胶材料，有望提高其防效稳定性，延长残效期，对于农业环境保护、绿色食品的生产具有重要的现实意义。

8. 玉米淀粉制黏合剂

以玉米淀粉为主要原料，添加氢氧化钠、焦锑酸钾、硼砂等辅料组成的玉米淀粉黏合剂，主要用于纸箱、瓦楞纸板等行业。本剂可以代替沿用已久的碱性泡花碱（即水玻璃）黏合剂，其优点是：生产设备简单，制作方便，投产快，黏合强度高，防潮性也比泡花碱好，而涂布量和成本却比泡花碱黏合剂低。

9. 玉米淀粉制凉粉

玉米凉粉可与豆类凉粉媲美，其具体制法如下：①以每0.5kg玉米粉加3kg水的比例将原料添至锅中，加热至似开非开的程度即可停火。②称0.5kg玉米淀粉放入盆中，加凉水调开，注意调面时不要太稀或太稠。③将调好的粉浆顺直线倒入锅中，迅速搅动加温。注意不能在温水时倒入面浆，以防煳锅，也不能在水沸腾时倒入，以防形成疙瘩。④搅拌成乳白色浆体时即可停止搅拌，盖锅让其大熟3～4min（以火的大小而定），呈清白色且有小气孔出现时停火出品。

10. 玉米淀粉酿造酒精

以玉米淀粉为原料，利用淀粉酶和糖化酶将淀粉转化为可发酵性糖；向发酵罐中添加酵母菌，在厌氧条件下，酵母菌将可发酵性糖转化为酒精；然后对成熟醪液进行蒸馏，再进行脱水，得到无水燃料酒精。利用玉米淀粉制备燃料酒精，既能发展替代能源，又能有效地解决玉米等陈化粮的转化问题，促进农业生产的良性循环。

11. 玉米变性淀粉

为改善淀粉的性能、扩大其应用范围，利用物理、化学或酶法进行处理，在玉米淀粉分子上引入新的官能团或改变淀粉分子大小和淀粉颗粒性质，从而改变淀粉的天然特性（如糊化温度、热黏度及其稳定性、冻融稳定性、凝胶力、成膜性、透明性等），使其更符合一定的应用要求。这种经过二次加工、改变性质的玉米淀粉称为玉米变性淀粉。

（三）玉米淀粉加工中的副产品利用

多数中小型淀粉厂生产玉米淀粉时的利用率只有50%～60%，如果将玉米淀粉加工成副产物进行综合利用，就能增加产品的种类，提高经济效益，并减轻对环境的污染。玉米淀粉加工中的副产物包括玉米麸质、玉米胚、淀粉渣和玉米黄浆等。为了进一步提高玉米加工的经济效益，还应该对淀粉因地制宜地进行深加工。如将玉米淀粉加工成粉丝，将玉米淀粉转化为葡萄糖（浆），再进一步转为山梨醇等附加值高的产品。总之，对玉米进行综合利用、深度加工,可使所得产品的价值增值5倍以上。

1. 玉米麸质的利用

玉米麸质是玉米淀粉加工中的主要副产物,是由玉米湿磨时产生的麸质水经沉淀、过滤及干燥后所得,一般占原料的30%左右,其中蛋白质的含量高达60%以上。由于玉米麸质独特的气味及色泽,加之其蛋白质以醇溶蛋白为主,水溶性差,且必需氨基酸(如赖氨酸、色氨酸等)较缺乏,其营养与食用价值较低,限制了它的利用。长期以来,玉米麸质主要作为饲料廉价出售,这不仅浪费了宝贵的资源,有时更因麸质水不能及时处理而造成严重的环境污染。因此近年来对玉米麸质进行综合利用以提高其附加值的研究,已引起各方人士的极大关注。

2. 玉米胚的利用

如以10000t玉米计,可分出700t玉米胚榨油,得到350t玉米油,经氢化得300t食用氢化油,能用于制取人造奶油、起酥油等高档食品,每吨价值上万元。榨油后的玉米胚饼约400t,用作饲料每吨价值1000元,玉米胚饼还可以作为制酱油或饴糖的原料。废水、废渣可以回收饲料蛋白粉700t,并制取饲料酵母1000t。饲料酵母可以代替鱼粉,对发展养殖业有重要意义。

3. 玉米黄浆的利用

淀粉加工量的增加,必然会带来副产品玉米黄浆的增加,这部分副产品如果不利用,不但会浪费资源而且还会污染环境。2013年,我国年产玉米淀粉约2350万吨(中国淀粉工业协会数据),而生产中主要下脚料之一的黄浆被很多厂作为饲料卖给农民或有关厂家。玉米中的蛋白质质量分数为8%左右,主要集中在黄浆中,如何使其蛋白质得以合理利用是黄浆深入开发的重要课题,这也为综合利用玉米提供了一条途径,并为氨基酸、水解蛋白工业及调味品工业提供了一种来源丰富、价格低廉的原料,此外,黄浆还可用于提取玉米黄质。玉米黄质可以用于人造黄油、人造奶油、糖果、冰淇淋等食品制作中,作为天然色素取代合成色素。

四、玉米饲料加工原理和技术

(一)玉米饲料工业概况

玉米是现代工业化生产饲料的主要原料。据统计,我国有30%以上的玉米都用于生产配合饲料,发达国家更是达到75%以上,这一方面是由于玉米的产量比较高,另一方面玉米作为饲料原料营养成分比较好。据报道,玉米的饲用价值比燕麦高35%,比高粱高20%,比籼米高50%。玉米的鲜嫩茎叶多汁爽口,营养丰富,也是良好的青贮饲料。

(二)玉米膨化饲料的生产加工

挤压膨化加工、高温杀菌提高了卫生指标;水热处理,使多种抗营养因子和抗饲养因子失活。高温高压使物料的物性产生质的变化,饲料品质提高,饲料效价提高。挤压膨化工艺使生料变成熟料,这是饲料工业划时代的变革。

我国玉米含淀粉量71%~72%,其中直链淀粉占27%。淀粉在挤压过程中的主要变化是“糊化”。玉米生淀粉是由淀粉粒子组成的颗粒状团块,结构紧密,吸水性差。淀粉由调质器到膨化机，经历了水热处理过程，淀粉粒子在湿、热、机械挤压、剪切的综合作用下糊化。淀粉分子断裂为短链糊精，降解为可溶性还原糖，使溶解度、消化率和风味得到提高。糊化不仅提高了消化吸收率，而且改善了制粒和成形效果，因为糊精是很好的黏结剂。糊化的淀粉分子相互交联，形成网状的空间结构，在瞬间膨化后失去部分水分，冷却后成为膨化产品的骨架，使产品保持一定的形状。

(三)玉米青贮饲料

青贮是指青饲青贮玉米在乳熟初期至蜡熟期收获，经切碎加工，并经过40～50d贮藏发酵后，茎叶呈青绿色，带有酸香糟味，柔软湿润，可以随时取出饲喂牲畜。青饲青贮玉米秸秆营养丰富，是饲喂草食家畜牛和羊的优质饲料。

通常采用的青贮设施有青贮窖、青贮壕、青贮塔和地面堆贮等。青贮设施应选在地势高燥、土质坚实、地下水位低、靠近畜舍的地方，注意远离水源和粪坑。青贮塑料袋应存放在取用方便的僻静处。青贮设施内部应表面光滑平坦，四周不透气、不漏水、密封性好。

高油玉米不但籽粒含油量高、品质好，而且其秸秆的品质也很好。目前生产中推广的高油玉米品种大多都有绿叶成熟的特性，且高油玉米秸秆的品质较普通玉米有大的改善。如目前推广的高油115号，秸秆粗蛋白含量达8.5%，比普通玉米秸秆(6.6%)高约30%，甚至超过美国带穗青饲玉米(8.1%)，经加工贮藏后，是畜禽养殖业优质的青贮饲料。

与普通玉米相比，糯玉米的粗蛋白、粗脂肪和赖氨酸含量均较高，由于支链淀粉消化率高，因而饲料的转化率也较高。另外，鲜穗收获后的糯玉米茎叶柔软多汁、营养丰富，是上等的青贮饲料，因此糯玉米是一种高产优质的饲料作物。

(四)玉米秸秆发酵饲料

玉米秸秆蕴含着与普通粮食基本相当的总能量(每3～4kg无棒甜玉米秸秆发酵饲料的能量相当于1kg玉米的能量：黄玉米秸秆与甜玉米秸秆相比较，能量少30%；与干玉米秸秆相比，能量少60%)，并且还含有多种对畜禽生长发育有益的营养物质，经过专业的发酵菌种加工工艺处理后，能够产生并积累大量的微生物菌体蛋白及有益的代谢产物，如氨基酸、有机酸、免疫球蛋白、维生素、消化酶、活化的微量元素和多种促生长因子，开发成为成本低廉、效益可观的新型饲料资源。

(五)配合饲料

玉米籽粒在配合饲料中作为一种能量饲料原料，因其含油量高，能改善加工配合饲料的品质，降低成本。尤其是高油玉米含亚油酸高达4%以上，是所有谷食类饲料中含量最高的一种。亚油酸在动物体内不能合成，只能从饲料中获得，是必需脂肪酸。动物如缺乏亚油酸，生长将受阻，皮肤将发生病变，繁殖机能也会受到破坏。玉米在猪、鸡日粮中的配比高达50%以上，仅玉米就可满足动物对亚油酸的需要量。另外，高油玉米籽粒中的赖氨酸含量也比普通玉米高50%，用高油玉米做饲料原料，比普通玉米品质好，可节约成本。

高油玉米籽粒的开发价值还体现在饲料工业上，国外的饲料70%左右是玉米，当前世界的畜牧业堪称玉米畜牧业，其中高油玉米扮演着重要的角色。长春农科院饲喂肉鸡试验表明，高油玉米饲喂效果明显优于普通玉米，鸡体重提高18.1%，料肉比为1.95∶1，而普通玉米料肉比为2.2∶1。

五、玉米的其他应用

(一)玉米油脂工业

1.玉米油脂工业概况

玉米油85%存在于玉米胚芽中,因此玉米油也称为胚芽油。玉米胚芽含油40%~50%,经脱水、干燥、磨碎、焙炒、湿润和压榨后,即可获得玉米胚芽油,其出油率占玉米的2.8%~3.0%。精炼玉米胚芽油含有86%的不饱和脂肪酸,其中58%是人体必需的亚油酸,人体吸收率可达97%以上。此外,玉米胚芽油中还含有丰富的天然维生素A、维生素D、维生素E,以及辅酶、植物甾醇、磷脂等有益物质,长期食用可防止老年动脉硬化和冠心病,具有极高的营养价值,在欧美发达国家享有"健康油""放心油""长寿油"等诸多美誉。

2.玉米胚芽制油脂原理和技术

玉米胚芽制取油脂的工艺、设备和操作技术与其他油料制取油脂的过程和要求大体相同,均须经清理、干燥、软化、轧坯、蒸炒、取油、精炼等过程。主要技术要点如下:

(1)清理。制玉米糁回收的玉米胚芽,混杂有较多的玉米粉、碎糁和皮屑,需要用双层振动筛进行筛理。第一层清除大杂,用1.5目×1.5目/cm^2筛;第二层清除玉米粉、碎糁和皮屑,用4目×4目/cm^2筛,若筛下物中仍混有较多的胚屑,则可改用5目×5目/cm^2筛或7目×7目/cm^2筛,以减少玉米胚芽的损失。制玉米淀粉回收的玉米胚芽,混杂有皮屑和胚根鞘等杂质,需要用浅盘或流槽以清水连续漂洗几次,如备有旋流分离器,可利用旋流所产生的离心作用分离出胚芽。

(2)干燥。在制玉米糁和玉米淀粉过程中回收的玉米胚芽,经清理后,含有较高的水分,酶的活性较强又易被微生物污染,容易造成油脂变质和酸败,既影响油脂的产量和品质,又会降低饼粕的利用价值。为保持玉米胚芽在贮存和运输中的新鲜度,经清理后的玉米胚芽,需随即晒干或烘干至水分含量10%以下。

(3)软化。这是玉米胚芽制取油脂的头道工序。在此工序中,应使玉米胚芽在受热处理的同时水分含量降至10%以下,使料坯发生塑性变化。软化常用热风烘干机或热蒸汽辊筒烘干机,料坯在软化时不宜过急升高温度,防止蛋白质过早变性而使料坯失去弹性,进而影响轧坯、蒸炒和榨油处理。

(4)轧坯。玉米胚芽经软化处理后,随即经辊筒轧坯机轧成0.3~0.4mm的薄片,促进细胞结构的破坏,便于料坯的蒸炒和压榨。

(5)蒸炒。坯料进入蒸炒设备蒸炒时的水分含量不低于12%,经40~50min加热,最后使料坯温度超过100℃,料坯的水分含量由12%逐渐降低至3%~4%,以料坯色渐变至棕红色,且能闻到香气而不焦煳为止。

(6)压榨。油脂制取的方法有压榨法、萃取法和水代法。压榨法根据采用的设备与生产规模又可分为木榨、螺旋榨与液压机榨。由于玉米胚芽油的制取大多在规模较小的辅助车间进行,所以采用螺旋榨油机最为适宜。机型可按生产规模而定,规模稍大的生产厂可选用连带蒸炒设备组装的200型螺旋榨油机,该机蒸炒兼备,运转连续,使用操作简单,料坯蒸炒、榨油在一组设备中一次完成。当蒸炒的料坯温度达到115～120℃，水分含量为2%～4%时，直接进入压榨机榨油。此时室温需保持在30～40℃，初始进少量料坯，待榨油机正常运转后，榨膛温度上升，然后再加大到标准进料量，并保持均匀进料、出油与出饼，以能闻到饼粕香味、饼片坚实、表面光滑、背面有裂纹、出油正常为准。若蒸炒温度偏低，则料坯水分含量偏高，饼片松软，水汽很浓，油色不正，发白起泡，出油量减少。若蒸炒温度过高，料坯水分含量过低，则饼色过深，出口冒青烟且有焦味，油色深，出油量也减少。运转正常的榨油机，一般榨油转速控制为8r/min，料坯在榨膛受压榨的时间为2.5min，饼片厚度为5～6mm。生产玉米糁提取的玉米胚芽出油率为22%～26%；制取淀粉提取的玉米胚芽出油率为25%～28%，饼粕中的残油率为5%～6%。所制取的玉米胚芽油，未经精炼的则俗称"毛油"，其水分及挥发性物质含量为0.3%，杂质含量为0.2%，酸价为6，沉淀物含量为6%，色泽淡黄，气味正常，经280℃加热，有沉淀物析出。毛油由于水分和杂质含量较高而不耐贮存，需经水化、碱炼和脱臭等工艺处理后，才能获得高品质精炼玉米胚芽油。

玉米胚芽油是一种高级的保健油，对心血管有极好的保健作用，销售前景广阔，但玉米胚芽油目前在生产中主要以玉米化工、玉米淀粉加工副产品的形式生产，单一厂家产量低，生产厂家不专业，销售技术不专业，导致玉米胚芽油产业发展缓慢。玉米胚芽油不仅能精炼成色拉油、烹饪油和人造奶油等营养丰富的食用油脂，且能用作颜料、油漆和制皂工业的高档原料。脱油后的饼粕富含蛋白质等营养成分，可用于制作多种食品的营养增补剂。

3. 高油玉米的深加工及玉米油生产

高油玉米的综合利用收益最大的应属玉米深加工业和玉米制油业。在玉米加工淀粉业中，淀粉的销售用于保住成本，玉米油作为一种副产品，可给加工业带来利润，而选用高油玉米作为玉米淀粉工业的原料则可给加工业带来更大的经济效益。

高油玉米的突出特点是籽粒含油量高（一般为7%～10%），且具有相对较高含量的蛋白质、赖氨酸等有效成分。高油玉米的角质颗粒较其他玉米小而扁，在加工过程中可缩短工艺浸泡时间，并且由于其种胚宽圆而大，脱胚率较高。可见，高油玉米具有良好的加工适应性和高效性。它的出现，使玉米从单纯的粮食或饲料作物变成了粮油或油饲兼用作物。

高油玉米籽粒经加工可生产玉米淀粉、蛋白粉和玉米油。玉米淀粉广泛应用于食品业、医药业、造纸业、化工业和纺织业等，再经过深加工后可生产多种变性淀粉和可降解塑料等产品，具有广泛的市场前景。玉米蛋白粉是生产饲料添加剂的原料之一，目前市场供不应求。高油玉米出油率可由普通玉米的2%～2.5%提高到6%～6.5%，而且加工后其他副产品的营养价值较高，可作为优质的饲料原料。

4. 玉米油加工副产品——胚芽饼的开发利用

玉米胚榨油以后，获得胚芽饼，其主要组成如表5-2所示。

表5-2　玉米胚芽饼的主要成分

成分	含量/%	成分	含量/%
水分	7.5～9.5	脂肪	3～9.8
粗蛋白	23～25	粗纤维	7～8
无氮浸出物	42～53	灰分	1.4～2.6

玉米胚芽饼是一种以蛋白质为主的营养物质，是较好的营养强化剂，但由于玉米胚芽饼中往往杂有玉米纤维，特别是胚芽饼还有一种异味，所以一般作为饲料处理。如果玉米淀粉企业胚芽分离效果好，使得胚芽纯度高，再用溶剂萃取玉米油，这样获得的玉米胚芽饼粉，是一种良好的食品添加剂，可在饼干、面包中使用。在饼干中添加胚芽饼粉，能提高饼干松脆度；在面包中添加的胚芽饼粉达20%，可使面包的蛋白质含量大大提高，而外观、膨松度、口感等均和原来无大差异。利用胚芽饼粉，还可提取分离蛋白质并制取高质量的玉米胚蛋白饮料。

(二)玉米酿造工业

1. 玉米酿造工业概况

玉米应用于酿造工业是其主要用途之一，且重要性日益突显。其原因在于：①解决能源问题；②提高利用效率；③提高经济价值。

2. 玉米酿造制品生产原理和技术

玉米的酿造制品很多，其发酵制品大多从淀粉开始，将淀粉液化、糖化后接入菌种进行发酵，可生产出各种各样的酿造制品。

(1)酒精

玉米酿造制品中最主要的是酒精。酒精是我国重要的发酵工业制品，在食品、化工、医药行业有广泛的用途。生产玉米酒精有三种方法：一是全粒法，这是一种传统方法，即玉米粉碎后直接生产酒精，不分离副产品，酒糟浓缩、干燥后可作为饲料；二是干法，即玉米经适当粉碎分出一部分玉米皮和胚芽，用玉米干粉生产酒精，用胚芽生产玉米油；三是湿法，将玉米充分浸泡、破碎，用胚芽分离器将胚芽和胚乳分开，胚乳进一步分离出蛋白质、纤维素，干燥成为蛋白粉、纤维饲料，提纯后的胚乳经过洗涤成为淀粉乳，然后用淀粉乳生产酒精。湿法生产酒精的经济效益在于能够充分地提取副产品，但一次性设备投资较高。玉米制酒精需要注意以下几个问题：①在提胚过程中应最大限度地分离淀粉和胚芽，若分离不清，淀粉会进入榨油机、浸出器，堵塞油路，降低出油率。②在提胚前玉米必须经过预处理，进行充分的除尘、除铁、除石，否则会影响提胚部分的正常运行。③采用浸泡式浸出器较平转式浸出器更好。

(2)柠檬酸

柠檬酸是世界上产量较大的一种有机酸，采用玉米为原料生产柠檬酸有利于实现低能耗、低污染、高效益的目标。以玉米为原料的工艺，主要利用玉米粉液化去渣后的淀粉乳进行发酵。以薯类为原料的发酵液，1t柠檬酸要出2.3t含有75%左右水分的滤渣，pH值呈酸性，不易处理。而以玉米为原料生产柠檬酸的工艺优势多，在发酵指数不变的情况下，其总收率至少可提高5个百分点，且1t玉米还可出商品饲料300kg左右，可以降低柠檬酸的原料进价，比薯类原料有很大的成本优势。

(3)L-乳酸

L-乳酸是以淀粉质为原料，经微生物发酵精制而成的一种有机酸。以玉米为主要原料，采用微生物发酵制备L-乳酸，可提高玉米的利用价值。L-乳酸及其系列产品广泛用于食品、饮料、医药、保健品、化工、可降解塑料等行业。目前，L-乳酸及其系列产品在国际上的需求量越来越大，特别是以L-乳酸为原料合成的聚乳酸，是当今世界上最有前途、最具有发展潜力的可降解高分子生物基材料，是解决以石油为原料制成的塑料制品带来的白色污染的主要途径，对改善环境意义重大。

(4)赖氨酸

赖氨酸是人体八种必需氨基酸之一，是仅次于味精的世界第二大氨基酸产业，我国是饲料大国，赖氨酸需求量相当大。目前，赖氨酸产品约90%用作饲料添加剂，10%用于食品和医药行业。玉米是生产赖氨酸的良好原料，以玉米为原料，采用短杆菌属和棒杆菌属的变异株发酵进行生产，通过分离、浓缩、蒸发、结晶、干燥可获得饲料级别赖氨酸，再精制可得到食品级、医药级产品。

(5)味精

味精是以玉米等淀粉质为原料经生物发酵而成的谷氨酸钠盐，是玉米深加工的重要衍生产品之一。以玉米全部或部分取代淀粉制糖进行谷氨酸发酵是降低味精生产成本的一条有效途径。2013年，我国味精行业产能约为262万吨/年，其中90%以上是采用玉米为原料加工而成的。

(6)甘油

甘油又称丙三醇，是一种重要的基本有机原料，用途十分广泛，可用于医药、化妆品、烟草、食品、饮料、高分子材料、炸药、纺织印染等方面。利用玉米等为原料，经微生物发酵可生产甘油。

(7)活性干酵母

目前，生产活性干酵母的碳源大多是糖蜜(甘蔗、甜菜提取物)，而用水解糖(玉米、红薯、土豆等提取物)作为碳源代替糖蜜生产活性干酵母将是酵母行业发展的方向。我国玉米产量很大，利用这一充足而又廉价的原料制备食用酵母、饲料酵母对经济发展有很大的帮助。具体生产步骤为：

①糖液的制备。把玉米粉放入蒸煮锅配以一定量的水，煮1h左右，在煮的过程中不停地搅拌，防止结成团块，出现内生外熟的现象，同时不可使温度过高，蒸煮过度会产生氨基糖。淀粉糊化后，冷却至55～60℃，加以适量的淀物酶，水解醪液，经30min后，用KI检测水解液，若KI不呈蓝色则说明淀粉水解完全，糖液用水稀释至20～25°Bx，离心，取其上层清液作为培养液。

②营养液的配制。所需的营养盐类主要是指含氮、含磷的无机盐类，常用的氮源为硫酸铵、尿素、硝酸铵，常用的磷盐有过磷酸钙、磷酸钙。按 $m_{盐}:m_{水}=1:(8\sim10)$ 配制营养液，先称取一定过磷酸钙盐溶于8倍的水中，然后称取相同质量的硫酸铵，两者混合生成含有硫酸钙沉淀物的浑浊液，澄清，除去硫酸钙沉淀的清液便可供使用。

③酵母的培养。把糖液、营养液在121℃下灭菌10～15min，杀死绝大部分微生物，然后冷却。培养过程中，采用8h连续流加方法，不断加入糖液，同时经常搅拌，使得酵母有足够的氧气，以利于更好地生长。接种时，接种器具要经彻底灭菌，要保证严格的无菌条件，以防止培养时受杂菌的污染。酵母所需的氧气是溶解状态的氧气，所以在培养过程中需要连续向培养液通入大量的空气，保证有足够的氧气。

④酵母的分离。酵母生产中采用的分离方法有化学法、生物法和机械法。化学法是通过加入氢氧化钠或氢氧化钾等改变醪液的pH值(7～9)，使酵母的生理活动停滞，并呈凝聚状沉降到底部，然后进行分离。生物法是将单独培养的凝聚状的明串珠菌，在糖液流加后

期接入醪液中，这种菌会引起酵母细胞膜的变质，促使酵母连在一起，形成容易沉淀的絮状，使酵母从醪液中分离出来。这两种方法的分离效果较差，产品流失量大，且产品不纯。机械法是现代酵母生产中普遍使用的方法，主要设备是离心分离机，转速为4800～6500r/min。利用酵母细胞和醪液中其他物质质量的不同，在高速旋转的转鼓产生的离心作用力下，把轻重质点分开，酵母为重质点被甩到分离机的外侧。在离心杯的下侧可以得到酵母泥，废液由上部排出，这样即可把酵母提取出来。

⑤活性干酵母的干燥。为了保持酵母的发酵活力，必须在低温下进行干燥，采用温度为34～35℃的空气流进行干燥。在这种条件下，只除掉细胞外的水分及部分细胞内水分，从而保持干酵母的活力。

(8)抗生素、酶制剂

以玉米或玉米淀粉为原料，可以生产阿维菌素和延胡索酸泰妙菌素等产品。阿维菌素具有广谱、高效、低毒、无残留、不易产生耐药性等特点，是国家近年重点推广的兽用、农用抗寄生虫类药物；延胡索酸泰妙菌素是新型动物专用半合成抗生素，现为世界十大兽用抗生素之一，产品供不应求。

(9)酿醋

用玉米为原料酿醋，成品质量、出品率及经济效益都比较理想。采用液态发酵法，将去胚玉米粉加以7～8倍的水糊化4～5h，加入活化α-淀粉酶液化一定时间，加入0.3%糖化酶糖化2h，酒精发酵阶段的条件：发酵温度为30℃，发酵时间为5d，高活性干酵母加入量为0.10%，玉米液的糖度为12%；醋酸发酵阶段条件：醋酸菌加入量为0.7%，发酵温度为32℃，发酵时间为7d。

玉米醋具有怡人的玉米风味，含丰富的维生素、氨基酸、矿物质等，集营养与保健功能于一体，是一种理想的食醋，具有很好的市场发展潜力。

①玉米酿醋方法一

工艺流程：玉米预处理→糖化→酒化→醋酸发酵→陈酿→灭菌→调配→产品。

技术要点：

a.玉米预处理。选用颗粒饱满的新鲜玉米，粉碎(粒度越细越好)、淋湿备用。

b.糖化。称取玉米粉500kg，置于缸内，每缸加水量为玉米粉重量的3倍，加麸曲50kg，拌匀，缸口覆盖塑料布，常温糖化。每日搅拌1次，第二天开始取样化验糖液，糖分达10%以上即结束。糖化时间一般为3～4d。

c.酒化。糖化结束后，用四级酵母液100kg，加入缸中拌匀后，盖塑料布，每日搅拌1次。酒化时间为7～8d，酒精度达到6%以上为宜。

d.醋酸发酵。500kg玉米粉制成的酒液约2500kg，加米糠500kg、麸皮750kg、水600kg，拌匀。当天接入生长旺盛的醋酸菌种80kg，分层扩大培养，4d后清底，以后每日彻底翻坯1次，温度以38～40℃为宜。发酵7d后取坯和汁化验，以坯酸含量4%以上、汁酸含量6%以上为宜，发酵期为16～17d。

e.陈酿。醋醅封于缸或池内，每周翻1次，重新封存，整个陈酿期为20～30d，时间越长越好。

f.灭菌。将玉米醋装入布袋挤压过滤，残渣水解压滤，加热到80℃以上，酸度为4%～5%，即为玉米生料醋。

g.调配。在澄清的醋液中加入适量的焦糖色素调节醋的颜色，同时加入香料即为成品醋。

产品质量要求：总酸4.0g/100mL，浓度70°Bx，氨基酸态氮0.15～0.20g/100mL，还原糖3～3.5g/100mL。

②玉米酿醋方法二

工艺流程：玉米糖糟→醋坯→陈酿→淋醋→杀菌→产品。

技术要点：

a.醋坯。将制玉米饴糖后剩下的醪糟倒入大缸内，加入占醪糟重量1/3的清水和10%的稻壳（或预先煮熟的米糠），充分搅拌均匀，放置24h后加入酵母，酵母的用量与酿米酒差不多，在30～32℃下发酵48h。然后在发酵料中加入熟醋坯，用量占发酵料的5%～10%，充分搅拌均匀，在30～35℃下进行醋酸发酵，约7d即成醋坯。

b.陈酿。用醋糟、泥土及盐卤混合物覆盖于醋坯缸面，厚约3cm。于20℃以下的温度陈酿1～2个月即可。

c.淋醋。将陈酿好的醋坯放入淋醋器内（淋醋器用一底部凿有小孔的瓦缸制成，距缸底6～10cm处放置滤板，铺上滤布），先从上面徐徐淋入与醋坯等量的冷开水，醋液从缸底流出，即为生醋。然后再淋入等量的冷开水，得到二次醋液，二次醋液可在淋下次醋坯时用。

d.杀菌。将生醋加热至70～75℃，保温30min，进行杀菌处理。冷却后装瓶即为成品。

③玉米酿醋的其他工艺

将去皮玉米籽粒用清水泡一周后捞出，装在洗净的竹筐内挂在房檐下，隔3～5d洒一次水，等玉米籽粒发霉后放入水缸内，每2.5kg玉米籽粒加10～15kg水、0.5kg红糖，然后用塑料布把缸封严，10多天后便成食醋。

(10)酿酒

糯玉米用于酿酒，可以生产白酒、黄酒和啤酒等，不仅出酒率明显高于普通玉米，而且产品质量、色泽和风味均大幅度提高，是糯稻米的理想替代品。

①玉米啤酒

2014年我国啤酒产量达4921.85万千升，大多采用传统工艺来酿制啤酒，而传统工艺酿制啤酒是以麦芽为主要原料，其加工工艺复杂，成本较高。若以糯玉米代替其他啤酒辅料，即可取得较好的经济效益。

工艺流程：原料预处理→粉碎→糖化液制备→在煮沸的锅中加啤酒花→冷却（分离去啤酒渣取得浊酒）→发酵室发酵→储藏→啤酒。

生产玉米啤酒应选用含油量低、含淀粉量高、蛋白质含量适中、色度纯的玉米面为原料。玉米的脂肪含量不超过2%。酿造时，主要利用玉米的胚乳，最好选用新鲜玉米。玉米的陈放期不应超过18个月，加工好的玉米粉不宜超出3个月。玉米的粉碎度要求30目以下颗粒占50%为宜。

玉米啤酒和传统啤酒的糖化工艺有所不同，但发酵工艺基本一致。玉米的配比可分为低配、中配和高配玉米三类。一般1kg原料可出5kg 11度的啤酒，其理化指标可达到有关标准。

②玉米造白酒，酒糟做饲料

目前，我国的玉米大多直接用作饲料，经济效益较低。如用玉米（其他粮食也可）加高产高效曲种快速酿酒，50kg 玉米可产 50 度白酒 32.5～35kg、40 度白酒 40～45kg。酿酒后的玉米酒糟营养丰富，是猪、牛等畜类的好饲料。如每天投料 100kg，4 个月可育肥猪 50 头、牛 20 头，经济效益大增。

原料：按 50kg 干料计算，需糖化酶（5 万活力单位/g）500g、酒酵母 50g、白糖 150g。

工艺流程：

a. 配料。每 50kg 玉米面用 70℃以上热水按照 1∶1.3 的比例搅拌均匀。

b. 浸泡。每 50kg 料用 28～35℃温水按照 1∶(2.5～2.7)的比例浸泡，浸泡 10～15min 后使用。

c. 发酵时间。把浸泡好的原料倒入缸内，搅匀封口。发酵 7～15d 以上，看液面原料沉入缸底，料液处于静止状态，并由浊变清。

d. 蒸馏。把发酵好的料倒入锅内，加火，并勤搅动，加热至 50～60℃时倒入酒尾，80℃时盖好锅盖，安好过汽管等候出酒。因酒头和酒尾含杂质较多，故接酒时要掐头去尾。

e. 计算酒度。以酒温 20℃为基准，酒温高 1℃，则酒度降 0.33%(v/v)；酒温低 1℃，酒度升 0.33%(v/v)。中心酒度等于酒头酒度与酒尾酒度之和除以 2，如(62%＋45%)÷2＝53.5%，具体可查阅酒精换算表。

f. 糖化后饲料（酒渣）的配制。可加入 10%～20%麦麸、10%～15%秸秆粉、1%微量元素或少量精饲料，即可用于喂猪。饲料配制可根据实际情况灵活掌握。

③玉米黄酒

用玉米酿制黄酒，可减少大米、糯米等的消耗，降低生产成本。

玉米中淀粉含量除比糯米低外，还含有一定比例的直链淀粉，其分子结构紧密，蒸煮易出生芯，不易被糖化酶水解，而在发酵后期甚至会被很多致酸菌当作营养源而引起液体酸败，这是玉米酿黄酒较困难、出酒率低、酸度高的主要原因。此外，玉米脂肪含量高，用它酿成的酒易有异味。根据这些特点采用相应的工艺方法：

a. 玉米原料的处理。因为玉米富含脂肪，是酿酒的有害成分，不仅影响发酵，还会使黄酒产生异味，影响黄酒的质量。特别是玉米在保存时受温度的影响，脂肪被氧化容易产生“哈喇”味，所以，首先要采取降低玉米中脂肪含量的措施。玉米脂肪主要存在于胚芽中，占玉米粒总脂肪量的 69%～82%，因此要先去胚芽，降低脂肪含量。另外，必须保证玉米质量。因为黄酒的香味和酒精成分大部分来自玉米。玉米品质的优劣对酒质和产量的影响很大，因此要尽量选择优良品质的玉米，最好是新收获的或者是保存在干燥状态、水分含量在 12%～13%的玉米，因为新鲜的玉米含脂肪较陈玉米少。

玉米粉碎粒度的大小，是能否酿制具有相当浓度和风味的黄酒的关键。首先要将玉米磨成大碴子，去掉皮、胚，然后再根据需要粉碎成一定大小的颗粒。颗粒太小，蒸煮时易黏糊，影响发酵；颗粒太大，玉米淀粉结构致密坚固，不易糖化，并且遇冷后淀粉易老化回生，蒸煮时间也长，所以必须有一定的粉碎度，使之容易蒸煮糊化。

b. 浸米。浸米的目的是使玉米中的淀粉颗粒吸水膨胀，淀粉颗粒之间也逐渐疏松起来。米浸不透，蒸煮时易出现生米、米浸过度而变成粉末的现象，会造成淀粉的损失。一般，糯米的吸水速度较快，而玉米则较慢。所以根据浸渍温度越高，则吸水速度越快的原理，应适当提高浸渍温度，延长浸渍时间，使玉米有充足的吸水量。否则蒸煮时易产生白芯、夹生等现象，而造成发酵后期的酸败。

c.蒸煮。玉米除了含有73%～77%的支链淀粉外，还有23%～27%的直链淀粉，直链淀粉分子排列整齐，分子排列较为紧凑，蒸煮时水分难以渗透到碴粒内部，所以就较难蒸煮糊化。需要蒸煮中途追加水和适当延长蒸煮时间，才能达到外硬内软、无生芯、疏松不糊、透而不烂和均匀一致的状态。若玉米蒸得不熟，里面有生淀粉，糖化不完全，会引起不正常的发酵。若玉米蒸得过干、烂糊，不仅浪费蒸汽，而且容易粘成饭团，降低酒质和出酒率。

d.冷却。蒸熟后的玉米，必须经过冷却，迅速把品温降到适合于发酵微生物繁殖的温度，一般为26～28℃。对冷却的要求是迅速而均匀，不产生热块。有两种冷却方法：一种是摊饭冷却法，另一种是淋饭冷却法。对于玉米原料来说，采用淋饭冷却法比较好，该法降温迅速，并能增加玉米饭的含水量，利于糖化发酵菌的繁殖。摊饭冷却法占地面积大，冷却时间长，使玉米饭逐渐失水，又因玉米含直链淀粉较多，容易发生老化现象。

e.发酵。冷却好的物料下缸后就开始进行糖化和发酵，经过5～8d，主发酵结束，后发酵需较长时间以使残余的淀粉进一步糖化。玉米原料要采用多种混合曲霉进行发酵，使酶系统协调平衡，增加酒的香气、风味，提高出酒率。

f.压榨煎酒和成品。经过长期发酵以后，酒精含量及其他一些成分已符合品质规定，即可进行压榨，澄清，然后进行加热杀菌，使黄酒的成分基本固定下来，并防止成品酒发生酸败。加热还可促进黄酒的老熟和部分溶解的蛋白质絮凝沉淀，使黄酒色泽清亮透明。再经过一段时间的贮存陈酿后，即可成为成品酒。

黄酒的品种虽然繁多，但若按照酒的味道或含糖量大体上可分成甜黄酒（含糖10%以上）、半甜黄酒（含糖3%～10%）、半干黄酒（含糖0.5%～3%）、干黄酒（含糖0.5%以下）这四大类。各类黄酒都具有自己的特点和独特的工艺路线。所以用玉米酿制黄酒，品种可多样化，可酿甜玉米黄酒，也可酿成干玉米黄酒等。

④黑玉米酿酒新技术

黑色食品由于含有丰富的营养成分和有利健康的特殊养分，特别是黑色食品中所含的黑色素物质，具有明显的食补、防病益寿的保健功效。黑玉米是一种珍贵的果蔬兼用型玉米，其外观墨黑独特，是集色、香、味于一体的优质天然黑色保健食品，其营养丰富。以下介绍一种利用黑玉米完熟籽粒酿制黑玉米酒的简单方法，为黑玉米的生产和发展开辟新的途径。

a.品种选择。黑玉米有甜质型、糯质型和普通型三种。酿酒用的黑玉米应选用糯质型，如意大利黑玉米、中华黑玉米、福黑11号等，糯性越高，对酿制发酵越有利。

b.选料。选择当年收获的无发霉的黑玉米籽粒，尽量不用陈年的玉米，剔除杂质。酒曲用普通米酒曲（淀粉型）即可，但要求无霉变、无发黑，闻起来有菌香味，如古田酒曲。

c.浸泡、蒸煮。黑玉米籽粒皮厚，不易蒸煮，可用清水浸泡8～10h后再清洗干净，上笼蒸至玉米籽粒破裂熟透为止。也可采用高压锅蒸煮，以减少蒸煮时间，但应控制好水分。一般以每1kg干籽粒出饭2.5～3.0kg为好，不宜太烂或太硬。

d.前发酵。将蒸煮好的黑玉米摊开凉至室温，按$m_{饭}:m_{水}=1:1$备好足量的凉开水。每1kg干玉米需配比酒曲0.1～0.15kg，将玉米饭与酒曲充分拌和，放入预先清洗干净的酒坛中，加入凉开水。在20～25℃的室温下敞口发酵7～10d，以利于发酵菌迅速繁殖，其间用搅拌杆充分搅拌2～3次，然后将坛口密封，有条件者应采用导管排气的装置，继续发酵60d左右。发酵过程温度不宜过高，否则酒易变酸。

e. 换桶。将酒用多层密纱布过滤，过滤液密封继续后发酵30d，同时沉淀多余的残渣。

f. 密封贮藏。利用倾斜过滤法取得上清酒液，用坛子装好密封，于阴凉干燥处贮藏。贮藏时间越久，则酒质越香醇。

(三)玉米蛋白工业

1. 玉米蛋白工业概况

玉米中的蛋白质根据其在溶剂中的溶解性可分为四种：溶于水的白蛋白（即清蛋白，含量不定）；不溶于水，但溶于盐的球蛋白（含量约为1.2%）；不溶于水，但溶于乙醇的醇溶蛋白（含量为60%～68%）；不溶于水、醇，但溶于稀酸或稀碱的谷蛋白（含量为22%～28%）。这四种蛋白质在玉米籽粒中各部位的分布并不均匀，醇溶蛋白和谷蛋白主要分布在玉米籽粒胚体中；而白蛋白和球蛋白主要分布在胚芽中。

玉米籽粒生产淀粉后可用于制备玉米蛋白粉。玉米蛋白粉也叫玉米质粉，是由玉米粒经湿磨法工艺制得粗淀粉乳，再经淀粉分离机分出蛋白质水（质水），然后用离心机或气浮选法浓缩、脱水干燥制得。这种蛋白粉中总蛋白质含量高达65%，碳水化合物为15%、脂肪为7%、纤维为2%、灰分为1%，此外还含有玉米黄素、叶黄素等。但由于其所含的蛋白质缺少赖氨酸、色氨酸等人体必需氨基酸，且成品具有特殊的味道和色泽，因此国内主要将其用于粗饲料中，或者直接处理排放，极大地浪费了资源。如果能够从玉米蛋白粉中提取性质优良的醇溶蛋白和天然营养色素等，则将会产生更大的经济和社会效益。

2. 玉米蛋白产品的生产

(1)从黄浆中制取醇溶蛋白

玉米黄浆中含有丰富的蛋白质，研究回收和利用黄浆中的玉米蛋白具有重要的意义。目前，国内外均在开展此项研究。日本用回收的玉米蛋白做饲料和酱油原料。美国用薄膜法分离玉米蛋白，并将其添加到食品和美容品上。英国科学家试做膨化食品，还试用玉米胚芽蛋白做肉馅的填充剂。我国近年来也开展了研究，台湾用黄浆浓缩蛋白液生产抗生素、维生素的培养基。国内还试着从黄浆粉中提取浓缩蛋白液（做饲料、培养基）和氨基酸。玉米黄浆粉中醇溶蛋白占玉米含氮量的40%以上，可以用于制造可食性保鲜膜或天然营养保鲜剂。用70%的乙醇在70℃下浸取15min，醇溶蛋白的平均浸出率为94.5%。粗制品用乙醇/氢氧化钠溶液溶解，再加HCl调节pH值至6.2，使醇溶蛋白沉淀，水洗沉淀物再经真空干燥，即得产品。产品纯度可高达95.2%。

(2)从玉米麸质中制取醇溶蛋白

玉米麸质中的蛋白质有近50%为醇溶蛋白。研究表明，醇溶蛋白不仅溶解性特殊，一般仅溶于60%～95%的醇溶剂中，而且其分子组成、形状与结构也具特殊性。如醇溶蛋白中含有大量疏水性氨基酸，在分子内部以二硫键、氢键相结合，并在多肽主链上形成α-螺旋体。醇溶蛋白在醇溶液中溶解后呈无规则网络状结构，若醇溶剂被蒸发后，它就能形成透明、均匀的薄膜。由醇溶蛋白制备的这种薄膜为可食性、可降解薄膜，在国外已被广泛用于各类食品保鲜膜、药片包衣等。此外，醇溶蛋白还可用于涂层料、黏结剂等，是一种极具开发潜力的新资源。由玉米麸质提取醇溶蛋白，主要工序为：

①预处理。目的是除去原料中的杂质，使醇溶蛋白最大限度地溶出。预处理主要包括原料粉碎与除杂纯化。原料细度在40～80目时，最有利于蛋白质的溶出。除杂主要为脱

色、脱臭、脱脂，常用化学溶剂处理法，其中丙酮、乙酸乙酯、过氧化氢及6＃溶剂油均为较好的溶剂，“三脱”后的产品纯度大大提高，液相分离后经脱溶可获得天然玉米黄色素，产率平均在50%以上。

②溶剂萃取。即用醇溶液将玉米麸质中的醇溶蛋白最大限度地提取出来。一般，萃取体系pH值、温度、醇浓度、固液比及其交互作用对产品得率有较大影响。多次提取时，需考虑不同构型醇溶蛋白在不同醇溶液中的溶解性差异进行分别处理，可较大幅度地提高产量。

③后处理。泛指针对醇溶蛋白的应用途径而采取的各种技术。以制备食品保鲜薄膜为例，一般包括成膜配方与成膜工艺的筛选、膜功能性的改进、应用条件的确定等，同时还要建立起一整套针对上述工艺过程的考核指标，这些都是这一领域的新课题，需要进一步研究。

(3)从粉丝废水中制取蛋白粉

以豆类、薯类、大米、玉米等为原料生产粉丝后的废水中含有大量蛋白质成分。据测定，在每100万立方米制粉丝废水中含蛋白质高达500t。长期以来，许多制粉丝的个体户和工厂都将这些浆水随意放掉，不仅使宝贵的财富白白地流失，而且严重地污染了环境。如采用沉淀法等工艺将这些蛋白质从废水中提取出来，制成蛋白粉，其质量明显优于进口鱼粉，而价格只有进口鱼粉的60%，从而可为畜禽和水产养殖业提供丰富的饲料来源，并可从根本上消除废浆水排放造成的严重环境污染，具有极大的环境效益、经济效益和社会效益。现将粉丝废水制取蛋白粉的主要技术和饲喂方法介绍如下：

①建沉淀池。在废水排放处的下方建高出地面的沉淀池。池的长、宽视粉丝厂经营规模而定，池高一般为2m。根据需要可建池数个，供循环利用。用质量较好的砖头砌建，池的内外用高标号水泥、砂浆抹严，抹光滑。在池高1m处留2～3个出水孔，平时用木塞塞住。

②沉淀方法。在粉丝生产过程中，先将浆水一池一池地放满，经过10～20h的沉淀后，拔掉木塞，放掉上层清水，即可获得浓稠的蛋白浆液。

③浆液干燥。取出浓稠蛋白浆液，放到四周高、中间低的水泥场地上，摊放厚度为10～20cm，经充分晒干、粉碎后即为成品蛋白粉，再用塑料袋包装备用或出售。

④饲喂方法。从粉丝浆水中提取的蛋白粉，营养价值高，可作精饲料广泛用于畜禽和水产养殖。用作鸡、鸭、鹅等家禽的饲料时，可按60%的比例加入粗饲料或青饲料中饲喂；用作生猪饲料时，加入比例为30%～40%；用作马、牛、羊等的饲料时，加入比例为20%；用作水产养殖的饲料时，加入比例为50%，也可直接投入池塘喂鱼。

3. 玉米蛋白在食品中的开发利用

(1)直接利用玉米蛋白

虽然高纯度的玉米蛋白并不多得，但现代工艺的改进为回收更多、更纯的玉米蛋白质提供了手段，提取过程中湿法、碱法、酶法的使用以及进一步的分离可以得到谷蛋白含量达95%以上的玉米粉。

①在早餐食品及烘烤食品中的应用。在面包、蛋糕等烘烤食品中加入少量玉米蛋白粉具有改善色泽、湿润性、柔软性和保鲜性等作用。玉米胚芽粉也是一种高蛋白的食品强化剂，其蛋白质含量在20%以上，这种蛋白质营养价值高，含有各种必需氨基酸，赖氨酸高达

59%。在美国,玉米胚芽粉除了被添加到预制早餐食品之外,也被添加到面包和肉末中。制作面包时,添加18%的玉米胚芽粉,成品的外观、肉瓤、膨松度以及口感与一般面包无差别,但可满足特殊营养的需要。

②作食品添加剂。玉米醇溶蛋白因其颜色、气味不佳,至今尚未被广泛利用。以高度脱臭脱色技术开发出的颜色较浅、气味较淡的玉米醇溶蛋白在食品应用上可作为成膜剂、可食性薄膜、黏着剂、缓释性制剂等。这种蛋白质浓度越高,温度越低,越易溶解于醇溶液中,将其溶在60%~90%乙醇溶液中,再涂层,干燥,可形成透明膜。其原因可能是玉米醇溶蛋白的分子形状为棒状,分子轴径比为25∶1~15∶1所致。将玉米醇溶蛋白的酒精溶液涂在对象物质之表面,干燥后可在表面形成一层薄膜。其用途为:加层薄膜于明胶胶囊上,可以防止胶囊互结黏附;应用于颗粒性食品之中可防止粉剂微粉化,降低不良气味,防止有效成分的流失。

(2)玉米蛋白质的深加工利用

玉米蛋白质在水中不易溶解、氨基酸含量不平衡的特点,限制了其在食品工业中的应用。利用其他加工技术,改变玉米蛋白质的溶解性,调节其营养平衡,可拓展其应用范围。

①利用玉米蛋白质的酶水解,制备生物活性肽。蛋白质的酶水解是一种不完全、不彻底的水解,其产物主要是肽,而不是氨基酸。虽然肽也是由氨基酸残基通过肽链连接而成,然而现代化研究表明短肽比氨基酸更容易被小肠吸收,并且肽比氨基酸和蛋白质具有更多的生物活性。日本对玉米蛋白质进行特定的酶水解,除去游离氨基酸后制得的玉米肽相对分子质量较小,不会随着浓度的增加而黏度上升,即使在50%的高浓度下,流动性也很好,且具有透明性好、对热稳定、等电点时不易沉淀等特性。玉米肽具有高浓度、低黏度、酸性环境下不易沉淀、不含脂肪的特点,可制得高蛋白质含量的饮料。玉米肽中高含量的亮氨酸(22%左右),能及时补充氨基酸,降低血中氮浓度,消除疲劳等。玉米肽含丙氨酸约13%,是大豆肽的3倍、小麦肽的5倍、酪蛋白的4倍,而丙氨酸对减轻麻醉、防止酒醉有良好的效果。

玉米麸质蛋白质具有独特的氨基酸组成,其支链氨基酸如亮氨酸、异亮氨酸等的含量十分高,而芳香族氨基酸如苯丙氨酸、酪氨酸的含量很低,这表明玉米麸质是一种生产高F值寡肽的优良天然资源。高F值寡肽对于肝昏迷患者、癌症患者均有显著的疗效。由玉米麸质制备生物活性肽的工艺为:玉米麸质→预处理→酶水解→过滤→精制滤液→产品。在制备高F值寡肽时,就要尽可能地从混合物中除去芳香族氨基酸。

②利用玉米麸质生产功能性食品配料。玉米麸质中的蛋白质大部分为不溶性蛋白质,这使得玉米麸质在食品中的应用受到限制,蛋白质必须处于良好的溶解状态,才能表现其营养价值或功能特性。因此,为了增强玉米麸质在食品生产中的应用,就要将其中的主要蛋白质进行改性,使蛋白质由不溶解转变为可溶解状态。通常的工艺为:玉米麸质→预处理→水解→滤液→脱色脱臭→浓缩→用于不同产品。在上述工艺中,关键是水解步骤。根据生产条件及产品要求,可采用碱或酶水解。一般酶解反应条件温和,副产物少且易于控制水解进程。此外,还应根据产品性能要求,对水解程度进行控制。例如,生产功能性玉米蛋白发泡粉时,就不能使水解度过高,否则水解产物中低分子物质含量过多,产品难以形成坚实的网状结构,发泡力及泡沫稳定性就会差。然而,如果是生产某些功能性食品,则可适当增加水解度,因为低分子肽在人体消化道中更易被消化吸收,也不会带来胃肠不适等问题。

(四)玉米罐头工业

1. 玉米罐头工业概况

罐头食品是久盛不衰的大众食品，由于携带和食用方便，储存时间长，能很好地调节市场和淡旺季节，因而备受世界各国消费者青睐。玉米品种多样，可以根据原料的加工特性生产出如玉米粒罐头、玉米糊罐头、玉米鲜穗等各种不同的玉米罐头食品。

2. 常见玉米罐头食品的生产

(1)糯玉米鲜粒罐头

粒状罐头的加工利用可以很好地解决鲜果穗保鲜、长途运输等环节的损失、消耗等问题；而且籽粒加工可以减少贮运体积，并方便食用。粒状罐头的加工工艺流程方便简单，易操作；所需设备投资少，一般城乡中小罐头食品加工厂均可生产加工。用糯玉米籽粒制作罐头，其适宜的硬度高于甜玉米，因此加工脱粒方便，破碎粒少，省工省料，效益较高。其生产工艺流程为：原料→去苞叶→预煮→脱粒→装罐→配汤料→排气封罐→灭菌→成品。要求采收成熟度适中、颗粒柔嫩饱满的甜玉米穗；要求将外皮和穗丝去除干净。脱粒是工艺中的重要环节，采用机器脱粒，操作时要及时调整刀具中心孔基准，保证甜玉米粒完整，并及时清理脱粒机；要求洗去碎的甜玉米粒及残留的穗丝、杂质。预煮是关键工序，目的是抑制甜玉米中酶活性及杀菌，并保持甜玉米特有的色泽。可用冷冻的特种玉米果穗加工，或用冷冻玉米粒加工。其工艺流程为：暂存的冷冻玉米(粒)→解冻→切粒(冷冻果穗)→预煮→冲洗→加配料、加汤汁→装罐→排气封盖→灭菌→保存。

(2)糯玉米糊罐头

玉米糊颗粒细碎，呈糊浆状，稠度均匀，玉米糊罐头一般作为早餐食品或方便食品食用。其加工工艺与粒状罐头基本相同。但代替脱粒工序的是切粒刮浆，然后在玉米糊中加相当于玉米糊重量70%的水、5%的砂糖和1%左右的精盐并搅拌均匀，预煮至玉米糊呈透明状时趁热装罐、排气、封罐、灭菌、冷却、包装保存。其生产工艺流程为：鲜果穗→去除苞叶→清理、除杂→分级→顺穗轴铲下籽粒、刮下浆料→制备糖盐混合液→预煮→装罐→真空封罐→杀菌、冷却→保温、检查、贴标、装箱→成品。首先剥去果穗苞叶，清除残余花丝和杂质。花丝一定要摘除干净，特别是紫红色花丝，在罐头中残存会影响商品质量。接着将果穗洗净，用机械或手工将籽粒削下，削下的籽粒用打浆机打浆，加适量的糖(根据消费者的需要确定加糖量)、食盐及增稠剂等，然后搅拌、预煮、装罐、灭菌、封口。如收进的果穗较多，受加工能力限制不能立即加工，可将从果穗上铲下的籽粒冷冻，存入冷库暂时保存，以便随时取出加工。

(3)软包装甜玉米棒罐头

软包装玉米棒罐头是一种营养丰富、便于携带的方便食品，既满足了消费者啃玉米棒的习惯，又能全年供应，保质期达一年。其生产工艺流程为：原料验收→剥壳去穗丝→预煮→漂洗→整理→装袋→封口→杀菌→冷却→干燥→成品。原料采收期与玉米粒品质关系甚大，采收过早，产量低，色泽差，乳质薄，原料消耗高；采收过迟，原料偏老，玉米粒淀粉含量高，风味差，乳质厚，食之有皮质感。一般采收期在授粉后16～20d，考虑种植与加工的双方效益，选定授粉后第19、20天采收较为理想。甜玉米在收获后的处理和加工寿命较短，这主要是由于酶类对糖分的转化，尤其是蔗糖转化为淀粉而丧失其特有的甜味。采收时的温度与时间也起着重要作用。因此,采收应选择在较低温度的早上进行,运输要及时,采后要及时预冷。若加工速度跟不上时,则需及时送入冷库贮藏,在 4.4℃下可存 3～5d。甜玉米的最适储藏条件为 0～1.7℃库温和 90%～95%的相对湿度,可存 7～10d。加工时生产过程必须尽量缩短,一般不超过 2～3d,以确保成品质量。

(4)玉米笋罐头

玉米笋因幼嫩的玉米果穗形似竹笋而得名,它是近年来国际市场走俏的一种低热量、高纤维、无胆固醇的高档新型蔬菜。玉米笋含有人体必需的各种氨基酸及其他营养成分,营养价值极高。鲜笋爆炒,清脆可口,是难得的开胃食品;加工制成罐头,在国际市场上倍受宠爱。目前世界玉米笋罐头的生产基地多分布在东南亚及我国台湾省,欧美国家因劳动力原因几乎没有生产。我国劳动力资源丰富,加之玉米笋加工工艺较为简单,发展玉米笋及其罐头制品具有相对优势,应积极开发这一有竞争力的出口创汇产品。

玉米笋是否符合加工要求,主要看以下指标:①外形。笋支完整,状如竹笋尖,颜色淡黄,笋轴均匀,珍珠码紧密,笋肉细嫩,无纤维感。②规格。一般要求笋长 3～10.5cm,重4～19g,直径不超过 2cm。笋长 5～7cm、直径 1.0～1.5cm、重 5～7g 的为一级笋。玉米笋罐头的工艺流程为:剥除苞叶→去掉花丝→预煮漂洗→分级→制罐→配加汤汁→真空密封→杀菌→冷却→保温贮藏。剥壳去丝时,注意用小刀轻轻纵向划开果穗苞叶,取出玉米笋,摘除花丝,按大小规格分级。预煮漂洗时,在沸水中加入 1%柠檬酸煮 8～10min,煮透后迅速冷却,用清水漂洗 15min。要按笋玉米的不同规格分装于笋罐,同一罐玉米笋的大小、形状、色泽要尽量相同。配加汤汁时,汤汁的配料一般为精盐 1.5%、白砂糖 0.5%、柠檬酸 0.1%,煮沸后加入罐中。密封杀菌要采用半自动真空封口机操作,真空度须控制在 0.054～0.06MPa。在 21℃下灭菌 10～25min,然后冷却至 38℃,并收入 37℃的温室中保温 1 周,最后贴标包装入库。

(5)鲜食糯玉米营养粥

糯玉米与普通玉米相比营养价值较高,消化率比普通玉米高 20%以上,并具有防止血管硬化、降低血中胆固醇含量、防止肠道疾病等药用价值。根据乳熟期糯玉米可溶性多糖含量高、淀粉 α 化程度高、籽粒清香、皮薄无渣、口感香甜、糊化后糯性强、无回生现象的特点,并结合传统“药食同源”的理论,研制出鲜食糯玉米营养粥。工艺流程为:原料验收及选用→剥壳去花丝→脱粒→破碎→捞去皮渣→辅料选用→辅料预处理(清洗、浸泡、预煮)→煮制糊化→装罐→脱气→封罐→杀菌→冷却→检验→装箱入库或出厂。玉米籽粒柔嫩饱满,易被指甲掐压,破粒可溅浆,籽粒呈淡黄色。组织不萎缩、未受病虫害及机械伤、乳熟期的糯玉米含水量达 60%左右,干物质积累达 40%左右,此时风味最佳,糯性适当,营养物质积累丰富,适合用于玉米粥加工。

(6)真空软包装甜玉米穗

甜玉米是一种果菜兼用的新兴食品。甜玉米乳熟期籽粒比普通玉米的蛋白质含量高 36%～40%,脂肪含量高 1 倍以上,水溶性多糖高 1.5～9 倍,各种必需氨基酸(赖氨酸、色氨酸等)高 1 倍以上,另外富含 VB_1、VB_2、VC、VPP、VE、β-胡萝卜素和矿物质,营养价值非常高。真空软包装甜玉米穗的加工流程为:选料→预处理→分级→清洗→蒸煮→冷却→装袋→真空密封→杀菌→冷却→烘干→检验→装箱入库或出厂。

操作要点：

①选料。适宜的品种有普甜型和加强甜型两类，籽粒颜色较深，籽粒含水量为70%～73%(在受粉后第18天开始检测)，果穗的形状大小和籽粒的排列整齐度高，要轻装轻放，以免压破籽粒，并要及时加工，防止晾晒脱水。

②预处理。清除苞叶，掰除径端，清去花丝，剔除虫蛀、霉烂、缺粒、色杂、不熟或过熟的玉米穗。合格原料可用浓度1%～1.5%食盐水浸泡1～5h，目的是调味、冷却、驱虫。

③分级。整穗玉米要求不秃尖、不秃尾，直径4.5～5.0cm，长度18～20cm。切段玉米要求剔除过细或过粗原料，并切掉粗端1～2cm、尖端3～5cm，要求切口平整且没被压碎的籽粒。原料大小粗细要求均匀一致。

④清洗。用流动水迅速清洗污渍、花丝等。

⑤蒸煮。最好用蒸汽对原料加热到80～100℃，持续6～15min。

⑥冷却。用16～20℃清水喷淋或浸泡2～5min，使表温降至50～60℃。

⑦装袋。及时装入蒸煮袋内，注意大头向里推至袋底，袋口不留杂质。

⑧真空密封。抽真空时间10～20s，真空度0.080～0.095MPa，封口加热时间3～5s。

⑨杀菌。采用双罐式杀菌釜，在热水罐中注入罐容积80%的冷水，以0.49MPa蒸汽压力将水升温至121～125℃；将软包装玉米推入杀菌罐，关闭罐门；将热水流入杀菌罐，加压使温度升至106～120℃，罐中绝对压力0.12～0.21MPa，维持10～80min，每隔5min热水泵循环5min；杀菌后将热水打回热水罐，同时打开压缩空气进气阀，保持反压高于杀菌压力0.02～0.03MPa。

(五)玉米制糖工业

1.玉米制糖工业概况

玉米淀粉经过进一步加工可制成果糖、葡萄糖、麦芽糖、低聚糖等各种异构糖，被广泛应用于食品、医药等行业。据研究，100kg玉米淀粉可生产105kg异构糖。目前世界上有30多个国家生产异构糖，美国异构糖产量占食糖产量的30%～40%。如低聚糖就是精制玉米淀粉通过酶体作用制取的新生物产品，具有低甜度、低热量、不蛀牙、增进人体代谢免疫力的特性。目前我国已成功研制和开发出了麦芽低聚糖和异麦芽低聚糖，建立了生产开发基地，实现了低聚糖及衍生产品的工业化生产。这不仅为我国在食品、医药、发酵等领域提供了新型糖源，而且对未来营养、保健、功效食品的开发将产生重大影响，同时为农产品的深加工增值找到了一条新的出路。

2.玉米制糖产品原理和技术

(1)玉米制饴糖

①玉米直接制饴糖

用玉米直接生产饴糖，是以玉米粉碎粒为原料，经液化、糖化、过滤、出渣，最后浓缩制成饴糖。直接生产饴糖，工艺简单，成本低，而且出糖率从原来的60%提高到80%左右，所得的糖渣可用于制酒，每100kg糖渣可出酒8kg，用酒糟喂奶牛出奶量比原来提高12%，是发展农村企业的好项目。生产流程为：原料→粉碎→调浆→液化→糖化→浓缩→产品。

操作要点：

a.粉碎。玉米清洗晾干后用粉碎机破碎，除去胚芽和糠皮，再用粉碎机粉碎至70～80

目细度。若颗粒过大，则过滤速度快，但液化不完全，会影响产量和质量；若颗粒太小，则液化效率高，但过滤速度慢。

b.调浆。按照 $m_{玉米粉}:m_{水}=1:1.25$ 比例，把水放入调浆罐，使水和玉米粉充分接触，浸泡 2h 后加水调节粉浆浓度到 18～20°Bé，并用稀碱液调节 pH 值为 6～6.2，再加入预备好的(原料重量的)0.35%的氯化钙，按 10U/g 玉米粉加入 α-淀粉酶，充分搅拌 30min 后进行液化。

c.液化。液化的目的是使粉浆在 α-淀粉酶的作用下，将淀粉分解为糊精和低聚糖。液化在液化桶中进行，在桶内上、中、下部均有温度指示计和环形盘旋的、既能通蒸汽加热又能通冷水冷却的温度调控装置以及搅拌装置，液化时先在液化桶内加水到桶体积的1/3，然后打开蒸汽阀门待温度升到 92℃时，将粉浆送入液化桶内进行液化，桶内温度始终保持在(91±1)℃，蒸汽压力一般为 0.2MPa，500kg 料约需 30min，当与碘液反应呈深红色，还原糖值为 20～25 时，液化完成。

d.糖化。液化后需加麦芽进行糖化。目的是进一步提高还原糖值。首先将液化液的温度降到 62℃，然后加入粉碎好的占原料重量 1.5%(干基)的大麦芽，搅拌均匀，在温度 60℃时，保持 3h，当还原糖值达到 38 以上时，即可终止糖化。

e.过滤。糖化完成后立即升温到 80℃，终止糖化。然后用滤机压滤，滤液需要浓缩。

f.浓缩。最好用真空浓缩罐，保持真空度 600～700mmHg，温度为 60～70℃，也可用常压大锅浓缩，到干物质含量达 75%～77%，即为饴糖成品。

②玉米面酶法制饴糖

玉米面饴糖被广泛用于花生糖、果糖、果脯等食品加工。其醪糟可制醋，醋糟又是猪的良好饲料。农户作坊式加工饴糖不仅投资小，见效快，且其经济效益十分明显。

以玉米面为原料采用酶法制取饴糖的工艺流程为：玉米→粉碎→蒸煮→液化→糖化→过滤→糖汁→浓缩→饴糖。

操作要点：

a.原料。购买足够的 α-淀粉酶和 β-糖化酶，备有 120 目细密的过滤口袋；修建大、中号锅灶，以及大、小号水缸各 2 个；准备好糖度计、温度计等；选优质玉米，粉碎细度为 70～80 目；过滤缸能盛装下过滤口袋，且缸底部留一小孔，供插塑料管、放糖汁用。

b.液化。蒸煮液化按 100kg 玉米面加 30℃温水 200kg、α-淀粉酶 150～200g、食品级无水氯化钙 250～300g 的比例进行配料，搅拌均匀后蒸煮，煮沸持续 15min 后停火。将料转入液化缸内，边加冷水边测温度，当温度降至 75℃时，再加入 α-淀粉酶 500g，液化 1.5～2h。

c.糖化、过滤。将液化糊精转入糖化过滤缸的过滤口袋内后，继续降温至 55～63℃，然后分两次加入 β-糖化酶 100～150g 进行搅拌，糖化 4～6h 后，糖化液面上开始蠕动翻花并逐渐变清，表明糖化结束。此时打开糖化过滤缸底部的塑料管放糖汁，在过滤口袋内加开水使糖液升温至 80℃以上时搅拌加压过滤糖汁。

d.浓缩。将糖汁倒入已涂大油的热锅内，急火加热 2h，糖汁逐渐变稠，当翻滚的糖汁呈鱼鳞状时，改为慢火，并注意边熬边搅拌，防止溢锅。当糖液熬至挑沾起可下滴成 5～6 寸丝状时，表明糖度已达 35°Bx，即可出锅。

③玉米芯制饴糖

玉米芯是玉米脱粒后剩下的内轴，用玉米芯加工饴糖，可以变废为宝。成品玉米芯饴糖，与用其他原料制成的饴糖没什么两样，不仅用途广泛，而且营养丰富，是很好的食品工业原料。这一产品为透明的淡黄色，浓稠浆状，具有纯正、柔和的甜味。

加工方法：

a. 原料。干玉米芯 60kg，大麦芽 12kg，麸皮 20kg。

b. 预处理。把备齐的干玉米芯用碾子碾制成豆粒大小的碎屑，用清水浸泡 1h 左右，捞出放入锅中蒸煮。蒸煮之前，在篦子上均匀铺上一层碎玉米芯，在上面盖一层麸皮。蒸煮 15～20min 后往碎玉米芯中加入凉水 5kg，搅拌均匀，借以产生大量蒸汽，使玉米芯中的淀粉进一步得到糊化，持续蒸煮 1h，使碎玉米芯彻底软化。

c. 停火、放凉，至不烫手时拌入麦芽浆。麦芽浆的制法是：把浸泡发胀后的大麦芽，加入约 15kg 水，磨制成浆。

d. 与麦芽浆拌匀后放入淋缸，加温 2～4h，即可发酵转化为糖液，最后淋出糖液，糖液入锅熬制成糊，浓稠后即成为饴糖。

(2)玉米制糖稀

生产糖稀所用的传统方法为大麦法，该法不仅费工费时又费料，而且产量、质量都不高；用淀粉酶生产的糖稀甜度和黏稠度也不理想。如果采用淀粉酶和糖化酶，即双酶法，生产的糖稀就比用传统方法生产的糖稀甜度高，且黏度高，也更适合于食品加工等多种需要。

用双酶法生产糖稀的具体方法包括：

①蒸煮液化。按 100kg 玉米面加水 250kg、淀粉酶 200～300g、食品级无水氯化钙 300～500g 进行配料，搅拌均匀，然后蒸煮。煮开 15min 后停火加冷水降温至 80℃以下，再加入淀粉酶 300～500g，液化 1～1.5h。

②糖化。液化后加水降温至 50℃左右，加入淀粉酶 50～100g，搅拌糖化 2～3h。

③过滤熬稀。将糖化后的混合液加热升温至 80～100℃，然后过滤，取滤液加热熬煮至挑起下滴成条时，加增白剂 100～300g，熬至 40℃左右即为饴糖。最后将其置入容器内充分搅拌变白就可以了。

(3)玉米制白砂糖

原料：玉米面、淀粉酶、糖化酶、食用氯化钙、食用亚硫酸钠、甜味剂、清水、食盐、白矾、苏打粉等。

加工方法：

①糊化、煮料。用 100kg 纯净的玉米面加水 250 kg 搅拌均匀后加火升温到 30℃时加入淀粉酶 300g、食用氯化钙 500g(用温水化开后加入，再搅拌均匀)。然后缓缓加温至 60～70℃时停火 5min，再大火加温至沸点，开锅后稍停 3～5min 后出糖。

②降温、二次糖化。把煮沸的稀料倒入干净的缸或盆内，取清水适量慢慢加入并搅拌均匀。待温度降至 72℃时，将淀粉酶 500g 用温水化开、搅拌均匀后加入料中，再待温度降至 60℃时，加糖化酶 400g。静置容器中糖化 30～60min。

③过滤、熬制。将糖化好的稀料装入白布袋内，压挤过滤出糖浆，倒入锅内加火熬制，熬到 20°Bx 时加入亚硫酸钠 400g、白矾 50g、食盐 50g、苏打粉 15g，充分搅拌均匀。

④浓缩、出锅。将搅拌均匀的糖浆加温浓缩至 40°Bx，停火，加入甜味剂适量快速搅拌，使糖浆中的色素挥发，当糖浆含水量达 15%左右成糖团时即可出锅。

⑤粉碎、过筛。将糖团倒入干净的托盘内(盘内撒上面粉以利脱模)。过 0.5h 左右，待

糖团凝固后，粉碎、过筛便得到成品白砂糖。

(4)玉米制软糖

以玉米淀粉为原料生产软糖，一般淀粉黏度很高，必须改性才能在制造中作为稳定剂和填补剂。生产变性淀粉一般多用酸法，即将淀粉与水在不断搅拌下调制成淀粉乳(水的用量约为淀粉重量的1.2倍)，加酸量为淀粉重量的13.5%(一般用食用盐酸，浓度为32%，比重1.16)，温度控制在37～37.5℃，连续搅拌2～2.5h，每隔15min测一次温度，反应结束前10min开始降温，并用碱面中和到pH＝5.5～6，然后离心水洗，脱去盐分，即得变性淀粉。

变性后的湿淀粉即可直接用于生产淀粉软糖，若用于半软糖生产，则需要干燥到含水量10%以下。经离心脱水后的淀粉含水量为34%～36%，淀粉干燥的最初温度不应高于50～55℃，最终温度不应高于80～85℃，温度过高，会增加淀粉的糊化。直到含水量为10%以下，才可冷却过筛，细度要求在100目以下。

淀粉是构成软糖骨架的柱梁，制造软糖时，变性淀粉用量为10%左右，一般控制在7%～15%。制造软糖的关键是要有好的透明性与稳定性，配方是：白砂糖43.5%、淀粉糖浆43.5%、变性淀粉12.4%、柠檬酸0.5%、香料0.06%、色素0.01%以下。

生产软糖要在常压下熬糖，必须加入大量的水，用量为淀粉的7～8倍。目的是使淀粉变成网状结构的凝胶体，使糖和水能充分地吸附在网隙之间，首先将淀粉配成淀粉乳，放入带有搅拌装置的蒸汽锅中。锅的容量200kg，搅拌速度26r/min，蒸汽压力0.25MPa，温度120～150℃。一般熬到糖浆浓度(含总固形物)为70%左右时，浇铸成型。此时尚含水30%，所以必须脱水干燥(可在烘房中进行)。干燥后的淀粉软糖，用连续成型机筛粉，部分筛出，还要拌砂再干燥，待温度降至50～55℃，最后再包装出厂。

(六)玉米饮料工业

1. 玉米饮料工业概况

玉米饮料是一种营养保健型饮料，玉米汁主要成分是低聚糖，味觉比蔗糖清爽，热量比蔗糖低50%，口感细腻，香味浓郁，酸甜可口，适合男女老少饮用。玉米饮料使人们从吃谷物变成喝谷物，不仅保留了玉米中对人体健康有益的营养成分，还让消费者饮用到口感更好、更容易吸收的饮料。

2. 玉米饮料生产原理及其技术

(1)玉米酸奶

工艺流程：玉米预处理→浸泡→磨浆→玉米浆→过滤→调配→均质→杀菌→冷却→接种→前发酵→后发酵→成品。

技术要点：

①玉米预处理。挑选无霉变的优质玉米粒，除杂后用粉碎机去皮，去皮尽量完全，以免因原料粗糙而影响产品口感。

②浸泡、磨浆、过滤。用6～8倍的水浸泡玉米至粒中心吸水软化，用7倍的80℃热水掺拌磨浆(胶体磨)，得到玉米浆。用100目筛过滤除去粗渣。

③调配、均质、杀菌及冷却。玉米酸奶的最佳配方为$m_{玉米浆}:m_{牛奶}=1:2$，蔗糖加入量为10%，稳定剂为琼脂、黄原胶和单甘酯，按0.2%、0.05%和0.05%比例加入。按配方要

求将原辅料混匀后均质，在 90℃下杀菌 15min，然后冷却至 40℃。

④接种、发酵。接入 4%的混合菌种($m_{乳酸链球菌}:m_{保加利亚乳杆菌}=1:1$)，在 42℃下前发酵 6h，再置于 0～5℃环境中后发酵 12h 即得成品。

⑤产品评价。玉米酸奶为乳黄色或浅黄色凝乳，质地均匀，无气泡，无分层，有玉米清香味和奶香味，口感细腻，有少量乳清析出。

(2)玉米奶饮料

方法一：将 60kg 精选过的玉米在室温下浸泡 20h 后煮熟滤去水分，加 5%淀粉液磨成乳液，用 100 目滤布过滤，在滤液中加入脱脂奶粉 10kg、白砂糖 10kg，搅拌 25～35min 即可。

方法二：将精选的 50kg 玉米放在热水锅中煮沸 1h，滤去水分，加入 5%的淀粉溶液，磨成乳液状，用 40～70 目滤布过滤，在滤液中加入脱脂奶粉 5kg、白砂糖 5kg，搅拌 0.5h 即得。

(3)甜玉米饮料

甜玉米是一种特质玉米，具有糖分、水分含量高，淀粉含量低等特点，适于做饮料、罐头、菜肴等，也可以鲜食。

工艺流程：原料采收→剥苞叶→清洗→灭酶→刮粒→磨浆→分渣→调配→均质→灌装→杀菌→检验→成品。

技术要点：

①原料采取。应在乳熟期采收玉米青苞，此时甜度高、适口性好。

②灭酶、刮粒。剥苞叶，将苞叶洗净后，蒸汽灭酶 15～20min，冷却后用铲粒机刮粒。

③磨浆、分渣。按一定比例加水，磨浆后进行离心分渣。

④调配、均质。在调配缸中加入糖、酸、乳化剂、增稠剂等，加热至 80℃进行均质处理，压力为 25MPa。均质的目的是使悬浮液体系中的分散物均匀化，使甜玉米饮料保持一定的混浊度，不易沉淀。

⑤灌装、杀菌。趁热灌装，杀菌条件为 10min 升至 121℃，保持 25min，然后反压冷却。冷却后放置 7d。

(4)糯玉米饮料

在追求杂粮细吃的今天，许多消费者酷爱食用糯玉米，但其青食时间短暂。将糯玉米制作成饮料，不但保留了原有的鲜美风味，还保留了原有的营养成分，且食之有助于预防动脉硬化、心肌梗死等心血管疾病的发生，糯玉米饮料很好地解决了糯玉米青食的季节性问题。其工艺流程类似于甜玉米饮料的生产。

技术要点：

①采收原料。授粉后 22～26d 的糯玉米皮薄，味美，用于制作饮料最适宜。宜于凌晨低温时进行采收，采收后须立即进行整理或送冷库速冻保藏，以免因夏秋季节气温较高而引起变质。

②整理。采用人工或使用玉米苞叶剥除机除去苞叶、穗须，用高压水进行冲洗。

③分级。剔除采收时混入的不符合加工要求的果穗。

④铲籽。用往复式玉米铲籽机切下籽粒，并刮去玉米轴上残留的浆液。

⑤打浆、细磨。切下的玉米籽粒及刮取的浆液经加入 5 倍重的水用打浆机打浆，筛孔直

径为0.5mm,除去玉米轴碎片及其他杂物。然后再用胶体磨进行细磨,转入搅拌缸中待用。

⑥配料。配方:玉米浆10kg,白砂糖1.5kg,柠檬酸12g,复合乳化剂40g,异抗坏血酸钠1g,乙基麦芽酚1.5g。调配方法:将粉末状乳化剂拌入白砂糖中,加温水溶解制成糖水,然后再将玉米浆与糖水、乙基麦芽酚等其他辅料调配,加水定容后用柠檬酸调节pH=3.8。

⑦均质。将调配好的混合液预热至70℃,用高压均质机均质2次(均质机启动后压力逐渐调整至25MPa,第二次压力为15～20MPa,温度为65～70℃)。

⑧排气、灌装、杀菌、冷却。将浆液进行真空脱气,设真空度为0.06～0.08MPa,温度为60～70℃。用灌装压盖机组定量灌装并封口,然后送入杀菌锅中进行加热杀菌,杀菌公式为(15～25)min/95℃。杀菌完毕后迅速投入流水中冷却或喷淋冷却,使温度尽快降至40℃以下。

⑨检测、贴标、装箱。待灌装容器外侧擦干或吹干后进行检测,合格者贴上标签进行装箱即为成品。

(5)黑玉米乳饮料

黑玉米乳饮料保留了黑玉米的色、香、味,呈浅灰乌色,澄清透明,有浓郁的玉米芳香,酸甜可口,四季皆宜。

工艺流程:黑玉米→粉碎→糊化→液化(α-淀粉酶)→冷却→糖化→粗滤→调整→均质→排气→灭菌→装瓶→成品。

技术要点:

①原料预处理。选用色黑、无杂质、六七成熟的黑玉米鲜穗,经清洗后离心脱水、粉碎,细度不小于80目,或用温水浸泡2～3h,用磨浆机磨浆。

②糊化。按$m_{原料}:m_{水}=1:10$的比例进行混合,加热煮沸20min。

③液化。在黑玉米浆中加入1%的α-淀粉酶,在90～95℃下保温20min。

④糖化。冷却后调整pH值为微酸性,按0.1%的比例加入糖化酶,保温55～60℃,使之充分糖化,直到用碘液检验,无显色反应为止,整个过程需4～5h。

⑤过滤。糖化液趁热用硅藻土过滤机粗滤,再用纸板过滤机精滤。

⑥调整。加入8%～10%的砂糖,少量酸及适量黄原胶、CMC等复合稳定剂进行调配。

⑦均质。将调整液转入高压均质机中,于20MPa压力下均质。

⑧灭菌、灌装。在100℃下保持6～8min灭菌,在70～75℃下装瓶。经冷却、检验后即为成品。

(6)黑玉米胚饮料

黑玉米胚饮料是利用黑玉米加工后的副产品胚芽为原料,经过一系列的工艺处理而制成的一种营养保健饮料。

工艺流程:黑玉米胚→打浆→调配→均质→脱气→灌装→杀菌→检验→成品。

技术要点:

①挑选除杂。选用颗粒饱满、无虫蛀、无霉变的黑玉米胚,过筛除杂。用70℃的热水浸泡2h,使其吸水软化。

②打浆、细磨。软化后的黑玉米胚加10倍的水用打浆机打浆,筛孔直径为0.5mm,然后用胶体磨浆,使胚芽浆进一步细化。

③调配。配方如下:黑玉米胚7%,白砂糖10%,柠檬酸0.08%,抗坏血酸0.01%,黄原

胶0.02%，乙基麦芽酚0.01%，复合乳化剂0.25%，热水82%。调配时先将白砂糖用热水溶解后再过滤加入配料罐，拌入稳定剂、乳化剂与胚芽浆搅匀溶解后加入糖浆中，并加入其他辅料，加水定容后，用柠檬酸调整酸度，使pH=3.8～4.2。

④均质。将混合液预热至70℃，用高压均质机均质2次。第一次压力为25～30MPa，第二次压力为15～20MPa。

⑤脱气。均质后的浆液于真空脱气机中脱气，真空度为0.06～0.09MPa，温度为60～70℃。

⑥灌装、杀菌。用灌装压盖机组定量灌装并封口，送入杀菌锅中进行加热杀菌，杀菌公式为(15～20)min/95℃。杀菌后迅速冷却至35℃以下，经过检验，合格者贴标后即为成品。

（七）玉米副产品的综合利用

1. 玉米秸秆的利用

(1)秸秆饲用

我国人均占有耕地较少，人畜争粮的矛盾突出。随着人们生活水平的不断提高，对畜产品的需求日益增加。玉米茎秆占生物产量60%～70%，是很好的青饲料。据分析，玉米茎秆含粗蛋白5.9%、粗脂肪1.6%、粗纤维30.7%，粉碎发酵可作家畜饲料。100kg青贮饲料相当于20kg精饲料的营养价值，黄贮玉米秆的营养价值与谷草相近。因此，充分利用秸秆养畜，过腹还田，实行农牧结合，形成节粮型的畜牧业结构，开创一条符合我国国情的畜牧业发展之路至关重要。

我国秸秆年产量达6亿～7亿吨，资源极其丰富，但因其蛋白质含量低，纤维素、木质素等难以消化吸收的物质含量高，直接饲喂适口性差，牲畜采食量少，吸收及转化率低，因而造成秸秆资源的极大浪费。目前，秸秆的利用方式有氨化、微贮、青贮等。

玉米秸秆氨化技术是指将氨水、液氨或尿素溶液等含氮物按一定比例喷洒在玉米秸秆上，在密封的条件下经过一段时间处理，以提高秸秆饲用价值的方法。常用的秸秆氨化方法有氨化池氨化法、窖贮氨化法和塑料袋氨化法三种。氨化处理后的秸秆具有以下优点：①提高粗蛋白含量。氨化处理可使秸秆的粗蛋白含量提高4%～6%，还能提高秸秆中蛋白质的生物学价值。②改善适口性，增加采食量。氨化玉米秸秆既有青贮饲料的酸香味，又有刺鼻的氨味，可使牲畜的采食量提高20%～40%，也可提高采食速度，从而使其获得的能量也相应增加。③提高秸秆的消化率。玉米秸秆经氨化处理后，因秸秆发生碱解和氨解反应，纤维素、半纤维素的结构被破坏分解，并增加了氮元素的含量，可促进反刍动物瘤胃内微生物的大量繁殖，从而提高秸秆的可消化性。④杀菌作用。氨化处理可杀死秸秆上的虫卵和病菌，减少动物疾病的发生；同时氨化秸秆可使秸秆中夹杂的杂草种子丧失发芽能力，从而起到到控制农田杂草的作用。⑤操作简单易行。氨化设备投资少，成本低，操作方法简单。

秸秆微贮技术就是在农作物秸秆中加入微生物高效活性菌种——枣秸秆发酵活干菌，放入一定的密封容器（如水泥地、土窖、缸、塑料袋等）中或在地面发酵，经一定的发酵过程，使农作物秸秆带有酸、香、酒味，成为家畜喜爱的饲料。因为它是通过微生物使贮藏中的饲料进行发酵的，故称微贮，所制饲料称为微贮饲料。微贮的制作方法是：在处理前先将菌种倒入水中，充分溶解，也可在水中先加糖，待糖溶解后，再加入活干菌，以提高复活率。然后在常温下放置1～2h,使菌种复活(配制好的菌剂要当天用完)。将复活好的菌剂倒入充分溶解的1%食盐水中拌匀,食盐水及菌液量根据秸秆的种类而定。微贮方法制作的玉米秸秆,色正味香,适口性好,牲畜采食速度快,浪费少,同时该方法简便易学、好操作,可为养牛户提供充足的饲料来源。

青贮饲料技术是将切碎的新鲜玉米秸秆,通过乳酸菌的厌氧发酵和化学作用,在密闭无氧条件下使其产生乳酸,使酸度降到pH 4.0左右,达到酸贮的目的而制成的一种柔软多汁、带有浓郁酒酸香味的饲料。适口性好、消化率高和营养丰富的饲料,是保证常年均衡供应家畜饲料的有效措施。用青贮方法将秋收后尚保持青绿或部分青绿的玉米秸秆较长期地保存下来,可以很好地保存其养分,而且制成的饲料质地变软、具有香味,能增进牛、羊食欲,解决冬春季节饲草不足的问题。同时,制作青贮料比堆垛同量干草要节省一半占地面积,还有利于防火、防雨、防霉烂及消灭秸秆上的农作物害虫等。

(2)秸秆制淀粉

农作物秸秆中含有大量的淀粉。把其中的淀粉提取出来,不仅能做饲料,还能够酿酒、造醋、熬糖等。先将玉米秸秆的硬皮剥掉,把无虫蛀的瓤子切成薄片,用清水浸泡12h,放入大锅里煮。当瓤子被煮得烂熟时搅成糊状,再加适量清水稀释、搅匀、过细筛,再将用筛子滤好的溶液装入细布袋进行挤压或吊干,这样就可以得到湿淀粉。筛子上面的粉渣还可以酿酒或做醋。另外,也可直接将玉米秆瓤煮到发黄,然后将其粉碎后过细筛。筛子上面的粉渣可做饴糖料,筛下的细粉可做糕点食品等。

(3)秸秆还田利用

玉米秸秆含有丰富的有机物,含有作物生长所必需的氮、磷、钾诸元素。使用秸秆切碎机将直立的玉米秸秆就地粉碎还田,省去了人工还田所需的刨、捆、运、铡、沤、送、施等多道工序,不仅大大地提高工效,减轻劳动强度,降低作业成本,抢农时,还可以改善土壤的团粒结构和理化性状,增加土壤的有机质含量,培肥地力,促进粮食增产,是一项经济效益和社会效益十分显著的技术。

(4)玉米秸秆的工业利用

玉米秆、玉米芯等可制取饲料酵母、木糖、木糖醇、糖醛等40多种化工产品,开发前景广阔。

①饲料酵母。本品是加速发展养殖业必不可少的饲料蛋白。由于我国目前饲料蛋白严重不足、每年需大量进口鱼粉替代,特别是在当前国际上鱼粉资源短缺的情况下,采用农作物废料中的纤维进行水解制取饲料酵母尤为重要,该法成本低,原料丰富,效益可观。

②木糖。木糖是一种易于消化吸收的单晶糖,人体吸收转化率可达95%以上。因本品味甜,易消化,既是生产动物饲料的上等原料,又可作为水果罐头食品的调味剂。在加压条件下,经镍催化剂加氢反应能转变成木糖醇,同时氢化又能制成三羟基戊二酸,是制药工业和化学工业的重要原料。

③木糖醇。本品可用作糖尿病的营养剂和治疗剂,对于降低肝炎病人的转氨酶有一定的促进作用。另外,本品和蔗糖一样,有着同样的甜度和发热量,但不会引起蛀牙,所以是防龋食品的理想替代糖品。

④糖醛。糖醛既是优良的溶剂,又是重要的化工原料。在润滑油精炼、有机合成、医药、农药、化工防腐等方面均有大量的应用,是我国主要的化工出口产品之一,工业地位举

足轻重，生产形势十分被看好。

⑤造纸。玉米茎秆富含纤维素，可造纸、制人造纤维，并可加工成纤维板、胶合板等，可节省大量木材。山东省某造纸厂用玉米秆造纸，各项指标均达到国家标准，且降低了原料成本10%。

(5)编床垫

法国在很早以前就用玉米秆编床垫，该床垫光滑干净，四季可用，冬暖夏凉，通风透气，富有弹性。

此外，玉米茎秆还可用于加工制造纤维素、人造丝等。

2.玉米芯的利用

玉米芯是玉米果穗脱去籽粒后的穗轴。玉米芯主要由35%～40%的半纤维素、32%～36%的纤维素、17%～20%的木质素及1.2%～1.8%的灰分构成。随着生物质资源开发利用技术的进步，玉米芯工业化深加工产品的种类不断增加，主要包括低聚木糖、糠醛、木糖、木糖醇、纤维素乙醇等高附加值产品。此外，玉米芯食用菌种植技术、生物发酵饲料技术也得到一定应用。玉米芯是我国各类秸秆资源中利用率最高的秸秆种类，其收集利用率可达97%。

(1)制低聚木糖

低聚木糖(又称木寡糖)是一种功能性聚合糖，对有益菌(尤其是双歧杆菌)有显著的增殖作用，主要有效成分为木二糖、木三糖，其促进双歧杆菌增殖的效率优于其他聚合糖，也被称为“超强双歧因子”。与其他功能性低聚糖相比，低聚木糖具有用量少、酸和热稳定性好等优点，是目前半纤维素附加值最高的产品之一。

低聚木糖主要由富含木聚糖的木质纤维类物质原料通过生物法或化学法制备得到。玉米芯中的半纤维素主要是由以D-木糖为主链的木聚糖组成的，在所有富含木聚糖的农产品原料中，玉米芯中的木聚糖含量高达35%～40%，高于蔗渣、稻壳、棉籽壳、油茶壳等，是生产低聚木糖的最佳原料之一。低聚木糖的生产方法主要包括酸水解法、高温降解法、酶解法及微波降解法，其基本原理都是破坏半纤维素与纤维素、木质素及其他成分间的结合键，从而使半纤维素游离出来。低聚木糖的生产过程主要分为木聚糖的提取与精制、木聚糖的水解与纯化两个阶段。在低聚木糖的工业化生产中，酶解法是最常用的方法，具有成本低廉、低碳、环保、节约能源等优势。

(2)制糠醛

玉米芯含生产糠醛的有效成分多缩戊糖高达38%～47%，糠醛潜在含量为25%，是众多原料中生产糠醛的较理想的原料。糠醛是重要的有机化工原料，以糠醛为原料直接或间接衍生出的化工产品达1600多种，糠醛可广泛应用于医药、农药、树脂、日化、铸造、纺织及石油等行业。

糠醛的生产工艺根据水解与脱水二步反应是否在同一个水解锅内进行，可分为一步法与二步法。糠醛一步法生产根据催化剂不同，可分为盐酸法、硫酸法、醋酸法等。当前，我国糠醛生产多采用硫酸催化法，少数采用盐酸催化。每10～12t玉米芯(以干品计)可生产1t糠醛，消耗0.6MPa饱和蒸汽35～40t。糠醛废渣含大量纤维素和木质素，加工后可作为锅炉燃料，热值为7524～102kJ/kg。

(3)制木糖和木糖醇

木糖与木糖醇的生产主要采用含有戊聚糖(又称多缩戊糖)的农业植物纤维废料,如玉米芯、棉籽壳、蔗渣等。生产 1t 木糖醇,需要玉米芯 10～12t 或棉籽壳 15～18t 或甘蔗渣 25t 左右。玉米芯产量集中、易于加工,用于生产木糖与木糖醇具有成本低、效益好的优势。

传统产业利用玉米芯制备木糖的工艺是:将玉米芯经过清洗与预处理后,利用稀硫酸水解,然后采用活性炭脱色、离子交换工序除去糖液中的色素与其他杂质,最后通过结晶获得木糖。传统木糖工艺中得到的主要副产物是木糖母液,1t 母液可回收 360kg 木糖与 70kg L-阿拉伯糖。木糖与阿拉伯糖联产,可以提升其成本优势,实现玉米芯半纤维素产品的多样化。

木糖醇的生产包括化学法与生物法。目前,工业化生产木糖醇多采用化学催化加氢的传统工艺,富含戊聚糖的植物纤维原料经酸水解及分离纯化得到木糖,再经过氢化得到木糖醇。据《2009—2013 年中国木糖醇行业市场调查与发展前景预测报告》,每生产 1t 木糖醇的玉米芯消耗量从 11t 下降到 8t 左右,蒸汽消耗量降至 20t 以下。随着工艺技术的不断改进,玉米芯生产木糖、木糖醇的成本进一步降低,其市场前景将更为广阔。

(4)培养食用菌

玉米芯结构密实,富含纤维素、半纤维素,尤其是糖分含量较高,可作为制作多种食用菌基质的配料,可用于栽培蟹味菇、白灵菇、香菇、秀珍菇、金针菇、鸡腿蘑、平菇、黄伞、鲍鱼菇、双孢蘑菇、茶树菇等食用菌。

以玉米芯为主料栽培双孢蘑菇的投入产出比可达 1∶4.52。以玉米芯为主料进行蘑菇栽培试验,平均产量为 $13kg/m^2$,最高产量为 $20kg/m^2$。山东省农业科学院土壤肥料研究所的实验结果表明,1kg 玉米芯培养料可收获 1.2～1.5kg 平菇。贵港市农业科学研究所用玉米芯为主料栽培秀珍菇,1 个 0.5kg 菌袋产鲜秀珍菇 0.4kg 左右,$1hm^2$ 玉米地的玉米芯可生产 3600～4500 个菌袋,即可生产鲜秀珍菇 1440～1800kg。

(5)制生物发酵饲料

玉米芯经过加工,可以改变其性状,实现饲料化利用。虽然玉米芯坚实而不易被啃食,但其营养价值较高,粉碎后加入日常饲料可以减少牲畜对精饲料的依赖。玉米芯粉碎后经过生物发酵,是饲养牛、羊等的良好粗饲料。微生物发酵玉米芯,主要依靠乳酸菌来进行发酵,在厌氧条件下,使有益菌大量繁殖,迅速产酸,降低 pH 值,抑制有害杂菌的生长繁殖,使发酵后的玉米芯饲料变软,富有酸甜味,改善适口性,提高动物的采食量。

玉米芯发酵饲料质地柔软、适口性好、饲料报酬率高,应用前景广阔,但由于该技术对菌种要求较高,目前尚处于试推广阶段。研制能够高效降解玉米芯的复合菌剂,开发适用于不同家畜及其不同生理阶段的微生物发酵饲料,是推动玉米芯发酵饲料发展的关键手段。

(6)制颗粒活性炭

利用玉米芯糠醛渣制成颗粒活性炭,一方面基于渣中有效物质含量较高,有 5%的多缩戊糖、30%的纤维素及 28%的木质素;另一方面基于这些成分具有一定的黏结性,无须外加煤焦油作为黏合剂,就可以在一定压力下成型,并在炭化和活化中形成坚硬的颗粒。由糠醛渣制得的活性炭属微孔发达型活性炭,其表面积为 $1097m^2/g$,总孔容积达 $0.9375cm^3/g$,其大孔的、中孔的及微孔的容积比例为 1.23∶1.00∶3.52,其中微孔占总孔容积的 61.2%。

糠醛渣活性炭的主要性能指标，皆超过煤质活性炭的水平，本品适用于净水、烟气脱硫、溶剂回收、空气净化等方面。

3. 玉米皮的利用

玉米皮可用于制备淀粉。将玉米皮洗净浸泡8h后，放入碱水锅内（水开后加入玉米皮重量12.5%的纯碱），用大火煮沸3h，每隔半小时翻一次，待用手搓成丝时捞出，用清水洗去碱液；之后，将原料放入缸内用木棍捣烂，再加入适量清水搓压，使淀粉与纤维素分离，然后在石板上敲打并用清水搓洗一次；将所得浆液用布袋挤去水分（以挤出浆液不是粉白色为度）；接着将挤出的糊状物放入清水中沉淀，捞去上层清液和杂质后，装入布袋吊干或挤干水分，即得湿淀粉。

4. 玉米苞叶的利用

玉米苞叶可以编织坐垫、地毯、提篮、门帘、手提包等多种手工艺品。工艺流程为：玉米苞叶的挑选与贮存→熏白→选料→染色→编织→产品。用于加工编织工艺品的玉米苞叶，必须色白，未发霉，且软硬厚薄适宜。在玉米收获时去掉外面一层老皮和紧贴玉米粒的嫩皮，中间部分便是理想的草编原料。选好后应注意及时晒干，然后捆成大捆，放在干燥通风且不易熏黑的地方。熏白的目的是提高玉米苞叶的白净度和编织性能，保持所编织产品的天然色泽。熏白的方法是用陶缸进行硫黄熏制。首先将要熏白的玉米苞叶洒少许清水使其湿润，将放在碗内的硫黄点燃后放入缸底，用铁丝网或竹编制品罩住，然后将玉米苞叶松散地放入缸内，12h后可启封。硫黄的用量一般控制在每1kg玉米苞叶使用20g以内。

5. 玉米须的利用

玉米须是玉米的花柱和柱头，是我国传统的中药材。玉米须包括甾醇类、烷烃类、有机酸类、单糖类、多糖类、黄酮类、皂苷类、生物碱、氨基酸、无机元素、维生素、挥发油、尿囊素等多种对人体有益的化学成分和具有药理作用的活性物质，可作为食品、化妆品及药物的原料。玉米须价廉易得又具有较高的经济价值，被越来越多的人重视。例如，在食用上，以玉米须提取物为原料可生产饮料、糕点、果酱、果酒、果脯、糖、醪醋以及茶等。

第三篇

豆类作物的
贮藏与综合利用

第六章

大豆的贮藏与综合利用

第一节　大豆的贮藏

一、大豆籽粒贮藏

(一)大豆籽粒贮藏特性与机理

1. 贮藏特性

从收获到加工大多需要经过一段时间的贮藏,大豆籽粒在贮藏过程中会发生一系列复杂变化,这些变化在很大程度上会直接影响大豆的加工性能和产品的质量。因此,了解大豆籽粒在贮藏过程中的变化机理,掌握和控制贮藏条件,可以有效防止大豆籽粒发生质变。

大豆含有较高的脂肪(18%～20%)和蛋白质(40%～45%),其贮藏的稳定性比谷类粮食差。大豆吸湿性强,在潮湿的条件下,极易吸湿膨胀;种皮组织密实程度低,呼吸作用强,如果储藏条件恶化,极易丧失活力;破损粒多,易生霉变质;大豆的脂肪含量高,导热性差,高温干燥或烈日曝晒的情况下,需要及时降温,否则会影响活力和食用品质;大豆含大量蛋白质,高温高湿条件下,蛋白质易老化变性。大豆在贮藏过程中,除发生一般粮食常见的生虫、结露、发热之外,还可能走油变红、吸湿生霉从而导致品质下降。走油变红与吸湿生霉是大豆品质恶化的表现;品质降低主要是指蛋白质变性、酸价增加和丧失发芽能力。

2. 贮藏机理

有生命的大豆籽粒从不间断呼吸作用,并产生热量。呼吸作用强烈就会消耗大量有用成分,如糖、脂肪等,而且增加含水量、升高温度,使籽粒易发生霉变,所以在贮藏过程中维持大豆籽粒最微弱的呼吸作用才是合理的。一般来说,大豆籽粒的含水量增加,呼吸强度升高;反之,呼吸强度则减弱。大豆籽粒的含水量对其呼吸强度的影响存在一个转折点,这个转折点的水分含量称为临界含水量。就是说当大豆籽粒的含水量增加到临界含水量时,其呼吸强度会突然增加。可见,在某种条件下,只需将大豆的含水量控制在一定范围内,大豆就能保持安全贮藏。但这不是绝对的,因为大豆的安全贮藏还受温度的影响。当贮藏温度在0～40℃时,温度升高，呼吸作用也会增强。而在温度较低的条件下(0～10℃)，即使大豆含水量较高(如接近临界含水量)，也会取得良好的贮藏效果。在常温下，大豆的安全贮藏含水量为11%～13%，临界含水量为14%。

大豆强烈的呼吸作用不但会使其内部的酶活性增强、酸价增高，而且还会促进各种微生物的繁殖，致使大豆在贮藏过程中发生霉变等，进而产生毒素。因此，大豆贮藏过程中，控制温度、含水量和呼吸作用是防止其质变的关键。

(二)大豆籽粒储藏技术要点

大豆的安全储藏，首先从收获期开始。大豆应在叶子普遍落地，秸秆全部发黄，豆角开裂之前进行收割。过早收割，不利贮藏。如果有豆角开口，说明大豆成熟期已过，应选择早、晚时间，抓紧收割。同时，应注意做好如下几项工作。

1. 充分干燥

有效地保持大豆干燥，是保管好大豆的主要措施。需要长期储藏的大豆，其水分含量须在12%以下，如超过13%，就有霉变的危险。大豆成熟较晚，收获期多在中秋以后。包装、堆存时，水分含量在16%左右的，可以保管越冬；水分含量在15%左右的，一般可以保管到6月；水分含量在13%左右的，可保管到7月；水分含量在12%左右的，可以过夏。对于发芽用大豆，水分含量应保持在11.5%左右。

降低大豆籽粒含水量的方法有三种：带荚晒、脱粒晒、机械烘干。带荚晒最有利于保存品质，脱粒晒次之，机械烘干会影响大豆品质。日晒法不降低出油率，但品质有不同程度的下降，如发芽率降低、脂肪酸含量增加等。日晒法有缺点，如夏季日晒大豆易爆腰脱皮，光泽减退，增加破碎粒，对长期贮存不利。采用机械烘干的方法具有降水快、能清除杂质、不受阴雨天气影响等优点，但易发生焦斑和裂皮、光泽减退、脂肪酸含量增加等现象。

2. 低温密闭

大豆导热性不良，在高温情况下又易引起红变，应采取低温密闭的储藏方法。可趁寒冬季节，将大豆转仓或出仓冷却，使种温充分下降后，再进仓密闭储藏。

3. 及时倒仓过风散湿

新收获大豆时正值秋末冬初季节，气温逐步下降，大豆入库后，还要后熟，放出大量湿热，若不及时散发，会引起发热霉变。为达到长期安全储藏的要求，大豆入库3～4周时，应及时进行倒仓过风散湿，并结合过筛除杂，以防止出汗发热、霉变、红变等异常情况的发生。大豆吸湿性强，做好防潮散湿是干燥贮藏的重要措施。

4. 防治病虫害

大豆中的蛾类害虫一般在粮面10cm左右以下的范围内活动，采用沙压密闭的防虫方法效果很好。

(三)大豆的贮藏方法

1. 干燥贮藏法

安全水分在实际生产中是很有用处的。要达到大豆贮藏时的安全水分标准，常规方法有两种：一是用日光暴晒，二是用设备烘干。只要气候条件许可，日晒法简单易行、经济实用，但劳动强度大、卫生条件差，适合于小厂。可用于大豆干燥的设备很多，有滚筒式、气流式热风烘干机等，该法效果好、效率高、不受气候限制，但设备投资大、成本较高。

2. 通风贮藏法

通风贮藏是指大豆在贮藏过程中，要保持良好的通风状态，使干燥的低温空气不断地穿过大豆籽粒间，降低温度，减少水分，防止局部发热、霉变。

通风贮藏往往和干燥贮藏配合使用。自然通风的方法就是利用室内外自然温差和压差进行通风，自然通风受气候影响较大；机械通风就是在仓房内设通风地沟、排风口，或者在料堆或筒仓内安装可移动式通风管或分配室，机械通风不受季节影响，效果好，但耗能大。

3. 低温贮藏法

低温的好处是能够有效地防止微生物和害虫的侵蚀，迫使种子处于休眠状态，降低呼吸作用。根据试验，贮藏温度在10℃以下，害虫及微生物基本停止繁殖；8℃以下，呈昏迷状态；当达到0℃时，基本死亡。

低温贮藏主要是通过隔热和降温两种手段来实现的，除冬季可利用自然通风降温以外，一般需要在仓房内设置隔墙，使用隔热材料隔热，并附设制冷设备。此法一般费用较高。

4. 密闭贮藏法

密闭贮藏的原理是贮藏环境与外界隔绝，以减少环境温度、湿度对大豆籽粒的影响，使其保持稳定的干燥和低温状态，防止虫害侵入。同时，在密闭条件下，缺氧既可以抑制大豆的呼吸，又可以抑制害虫及微生物的繁殖。

密闭贮藏法包括全仓密闭和单包装密闭两种。全仓密闭贮藏对建筑要求高，费用高，单包装密闭贮藏可用塑料薄膜包装，此法小规模使用时效果好，但也要注意水分含量不宜高，否则亦会发生变质(主要是酸价升高，出油率降低)。

5. 化学贮藏法

化学贮藏法就是大豆贮藏以前或贮藏过程中，在大豆中均匀地加入某种能够钝化酶、杀死害虫的药品，从而达到安全储藏的目的。这种方法可与密闭法、干燥法等配合使用。化学贮藏法一般成本较高，而且要注意杀虫剂的防污染问题。因此，该法通常只用于特殊条件下的贮藏。

二、大豆油贮藏

大豆油在贮藏中，容易受油脂本身所含水分、杂质及环境空气、光线、温度等因素的影响而酸败变质。因此，贮藏大豆油必须尽量减少其中的水分和杂质含量，贮藏在密封的容器中，放置在避光、低温的场所。

通常的做法是，油品入库或装桶前，必须将装具洗净擦干，同时认真检验油品水分、杂质含量和酸价高低，符合安全贮藏要求方可装桶入库。大豆油中水分、杂质含量均不得超过0.2%，酸价不得超过4，桶装油品不宜过多或过少。

装好后，应在桶盖下垫以橡皮圈或麻丝，将桶盖拧紧，防止雨水和空气侵入。同时每个桶上要及时注明油品名称、等级、皮重、净重及装桶日期等信息，以便分类贮存和推陈出新。

第二节　大豆的综合利用

一、大豆综合利用概况

(一)大豆综合利用图

大豆的综合利用如图 6-1 所示。

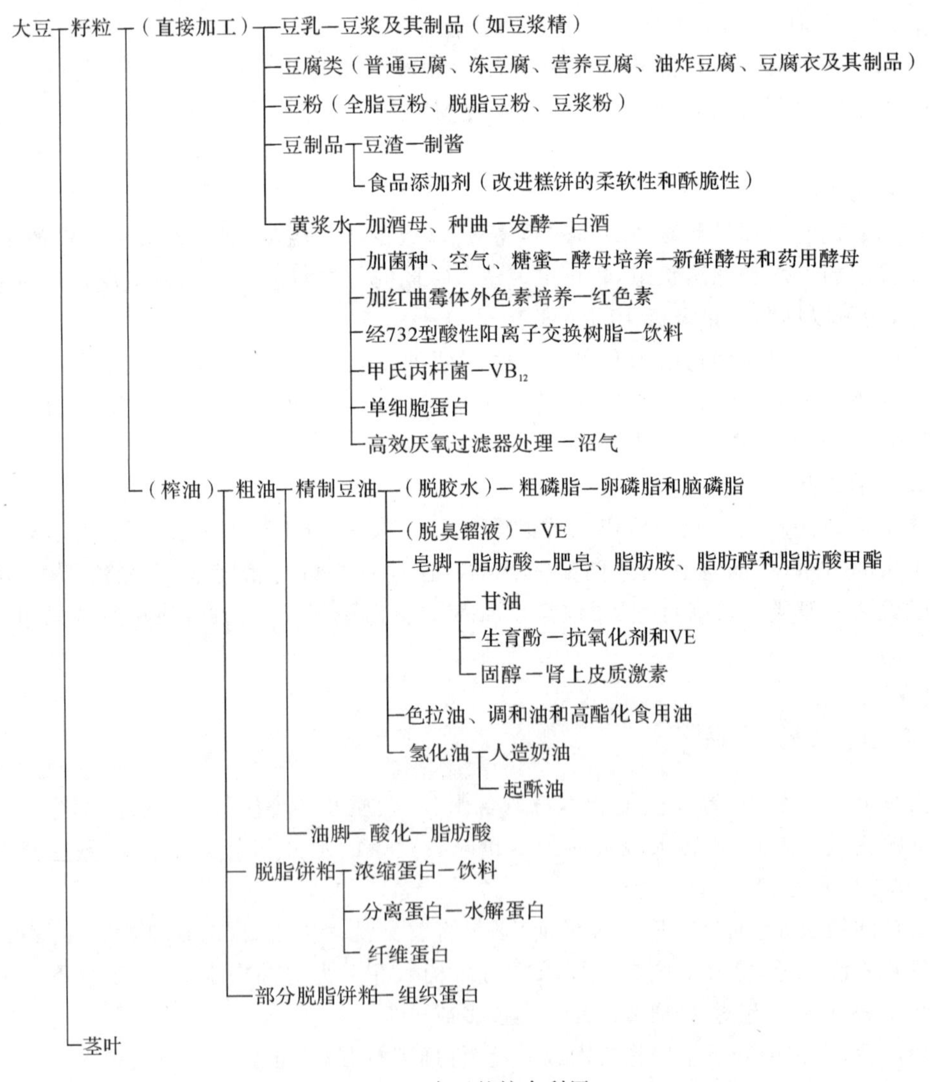

图 6-1　大豆的综合利用

(二)国外大豆加工利用的新产品及新技术的研究动向

世界各国都很重视大豆加工技术的开发和研究工作,并取得了较大的进展。本书将简单介绍下近年来各国大豆加工技术的研究动向。

1. 大豆蛋白组分及对蛋白食品品质影响的研究动向

各国都很注重培育适于加工大豆蛋白食品的不同蛋白组分和氨基酸构型的大豆品种。日本筑波大学国家农业研究中心采用基因突变的方法,使大豆的两种主要蛋白组分7S和11S的亚单位空缺,而获得7S和11S这两种比例极高或极低的大豆品种。

加拿大安大略农业研究中心研究了不同品种的大豆蛋白含量及组分对加工豆奶和豆腐品质的影响,亦即用15种不同蛋白质含量和组分的大豆加工豆奶和豆腐,发现7S和11S球蛋白的比例与豆奶的流动性和豆腐的品质有很大关系。

2. 缺脂肪氧化酶大豆品种的育种动向

大豆籽粒含有三种脂肪氧化酶同工酶(L-1、L-2、L-3),这些脂肪氧化酶能催化大豆中的不饱和脂肪酸产生腥味物质,使产品带有豆腥味,给生产工艺带来很多麻烦,也增加了工艺设备的资金投入。近几年,各国都在试图培育不含脂肪氧化酶的大豆品种。日本筑波大学国家农业中心通过遗传手段选育出缺乏L-1、L-2、L-3的突变种,该突变种是由单一的隐性等位基因控制的,已获得两倍和三倍隐性基因大豆品种。这些大豆品种有较高的经济价值,因它们具有较低豆腥味和较强的贮存稳定性。

3. 大豆的化学组成和加工特性关系的研究动向

美国弗吉尼亚州立大学对大豆的化学组成和吸水性能的关系进行了深入探讨。他们采用不同化学组成(蛋白质、油脂、脂肪酸等)和不同大小种粒(小:百粒重<10g;中:百粒重10~20g;大:百粒重>20g)的大豆品种分别浸于水中4h、8h、12h,测定吸水性。结果表明,化学组成对浸泡4h的大豆的吸水性影响很大,即蛋白质、油脂含量高的品种的吸水性明显高于低含量品种,脂肪酸的含量基本不影响吸水性。小粒大豆种粒的吸水性(占原重的84%、124%、140%)高于大粒大豆的吸水性(占原重的78%、109%、129%),更高于中粒大豆的吸水性(占原重的63%、99%、120%)。

泰国卡森大学生物系对不同大豆品种与酱油质量的关系进行了研究。他们采用八个不同品种的大豆生产酱油,检测蛋白酶活性、酸度、感官指标,用气相色谱测定风味成分,结果表明不同品种的大豆对酱油的质量影响很大,其风味也有很大差异。最后,他们根据实验数据最后确定了最适于酱油酿造的三个大豆品种。

4. 大豆营养效价的研究动向

印度泰米尔纳都农业大学在大豆营养效价的研究方面做了大量的针对性试验,并取得了满意的效果。他们以脱脂豆粉为基料代替50%的谷物,设计出10种印度南部的食谱,供60名儿童作为午餐食用,同时记录其每天的情况。6个月后的测量结果显示,平均体重和身高的增长为2.75kg和5.2cm,而对照组则仅为1.59kg和4.1cm。由此他们得出结论:含有脱脂豆粉的食谱有较高的营养价值,可以普及到日常饮食中去。他们用大豆和黍类等其他谷物生产营养全、成本低的快装食品。具体做法是首先将大豆在5%盐及3%碳酸氢钠溶液中浸泡2h,而后加热软化4~5h,去除营养抑制成分,制成快装食品。这种食品每100g可提供21g蛋白质、9g脂肪、55g碳水化合物、385cal的热量。

5. 大豆加工新技术的研究动向

近年来各国都致力于大豆加工新技术的研究，以期提高产品质量和劳动效率。日本筑波大学国家食品研究所在大豆制品的生产中应用膜技术，取得显著成效。他们使用超滤膜提取低聚糖，还将之用于大豆油的精炼和酱油的生产，替代传统的工艺技术，得到了良好的效果。美国艾奥瓦州某公司在膨化制油技术开发方面取得了很大进展。其工艺技术为先将大豆膨化处理，然后进行压榨或浸出提高出油率，脱溶后的豆粕用于食品或饲料。这种生产工艺与传统工艺比较，大大节省了大豆预处理设备投资，可缩短加工周期，提高生产效率。

美国艾奥瓦大学作物利用研究中心以大豆和玉米为基料制造生物塑料获得成功。这种塑料具有较好的机械性能、抗水性和贮存稳定性，尤其具有在土壤中易降解的特点，能有效地解决聚乙烯和聚氯乙烯等塑料的“白色”污染问题。

泰国皇家蒙卡特农业技术研究所选育出能利用大豆棉籽糖的酸豆奶发酵新菌种。他们从当地发酵蔬菜中分离出22个菌株，经筛选获得较好pH值的混合发酵剂：胚芽乳酸杆菌、嗜酸乳酸杆菌、双叉乳酸杆菌。在发酵时加入1%乳糖有助于产酸，改善酸豆奶的质量，减少胀气因子。

6. 大豆微量成分分析方法的研究动向

法国农业发展研究中心在大豆异黄酮及苷的分析方面有重大突破。大豆异黄酮是引起大豆食品苦涩的主要因素，但也是很好的药物。通常使用高效液相色谱法，即用甲醇-水梯度洗脱色谱法对其进行定量分析。最近，该中心把毛细管电泳色谱法(ZE)用于所提取的几种黄酮醇的分析，并取得圆满的结果。他们几经摸索研究，总结出样品处理与测试条件等的方法，确定可行的分析大豆异黄酮的毛细管电泳色谱法。他们认为，用这种方法分析大豆异黄酮比用RE-HPLC法更可行，且所用时间也短。

(三)大豆精深加工的九项新技术

1. 微胶囊技术

该技术是目前用途广泛、发展迅速的新技术，它是用特殊手段将固体、液体或气体物质包裹在微小的封闭胶囊(一般直径为5～200μm)内的过程。其优点在于改变物态，保护敏感成分，使不溶性组分混合等。微胶囊技术在大豆加工中可用于生产粉末油脂、粉末磷脂、生物活性物质(如大豆皂、异黄酮、维生素E等)的包埋等。

2. 膜分离技术

微滤、超滤、渗透和反渗透等膜分离技术，为开发大豆功能性食品提供了非常有效的加工方法。该技术主要用于大豆蛋白的分离和回收、低聚糖的提取、磷脂的提纯等。

3. 挤压膨化技术

该技术是根据设计目标，将调配均匀的大豆食品原料通过螺杆挤压机的高速运转来完成，具有应用范围广、工艺简便、生产能力高、产品种类多、无废弃物等优点，目前主要用于大豆油的膨化浸出及生产纤维状、海绵状或粒状的大豆组织蛋白。

4. 高压处理技术

该技术是利用1000～2000个大气压的高压，对食品进行非热处理的技术。该技术不仅可以避免由于加热引起食品品质的劣变和营养成分的破坏，还可以完整地保持食品原有的色香味形。利用该技术可进行大豆食品的杀菌保鲜和大豆蛋白的处理以及大豆生物活性物质的制备等。

5. 微波加热技术

微波是一种频率很高、波长很短的电磁波，它以接近于光的速度传播。吸收微波的各个分子能按微波的频率高速往返运动，相互碰撞，彼此摩擦而产生热量，破坏微生物的细胞结构从而达到杀菌的目的。利用微波加热技术可对包装豆制品进行杀菌保鲜和大豆原料的灭酶脱腥处理等。

6. 超微粉碎技术

该技术是采用物理方法（机械、气流等）对物料进行粉碎而获得粒度在 $100\mu m$ 以下的产品的方法，在食品工业中有着广泛应用。特别是在功能性食品中，为了保证物料的均匀分布和终端产品的品质，必须使各种物料粉碎至足够粒径。在大豆加工中，该技术主要用来生产超微蛋白粉或纤维素粉。

7. 辐照保鲜技术

该技术是利用 X 或 γ 射线使物料形成离子、激发态分子或分子碎片，或造成生物体（微生物、病毒等）内发生化学变化而起到杀菌保鲜的作用，放射性射线只要控制在一定剂量内，是没有安全性问题的。在大豆加工中，该技术一般可用在脱水或半脱水包装豆制品（如豆粉、干豆腐）的杀菌保鲜过程中。

8. 超临界流体萃取技术

超临界流体萃取是一种将超临界流体（CO_2）作为萃取剂，把一种成分从混合物（基质）中分离出来的技术，可广泛用于从固态或液态混合物中萃取所需成分。在大豆加工中，该技术可用于大豆皂苷、低聚糖、大豆异黄酮、磷脂、维生素 E 等生物活性成分的分离。

9. 生物工程技术

该技术目前在大豆食品生产中得到了广泛的应用，主要用于大豆功能性蛋白的开发（如蛋白肽及肽类饮料）、饮品的开发（如低聚糖饮料、乳清饮料、无糖速溶豆粉）等。

（1）生物技术在传统大豆食品生产中的功能和作用。我国大豆食品的加工制作有着悠久的历史，所形成的产品种类很多，如水豆腐、干豆腐、卤制豆制品、油炸豆制品、熏制豆制品、炸卤豆制品、冷冻豆制品、干燥豆制品、腐乳、臭豆腐、豆瓣酱、酱油、豆豉、纳豆等。其中的腐乳、臭豆腐、豆瓣酱、酱油、豆豉、纳豆都是利用生物技术而制成的发酵制品，它们风味独特，深受各地人们的欢迎。

（2）生物技术推动了大豆食品生产加工技术的革命。生物技术的运用使传统大豆食品生产技术和质量有了很大的提高：应用现代生物工程技术，采用液态多酶协同水解发酵增香法来酿造酱油。液态多酶协同水解发酵增香法酿造酱油的基本原理仍是建立在传统制曲法酿造酱油的基础上的。液态多酶协同水解发酵增香法酿造酱油，其水解阶段依靠的是添加多种酶制剂中所含的蛋白酶系、纤维素酶系、脂肪酶系等催化水解相应的底物生成可溶性的多肽、氨基酸、糖、糊精、果胶酸、脂肪酸等。后期发酵增香阶段的根本任务是依靠耐盐酱油微生物通过安全发酵来完成增香任务。整个生产周期随着各种复杂的生成物以及中间物进行一系列复杂的化学反应（即非酶化学反应）的完成，逐步形成独特的酱油风味，确保水解液酱油化。

（3）生物技术开拓了大豆精深加工利用的新途径。在大豆加工中应用的生物技术主要是生物发酵技术、酶工程技术、生物加工技术等，主要应用于大豆蛋白预消化、开发新的生物食品资源以及多种功能性食品添加剂上。

大豆是一种富含蛋白质的作物，而且大豆蛋白中氨基酸组成与动物蛋白相似，特别是赖氨酸含量较高，除蛋氨酸含量较低外，其余氨基酸均接近人体需要的比值。近些年来加工制得了大豆蛋白粉(SPF)、大豆浓缩蛋白(SPC)、功能性大豆浓缩蛋白(FSPC)、大豆分离蛋白(SPI)、水解大豆蛋白(HSP)、组织化大豆蛋白(TSP)等营养成分。

在大豆开发利用上，最多的生物技术研究放在大豆蛋白的酶解上，食用蛋白质都有两大要素：一是它的营养价值，二是它的功能性质。营养价值主要与其氨基酸组成及分子结构有关；功能性质则与蛋白质分子组成、分子结构、蛋白质本身所处的环境有关。食用蛋白质的功能性质主要包括：水合性、溶解性、黏度、乳化性、起泡性、胶凝性、面筋形成性、芳香味固定性、颜色稳定性等。为了充分利用大豆蛋白资源，可以利用改性方法改善大豆蛋白的功能性质，提高部分大豆蛋白的营养价值，拓宽它在食品工业中的应用范围。

二、大豆的品种及其综合利用

(一)大豆品种类型和品质

大豆的品种有高油品种、高蛋白品种、黑豆品种、菜用豆品种等，其中关于黑豆的应用最广泛。大豆富含蛋白质、脂肪等重要营养成分，在食品工业、蛋白工业、油脂工业和医学化学工业等领域有广泛应用。

(二)黑豆的综合利用与开发

黑豆为豆科植物的种子，又名乌豆、冬豆子、黑大豆。它呈卵圆形或球形，表皮黑色或深绿色，全国各地均有生产，以东北产量最多，江苏、浙江、安徽、湖北、湖南次之，是我国部分地区的主食之一，且具有一定的药用价值。黑豆中含有丰富的蛋白质、脂肪、维生素、微量元素和粗纤维，其中蛋白质含量达48%以上，居豆类之首；脂肪含量也高达12%，以不饱和脂肪为主。不饱和脂肪含量达86.1%以上，吸收率为95%，其脂肪组成是棕榈酸2.4%～6.8%、硬脂酸4.4%～7.3%、花生油酸0.4%～1.0%、油酸23.0%～35.6%、亚油酸51.7%～57.0%、亚麻酸2.0%～9.8%。黑豆不仅含有丰富的营养成分，且含有独特的生命活性物质和微量元素，具有健身滋补、扶正防病、延年益寿等作用。因此发掘整理、培育高产优质抗病的黑豆，并研制加工成系列保健食品具有重要的意义。

1.黑豆的营养特性

(1)黑豆蛋白质与胆固醇、蛋白质功效比值(PER)的关系。在植物中，蛋白质含量最高、品质最好的是黑豆。研究表明，胆固醇与脂蛋白关系密切，低密度脂蛋白能把胆固醇堆积于血管壁上，形成动脉粥样硬化斑；而高密度脂蛋白，则能把动脉粥样硬化斑上的胆固醇移走。因此，黑豆中含有的高密度脂蛋白，可以降低血液中的胆固醇含量。此外，黑豆中的胆固酶属植物固醇，基本上不被人体吸收。在食物中添加黑豆，不仅可以补充赖氨酸，而且提高了蛋白质的利用率，使PER增加。

(2)黑豆中的碳水化合物及其鼓肠作用。黑豆中含有棉籽糖和水苏糖，由于人体内先

天缺少 α-半乳糖酶和 β-果糖酶，因此，水苏糖和棉籽糖不能被人体消化分解。当它们进入大肠时，经微生物作用产生二氧化碳、甲烷等气体，从而引起腹胀等现象，称之为鼓肠作用。为了消除这种作用，生产黑豆制品时，应采用去糖工艺。

2. 生物活性物质

(1)抗营养因子。黑豆中存在着胰蛋白酶抑制剂、血球凝集素等抗营养因子。其胰蛋白酶抑制剂分为两类：胰蛋白酶抑制因子(KTI)和胰凝乳蛋白酶抑制因子(BBI)。研究表明，KTI 主要是抑制胰蛋白酶的活性；BBI 可以同时抑制胰蛋白酶和凝乳蛋白酶。

(2)苷类生物活性物质。黑豆中含有 0.22%～0.47%的皂苷，易溶于水或 80%的乙醇中，有很强的起泡性。皂苷在人类小肠中的渗透性低，因此，相对而言其毒性是小的，不大会危害人体健康。研究表明，皂苷可以结合胆固醇，从而降低人体对胆固醇的吸收作用，同时，皂苷具有抗癌活性。

3. 黑豆系列保健食品的开发

黑豆富含蛋白质，其含量高于肉类、鸡蛋和牛奶，素有植物蛋白之王的称号，并有广泛的药用价值，并且含碘量较高。以黑豆为主料，附加红豆果、黄芪、黑香米等来研究和开发黑豆系列食品，具有广阔的应用前景。主要产品有：

(1)归元口服液。该产品在家用、自用配方的基础上，结合现代技术和生产工艺精制而成，富含 16 种氨基酸和多种维生素，如 VA、VE、VC、VB_1、VB_2 和 K、Ca、Mg、Zn、Cu、Mn、Fe、Se 等，SOD 含量较高，不含人工色素和化学添加剂。该产品能补中益气、安神健脑，调节人体生理机能，预防疾病，增强人体免疫能力，对恢复健康有明显的功效。

(2)黑豆营养糊。该产品以青瓤黑豆、黑香米、红豆、绿豆为主，附加保健成分，既保持了食品的天然色泽和天然香味，又集药补和食补为一体，具有开胃健脾、滋补肝肾、乌发明目之功效。该产品还有养颜美发的作用，每天用开水搅成糊状即可食用。

三、大豆食品工业

(一)大豆食品工业概况

我国是大豆的故乡，先秦时大豆就已成为重要的粮食作物，唐宋以来大豆种植地区逐步向长江流域扩展。目前我国大豆产量位居世界第四，在我国各省(区、市)几乎都有栽培大豆，主要产地在东北三省和黄淮海地区。其中，黑龙江是我国最大的大豆生产基地，大豆种植面积约占全国的 40%。近年来，由于我国粮食生产结构的调整，2015 年中国大豆种植面积为 680 万公顷，比历史最高的 2005 年减少了 279 万公顷，降幅达到 29%。我国大豆消费呈刚性增长，其主要原因在于在我国经济高速发展的带动下，居民生活水平不断改善，饮食结构发生了巨大变化，对植物油等植物蛋白消费量的增加刺激了对大豆的直接需求，对畜、禽、鱼等动物蛋白消费的增加使得作为高蛋白饲料原料的豆粕消费量迅速上升，又间接地刺激了对大豆的需求。因此出现了大豆价格不断上涨、进口量不断增加的现象。

现阶段，我国人民的膳食结构中，热量已基本满足，但蛋白含量偏低，尤其是广大农村和乡镇居民的优质蛋白摄入量与城市居民差距较大。如用动物蛋白补充，由于需要消耗大量的粮食作饲料，而且能量转换耗时长，因而成本高，而大豆含有丰富的优质植物蛋白，并含有较高的维生素。经过特定加工，制成大豆制品，其蛋白利用率可达100%。近年来，国内开发出种类繁多的大豆制品，现分别介绍如下。

1. 大豆制品的开发种类

(1)纯大豆制品。其特点是对大豆的全价利用，基本不加任何化学试剂，传统豆制品中的豆芽菜即属此种类型。又如六味豆、大豆膨化食品、大豆营养羹、无渣豆腐、河北省武邑县大豆制品厂的溢香豆王系列产品、平顶山市大豆加工研究所研制的湘湼豆王系列产品等，其共同特点是对大豆原料的充分利用，生产成本低，不含食品添加剂，生产过程中基本不出废渣、废液、废气，属无污染生产，保存期长。

(2)在食品或饮料制作中，利用大豆或大豆部分成分原料。大豆或其营养成分作为原料加入到食品中，可以显著提高食品的营养价值，而且可分别利用其乳化性、吸油性、吸水保水性、黏性、凝胶性、起泡性、调色性，大大改善食品的加工功能特性。这类产品开发的比较多，各种主食、副食和饮料几乎都有新开发的大豆制品。

用大豆加工成的豆乳粉，就更适用于添加到其他食品制作中。用豆乳粉代替脱腥奶粉，制作的大豆冰淇淋，黏稠度增加，冷冻时发泡稳定性好。豆乳粉添加到烘烤类糕点，替代部分面粉用量，提高了食品的营养价值。杭州开发的大豆啤酒、《吉林科技报》报道的营养大豆锅巴等，都是利用大豆营养成分制作的食品。

(3)利用大豆的主要营养成分，加工制作各类豆制品。我国种类繁多的传统豆制品即属于此类产品，如各种豆腐、豆腐花、豆浆、豆汁、豆干、腐竹、豆腐皮、百叶、千张、豆腐丝、豆腐乳、大豆干酪、炸豆腐泡、炸豆腐条、素鸡、素鹅脖、熏豆腐、豆豉、豆酱等产品。目前可开发的产品也比较多，当然有的产品是在传统配方上进行改进的，或变传统的手工作坊操作为半工业化或自动化程度比较高的生产方法。

(4)豆渣的综合利用。传统习惯多将其作为饲料，没有很好地进行开发利用。其实豆渣中含有丰富的蛋白质、脂肪、纤维素、维生素、微量元素、磷脂类化合物和甾醇类化合物，可以开发出多种食品及调味品。《江苏科技报》提到利用豆腐渣可以制作保健食品，生产甜酒药粉，制取核黄素，制作油炸点心，制取酱油等；《山西科技报》也报道过豆渣制鲜味酱油的技术。另外，豆渣也可以制作玉米淀粉豆渣饼干，制成各种膨化食品、糕点、面包等。

2. 国内开发大豆制品存在的问题和发展前景

随着人们对大豆营养价值认识的提高，国内相关的宣传报道的增加，国内形成了大豆制品开发和销售的大好局面，不少有实力的公司和食品工程研究所不断推出各类大豆制品新的生产线和系列新产品。但和日本等国家相比，我国大豆制品在生产质量、包装、生产工业化、自动计量、密封包装以及延长保质期等各方面都不同程度地处于落后局面。大豆制品营养价值高，我国在产品种类和风味上占有传统优势，加上国家对大豆制品的重视，例如"国家大豆行动计划"的实施，都展示出了大豆制品的广阔开发前景，在以后的开发中，要注意在工艺标准化、生产自动化、品种多样化、包装精致化、管理科学化等各方面做努力，使大豆制品这一有重要价值的产品，为我国人民的身体健康发挥更大的作用。

(二)大豆食品原料的加工

大豆富含蛋白质和油脂，除可用于制油外，还可利用大豆蛋白生产多种大豆食品和食品原料。食品原料主要包括全脂和脱脂豆粉、浓缩蛋白、分离蛋白、组织蛋白等。

1. 全脂大豆粉

全脂大豆粉是以大豆为原料直接加工成的粉状产品，又分为全脂生豆粉和全脂膨化豆粉两种。

(1)全脂生豆粉。生豆粉的生产过程是：大豆经过清理除杂后，采用干热法烘到水分含量为8%～11%，再进行粗碎脱皮，使大豆含皮率小于10%。然后经锤片粉碎机或磨碎机粉碎、分级，得到颗粒度为0.3～0.85mm的成品。生豆粉的可溶性蛋白质保持率在95%以上，可作豆浆、豆腐的原料和面包、蛋糕的添加料。生豆粉含有抗营养因子和豆腥味，未经加热不宜食用。

(2)全脂膨化豆粉。为了克服生豆粉存在的不足并扩大豆粉的食品用途，采用挤出膨化法生产全脂膨化豆粉，主要过程为：大豆→清理→烘干→粗碎去皮→粉碎→混合→挤出膨化→烘干冷却→粉碎分级→全脂膨化豆粉。由于经过高温短时的湿热处理，大豆中的有害成分被除去，营养价值较高。

2. 脱脂大豆粉

脱脂大豆粉是以制取油脂后的冷榨豆饼或低温脱溶粕为原料，粉碎制得的，可作为食品原料，与面粉混合制作面包、点心、油炸食品、香肠等。如直接食用，应事先经过湿热处理，以除其中的豆腥味和有害成分。低变性脱脂豆粉由于热变性小，氮可溶性指数(NSI)和蛋白质分散性指数(PDI)值较高，可进一步制取豆乳粉、浓缩蛋白、分离蛋白、组织蛋白等。

3. 大豆浓缩蛋白

大豆浓缩蛋白又称70%蛋白粉，其生产方法以低温脱溶粕为佳，也可用高温浸出粕，但得率低、质量较差。生产浓缩蛋白的方法主要有稀酸沉淀法和酒精洗涤法。

(1)稀酸沉淀法。利用豆粕粉浸出液在等电点(pH=4.3～4.5)状态下，蛋白质溶解度最低的原理，用离心法将不溶性蛋白质、多糖与可溶性碳水化合物、低分子蛋白质分开，然后中和浓缩并进行干燥脱水，即得浓缩蛋白粉。此法可同时除去大豆的腥味。稀酸沉淀法生产的浓缩蛋白粉，蛋白质水溶性较好，但酸碱耗量较大。此法同时也会排出大量含糖废水，造成后期处理困难，产品的风味也不如酒精洗涤法生产所得的。

(2)酒精洗涤法。利用酒精浓度为60%～65%时可溶性蛋白质溶解度最低的原理，将酒精液与低温脱溶粕混合，洗涤粕中的可溶性糖类、灰分和醇溶蛋白质等。再过滤分离出醇溶液，并回收酒精和糖，干燥浆液得浓缩蛋白粉。此法生产的蛋白粉，色泽与风味较好，蛋白质损失少。但由于蛋白质变性和产品中仍含有0.25%～1%的酒精，食用价值受到一定限制。

(3)大豆浓缩蛋白的用途。大豆浓缩蛋白可应用于代乳粉、蛋白浇注食品、碎肉、乳胶肉末、肉卷、调料、焙烤食品、婴儿食品、模拟肉等的生产，使用时应根据不同浓缩蛋白的功能特性进行选择。

4. 大豆分离蛋白

分离蛋白是一种蛋白质含量为90%～95%的精制大豆蛋白产品。

(1)基本生产过程。①先用稀碱液浸泡低温脱溶粕，使可溶性蛋白质及低分子糖类萃取出来，然后离心分离除渣。②加酸于溶解的蛋白液中，调节pH值到等电点，这时大部分蛋白质沉淀析出，只有少量蛋白质仍留在溶液中。然后离心分离除去乳清(低分子糖类、蛋白质等)，并加水清洗蛋白质凝乳中的盐分，再离心分离。③将分离所得蛋白质凝乳破碎，加碱中和，闪蒸汽灭菌，最后进行喷雾干燥，制得粉状的大豆分离蛋白产品。若干燥前不加碱中和，则所得产品称为等电点分离蛋白。

（2）大豆分离蛋白的用途。大豆分离蛋白的蛋白质功效比值（PER）低于大豆浓缩蛋白，但具有优越的乳化、凝胶、吸油、吸水、分散等功能特性，因此在食品工业中的用途比大豆浓缩蛋白更广，主要用于午餐肉、腊肠、火腿、冷冻点心、面包、糕点、面条、油炸食品、蛋黄酱、调味品等的生产。

5. 大豆组织蛋白

大豆组织蛋白又称膨化蛋白或植物蛋白肉，是以低温脱溶粕为原料，经挤压法、纺丝法、湿式加热法、冻结法或胶化法，使植物蛋白组织化而得到的形同瘦肉、具有咀嚼感的大豆蛋白食品。

（1）主要生产方法。以挤压法采用最广泛，又分为一次膨化法和二次膨化法，工艺过程为：原料（低温粕粉、碱、盐、添加物）加水搅拌→挤压膨化→切割成型→干燥冷却→拌香着色→包装。如进行二次膨化，口感上更接近于肉制品，但动力消耗大、操作要求高。

（2）大豆组织蛋白的用途。组织蛋白具有多孔性肉样组织，保水性与咀嚼感好，适于生产各种形状的烹饪食品、罐头、灌肠、仿真营养肉等。

（三）豆腐

1. 机制盒装豆腐

机制盒装豆腐的特点是质量好、卫生，1kg 大豆可产 5kg 豆腐，1200kg 大豆可产 20000 盒豆腐。

（1）清理、浸泡。大豆经筛选、吸风除去杂质，在贮罐中用水力循环清洗。然后在浸泡罐内浸泡，水温 5℃，泡 24h；水温 10℃，泡 18h；水温 27℃，泡 8h。

（2）磨浆、分渣。浸泡好的大豆沥去水分，流入金刚砂磨，控制好豆水比进行磨浆。再由卧式分离机分出豆渣，将浆液流入消泡罐，用单甘酯消泡。冷却至 7℃后进入调理罐。

（3）加凝固剂、装盒。在调理罐中加入葡萄酸内酯，经泵送去装盒。

（4）灭菌、凝固。盒装豆腐要经蒸汽灭菌，并使豆腐成型。保持温度 90℃，持续灭菌时间 20min，然后在冷水槽中冷却 20min。

2. 家庭简易腐乳

（1）选用含水分较少的老豆腐，切成 3cm 见方、厚 1.5cm 的方块。

（2）将豆腐块直立呈“人”字形摆在干净的屉内，盖好屉盖，再放入有盖的缸内。

（3）将缸置于阴凉处，使豆腐块自然发酵。发酵适宜温度为 10～20℃，一般情况 10℃，15d；20℃，5d。当豆腐块表面长出一层白色菌丝时，表明初期发酵正常。

（4）取出豆腐块装在小坛内，将冷盐开水（300 块豆腐加 0.5kg 盐）徐徐倒入，使盐水高出豆腐块 1～1.5cm，并放入少许花椒、黄酒。封好坛口继续发酵，经 10d 左右，菌丝融化，即成腐乳。

（四）豆腐脑

1. 豆腐脑高产技术

传统制作豆腐脑是用石膏、卤水等作凝固剂，但产量较低，质量也差。如果改用葡萄酸内酯作凝固剂，则制出的豆腐脑更为洁白、细腻可口，可被人体吸收70%以上，且每1kg大豆可比传统制作方法多产出4kg的豆腐脑。

(1)选料。选颗粒饱满的大豆，筛去杂质，用清水洗涤干净。

(2)浸泡。用干豆重量4～5倍的清水泡豆，泡到手捻豆粒能分开豆瓣为宜。在浸泡水中加入适量纯碱或勤换水，可防止浸泡水变酸。

(3)磨浆。先将豆粒粉碎，细度以能通过100目筛为宜。磨浆时可加入适量纯碱，也可用豆类消泡剂，以消除磨浆时产生的泡沫。磨浆后静置片刻滤浆。

(4)滤浆。用钢磨(或石磨)磨浆时，可采用三磨二滤式套滤滤浆；用砂轮磨磨浆时，则采用一次性滤浆。两者均可控制在每1kg大豆滤浆15～16kg。

(5)煮浆。用大火迅速升温使浆沸腾，并保持5min。如产生大量泡沫，可用豆类消泡剂消泡。

(6)加凝固剂。将葡萄酸内酯溶于少量清水中，迅速加入煮好的豆浆，搅匀。每1kg干大豆需加入9g葡萄酸内酯，加入后保温15min，成型稳定后即为成品。

2. 豆腐脑制作新技术

豆腐脑白嫩细滑，采用传统工艺生产烦琐，出品率低。现介绍一种新工艺，比传统方法每1kg黄豆多产出1～2kg豆腐脑，且豆腐脑更加白嫩，风味独特。

(1)选黄豆。过筛，拣出杂物，用清水漂洗1～2遍。

(2)泡黄豆。放在35℃的温水里泡5h，胀裂时捞出，除去豆皮及碎屑，兑水过磨，磨出浆后除渣，每1kg大豆出浆5～6kg。注意泡豆最好用井水，用雨水、蒸馏水或地下盐碱水，都会降低出浆率，且影响成品品质、口感及色泽。浸泡时间一定要掌握好，不能过长也不能过短。

(3)除渣。把豆浆倒入过滤袋中(滤袋的孔眼以100目为宜)，袋子架在豆浆接收锅上，用杠杆挤干水分，最后把豆渣倒入桶内，留作他用。豆腐脑的质量好坏、出数多少，与去渣的精细、彻底程度关系很大。豆浆中如果混有细渣，则会造成豆腐脑品质下降。

(4)烧浆。加热时，为防止粘锅，可用大火煮沸，并且煮时要经常搅拌，以使受热均匀。为保证豆腐脑蛋白质的提取率和保水性，应放适量消泡剂或脂肪酸单甘油酯。

(5)占浆。将烧开的熟浆撇去浮沫，倒入保温缸里一半，放入石膏水，再将另一半倒入保温缸里冲浆。冲浆要及时，要提得快、冲得快，使浆在缸里充分翻滚，盖闷9～10min，即成豆腐脑。石膏水的制作方法：将石膏在炉火上烧2～3h，压成粉过筛，所得细石膏粉放入凉开水中搅拌均匀。石膏与水的比例为1∶7，石膏水的用量为豆浆的0.25%。

(五)豆腐皮

1. 麻辣豆腐皮的加工

麻辣豆腐皮是以黄豆榨油后的副产品为原料再拌以辣椒粉、花椒粉、食盐、味精等加工而成的风味食品。其营养丰富，口味独特，有很好的市场，且生产设备简单，原料易得，投资很少，容易上马。现将其加工方法介绍如下。

(1)原料选择。豆腐皮要选择新鲜、无霉变、无异味、色泽好的。为避免买上掺假使杂的，可先选色泽红、辣味浓的红干尖椒，然后加工粉碎成辣椒粉。

(2)成型。经过不断实践与摸索，可以将产品设计成各种样式。①可将豆腐皮剪成小块,待制成成品后分装成若干小包;②剪成长条片,大约 10cm×20cm;③将圆筒式的豆腐皮从一侧裁破变成一长条块,然后像卷海带皮似的从一头卷起,卷成若干直径 5.5cm 大的卷筒,用牙签从断口处插进去,插到底,牙签的两头露一点点在外面,沿断口处每隔 1cm 插一根牙签,插好后用刀从牙签与牙签的间隙处切断,这样就成了一片片圆形豆腐皮。

(3)盐渍。将 6~7kg 食盐加入 50kg 烧沸的水里充分搅拌溶解,然后冷却。将制作成的豆腐皮坯子放入冷却后的盐水中浸渍大约 2h,即可捞出沥干。

(4)油炸。锅里入油烧沸后,将沥干的豆腐皮坯子放入油锅内,炸至豆腐皮上浮,呈酱棕色或肉棕色时捞出。

(5)调味。现已配好的调料(如麻油、酱油、绍酒、味精,用适量的冷开水调匀)均匀地喷洒在经油炸后的豆腐皮上,然后再洒上辣椒粉和花椒粉,充分拌匀,即成产品。其调味品配比是:豆腐皮 10kg,辣椒粉 1kg,花椒粉 0.6kg,麻油 0.5kg,酱油 2kg,绍酒(也可用米酒)0.5kg,味精 0.1kg,水适量。

(6)包装上市。待成品充分冷却,即可包装上市。

(六)豆豉

1. 八宝豆豉

(1)原料配方。黑豆 40kg,茄子(去蒂)62.5kg,花椒 2kg,杏仁 2kg,香油 17.5kg,白酒 15kg,生姜 5kg,紫苏叶 250g,盐 12.5kg,苯甲酸钠少量。

(2)制作方法。①主料制曲。把黑豆放入锅内加水煮熟,捞出放于席子上晾干,然后放到制曲室内发酵制曲,约 1 周豆子即长满黄霉菌。然后把豆子放到席子上晾干,把黄霉菌搓掉、扬净,再用凉开水浸泡豆子,待豆子恢复到煮熟时的原状,捞出放在席子上晾干,保持豆子含水量在 30%左右。②辅料加工。把切好的茄子加盐放缸内腌制,每天翻缸 1 次,连续翻缸 10d。取若干花椒、紫苏叶、鲜姜放入适量的盐,分别腌好备用。把杏仁米放入锅内煮至能搓掉皮时取出,用开水浸泡,把皮搓掉。③调拌配制。将腌好的茄子从缸内捞出,装入布袋压干。把加工好的黑豆放入缸内,用压出的茄子水浸泡 15min,倒入香油、白酒和其他原料,搅匀。④装坛封闭。把配制的原料装入小口坛内,用 10 张涂上血料的桑皮纸扎住坛口,再在坛口上扣 1 个碗,用泥将坛口封严实。⑤发酵成品。封坛后,春、秋季要放在室外晒,夏季放阴凉处自然发酵。约经 1 年即为成品。

(七)豆沙制作技术

豆沙是以小豆、豌豆、芸豆、菜豆等为原料,经过加工制作成的一种疏松柔软、粉状的食品,可作冷饮及糕饼馅。如用大豆,则需先脱油。

加工方法:选择粒大无蛀霉的豆子,过筛清洗后浸泡 6~7h。如用 60℃的热水浸泡 2h 亦可,让豆吸足水分。然后置于锅内,煮沸水,除去浮沫,再继续加水煮 3~4h,煮至用手指捏后易碎为度。熟豆起锅后,通过压碎搅拌,放在竹箩中不断加水冲洗,使豆沙和豆皮分离。豆沙粒沉降后,排去上清液,再次加水,静置沉降,排去水分。如此反复 5~6 次后,将不纯物质去净,然后装入布袋中压榨。除去多余的水分,可晒干或烘干,并通过粉碎机碾成粉末。所得制品约为豆量的 70%,渣粕为 10%~15%,其余则溶于煮汁或随水洗去。

(八)腐竹制作技术

腐竹是一种高蛋白、低脂肪的豆制品。每加工100kg黄豆,约出45kg腐竹。

(1)选料。选择颗粒饱满、色泽纯正的黄豆为原料,以当年产黄豆为佳。要拣、筛干净,不要有杂物。

(2)破碎。把选好的料放在粉碎机上破碎,使黄豆脱皮成为两瓣即可。破碎时要求黄豆要干,不要破得太碎。

(3)清洗、浸泡。黄豆破碎后要洗两遍,把漂浮的豆皮捞出,然后在25℃的池水中浸泡4h,以豆瓣泡展、指甲可以掐动为佳。

(4)磨浆。将泡好的黄豆装入磨浆机漏斗内,边磨边加水,1kg泡好的黄豆加水8kg。以放在手中一捻,不是粉状而是小颗粒状为宜,需磨两遍。

(5)分离。用分离机把豆渣和浆水分离开,采用高速分离,分离机用80～90目筛为佳。

(6)煮浆。把豆浆放在锅里煮,不要煮得太老,温度达93～94℃为宜。用蒸汽加热最佳,用明火加热容易糊锅,且煮出的浆出皮低,质量差,颜色也不佳。用蒸汽煮要求气压足,上气快。

(7)上盘起皮。可采用自制的长2m、宽1.5m、高15cm的不锈钢平底锅,并分成6个小方格,锅底下装有暖气道,使锅内温度保持在70～90℃。把煮好的浆注入平底锅内,3～5min后每个小方格内结成一层皮,待皮充满小格子以及出现小皱纹时,即可揭皮。揭后把皮用手持一下再搭在室内的竹竿上,这样连续往下揭,直至揭完,一锅豆浆,可揭十多次,出4～5kg干品腐竹。

(8)烘干。把搭满湿皮的竹竿挂在烘干室内进行烘干。烘干室一端接暖气管,另一端安一台排风扇,把热风抽过去,室内热风的温度应在70℃以上。湿皮经过热风烘吹,12h就可烘干。腐竹不能挂在室外晾晒,否则会影响产品质量。

(9)分级包装。将烘干的腐竹进行分级,黄白无杂色、条股均匀的为一级品;色发黯、条股不均匀的为二级品;色发乌、条股粗细不等、有块状的为三级品。分级装袋后即可出售。

(九)豆乳的最新开发利用

豆乳是一种富含植物蛋白质、维生素E和亚油酸等物质的营养饮料,其成分容易被人体吸收并对人体有一定的疗效保健作用。但也存在着一定的缺点,如豆腥味、涩味和收敛味等,为了改进豆乳的品质,各国都在进行广泛研究,且在开发豆乳新产品方面取得了一定的效果。

1. 酸豆乳

酸豆乳是一种以豆乳为基质经维生素发酵而制成的液状或糊状产品,它不仅含有豆乳所含的蛋白质、脂肪等营养成分,还含有对人体有利的乳酸菌和代谢产物,有整肠、利于消化吸收等良好的生理作用。产品中的不饱和脂肪酸有降低血液中胆固醇的作用,它酸甜可口,是男女老幼皆宜的饮品。其具体工艺如下:

(1)凝豆乳的制备。取3份豆乳,分别加入枯草杆菌蛋白酶、嗜热菌蛋白酶和木瓜酶,混合后在65℃下水解10min,然后以5000g速度离心30min,分离出凝豆乳和乳酸。

(2)发酵。在凝豆乳中加入5%的发酵剂(乳酸链球菌、醋酸乳酸双重链球菌和乳酸链球菌的混合液)、0.2%的葡萄糖、1.5%的 NaCl 和 10%的豆油,充分混合后,在密封的容器里 30℃下发酵 3h,然后在 10℃下后酸化两周即可。

本法生产的酸豆乳由于富含游离氨基酸和蛋白质,增溶化作用好,有良好的风味。

2. 豆乳酒

豆乳酒是一种含有酒精的复合饮料,同其他酒类相比,其特点是含有丰富的植物蛋白质和豆乳的其他营养成分。因酒度低,而且营养丰富,酒体风味独特,无沉淀现象,所以是一种新型的酒类。豆乳酒的生产方法可分为发酵法和配制法两种。

发酵法生产豆乳酒的工艺如下:首先在豆乳中加入一定量的糖类,135℃灭菌 10min,然后接入发酵菌种,使基质中的酵母数达 107 个/mL。在微型发酵罐内,于 25℃下发酵 5d。尔后用搅拌机搅拌 30min,再用均质机在 15MPa 压力下进行均质处理,即制得豆乳酒。

配制法生产豆乳酒的方法是用适当的方法,按照一定比例将豆乳、果胶、酒精、糖类和香精等进行混合,然后经均质化处理制成豆乳酒,所用的豆乳为发酵或酸豆乳。发酵豆乳指在豆乳中加入一定量的酸果汁、柠檬酸、苹果酸等。此法简单易行,其产品不仅风味好,而且稳定性也较高。

(十)五香黄豆酱油的制作

五香黄豆酱油是沿用我国古代传统生产方式,采用科学方法加以改良的一种独特的生产工艺酿制而成的高档酱油,具有色泽棕艳、鲜醇适口、营养丰富、沁香宜人等特点。其制作工艺如下:

1. 原料配方

原料配方:黄豆 50kg,面粉 2kg,米曲精 15g,原料与盐水比例为 1:1.8;山奈 10g,陈皮 5g,公丁香 3g,砂仁 4g,香排草 2g,白酒 250g,红砂糖 2000g。

2. 工艺流程

工艺流程:黄豆→浸泡→蒸煮→接种→制曲→洗霉→第一次发酵→第二次发酵→淋油→日光曝晒→沉淀→灭菌→过滤→检验。

3. 工艺操作

(1)原料处理。选优质黄豆倒入缸或池中浸泡 2h 左右,洗净沥干送入蒸料锅内蒸熟。

(2)接种。黄豆熟料呈红棕色,略有豆香味,冷却后将 4%面粉和 0.03%的米曲精菌种混合均匀拌入。

(3)制曲。接种翻拌均匀的豆料分装于竹篾簸箕至 2~3cm 厚,送入 30~35℃室温的室内制曲。经过 10h 后料温上升,此时应通风,将料温下降至 32~36℃,最适温度为 33℃。经过 16~18h,米曲霉孢子发芽,菌丝繁殖,应用手翻搓一遍,以交换新鲜空气,散发热量和二氧化碳。再经过 7~8h 翻第二次曲。经过 74~80h 后,曲料疏松,孢子丛生,无夹心,具有正常曲香,无其他异味即为成曲。

(4)洗霉。将黄豆曲分装于竹筐内放入水中洗去孢子,洗涤后的黄豆曲表面无菌丝,豆身油润不脱皮。

(5)第一次发酵。将洗霉后的黄豆曲在竹箕中堆积(上盖纱布或塑料薄膜)6~7h,待白色菌丝逐渐长出,料温适中,豆粒有特殊的清香味,即可进入第二次发酵。

(6)第二次发酵。将第一次发酵后的豆曲和上述配方中的香料、中药材、白酒等原料按前述黄豆原料的比例加入缸，灌 23°Bé 盐水(原料与盐水比例为 1∶1.8)。经过 3 个月天然日晒夜露即为成熟的酱醪。

(7)淋油。将成熟的酱醪装入可过滤的陶缸或瓷砖池，分两次兑入盐水浸泡淋油。淋出的酱油液汁浓黏，色泽红棕，味道香甜。

(8)配制成品。淋出的酱油经 10～20d 日光曝晒，沉淀、加温灭菌、过滤并检验后即为成品。

(十一)大豆食品加工副产品的综合利用

1. 豆渣的综合利用

豆渣是豆奶加工中主要的副产品，占全豆干重的 15%～20%，主要成分为膳食纤维、蛋白质、脂肪。豆渣营养丰富，尤其是豆渣干物质中膳食纤维含量可达 50%以上，是一种较理想的天然膳食纤维源。以豆渣为原料制成各种食品，可增加膳食纤维的摄入量，有助于预防结肠癌、高血压、糖尿病等疾病，为人们提供质优价廉的保健食品。

目前国内外市场上虽已有许多以豆渣为原料的产品，但仍然有些研究方向可供探讨。

(1)制备豆渣膳食纤维。由于豆渣经过蛋白酶、脂肪酶等处理后的总膳食纤维干基含量可达 60%，而且含有约 20%的蛋白质，加入食品中可同时提高膳食纤维与蛋白质的含量，所以，将豆渣制备成膳食纤维不失为一条利用豆渣的有效途径。

(2)作为发酵培养基。由于豆渣中含有的多种营养成分，使其在许多物质的发酵生产中可作为基料有效利用，目前如下途径颇具开发潜力：①制备核黄素；②制备糖类；③制豆渣豉。

(3)作为素肉的原料。素肉主要是以组织化大豆蛋白为原料，经双轴挤压、调味等制成。

(4)制作可食包装纸。随着世界各国环保呼声的日益高涨，开发可降解而无污染的包装材料已经成为一个新热点，而以豆渣为原料开发的可食包装纸恰恰可适应这种潮流。

生产豆渣方便食品应注意以下几方面的问题：①豆渣处理要适当，豆渣粉要通过 100 目筛子，豆渣浆颗粒度在 100μm 以下，否则口感粗糙。②豆渣添加量要适当，添加量太大，将会使加工操作困难，产品不易成型，成品质量差。对于具体食品，应通过试验确定。③应保持方便食品的特色，不能因添加豆渣而影响了食品的质构、风味、色泽等特性。

2. 豆皮的综合利用

豆皮占大豆全粒重的 6%～8%，但是大豆中 32%的铁集中在豆皮中。此外，豆皮中还含有约 65%的膳食纤维，丰富的糖、蛋白质，少量的脂肪及其他微量成分。

由于豆皮中含有高含量且具明显生理功能的膳食纤维，所以备受消费者青睐。面市的含有豆皮纤维的产品主要有膳食纤维饮料、面包、饼干等。其中的膳食纤维饮料主要采用大豆表皮细胞壁内的贮存物质和分泌物类水溶性成分制成。此种保健饮料在国内外市场异军突起，而且种类繁多，适应不同人群的保健需求。豆皮在应用于面包、饼干等产品时需先经高温处理，以破坏其中的胰蛋白酶抑制剂。

3. 黄浆水的综合利用

豆奶生产中的黄浆水约含 1%的固形物，其成分主要是蛋白质、低聚糖，此外尚有部分微量成分(如维生素、脂类等)。由于成熟大豆中功能性低聚糖约占 5%，而豆奶生产中的黄浆水固形物含量仅约1%，所以低聚糖含量较低，同时由于受技术的限制，黄浆水的开发利用较长时间内没有实现产业化。

4. 豆粕的综合利用

豆粕是大豆经提取豆油后得到的一种副产品。根据提取方法的不同，豆粕可分为一浸豆粕和二浸豆粕，其中用浸提法提取豆油后得到的副产品为一浸豆粕；先以压榨法取油，再经过浸提法取油后得的副产品称为二浸豆粕。一浸豆粕的生产工艺较为先进，蛋白质含量高，是目前国内外现货市场上流通的主要品种。

以浸提法生产豆粕的基本工序为：油脂厂购入大豆→去杂→破碎（一颗大豆碎成5～8块）→加温并调整水分含量（破坏原有的组织，加快出油）→压成片并继续调整水分含量→加溶剂喷淋，萃取豆油→脱溶剂→豆粕生成。

豆粕是棉籽粕、花生粕、菜籽粕、芝麻粕和棕榈油粕等油粕中用途最广的一种。豆粕的需求，主要集中在饲养业、饲料加工业，用于生产家畜、家禽食用饲料。食品加工、造纸、涂料、制药等行业对豆粕有一定的需求，可用于制作糕点食品、健康食品及化妆品和抗生素。

豆粕的主要用途包括：①豆粕作家禽和猪饲料。大约85%的豆粕用于家禽和猪的饲料。②豆粕作牛饲料。在奶牛的饲养中，味道鲜美、易于消化的豆粕能够提高出奶量。③豆粕作水产饲料。最近几年来，豆粕也被广泛应用于水产养殖业中。④豆粕作宠物饲料。此外，豆粕还被用于制成宠物食品。

四、大豆蛋白工业

（一）大豆蛋白的生产

1. 大豆分离蛋白生产新技术

由国家大豆深加工研究推广中心研究成功的“大豆分离蛋白生产新技术”，将大豆中的蛋白质通过生物化学与生物物理技术提纯分离，蛋白质纯度不低于90%。该项技术成果应用广阔，可产生较高的经济效益。

我国的大豆分离蛋白生产起步较晚，针对国内大豆分离蛋白生产现状和技术上存在的问题，由国家大豆深加工研究推广中心研究成功的“大豆分离蛋白生产新技术”具有以下特点。

（1）全部采用国产设备，利用高频降解技术使产品在我国首次达到国际标准，即蛋白质纯度≥90%，NSI≤90%。

（2）我国各分离蛋白厂过去只注意主产品分离蛋白的生产，对有潜在加工价值的废弃物（如豆皮、油脚、废渣、废水）普遍未进行深加工。新技术利用豆皮加工可降解快餐饭盒，利用油脚生产可改性磷脂，利用豆渣接种酵母菌可生产单细胞全价饲料，利用废水接种光合细菌生产光合细菌肥料。综合利用的结果可使分离蛋白成本下降30%～40%。

（3）新技术可根据不同食品要求，进行不同改性处理，生产具有专用功能性的大豆分离蛋白。

2. 大豆组织蛋白的加工

大豆中的蛋白质含量达40%以上，在常用食物中，大豆的蛋白质含量最高，是大米的5

倍多、牛肉的2倍多、鸡蛋的2.8倍。我国是大豆的故乡，也是大豆种植的大国之一，但是传统上我们摄取大豆蛋白的方法为食用豆腐及其制品，人体吸收效果不理想。同时，据联合国粮食及农业组织估算，我国居民每人每天食物供应中的蛋白质为64.4g，其中来自植物性食品的约占88.8%，来自动物性食品的约占11.2%，比世界平均水平低4.4g。目前对大豆进行深加工，可生产出各种大豆蛋白，其中一个重要产品就是大豆组织蛋白。

大豆组织蛋白的成品质量要求是：表面颜色均匀一致，无硬度，富有弹性，具有吸水吸油性和多孔海绵状等。通过几年来的生产实践，我们体会到为生产出符合上述要求的组织蛋白，从原料到加工都要有严格要求。

加工大豆组织蛋白的主要条件是：①必须选用优质大豆为原料，大豆等级至少要达到国家三级标准；②在加工脱脂食用豆粕前，大豆要经过反复清理，除去各种杂质；③除去豆皮和豆瓣，因为豆皮和豆瓣表面存有杂质、细菌、氧化酶等，同时豆皮大部分是纤维组织，故在预处理过程中要除去；④大豆干燥温度控制标准为不超过蛋白质变性的临界温度，一般控制温度不超过70℃；⑤在食用白豆片生产过程中，必须采用低温或闪蒸脱溶工艺以保证蛋白质变性保持在一个最低限度，白豆片的NSI要大于70%；⑥白豆片残油量控制在低于1%，否则会影响膨化效果；⑦采用先进的膨化设备，保证产品的形状和组织结构。

(二)大豆蛋白的应用

大豆蛋白是我国优质的植物性蛋白，由于具有溶解性、吸水性、吸油性、增稠性、黏弹性、乳化性、起泡性和凝胶性等功能特性，因此，可广泛应用于各类食品中。

(1)大豆蛋白在成品粮制品上的应用：强化面粉、强化大麦粉、强化大米粉等。

(2)大豆蛋白在半成品粮制品上的应用：通心粉、面条等。

(3)大豆蛋白在副食制品上的应用：面包、麦片、汉堡包、方便面、甜点心、饼干等。

适量地将脱脂大豆蛋白添加到面粉中去，加工成营养面包、营养饼干、蛋糕等，可提高制品风味，可减少脂肪、提高蛋白质含量和改善烘烤质量，并有助于调节面团性质、改善皮色和蛋糕弹性。大豆蛋白作为食品的添加剂，有较好的保湿性，还可延长产品的货架期。

(4)大豆蛋白在肉制品上的应用：火腿肠、肉罐头、咸肉、肉饼、可食性包装膜等。

大豆蛋白用量最大的是肉制品，将大豆浓缩蛋白掺入肉制品中，可以保持肉制品所含水分。

(5)大豆蛋白在豆奶上的应用：豆奶果汁、菜汁豆奶、豆奶咖啡、豆乳、豆乳粉等。

(6)大豆蛋白在人造大豆蛋白奶制品上的应用：大豆奶酪、冻甜点心、软硬干酪、人造奶油等。

(7)大豆蛋白在糖果上的应用：大豆巧克力、布丁、夹馅糖等。

(8)大豆蛋白在豆腐制品上的应用：木棉豆腐、绢滤豆腐、包装豆腐、鸡蛋豆腐、咖啡豆腐、菜汁豆腐等。

(9)大豆蛋白在大豆与蛋类配制品上的应用：大豆蛋白肠、蛋卷、蛋黄酱、沙拉等。

(10)大豆蛋白在动物食品上的应用：大豆蛋白是珍稀动物和鸟类、鱼类的食品，以及乳牛、乳猪、乳羊的哺乳期代用品。

以大豆蛋白为主的多维食品与脱脂乳的营养价值相等，可作为幼儿奶品的代用品。经烘烤法处理的全脂大豆粉，可作为蛋白质的主要来源喂养断奶幼儿，有益于幼儿发育和氮的摄取;豆腐还可作为断奶幼儿固体食品的蛋白质来源。

五、大豆油脂工业

(一)大豆油脂工业概况

我国大豆产量居世界第四位,年产大豆约1500万吨,其中大部分大豆用于油脂行业的加工,目前仅黑龙江省油脂加工企业就有148家,但近几年由于进口油的失控和走私油的冲击,绝大部分处于停产及半停产状态,出现了大规模的亏损。如何搞好油脂企业,对发挥我国大豆资源优势,促进我国大豆产业化的发展及农业种植结构的调整,具有深远的意义。

(二)大豆油脂的营养特性及其在食品工业中的应用

大豆油中含有大量的亚油酸,它是人体的必需脂肪酸,在人体内起着重要的生理作用。幼儿缺乏亚油酸皮肤会变得干燥,鳞屑增厚;老年人缺乏亚油酸易引起白内障及心脑血管疾病。大豆油在人体的消化率高达97.5%,对阻止胆固醇在血管中沉积、防止动脉血管粥样硬化具有一定作用。

大豆油脂不但有较高的营养价值,而且对大豆食品的风味、口感等方面也有很大的影响。以冷榨豆饼制作的豆腐风味和口感较差,很重要的一点原因就是脂肪含量低。豆乳中含有一定量的脂肪会赋予其一种油腻感,食之会让人感到粗糙、口涩。

(三)大豆油脂生产

大豆提油的方法有压榨法、溶剂浸提法和CO_2超临界提取法,主产品为毛油,副产品为豆粕。有关油脂生产的内容将在油料作物中进行详述,此处不再赘述。

(四)大豆磷脂生产技术

磷脂的生产方法,根据毛油升温的程度不同,有低温水化和高温水化之分;并且因使用设备的不同,又有间歇法和连续法之分。现将高温间歇法制取磷脂的技术介绍如下。工艺流程:过滤油→预热→加水水化→静置沉淀(保温)→分离油脚→浓缩→磷脂脱色。

(1)预热。机榨毛油经过滤除去杂质后,预热升温至80℃。

(2)加水水化。根据油中磷脂的含量,以及在加热过程中所形成的磷脂胶粒的变化状况,确定加水量。一般加水量为磷脂含量的3.5倍左右。加进的水多为沸水,也有使用浓度约0.7%的热食盐水溶液。加水速度,以磷脂吸水速度而定,磷脂吸水快,则加水要快;磷脂吸水慢,则加水也要慢。刚开始加水时,搅拌速度要快,一般掌握在80~100r/min,待20~30min后,磷脂有大片的絮状颗粒生成,随即将搅拌速度放慢,再继续搅拌20~30min,即可静置沉淀。沉淀后的上层清油,经脱水后,即为精炼油。下层油脚,则需经浓缩后才能制得成品磷脂。

(3)浓缩。将水化后的磷脂油脚,经真空吸入浓缩缸中,同时升温并进行搅拌。在保温80℃左右的情况下,真空脱除磷脂中的水分。待搅动流体磷脂略有丝光产生时,即表明水分已符合要求。此时水分含量在5%左右。浓缩后的磷脂是棕色半固体状，即可用于食品、医药和工业。

(4)磷脂的脱色。当需要制取高质量的磷脂时，经浓缩后的磷脂，还需要进行脱色处理。脱色处理的方法：在浓缩缸内，加入2%～2.5%浓缩磷脂、浓度为30%左右的过氧化氢，在50℃的条件下，停止真空，脱色1h。然后开动真空泵，升温到70℃左右，进行脱水，直到分水缸中没有水滴为止。脱色后的磷脂为浅棕色。

六、大豆医药化工工业

随着食品科技、医学、生物技术水平的不断提高及人们饮食观念的更新，大豆中的一些成分的功能特性被重新认识，这就为新型大豆功能性食品的开发提供了新的途径。近几年关于大豆综合深加工的研究，尤其注重对大豆中的功能因子及大豆功能性食品的研究，为改善目前我国大豆加工企业普遍存在的资源综合利用率低、加工深度不够的问题提供了新的途径。

大豆是世界上重要的经济作物，不仅含有丰富的蛋白质，大豆中的生物活性物质如异黄酮、皂苷、胰蛋白酶抑制剂等对人体健康的作用也越来越受到重视。最近的研究认为，这些成分又具有一定的抗肿瘤活性。当今世界普遍认为高脂肪、低纤维素食品是引起人类癌症发生的主要原因，而以植物为基础的富含谷类、豆类、水果蔬菜的食品对人类健康具有重要的保护作用。大豆原产于中国，栽培历史悠久，资源相当丰富。它不仅含有丰富的植物蛋白和植物脂肪，而且还富含对人体有益的生物活性物质。由此看来，若能充分利用大豆中的这些活性物质，使其物尽其用，服务于人体健康，必将获得较大的经济和社会效益。

1. 大豆低聚糖

豆粕经加工制成分离蛋白后，所排的废液(俗称黄浆水)中，含有低聚糖和乳清蛋白，其含量分别为0.4%和0.5%左右。低聚糖的主要成分有水苏糖和棉籽糖，是双歧杆菌增殖因子，能使肠道内有害菌减少，改善肠内菌群的组成，有利于保持和增进健康。利用大豆低聚糖可以生产出系列功能性食品，如口服液、饮料等。

大豆低聚糖可直接由脱脂豆粕生产，也可与提取大豆皂苷后的残留物结合来制得，具体工艺为：脱脂豆粕→水浸液→过滤→加酸沉淀蛋白→离心分离→抽提液→活性炭脱色→豆渣→过滤(pH＝4.3～4.5)→离子交换树脂→脱盐脱色→大豆蛋白→真空浓缩→大豆低聚糖→喷雾干燥→固体粉末制品→造粒→干燥→颗粒状制品。

大豆低聚糖是大豆中所含可溶性碳水化合物的总称，其主要成分是水苏糖、棉籽糖和蔗糖，大豆低聚糖的甜度约为蔗糖的70%，热值仅为蔗糖的50%，且具有良好的热、酸稳定性。大豆低聚糖中除蔗糖外其他糖类均不能为人体所消化吸收，但水苏糖和棉籽糖作为双歧杆菌增殖因子，能够活化肠道内的有益菌——双歧杆菌并促进其增长繁殖，产生大量醋酸、乳酸，降低肠内的pH值，从而抑制大肠杆菌等有害菌的生长繁殖，同时大豆低聚糖属水溶性膳食纤维，不能为人体消化吸收，但能促进肠道蠕动，防止便秘，还具有提高免疫能力、分解致癌物质的作用。

2. 大豆异黄酮

大豆异黄酮是大豆在生长过程中形成的一类次生代谢产物，由12种化合物组成：9种葡萄糖和3种苷。异黄酮也是大豆食品中的苦涩因子之一，在大豆中的含量为0.5‰～7‰。研究发现异黄酮具有抗溶血、抗氧化、抗病原菌生长等生物活性。目前，我国对异黄酮的开发利用的报道不多。大豆异黄酮的制取可由大豆皂苷粗提物经初步分离而来，具体步骤为：大豆皂苷粗提物→初步分离→黄酮类产品→制药(治疗心血管疾病)。

大豆异黄酮在食品中作为一种抗营养因子，最近由于其雌激素特性而使它的抗肿瘤功效得到人们的广泛关注。同时大量的实验证实了大豆异黄酮还可有效地抑制白血病、结肠癌、肺癌、肝癌、胃癌等的发生。大豆及其加工产品(除豆油外)都含有异黄酮化合物，只不过含量有很大差异。大豆加工产品中经脱脂、去豆粕研磨的大豆粉基本上含有与大豆原料相当的异黄酮，豆奶、豆腐、豆酱中的异黄酮含量相对较少，主要以葡糖苷的形式存在。分离蛋白中的异黄酮含量(60～100mg/100g)也是较低的，经过水和醇处理过的产品，异黄酮流失较多。

3. 大豆皂苷

大豆皂苷是类化合物的一种，属多环类化合物，是引起大豆食品产生苦涩味的因子之一，其含量为0.1%～0.5%。据报道，大豆皂甙可增强人体的免疫能力。目前，我国对大豆皂苷的提取和检测技术有了较大进展。

由大豆粕分离提取大豆皂苷粗制品，在国外大多采用正丁醇、乙醚等溶剂进行萃取，再经离子交换树脂纯化工艺。从目前保健品的市场状况看还不需要特别精制大豆皂苷产品，利用粗皂苷制品即可达到保健功能要求。因此在提取工艺方面可做相应简化。其主要工艺为：豆粕原料→浸泡→溶剂提取→过滤浓缩→真空浓缩→干燥→粗制品。

最近的研究发现大豆皂苷同样具有抗肿瘤性。大豆皂苷可明显抑制肿瘤的生长，对肿瘤细胞的DNA合成和细胞转移有抑制作用，能直接杀伤肿瘤细胞，破坏其表面结构，特别是对人类白血病细胞的DNA合成有很强的抑制作用，同时对人类免疫缺陷病毒(HIV)的致病力和传染性具有抑制效果。大豆皂苷对X射线具有防护作用，因此对肿瘤病人放疗、化疗引起的副作用有很好的抵抗作用，还可增强人体的免疫力。

4. 大豆纤维

大豆纤维是膳食纤维之一，它具有明显的生理与医疗功能，不仅能显著降低血液中的胆固醇含量，还能促进肠胃的正常蠕动而达到预防便秘与结肠癌的目的，是理想的功能性食品。

大豆食物纤维的生产过程：以大豆湿加工所剩的新鲜不溶性残渣为原料进行特殊的湿热处理(转化内部成分而达到活化纤维生理功能作用)、一系列工序制取大豆食物纤维。

工艺为：豆粕→脱腥→干燥→粉碎→过筛→外观乳白、细度好的不溶性食物纤维。

这种不溶性食物纤维在国外被称为多功能性纤维。它大约含有68%总膳食纤维及20%优质蛋白，吸水率可达700%，用于食品中有利于改善产品组织结构，并可防脱水、收缩。在焙烤食品中，它可减少水分损失而延长产品的货架寿命。

大豆膳食纤维主要是指大豆中那些不能为人体消化酶所消化的高分子糖类的总称，主要包括纤维素、果胶质、木聚糖、甘露糖等。膳食纤维尽管不能为人体提供任何营养成分，但对人体具有重要的生理作用。因此医学及营养学界公认膳食纤维是“第七大营养素”，是预防高血压、冠心病、肥胖症等“富贵病”的重要食物成分。

5. 维生素 E

大豆油脂加工馏出物中不仅约含 0.11%的天然维生素 E,还含有脂肪酸、蛋白酶抑制剂、核黄素、植物甾醇等生物活性物质,可以加工利用。

6. 大豆饼粕提取干酪素技术

干酪素是一种优质的食品添加剂,同时也是一种用途广泛的化工原料,是塑料皮革、油漆皮革、油漆等工业中的上光剂,也是造纸工业的用胶料以及木材工业的黏结剂。大豆饼粕提取干酪素的方法如下。

(1)溶解。称取一份冷榨大豆饼,配以 0.8%~1.0%浓度氢氧化钠溶液置于容器中加热,加热至 48~50℃并不断搅拌,大约经 3h(加热升温时间除外),使蛋白质充分溶出。

(2)过滤。溶解后,用离心机分出液相,再用较疏的细布将滤液过滤 2~3 次。

(3)沉淀。当溶解液冷却到 30~35℃以下时,除尽表面碱不溶性薄膜,将稀盐酸液徐徐加入蛋白质溶液中,调节 pH 值至 4~4.5,静置 3~4h 使其完全沉淀。

(4)漂洗。用虹吸法吸去沉淀物上层之清水,再加入清水搅匀沉淀后去除水,如此反复 4~5 次,使 pH 值保持在 5~6。

(5)干燥。把漂洗后的沉淀物用离心机离心去水,置于 50℃的烘房中低温干燥或日光晒干即可。

(6)磨粉、包装。用磨粉机将干燥后的干酪素粗制品制成细粉,过筛即为成品干酪素。包装时用纸袋、布袋或木桶均可,但要注意密封防止潮湿。

7. 大豆多肽

大豆多肽是以大豆蛋白为原料经蛋白酶水解并经分离精制所得到的以相对分子质量低于 1000 为主的低分子肽,其氨基酸组成几乎与大豆蛋白完全一样,必需氨基酸含量高。大豆多肽除具有优于大豆蛋白的加工特性外,还具有许多独特的生理功能特性:①易消化吸收性和低抗原性;②大豆多肽具有降压和阻止胆固醇水平升高的作用;③国内外研究还表明,选择适当的酶类、水解条件以及分离精制方法生产高脂肪氨基酸组成的肽对肝性脑病有较好的治疗效果。

大豆多肽的特性:①即使在高浓度的状态下,黏度仍较低;②大豆多肽溶液不受 pH 值和加热的影响;③乳化性酶水解的大豆蛋白,其乳化性大大提高;④保湿性良好;⑤一定浓度的水解可以增加大豆蛋白水溶液的起泡性,但水解过度对起泡性反而不利;⑥大豆多肽具有比大豆蛋白和氨基酸都高的吸收速度和吸收率。

8. 大豆卵磷脂

大豆毛油中含 1.1%~3.5%的磷脂,以卵磷脂、脑磷脂及磷脂酚肌醇为主。其中卵磷脂是一种强乳化剂,能够阻止胆固醇在血管内壁的沉积并清除部分沉积物,使之保持悬浮状态。它还可促使脂类通过管壁为组织所吸收利用,同时还可以降低血液黏度,促进血液循环,对预防心脑血管病有重要作用:食物中的卵磷脂被机体消化吸收释放出胆碱,胆碱随血液循环系统送至大脑,可促进大脑活力提高,记忆力增强。大豆卵磷脂具有一定的健脑益智、延缓衰老的功效。

利用大豆加工中的副产品开发生产出大豆多肽、大豆低聚糖、大豆膳食纤维及大豆卵磷脂这些高附加值的功能性食品,不仅可改善全民的营养健康水平,同时也为大豆加工企业的资源综合利用提供了一条新的有效途径。

9. 蛋白酶抑制剂

大豆中蛋白酶抑制剂主要指的是胰蛋白酶抑制剂，由两种相对分子质量低的蛋白质组成：一种是库尼茨胰蛋白酶抑制剂（Kunitz trypsin inhibitor，KTI），另一种是鲍曼-伯克胰蛋白酶抑制剂（Bowman-Birk trypsin inhibitor，BBTI），两者总和占贮藏蛋白总量的6%。

虽然长期以来人们认为大豆胰蛋白酶抑制剂是一种抗营养因子，它可引起动物的胰脏肿大、抑制胰蛋白酶的活性等，但最近的研究证实它也具有抗肿瘤活性。大豆包曼-伯克胰蛋白酶抑制剂（BBI）可抑制或阻止结肠癌的发生。其抑制肿瘤的效果主要来自抑制胰凝乳蛋白酶的活性。蛋白酶抑制剂虽然对癌细胞没有直接的杀伤效果，但它在离体条件下可阻止正常细胞向恶性转化，甚至在癌症晚期亦如此。

10. 植酸

植酸又名肌醇六磷酸（inositolhexaphosphate，IP6），它在植物界普遍存在，尤其在谷物和豆类中含量丰富。长期以来认为植酸只被干扰矿物质（Fe、Zn 等）吸收，最近的研究表明植酸也是一种肿瘤抑制物。

植酸在大豆中的含量因品种不同而有显著变化（1%～2.3%）。大豆种皮中的植酸含量为0.1%～0.5%，下胚轴为0.9%，子叶中含量高达1.6%。全脂豆粉主要来自大豆子叶，因此植酸含量变化范围为1.5%～1.8%，脱脂豆粉、浓缩蛋白、分离蛋白需要额外的加工程序，植酸含量范围为1%～2%。组织化的豆粉也在此范围内变化，表明植酸在加热条件下是稳定的。传统大豆食品中植酸含量为0.5%～3%，丹贝中含量最低（0.5%～1%），豆腐中的相对较高（1.5%～3%）。

11. 植物甾醇

植物甾醇类在大豆中的含量也十分丰富。植物甾醇是一类三萜类化合物，它是许多生物，特别是动物维持生命所必需的。它在结构上与动物胆固醇相类似，可抑制胆固醇的吸收，并且其大部分从粪便中排出，因此在体内很少被吸收。Rao 认为，植物甾醇与皂苷同样具有抑制结肠癌的作用。在大鼠食物中添加0.2% β-谷甾醇（β-sitosterol）可抑制结肠癌的发生，在一定的剂量范围内植物甾醇可以减少结肠细胞增生。

人类食谱中大豆是甾醇类的主要提供者，尤其是β-谷甾醇含量可达90mg/100g。豆油中含有丰富的植物甾醇，但经精炼和氢化作用后，甾醇类含量由31.5mg/100g降至1.32mg/100g。东方人和西方人通过食物摄入的甾醇类含量显著不同，西方人每天摄入量大约为80mg，而日本人和素食者每天摄入的甾醇量高达345～400mg。

大豆是世界上重要的经济作物，大豆中的生物活性物质如异黄酮、皂苷、胰蛋白酶抑制剂等由于对人体健康的作用也越来越受到重视。研究表明，它们都对肿瘤具有一定的抑制作用，特别是异黄酮在临床上的试验显示了它具有很好的抗癌效果。因此，我们一方面可以分离抗癌化合物，应用于临床治疗各种癌症，另一方面可以研制防癌抗癌食品，尽快投入市场，改善和保护人类的身体健康，但作为添加剂补充入食品中可能产生积极和消极两种作用，必须进行大量试验调查，研究综合成分的抗癌、防癌食品。同时，也要提高分析水平，弄清大豆中各活性物质的准确含量。大豆中的生物活性物质虽然已被证实其对肿瘤具有抑制作用，但在人体内的吸收、代谢、生理机理还不十分清楚，必须进行深入的研究，探索抗癌奥秘。

第七章

蚕豆的贮藏与综合利用

第一节　蚕豆的贮藏

一、蚕豆贮藏的特性

蚕豆的贮藏特点:蚕豆的主要成分为淀粉、蛋白质,只要把水分降低到安全含水量12%以下,贮藏稳定性较好。其原因在于蚕豆种皮比较坚韧,是豆类中耐贮藏的一种。蚕豆种子晒干后,在贮藏期间很少有发热、发霉现象,更不易酸败变质等,但经常会发生蚕豆象的危害。在贮藏期间的主要问题是如何预防蚕豆象的危害和种子变色。

蚕豆象属鞘翅目,豆象科,别名豆牛。蚕豆象一年繁殖一代,以成虫越冬,越冬场所多在贮藏蚕豆中、仓库中、房屋的角落及蚕豆包装物的缝隙内,少数在田间作物的遗株、野草或砖石下。次年蚕豆开花结荚时,越冬成虫飞到田间交尾,产卵于刚发育的嫩荚上,卵孵化后,幼虫钻入种子内生长,蚕豆成熟收割后,就一同带入仓内,羽化为成虫后,从种子内穿小孔飞出,躲藏越冬,如此循环往复危害蚕豆。蚕豆种子的综合贮藏措施以消灭蚕豆象为主。

幼虫蛀食新鲜豆粒,在豆粒内蛀成空洞,危害率很高,受害的豆种生活力下降。被蚕豆象危害的蚕豆,发芽率下降,品质劣变,损耗增加,虫害严重时,还能引起蚕豆发热。种子变色是由于蚕豆皮层内含有多酚氧化物及酪氨酸等,在空气、水分、温度的综合作用下,使氧化酶活性增强,加速了氧化反应,使蚕豆皮色,由原来的绿色或乳白色逐渐变成褐色、深褐色以及红褐色或黑色等。

蚕豆在贮藏过程中,要注意两个问题:一是生虫,二是变色。要想防止生虫和变色,必须保持低温和干燥。

二、蚕豆贮藏关键技术

(1)防止变色。蚕豆贮藏只要把水分含量降至12%以下,并做好日常管理工作,发热、霉变等不良变化很少发生。再采用低温、干燥、密闭、避光的方法储藏，对防止蚕豆变色有较好效果。

(2)防治蚕豆象。从蚕豆象的生活史来看，成虫产卵和幼虫孵化是在田间进行的，而化蛹和羽化则是在蚕豆保管过程中完成的。蚕豆收获入库到7月底为止，正是幼虫期和蛹期，应在幼虫很小时抓紧治杀。可用磷化铝或氯化苦进行熏蒸，整个熏蒸工作应在7月底前完成。熏蒸结束后应及时放气通风，以防蚕豆变色。

三、蚕豆贮藏保管方法

(1)拌糠保管。用新鲜、干燥的麦糠，按一筐蚕豆、两筐麦糠的比例，拌和均匀后密闭储藏。入囤前囤底要垫一层麦糠，入囤后囤面再加厚约30cm的麦糠。每次检查或取用后，囤面应立即用麦糠盖好。

(2)糠豆夹层保管。囤底先垫一层厚麦糠，摊平后倒一层蚕豆约厚17cm。蚕豆上面再铺一层麦糠，如此一层层堆放到适当高度时，最后一层麦糠加厚，严密覆盖。

(3)豆麦混合，晒热进仓，密闭保管。伏天晒小麦时，同时将有虫、无虫蚕豆分开晒，薄摊勤翻，使温度达到46℃左右，水分含量降至12%以下，再按1份豆、2份麦的质量比例进行混合，趁热进仓，粮面用麻袋或芦席压盖，关好门窗，密闭保管一个月后，再去掉粮面上的压盖物，散发粮温。

四、蚕豆安全贮藏措施

(1)冬季清扫仓库，彻底通风降温，冻死隐匿在仓库的成虫。同时进行空仓消毒，常用药物是80%的敌敌畏乳油，每立方米用药100～200mg，仓内每隔1m挂一长50cm、宽7cm的纱布条，将药液浸在纱布条上，并密闭门窗。

(2)在蚕豆开花结荚期，喷施50%马拉硫磷或50%敌敌畏乳油，每亩用50g兑水50kg，结合防治其他害虫喷施农药可杀死飞到蚕豆嫩荚上产卵的成虫。

(3)带壳晒种，控制水分含量。蚕豆收获后带壳晒种，使其含水量降到12%以下才能贮藏。带壳晒种还能减少阳光和水分对种子的不良影响。

(4)在入库前，清扫仓库，消灭隐匿在仓库的害虫。对新入库的蚕豆种子用氯化苦突击进行熏蒸，杀死在蚕豆收获时带入仓库正在发育的幼虫和虫蛹。一般按每立方米蚕豆700kg计算，用氯化苦50～60g放入豆堆中密闭5～10d。

(5)用新鲜、干燥、无虫的稻糠对的与蚕豆混合(按一筐蚕豆、两筐稻糠的比例)，拌匀密闭围囤，囤底周围都要用稻糠填满，厚度均为30cm。

(6)少量蚕豆种子，可采用开水浸烫杀死豆粒内豆象。一种方法是把新收的蚕豆晒2d，烧一大锅开水，把蚕豆盛在箩筐内再放入锅中浸烫，浸烫时间不可超过30s，边浸边拌，使受热均匀，取出后立即放入冷水中迅速冷却，再立即取出摊晾干燥后贮藏。另一种方法是进行药剂熏蒸，将蚕豆装入坛瓮中，投入磷化铝片剂，按250kg蚕豆投1片药的比例，然后密闭72h，放在阴凉处贮藏。

第二节　蚕豆的综合利用

一、蚕豆罐头的加工

蚕豆为我国特产，具有易栽培、产量高的特性，一年四季均可加工，营养丰富，深受我国人民的喜爱。普遍栽培于长江流域，相当一部分加工成罐头，年出口罐头几万吨，主要市场为世界各地的华人居住区，可作为中餐餐馆的配餐用。

蚕豆罐头的加工工艺为：原料→浸泡、挑选→分选、装罐→排气、密封→杀菌、冷却。

(1)原料及处理加工。罐头用蚕豆要求发育完全，豆粒饱满，皮色黄或青黄，无病虫害(特别是豆象)。生产前，蚕豆进行干挑选，除去泥沙杂质，剔除小豆、虫蛀豆、黑斑豆以及破皮豆、不完整的豆。

(2)浸泡、挑选。以流动水漂洗干净，再浸泡 24～72h，时间视浸泡程度而定，以完全浸泡透但不发芽为准。浸泡期间注意翻动和换水，浸泡完毕控制豆增重 1.0～1.2 倍。然后复选一次，整个处理过程防止与铁器接触，因蚕豆含有大量的单宁物质，遇铁极易变色。

(3)预煮。按 100kg 水加 0.05kg 三聚磷酸钠和 0.15kg 六偏磷酸钠的比例，将其溶解。将蚕豆与水按 1∶1 的比例煮沸 20min，以蚕豆用手捏易碎为度。

(4)分选、装罐。选豆粒饱满，皮色黄或青黄，无发黑及斑点、无发斑现象的豆装罐，同一罐中色泽、粒形大小应一致均匀。汤汁配比：砂糖 0.50kg，三聚磷酸钠 0.05kg，精盐 3.50kg，六偏磷酸钠 0.15kg，味精 0.20kg，水 96kg。

将清水、糖、盐置于夹层锅内，加热煮沸，然后加入预先用少量热水溶解的磷酸盐，再加入味精，过滤备用。

蚕豆罐头采用涂料罐，我国推荐使用 7106 型罐，净重 397g，蚕豆重达 55%以上，装罐时加入精炼花生油 4g。

(5)排气、密封。汤汁热灌装的蚕豆罐头在 95℃下排气 6～8min 即可达到中心温度 75℃以上。抽气密封应在 0.04MPa 左右的真空度下进行。排气后立即密封。

(6)杀菌、冷却。蚕豆罐头推荐的杀菌公式为(15～90)min/121℃，反压冷却。杀菌后迅速冷却，以防品质变坏，色泽发暗，出现“结晶”现象。

(7)产品标准。我国的推荐标准建议使用 7106 型罐，净重 397g，氯化钠含量 1%～2%。

色泽：表皮呈红褐色至褐色。

滋味及气味：具有蚕豆经浸泡、预煮、加调味制成的蚕豆罐头应有的滋味及气味，无异味。

组织形态：软硬适度，豆粒带皮呈整粒状，允许有破裂蚕豆存在和淀粉析出现象，汤汁较少。

二、蚕豆系列产品综合开发

乌鲁木齐市南郊及达扳城区盛产蚕豆，蚕豆是该地区的主要农作物之一。该地区土壤肥沃，日照充足，适宜蚕豆种植，所种蚕豆品质优良。多年来蚕豆加工以油炸、干炒为主，均为农户小作坊式加工，大部分产品以原料形式调往外地，价格低廉，直接影响农民增收。现以蚕豆加工为主，构建蚕豆豆瓣冷冻保鲜加工、油炸系列及罐头系列、销售一体化的产业格局，带动当地经济的发展。

三、崇礼蚕豆

崇礼蚕豆籽粒扁平呈长椭圆形，表面凹凸不平，纯白色，仁薄色纯。纯粮率95%，含淀粉及糖分56.67%，含蛋白质24.51%，含脂肪1.55%，含纤维素1.86%，含矿物元素2.86%。蚕豆主要出口日本、新加坡、韩国、菲律宾等国家，是出口创汇的主要产品。

其中，油炸花蚕豆是外国人最喜爱的小食品，腐蚕豆是京津地区最佳小食品，豆芽、豆瓣是各大宾馆名优的炒菜；蚕豆罐头、炒蚕豆、蚕豆面等的食用范围很广；用蚕豆制作的食品，香味浓郁，适口性强，营养丰富。

第四篇

薯类作物的贮藏与综合利用

第八章

甘薯的贮藏与综合利用

第一节 概　　述

一、甘薯资源概况

(一)甘薯生产情况及其意义

1. 生产

全球:1亿多亩/年,主产于热带、亚热带及温带地区,但主要集中于亚洲,占90%,而我国又占85%。

全国:8000万亩,主产区为山区、四川等。

浙江省:150万亩,主产于温州、台州等,是夏秋旱粮。

2. 意义

(1)甘薯是食品工业、饲料工业以及现代工业的重要原料。

(2)甘薯虽一直被视为无足轻重的杂粮,大多作为辅食或饲料,经济效益低,但对粮食生产起了补充缓和的作用,近年来在现代工业中显示出巨大优势和作用。

(二)甘薯生产的特点

(1)丰产性好。

(2)适应性强。

(3)生育期长,但没有明显成熟期。

(4)易繁殖,为无性繁殖。

(5)贮藏难度大。

二、甘薯贮藏与综合利用的意义

(一)甘薯贮藏的意义

(1)甘薯为无性繁殖作物,贮藏块根是为了再生产。

(2)甘薯在亚热带、温带地区一般只种一季,偶尔有两季。贮藏保证了甘薯的供应需求,延长了商品甘薯的供应时间,提高了经济效益。

(3)甘薯系块根作物,含水量高,收后不及时进行贮藏会腐烂变质。

(二)甘薯综合利用的意义

(1)甘薯体积大,含水量高,难于运输。同时,它主产于交通不便的偏远山区。通过综合利用可将其制成各类产品或半成品,减少体积,从而有利于调运,及时满足城市人民生活需要。

(2)甘薯历来高产、低价。这极大地限制了薯农种薯的积极性,经综合利用可使其多次增值,变资源优势为经济优势,可促进甘薯生产,提高薯农效益。

(3)甘薯是一种多用途作物,经综合利用可开发出2000多种产品,不仅可以提供多样化食品,改善食物构成,促进人体健康,也可以促进城乡经济发展,特别是加工业的发展,在提高人民物质生活水平的同时增加就业人数。

(4)国外对甘薯的利用已向鲜食、食品加工和工业原料利用等专业化方面发展,而我国主要还是将其作为粮食。

三、甘薯贮藏与综合利用的现状及发展趋势

(一)甘薯贮藏的现状及发展趋势

甘薯贮藏大多以洞穴和窖藏为主。在北方,贮藏前要先高温愈伤,这样贮藏下来的鲜薯较新鲜,品质和新收获时相近。今后会不断开发新的保鲜贮藏技术,如喷保鲜剂等保存方法。

(二)甘薯综合利用的现状及发展趋势

1. 现状

国外:以日本、美国、菲律宾等国为主。主要产品:日本为淀粉、酒精及小食品;美国除鲜食外,主要加工成罐头、薯汤;菲律宾加工成薯汤、薯饮等。在制淀粉上,向大型化生产方向转变,得率85%以上。在淀粉深加工上,采用电脑控制生产柠檬酸,采用固相酶生产果葡糖浆。在方便食品生产上,大规模生产罐头薯泥等。

国内:90%以上用作食用和饲用,也可用于加工淀粉、制粉及酿酒等。我国的甘薯深加工工业还处于起步阶段,主要是制备果葡糖浆、赖氨酸、柠檬酸等。

浙江:①制粉多,但厂小,分散,季节性强;②酿酒工业发达。

2. 甘薯综合利用存在的问题

甘薯的综合利用主要存在以下方面的问题：①受政策限制；②资金不足；③在主食中的比例下降；④加工技术和设备落后；⑤甘薯工业化产品少，经济效益差；⑥缺少薯类加工利用科研机构。

3. 甘薯综合利用的发展潜力与发展趋势

(1)发展潜力

从资源上分析，发展潜力可观。甘薯资源丰富，在主食中比例下降，可为加工利用提供更多更廉价的原料。

从国内外市场需求分析，发展潜力巨大。其一，工业部门对甘薯淀粉及其加工制品需求量不断增大。其二，随着人们保健意识的增强，对甘薯保健食品的需求不断增加。

从加工条件分析，发展潜力大。我国在设备完善和推广，以及技术创新、经营管理的改进方面仍有很大潜力。

(2)发展趋势

①从各国对甘薯利用构成来看，直接鲜食比例日渐减少，加工制品比例增加。目前，加工用甘薯的比例大幅度上升，约占45%。国外甘薯除部分作鲜食、饲料，制酒和用于酒精食品加工外，大部分用来生产淀粉。

②作为食品工业原料，甘薯主要通过调整增加物配方比例，特别是增加蛋白质含量等方法来提高食品营养价值和增加产品种类，如制作成甘薯泥。

③甘薯食品加工企业与其他食品企业，特别是乳制品加工厂开展合作。

④污水净化和生产废料的综合利用是改进企业经营管理、节约原材料的目标之一。

我国甘薯的发展趋势是不断减少鲜食比例，扩大加工比例，加速甘薯食品工业及其淀粉深度加工业的发展，逐步由出口成品和半成品更多地变为出口制品，并通过引进和利用先进的工艺技术和设备，取得生产和技术上的更多优势。

(3)适合当前推广的技术开发途径

为拓宽薯类加工门路，打开薯类淀粉销路，应将薯类资源转化为经济价值高的商品，并从中获得较好的社会经济效益。当前应从以下几个方面着重开发产品：

①提高淀粉质量，降低生产成本。这是提高薯类制粉效益的关键，这可通过引进国外制粉关键设备(离心机、曲筛等)实现，提高淀粉质量、淀粉回收率及废水处理率；并通过多层次加工综合利用以进一步降低生产成本，增加产值。

②推广开发薯类及其淀粉深加工制品。发展适销对路产品，例如：以薯渣(粉渣)或薯干为原料用发酵法生产柠檬酸；以薯干为原料用双酶法生产葡萄糖，用发酵法生产乳酸；以马铃薯粉为原料用膨化法工艺生产α-淀粉；开发薯类食品工业，如油炸薯片、罐头、地瓜干等；开发薯类饲料加工制品等。

今后应重点研究：①优良专用型品种选育；②变性淀粉加工技术；③酶制剂开发；④污水净化和废料综合利用(这是促进加工业兴旺发达的有力保障)。

第二节 甘薯的品质

一、甘薯的物理品质

(一)甘薯收获体系组成

甘薯收获体系由块根(地下部分)和茎叶(地上部分)组成,经济系数可达70%~80%,居粮作之首。

(二)甘薯的物理品质

1. 块根的形态

甘薯的商品部分除苗与蔓外,主要是它的块根。由于品种、栽培条件和土壤情况等不同,其块根形状有纺锤形、圆筒形、球形、梨形等。有的品种块根表面光滑平整,有的粗糙,也有的带深浅不一的数条纵沟。甘薯块根的形状大小和纵沟的深浅等均是甘薯品种特征的重要标志。

2. 块根的色泽

块根的皮层和薯肉的颜色是其品种特征之一。

(1)皮色。块根的皮色有紫色、褐色、黄色、淡黄色和白色等多种。

(2)肉色。薯肉颜色亦有不同,有白色、淡黄色、黄色、杏黄色、橘红色或带有紫晕等。薯肉的颜色与产量、切干率和淀粉含量没有明显的相关性,但与其商品质量有密切的联系。一般来说,胡萝卜素的含量依薯肉的颜色由白→淡黄→黄→橙→紫色而逐渐增加。白色薯肉适合于制淀粉。薯肉呈黄、橙色的品种,胡萝卜素含量较多,营养价值较高,适于食用。

3. 块根的结构

块根最外层称为周皮层,即薯皮。周皮细胞里含有称为花青素的色素,不同品种的甘薯,因其细胞液pH值的不同,薯皮呈现不同颜色。向内第二层为皮层。第三层为次生韧皮部,韧皮部中分布有乳管,能产生乳汁,所以碰伤块根有乳汁流出。第四层为初生形成层,这层细胞不断分裂,是块根不断膨大成长的关键。第五层为次生木质部,即为食用的薯肉。

二、甘薯的化学品质

(一)甘薯块根化学组成

鲜甘薯含水分60%~80%、糖分10%~30%,其化学成分以淀粉为主,还包括糊精、葡萄糖和果糖等。其他成分的大致含量:蛋白质1.5%,脂肪0.2%,灰分0.9%,纤维0.5%,

同时还含有少量有机酸、果胶等。

块根如含有较多的糖分，在加工淀粉时，不仅会影响淀粉出粉率，而且在水溶性糖分发酵后，会使 pH 值降低，当低于甘薯蛋白质（球蛋白）的等电点（pH＝4）时，水溶性蛋白质则变为暗绿色的不溶性浆状物，附着于淀粉粒子表面，降低淀粉的品质。

块根中除含上述主要成分外，还含有一种多酚类物质，当它受氧化酶的作用时，能形成黑色素，这是造成甘薯淀粉带有浅褐色的主要原因。

（二）甘薯茎叶化学组成

（1）干茎叶含粗蛋白 11.2%，比干谷草高 1 倍。

（2）薯秧中含粗脂肪 2.6%。

（3）茎叶中粗纤维含量比干苜蓿、谷草低。

（4）茎类的营养成分高于其他叶菜类。

	甘薯嫩茎类	菠菜	苋菜	甘蓝	
粗蛋白/%	2.7	2.3	1.8	1.7	粗蛋白高于其他
Ca/(mg/100g)	74	70	6	64	Ca高于其他
Fe/(mg/100g)	4	2		0.7	Fe高于其他
VB_2(mg/100g)	0.35	<0.35	<0.35		VB_2高于其他

维生素 B_2 是我国食品中比较缺乏的维生素，因此，食用茎类食物对改善人民食物结构有特殊意义。

（5）甘薯块根的主要成分为淀粉，其性状如下。

①淀粉粒形状：呈卵形呈圆形，含水量高、含蛋白质少的品种，颗粒大，相反则小。甘薯淀粉粒径为 10～25 微米，平均为 15 微米。

②淀粉含水量：20%左右，虽如此，但不显潮湿而呈干燥的粉末状，具有吸水性。

③淀粉糊化：比重 1.6，搅拌成乳状悬浮液（称为淀粉乳），甘薯糊化温度为 70～76℃，开始糊化温度为 70℃，所以，湿淀粉干燥时，加温不能高于糊化温度。

④淀粉糊性质：黏度和透明度以马铃薯最大，甘薯淀粉含 20%直链，而直链易于凝沉。

第三节　甘薯的贮藏

一、鲜甘薯的贮藏

甘薯块根皮薄，肉嫩，水分含量高，如果管理不好，贮藏期间很容易发生腐烂变质。通常来说，引起甘薯腐烂的原因主要有以下几个方面。

（1）机械损伤、涝渍、冷害或带病甘薯，即使贮藏条件再好，腐烂也会发生。

(2)冷害。冻害或在9℃以下存放时间过长,组织机能遭到破坏,最后丧失生命力。温度如果降至−2℃左右,薯肉胞间隙结成冰,会使组织死亡,冷害和冻害都容易引起病菌侵染而导致腐烂。

(3)高温。储藏温度高于20℃,有利于病菌繁殖蔓延,若薯堆中混入带病、带伤的薯块,容易导致大量腐烂。

(4)缺氧。若储藏时薯窖密闭不通气,薯块进行无氧呼吸,会产生酒精,进而引起薯块中毒而腐烂。

因此,要安全储藏甘薯,必须提高入窖质量,入窖前剔除带病斑的、机械损伤的、受渍涝和受冷害的甘薯;储藏期间保持适宜的温度,窖温长时期保持在10~15℃,相对湿度保持在85%左右,防止薯块表皮出现水滴,减弱甘薯的呼吸强度;适当通风,避免窖内缺氧,及时排出高温高湿空气。这样才能使甘薯处在强迫休眠状态,避免霉烂,减少损耗。

甘薯储藏一个冬季后,因呼吸作用,淀粉含量降低20%左右;用储藏时间过长的甘薯生产淀粉时,淀粉和蛋白质的分离比较困难,淀粉的产率下降。储存半年,深井窖自然损耗率为2%~3%,地下浅窖自然损耗率达7%~8%,地上窖自然损耗率达10%以上。

用甘薯生产淀粉,除少部分鲜存以保证工厂短时间加工生产外,通常将新鲜甘薯切片、晒干后,储存备作生产淀粉用。这样可避免因甘薯腐烂,以及因淀粉转化为糖而造成的资源损失。

二、薯干的储藏

甘薯干虽比鲜薯要耐贮些,但和其他粮食相比仍较难贮存,这是因为薯干面积大,组织疏松,薯堆内孔隙大,极易吸湿返潮,加之含淀粉和糖分较多,粉质外露,没有保护层,易霉烂生虫。储藏期间温度对薯干有很大的影响。温度越高,储藏越久,对品质的影响也就越大。据试验,温度控制在20℃以下,能长期保持品质不劣变;超过25℃,甜味微减;超过30℃,薯干失去原有光泽,白色减退;超过35℃,经历两个夏季,色泽变黄,有时发生苦味。

薯干要做到安全储藏,首先要提高入库质量,严格控制薯干水分的安全标准。薯干在温度23℃、相对湿度79%的情况下,吸湿平衡水分含量为14.7%,易于生霉。秋季10月份入库,水分含量控制在13%~13.5%的薯干基本安全,水分含量为14%的可以保持半安全,若入库时间较晚(薯干温度降至10℃以下),15%的水分含量亦可保持半安全,需要过夏长期保管必须降到13%以下。另外还要做到分等级储藏,品质好次混杂、水分含量不一是薯干在储藏中生霉变质的主要原因之一。

储藏期间,应采用“秋翻”(适当翻动上层)加速降温散湿,防止上层表面结露生霉。“冬风”(通风降温),“春夏密闭”,防止外界温湿气体浸入。这样不仅可避免薯干霉烂变质,还可保持良好品质,利于安全储藏。

第四节　甘薯的综合利用

甘薯是我国重要的杂粮作物，主要作为大众化食品及农村副业原料和饲料。随着我国工农业生产的发展，人民生活水平的提高和食物结构的变化，它在粮食中的地位由粗粮一跃成为工业原料和饲料。

甘薯以往被称为廉价食品，除食用外，只进行简单小规模加工，因而经济效益差，许多有价值成分被白白浪费。近年来，随着食品工业等加工业迅速发展，红薯加工日新月异。当前，通过工业加工、系列利用及二次三次深加工，其产品已多达2000余种，遍及食品、饲料、化工医药、造纸、纺织等10余个门类。其产品涉及人们的衣食住行，充分显示其巨大的应用潜力。

甘薯的具体综合利用见图8-1。

一、甘薯在食品工业中的应用

(一)甘薯在食品工业中的地位和特点

甘薯食品工业近年来呈现良好的发展势头。它虽在人类食品工业中占很小比例，但其地位不容忽视，并呈持续升高的趋势。它的特点有：

(1)甘薯品种资源丰富，作为加工原料来源广。

(2)甘薯食品易受技术、设备等限制，新技术、新方法的应用能给甘薯食品提供有利的条件，利于粗加工向精加工转变。

(3)甘薯制品普遍档次低、质量差，包装进行改进后发展潜力巨大。

(4)最重要的是，甘薯的营养保健作用效果显著，这给甘薯食品开发带来了光明前景。

(二)甘薯在食品工业中的原料来源及其产品

1.块根

(1)直接食用。①主食用，与米、面混合作为粮食；②副食用，如蒸煮薯、烤甘薯；③果蔬用，作蔬菜炒烧吃，如拔丝甘薯、绣球薯团、三鲜酿金薯等，也可作水果鲜食，如水果型高水分甘薯。

(2)加工食用。①制薯干丝，除作主食、食品工业等加工原料外，也可粉碎制成一系列食品；②制薯全粉；③制淀粉、饮料、糕点、粉面(粉条、皮丝、凉粉)、糖、人造条；④制果脯；⑤制糖，如葡萄糖、果糖、饴糖；⑥酿造，如酒、酒精、柠檬酸、味精等；⑦制薯面；⑧制糕点；⑨制膨化食品；⑩制薯饮料；⑪制代乳粉；⑫制薯泥；⑬制薯酱；⑭制油炸品；⑮制冷冻制品；⑯制强化制品；⑰制罐头制品。

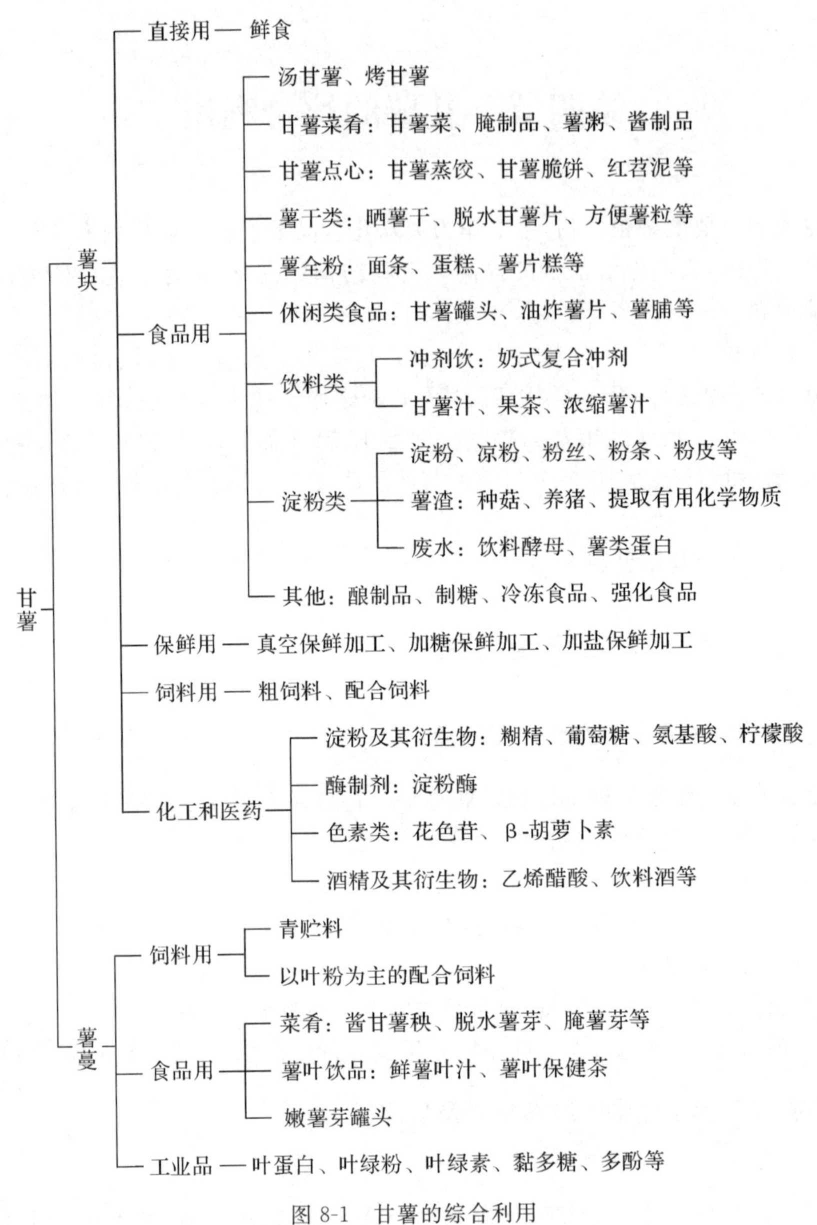

图 8-1 甘薯的综合利用

2. 茎叶

(1)嫩尖或薯芽：可直接食用，也可制作罐头、做干菜、做腌菜等。

(2)叶片：提取叶蛋白、叶绿素等。

(3)蔓：制酒等。

3. 各种加工副产品

能加工制作各种副产品，如薯渣、粉渣、破碎或病虫薯、制淀粉的黄浆水、薯皮等。

(三)甘薯在食品工业中的主要产品及其生产技术

1. 甘薯淀粉及其加工食品

生产甘薯淀粉用的原料有鲜薯和薯干,因此,有两类生产工艺。鲜薯加工季节性强,收后立即加工,不能常年生产,所以大多是一些小型或农村传统手工生产厂。大型厂多以薯干为原料。原理:淀粉比重大于水和不溶于冷水的特性。

(1)鲜薯淀粉的传统制法

国内小型厂大多采用酸浆沉淀法加速分离,保证质量。其工艺流程如图 8-2 所示。

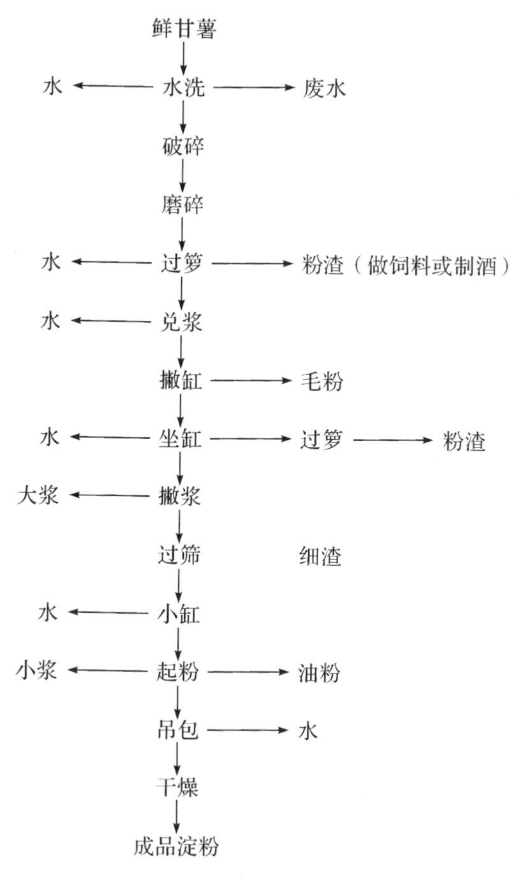

图 8-2　传统法制作甘薯淀粉的工艺流程

(2)甘薯干淀粉的工业制法

甘薯淀粉生产过程中须用石灰水进行处理,维持整个制造过程的 pH 值在 8.6～9.2,这样可提高淀粉得率和质量。

甘薯干淀粉生产的工艺流程如图 8-3 所示。

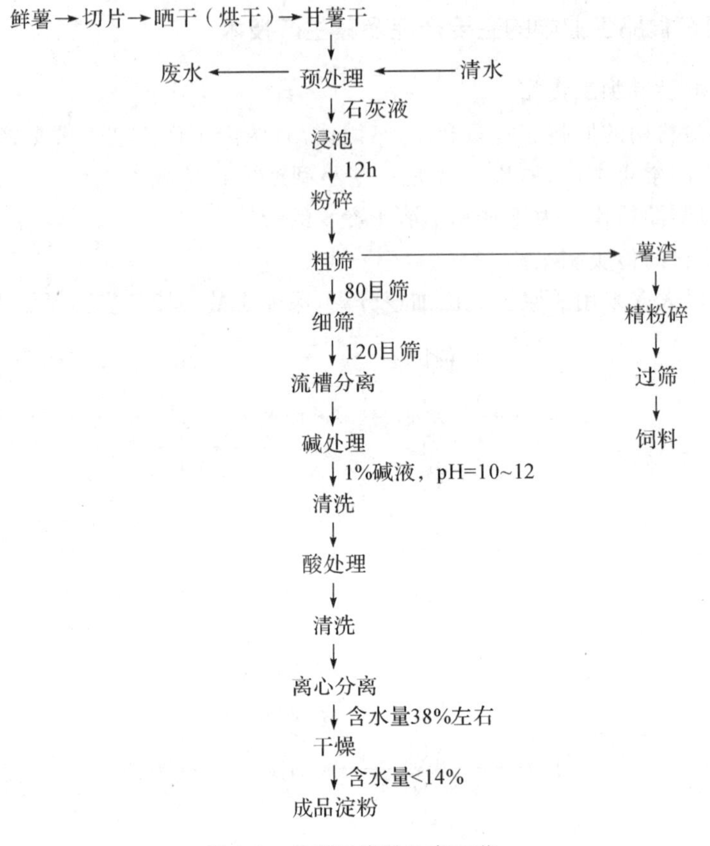

图 8-3 甘薯干淀粉生产工艺

(3)淀粉的深度利用

淀粉通过深加工，可制造成许多产品，主要有各种食品、葡萄糖、果糖、山梨醇、维生素C、有机酸、氨基酸、味精、酒精、丙酮、丁醇以及多种抗生素等。

①利用淀粉制造人造米

人造米是以各种淀粉为主要原料，模拟天然大米而制成的一种食品。人造米在形状、风味及蒸煮特性等方面均可与天然大米媲美，是淀粉转化利用的一个新途径。

人造米的制造工艺流程为：原料配比→混合成团→压片成面带→制粒→分离筛选→蒸煮定型→烘干→冷却→成品。

表 8-1 列出的是两个比较理想的人造米的配方。

表 8-1 两种人造米的配方

单位：%

原料	配方Ⅰ	配方Ⅱ
薯类淀粉	50	40
小麦粉	30(强力粉)	40(强力粉)
碎米粉	20	20

注意：原料中的淀粉要用质地纯净的精制品；配方Ⅰ、Ⅱ中可加维生素 B_1 53g/kg，钙 12.5g/kg，赖氨酸 2g/kg。

②甘薯淀粉制造葡萄糖粉

制作方法如下：

a. 原料配制。挑洗色泽洁白、无杂质、无砂粒的干淀粉 100kg，加盐酸和清水 430kg 配制成粉浆。操作时，先取 20%的水倒入缸内，再投入淀粉并搅拌均匀，然后将全部水倒进，继续搅拌至无粉粒、无结团，粉浆成糊状。

b. 入罐蒸熟。将粉浆用泵打入水解罐中，水解罐由不锈钢制成，也可用搪瓷里衬的铁罐。粉浆入水解罐后，罐置于锅上，在 80～100℃下糊化 15min，继续向水解罐内通入蒸汽。升温到 135℃开始计时，约经 20min，当温度由 135℃升到 168℃时，再保持 5min。取样，用无水酒精检查，至无沉淀产生，即放罐。

c. 取液蒸发。待离罐后的糊状体冷却至 80℃左右时，用碳酸钠中和至 pH 值为 4.5～5，接着加 0.3%的活性炭脱色，并用板框压滤机过滤，滤出葡萄糖清液。然后把清液预热至 50℃再送入蒸发罐，在 55～60℃下蒸发至糖浓度为 66%～67%，即可终止蒸发。

d. 结晶烘干。把浓糖液放入大罐或结晶槽内降温到 40℃，加入 3%的葡萄糖作为晶种，并注意保温，使糖液在 48h 内逐渐降到 30℃，48～72h 内降到室内常温。保温过程中应缓慢进行搅拌，使其更好地结晶。结晶完成后，用甩干机分出母液，并用少量水洗。所得葡萄糖结晶放在烘床上，在 37℃下烤 3d，待含水量降至 10%以下，最后用食品袋包装，即成商品。

③甘薯淀粉制造液体葡萄糖

酸法工艺流程为：干淀粉→调浆→糖化→中和→第一次脱色、过滤→离子交换→第一次浓缩→第二次脱色、过滤→第二次浓缩→液体葡萄糖。

操作要点：

a. 调浆。在调浆罐中，先加部分水，在搅拌情况下，加入粉碎的干淀粉或湿淀粉，投料完毕，继续加入 80℃左右的水，使淀粉乳浓度达到 22～24°Bé（生产葡萄糖淀粉乳浓度为 12～14°Bé），然后加入盐酸或硫酸调 pH 值为 1.8。调浆需用软水，以免产生较多的磷酸盐使糖液混浊。

b. 糖化。调好的淀粉乳，用耐酸泵送入耐酸加压糖化罐。边进料边开蒸汽，进料完毕后，升压至$(2.7\sim2.8)\times10^4$ Pa（温度为 142～144℃）在升压过程中每升压 0.98×10^4 Pa，开排气阀约 0.5min，排出冷空气，待排出白烟后关闭，并借此使糖化醪翻腾，受热均匀，待升压至要求压力时保持 3～5min，及时取样测定其 DE 值，当 DE 值达 38～40 时，糖化终止。

c. 中和。糖化结束后，打开糖化罐将糖化液引入中和桶进行中和。用盐酸水解者，用 10%碳酸钠中和；用硫酸水解者，用碳酸钙中和。前者生成的氯化钙，溶存于糖液中，但数量不多，对风味影响不大；后者生成的硫酸钙，可于过滤时除去。

d. 第一次脱色、过滤。中和糖液冷却到 70～75℃，调 pH 值至 4.5，加入于物质量 0.25%的粉末活性炭，随加随搅拌约 5min，压入板框式压滤机或卧式密闭圆筒形叶滤机，过滤出清糖滤液。

e. 离子交换。将第一次脱色滤出的清糖液，通过阳—阴—阳—阴 4 个离子交换柱后进行脱盐提纯。

f. 第一次浓缩。将提纯糖液调 pH 值至 3.8～4.2，用泵送入蒸发罐保持真空度 66.661Pa 以上，加热蒸汽压力不超过 0.98×10^4 Pa，浓缩到 28～31°Bx，出料，进行第二次脱色。

g. 第二次脱色、过滤。第二次脱色与第一次相同。第二次脱色时糖浆必须反复回流、过滤至无活性炭微粒为止，再调 pH 值至 3.8～4.2。

h. 第二次浓缩。与第一次浓缩相同，只是在浓缩前加入亚硫酸氢钠，使糖液中的二氧化硫含量为 0.005%～0.004%，以起漂白及护色作用。蒸发至 36～38°Bx，出料，即为成品。

④甘薯淀粉制作粉条、粉丝

a. 制糊。先将糊面加温水调匀，再加少量开水烫成半熟状，切成小块，放在锅中煮熟，捞出控净表面的水分，放在盆中，用木棍快速搅拌成丝状糨糊即可。

b. 搅面。把制好的糊放入温好的淀粉里，用搅拌机搅拌均匀后，放入铁制粉条漏勺里，施加一定压力，即可漏出粉条。淀粉面搅拌好后，内含水分一般要求为35%～40%，内部温度既不能高于 35℃，也不能低于 28℃。在搅面时，可以适当加入花生油和明矾，以增强粉丝的亮度和韧性。

c. 流水。粉丝出锅后，经过两次入水降温，用木棍穿起。

d. 浆条。将流水后的粉条放入浆与水比例为 1∶9 的浆盆中进行浆条。而为防止粉丝发黏，可以在浆盆中加入少量的酵母或淀粉酶。2～3min 后，提出粉丝沥净浆水，在木板上静置 2～3min，用手一提，大部分黏条即可散开，然后搬入晒粉室。

e. 晾晒。

2. 甘薯的罐头

甘薯罐头的加工工艺流程为：甘薯→洗涤→消毒→去皮→切块预煮→修理→制糖水→装罐→排气或抽气→密封→检查→杀菌→冷却。

3. "金丝蜜"生产技术

"金丝蜜"是用红薯、蔗糖、面粉等加工而成的一种类似糕点的小食品，用马铃薯代替红薯便称为"银丝蜜"。该产品外形美观，口感香脆，甜度适口。马铃薯、红薯在我国的产地分布极广，产量高，营养也很丰富，生产"金丝蜜""银丝蜜"对充分开发利用马铃薯、红薯的资源起了很大作用。富含淀粉的植物如魔芋、蕨粉等，均可作替代品。

4. 脱水甘薯片或蒸熟薯干

片状甘薯的加工工艺流程为：甘薯→洗→切片→干燥→亚硫酸气熏蒸→干燥→粉碎→包装或生切薯片→粉碎→过筛→去皮→得率 95%。

用亚硫酸气熏蒸的目的是使氧化酶失去活性，防止甘薯褐变。处理时间约为 30min，亚硫酸的残存量要在食品卫生法许可范围内。经这样处理过的甘薯，制成的食品不会发黑。

美国有一种处理方法，是把甘薯去皮切片后浸入食盐水或柠檬酸溶液中，再用蒸汽在沸水里处理 6～10min，使氧化酶失去活性，然后再干燥、粉碎成为制品。其工艺为：鲜薯→去皮→切片→浸入 NaCl 或柠檬酸溶液中→蒸汽处理 6～10min 杀酶→压榨去水→干燥→粉碎→成品。

5. 甘薯枣的加工

甘薯枣是用甘薯加工成枣状的食品。加工方法是，选择块大，糖分含量高，淀粉、水分含量较少的甘薯，最好用收获后已贮藏一段时间的甘薯，因为经贮藏后的甘薯淀粉已有不少转化成糖。将甘薯洗净去皮，用蒸笼蒸熟，出笼凉透后揭去外皮，切成宽 5～6cm、厚 2～

3cm 的小块。放在阳光下曝晒或放入烘房内烘烤到含水量为 35%时，用整形机压成枣状，再次曝晒或烘烤到含水量为 20%时，将山梨酸、碳酸氢钠等防腐剂用水溶化开，喷到枣上，晾干后即为薯枣。这种薯枣还可以用糖液浸煮，加工成甘薯蜜枣。

6. 甘薯制薯脯

工艺流程：红心薯→清洗→去头、蒂→入锅蒸熟→去皮→切半→初烤至不粘手→压成 1cm 厚片→60～70℃再烤→整形→45～50℃烘 8h→出白粉为止。

如果在制作过程中，再加一点具有独特滋味的香料，便可成为各种风味不同的甘薯脯了。制作得好的甘薯脯，外观呈整体扁平状，并保留红芯薯的自然色泽，吃起来风味甘美。

二、甘薯在化工医药工业中的应用

（一）甘薯在化工医药工业中的地位和特点

甘薯除可作为食品外，在化工医药方面也起着重要作用。它在巴西及菲律宾被认为是能源作物，所产酒精可代替石油。1t 薯干可产 90kg 酒精，在我国将 10%～15%酒精加入汽油中可使汽车原发动机正常运转。甘薯化工医药产品类型达 400 多种，主要特点是利用其高淀粉含量特性。

（二）甘薯在化工医药工业中的原料来源及其产品

以薯干为原料生产的果脯糖浆，可以在糕点中代替蔗糖，用此果脯糖浆制成的糕点，色、香、味均优于蔗糖，且可防止食品干燥、变硬。在饮料中加入甘薯果脯糖浆，还可避免因食用蔗糖而引起的血管硬化、身体发胖等。用甘薯渣制造的天然色素，可用于食品着色，避免了合成色素对人们健康的危害。在纺织工业中，近年来用甘薯淀粉代替精粉浆，1kg 淀粉可抵上 3kg 精粉。生产味精也可将薯干作为原料，每吨薯干可生产味精 150～200kg，不但节省了大量小麦，而且降低了成本。甘薯淀粉制造的甘氨酸甜味是蔗糖的 35 倍，可以取代糖精。以薯干为原料可提取赖氨酸，而一般食品中缺乏赖氨酸，如果在面包中加入 1%的赖氨酸可提高 30%营养价值，动物饲料中添加赖氨酸，可使饲料价值提高，缩短饲养时间，加快生长速度。用薯干制成的色氨酸可进一步转化成乙酸，把此类激素喷洒到果树或蔬菜上，既可当肥料又可刺激植物生长，并能改进果品及蔬菜的品质。用薯干为原料生产的乳酸，可以广泛应用于食品、饮料、皮革等工业部门。从甘薯中提取的衣糖酸是合成纤维的基本原料，它还可以改进油漆的性能。用薯干淀粉经合成法可制造磷酸淀粉，它是一种胶黏剂，广泛应用于工业中，具有黏度大、产品纯净、性能稳定、不易脱水收缩等优点。淀粉发酵可制成普鲁士蓝，它是一种白色粉末，经处理可制成透明薄膜，无味无毒，可用于食品包装，以防止食品变质。由甘薯淀粉制成的阳离子淀粉掺入纸浆中，可改善纸张的物理性能，增强纸张的拉力。甘薯淀粉的另一个化工产品为多孔状糊精，它可用来包装农药或化妆品，使药物不易散失或化妆品能长期保存。利用鲜薯作工业锅炉除垢剂已试验成功，这种除垢方法成本低，操作简便，深受欢迎。

(三)甘薯在化工医药业中的主要产品及其生产技术

1. 甘薯制柠檬酸和柠檬酸钙

柠檬酸是一种重要的有机酸，它是食品、化工、医药等工业的重要原料，柠檬酸钙是柠檬酸的半成品，经过酸解、净化等工艺，再制成柠檬酸。工业生产柠檬酸是利用淀粉为原料，通过微生物的发酵作用而制取的。目前我国生产的柠檬酸 95%是以甘薯为原料的。利用甘薯淀粉制造柠檬酸，可采用深层发酵法和固体浅盘发酵法。深层发酵法是将甘薯干淀粉用密封发酵罐进行搅拌、通气发酵生产。此法设备较复杂，投资大，但生产效率高，大型柠檬酸厂多采用此法。固体浅盘发酵法是以甘薯干淀粉或甘薯渣为原料，先发酵生产柠檬酸钙，然后再将其加工成柠檬酸。此法设备简单，投资小，适合乡镇企业。一般用 3t 薯干制成 1t 柠檬酸；每 500kg 甘薯酒可生产 150kg 左右的柠檬酸钙，1600kg 柠檬酸钙通过加工处理，可制成 1000kg 柠檬酸。近几年来，各地柠檬酸工业发展得很快，其产品除了满足国内需要外，每年还大量出口，换取外汇。

以甘薯渣为原料，采用固体浅盘发酵法生产柠檬酸(钙)的工艺流程如图 8-4 所示。

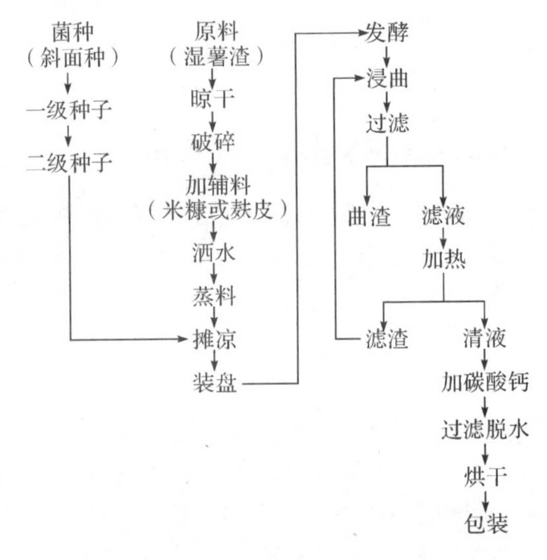

图 8-4　固体浅盘发酵法生产柠檬酸(钙)的工艺流程

2. 甘薯制乳酸钙与工业乳酸

(1)工艺流程：甘薯$\xrightarrow{\text{水洗煮沸}}$浆状料$\xrightarrow[\text{去纤维}]{\text{过竹筛}}$糊状物$\xrightarrow[\text{60℃}]{\text{加大麦芽或麦麸曲}}$糖化注液$\xrightarrow{\text{加乳酸杆菌}}$发酵液$\xrightarrow[\text{中和}]{\text{加麻石粉}}$发酵完成$\xrightarrow[\text{过滤洗清}]{\text{加生石灰煮沸}}$乳酸钙液$\xrightarrow[\text{蒸发}]{\text{浓缩}}$$\xrightarrow[\text{用水洗重结晶}]{\text{乳酸钙粗晶}}$乳酸钙晶体$\xrightarrow{\text{化验}}$成品$\xrightarrow{\text{加硫酸}}$乳酸＋硫酸钙$\xrightarrow{\text{调节硫酸}}$乳酸稀液$\xrightarrow{\text{比重 1∶16}}$成品。

(2)配方。①乳酸钙配方。按每生产 1kg 成品乳酸钙计，需经挑选鲜甘薯 7kg，麻石粉(要求能通过 100 目筛，碳酸钙含量在 90%以上，硫酸钙含量在 1%以下)1.3kg，大麦 150g(可发大麦芽 600g)，生石灰(要求干燥氧化钙含量在 65%以上，硫酸钙含量在 2%以下，砷的含量不得超过 0.001%)200g。②工业乳酸配方。按每生产 1kg 成品工业乳酸计，需原料乳酸钙 1.7kg，硫酸(工业用比重 1.8，重金属含量在 0.002%以下，砷的含量在 0.0005%以

下)600g,活性炭(要求吸附力良好)40g。

3. 薯干制酒精

(1)方法:微生物法。

(2)工艺流程及技术要点。

①粉碎。用粉碎机将薯干粉碎成粒径小于1.5mm的细粉,用旋风分离器分离出气体后进入调浆槽,槽内预先加入料重3.2～3.4倍,加80℃热水,拌成浆状。分离器分出的气体中仍有少量细粉,可经滤清回收利用。

②蒸煮。浆状料送入蒸煮罐,在一号罐中用直接蒸汽升温加压蒸煮,130～135℃,0.5MPa,80～100min,糊化后,减压分离,排出废气。

③糖化。转入糖化锅中保持(58±1)℃开始搅拌。连续接受固曲液和糊化物料的停留时间应控制为(15±5)min,糊化后的淀粉被水解为葡萄糖和麦芽糖后,经柱塞泵喷淋冷却器冷却到(24±1)℃进入发酵工序。冷却系统在运转一整夜后要进行清洗,并通蒸汽2～3min进行杀菌。

④发酵。多备几个发酵罐,杀菌后轮流使用。罐中加入的料为罐总容积的90%,先加糖化酮7%的酒母,然后密闭发酵60～70h,同时通冷却水,控制发酵温度为(32±2)℃,发酵中产生的二氧化碳气体可作为副产品回收利用。

酒母的制法:先在糊化液中加入2.5%～3%的曲,糖化5h,加入0.05%～0.1%的硫酸铵、0.2%的硫酸,将pH值调到4。将此混合物加热到85℃并保温1h,再冷却到30℃以下,制成糖化酮。然后接种6%～8%的酒母,在28～30℃下间歇搅拌几次,当酒母的耗糖率在25%～40%时,即可用于发酵。

⑤蒸馏。发酵后醪液放入地槽,以柱塞泵送出,经热交换器与精馏塔顶蒸汽换热后入粗馏塔顶,塔釜以直接蒸汽加热,使醪液中的酒精完全气化蒸出至精馏塔中部进料,精馏塔釜以直接蒸汽加热,塔顶提浓的酒精蒸气经几个串联的分凝器冷却回流到精馏段上部,馏出合格产品。未凝的酒精蒸气经全凝器冷凝得含醛量较高的工业酒精副产品。精馏段下部间歇馏出杂醇油副产品,产量为酒精的0.4%～0.5%。废水和废醪分别由精馏塔釜和粗馏塔釜排出。粗馏塔的进料温度在40℃左右,顶温(93±1)℃,釜温(106±1)℃;精馏塔顶温度78℃,釜温(106±1)℃,中温92℃左右,回流比为3～4。

排出的废醪可直接作饲料,或发酵提取沼气,或提纯制甲烷。杂醇油中有40%的异戊醇,可回收制作水果香精或作为高级有机溶剂。

三、甘薯在饲料工业中的应用

(一)甘薯在饲料工业中的地位和特点

甘薯全身均可作饲料。块根味甜多汁,适口性好,是家畜喜食的饲料;茎叶营养丰富,柔嫩多汁。作为饲用作物,甘薯在发展畜牧业中有重要地位,其饲用特点包括:①茎叶可不断青割,是很好的青绿饲料;②薯块则是很好的能量饲料;③叶粉粗蛋白含量高,是值得开发的粗蛋白资源;④甘薯存在胰蛋白酶抑制剂,影响蛋白质消化,但不影响淀粉的消化、吸收,所以可以促猪肥畜;⑤甘薯茎叶和薯块直接饲喂的饲料报酬率低,可将其加工成青贮饲料、混合饲料、发酵饲料等。

(二)甘薯在饲料工业中的原料来源及其产品

(1)鲜茎叶。①加工成青贮饲料,以提高利用价值,增加适口性。②加工成发酵饲料,把不能利用的粗纤维分解,可提高饲料营养价值。

(2)干茎叶。干茎叶需进行氨化处理。

(3)薯干。①可加工成配合饲料,依不同动物的畜类、种类、饲养目的,配合成含各种营养成分的饲料,它营养丰富、平衡,比例适当,可提高饲料利用率,弥补单一饲料成分之不足。这是今后饲料发展方向。②可加工成发酵饲料。同上。

(4)各种加工业副产品。例如,酒糟可经脱水干燥、浓缩制得蛋白颗粒饲料,粗蛋白含量>27%。

(三)甘薯在饲料工业中的主要产品及其生产技术

甘薯是一种良好的多汁饲料,蛋白质、脂肪、碳水化合物等营养成分的含量较高,为一般饲料作物所不及,可用以喂鸡、猪、牛等家禽家畜。甘薯加工后的副产品,如粉渣、醪糟等,也可以通过简单的加工制成各种畜禽的良好饲料。利用甘薯加工的饲料,不但营养成分丰富,而且还可以延长饲料的供应期。甘薯的饲料加工,除了可制作青贮饲料和发酵饲料外,还可以利用薯干、薯藤等加工成配合饲料。下面介绍几种含有甘薯、配合饲料的配方及其加工方法。

1. 配方

(1)35~60kg 育肥猪配合饲料的配方:甘薯干 10.5%,薯藤 5%,玉米 26%,麦麸 20%,米糠饼 17%,菜籽饼 10%,棉籽饼 8%,蚕蛹 2%,石灰石粉 1%,食盐 0.5%。

(2)蛋鸡、种鸡配合饲料的配方:甘薯干麦麸 3%,米糠饼 4%,花生糖 15%,蚕蛹 3%,血粉 2%,鱼粉 4%,菜籽饼 5%,磷酸氢钙 2.5%,蛋壳粉 6.5%,添加剂 0.5%,食盐 0.5%。

(3)肉鸡配合饲料的配方:甘薯干 7%,玉米 50%,米糠饼 3%,菜籽饼 12%,棉籽饼 7%,蚕蛹 12.5%,血粉 2%,肝渣 2%,脚油 2%,骨粉 1%,磷酸氢钙 0.6%,食盐 0.4%,添加剂 0.5%。

2. 加工方法

(1)先配合后粉碎加工法。先将各种主料(除维生素、微量元素外)按配方计量混合在一起粉碎,粉碎后再拌入维生素、微量元素等。

(2)先粉碎后配合加工法。先将各原料分别送进粉碎机,粉碎后的粉料送入中间仓贮放。然后按配方比例计量,把各种已粉碎过的原料送入搅拌机,搅匀后输入成品仓贮放。如需制成颗粒饲料,则需进入颗粒机制粒。

第九章

马铃薯的贮藏与综合利用

第一节 概　　述

一、马铃薯资源及其营养特点

马铃薯又称土豆、洋芋等，是21世纪我国最有发展前景的高产经济作物之一，同时也是十大热门营养健康食品之一，全世界有2/3以上的国家种植马铃薯，种植总面积和总产量仅次于小麦、玉米、水稻，是世界第四大粮食作物。

马铃薯引种到我国约有400年时间，虽然栽培历史不长，但19世纪初马铃薯就已在陕南、鄂西等地广为种植，成为主食和救灾的重要作物。2009年我国的马铃薯产值为528.16亿元，平均产值达到11452.95元/公顷，马铃薯产业已成为我国农村经济发展的一个重要支柱产业。农业农村部数据显示，2014年，我国马铃薯种植面积达557万公顷，鲜薯产量达9500多万吨，种植面积和产量均占世界的1/4左右。我国的马铃薯主产区主要分布在黑龙江、吉林、内蒙古、山西和云南、贵州、四川等地，一般在冷凉山区及高海拔地带。

二、马铃薯的营养特点

马铃薯营养丰富，素有“地下苹果”“第二面包”之称。据美国权威机构报道，只食用全脂奶粉和马铃薯制品，就能提供人体所需的一切营养成分，并因此认为马铃薯将是世界粮食市场上的一种主要食品。

一般新鲜马铃薯中所含成分为：淀粉9%～20%，蛋白质1.5%～2.3%，脂肪0.1%～1.1%，粗纤维0.6%～0.8%。马铃薯的蛋白质为完全蛋白，含有人体需要但体内又不能合成的8种必需氨基酸，这些氨基酸的含量比例符合人体需要，因此马铃薯的蛋白质具有很高的营养价值。马铃薯中含有多种抗衰老成分，尤其以胡萝卜素、维生素B_1、维生素B_2、维生素E、维生素C和钾等6种成分最为突出。马铃薯不但营养价值高，还有较为广泛的药用价值，具有预防肠胃疾病、抗衰老、抗氧化、降低胆固醇、补气养颜等作用。

三、马铃薯贮藏与综合利用的现状和发展趋势

马铃薯的消费结构在不同的国家差别较大，就全球而言，近50%的马铃薯用作家庭主食或蔬菜，剩余部分用于食品加工、淀粉加工、饲料和种薯，但发达国家的马铃薯加工比例平均在40%以上，是世界马铃薯加工业的主体。马铃薯的消费正在由鲜食为主逐步向高附加值产品转变，实现马铃薯的综合利用。

马铃薯的贮藏对于马铃薯的加工业具有重要影响。目前，我国马铃薯的贮藏技术普遍落后，对恒温冷藏库的应用、研究也较少。近几年，在马铃薯贮藏方面研究较多的是低温窖藏，其中袋贮藏、散贮、箱贮为主要贮藏方式，同时现代化设施的贮藏方式取得了较快进展。建立现代化冷库，并结合马铃薯块的休眠期特点对其进行化学试剂处理，形成了独具特色的冷链贮藏法。这种新型马铃薯窖，内设自动通风设备，借助机械制冷系统使库内恒温。虽然低温窖藏是比较好的一种贮藏方式，但存在低温糖化问题，且从低温环境中取出的马铃薯更易发芽。为了延长马铃薯的休眠期，抑制发芽，就需要选用合适的抑芽剂，以抑芽剂配合低温贮藏是比较好的马铃薯贮藏方式。

第二节　马铃薯的贮藏

一、马铃薯在贮藏期间的特点

马铃薯在贮藏期间对周围的条件非常敏感，特别是对温度、湿度要求非常严格，既怕低温，又怕高温，冷了容易受冻，热了容易发芽；湿度小，薯块容易失水发皱，湿度大，薯块容易腐烂变质。因此，安全贮藏是马铃薯全部生产过程中的一个重要环节。所谓安全贮藏，主要有两项指标，一是贮藏时间长，二是商品质量好，达到不烂薯、不发芽、不失水、不变软。因此，要贮藏好马铃薯，必须了解它的贮藏特点、生理变化、贮藏条件，这样才能有针对性地采取措施，达到安全贮藏的目的。

(一)不同品种休眠期长短不同

马铃薯之所以较其他蔬菜耐贮藏，是因为它有一个新陈代谢过程显著减缓的休眠期。但是，不同的品种其休眠期长短是不同的。一般来说，早熟品种的休眠期短，容易打破；晚熟品种的休眠期长，难以打破。因此，作短期贮藏时，应选择休眠期短的早熟品种；作长期贮藏时，应选用休眠期长的晚熟品种。

(二)同一品种成熟度不同，休眠期长短不同

同一品种，春播秋收的块茎休眠期较短，而夏播秋收的块茎休眠期较长，且块茎的休眠期随着夏播时期的推迟而延长。这是因为夏播秋收的马铃薯受生长期所限，在早霜来临

前,尚未成熟即收获的缘故,即幼嫩块茎比成熟块茎休眠期长。因此,作长期贮藏的马铃薯,应适期晚播或早收,选用幼嫩块茎贮藏。

(三)块茎在贮藏期间容易失重罹病

新收获的块茎含水量高达75%~80%,薯皮薄嫩,组织脆弱,碰撞、挤压易擦伤破碎,所以在整个收获、运输和贮藏过程中,要尽量减少装运次数,避免机械损伤。据试验资料,块茎遭受机械损伤会使病害显著增加,重量损耗率增大。例如,经187d贮藏以后检查发现,完整块茎的重量损耗率为4.7%,而遭受不同程度机械损伤块茎的重量损耗率为5.4%~19.8%,而且块茎的失重率随着损伤程度的加重而增加。再从罹病情况来看,完整块茎的罹病率为2%,而遭受不同程度机械损伤块茎的罹病率为21.3%~76%,其中尤以压碎者罹病率最严重。

(四)新收获的块茎尚处在后熟阶段

此时块茎呼吸作用十分旺盛,放出大量水分、热量和二氧化碳,重量也随之减轻。如在温度15~20℃、氧气充足、散射光或黑暗条件下,经过5~7d,块茎损伤部分就会形成木栓质保护层,这样不仅能防止水分损耗,而且能阻碍氧气和各种病源菌侵入。

(五)块茎对贮藏条件十分敏感

贮藏温度、湿度过高会促进呼吸旺盛,放出大量水分、热量和二氧化碳,使温湿度继续升高,促进块茎提早发芽和造成霉烂。块茎发芽不仅会消耗大量养分,降低种用价值,而且会引起质变,降低食用品质。温湿度过低,块茎容易受冻烂窖。

二、马铃薯块茎成分在贮藏期间的变化

马铃薯在贮藏期间块茎虽已离开植株体,但仍继续进行生命活动:不停地呼吸,不断地蒸发水分,薯块中的有机物质在贮藏条件下不断地转化,这些生理活动过程直接影响贮藏薯块的品质,并决定着薯块在贮藏期间的损失程度。因此,研究和了解薯块在贮藏期间的变化、贮藏条件对这些生理过程的影响,对改进薯块的贮藏条件,提高薯块的品质,减少贮藏期间的损失是十分必要的。

(一)马铃薯块茎在贮藏期间因蒸发水分引起的变化

薯块的含水量平均占其鲜重的75%,其中大部分是自由水,只有5%的水分是被细胞原生质牢固吸附的束缚水。自由水易蒸发,薯块的含水量可由75%降低到10%~20%。

薯块在贮藏期间靠热辐射散失多余的热量,水分蒸发使薯块细胞的膨压降低,组织萎蔫,有机质分解加强,许多淀粉转化为糖,呼吸作用增强,呼吸消耗的营养物质因此增多。薯块在贮藏期间损耗的有机物质中2/3是水分蒸发的结果,1/3消耗于呼吸。贮藏温度较高时,块茎的呼吸作用加强,呼吸消耗的有机物质明显增加。例如,0℃时,薯块由于水分蒸发而损耗的有机物质是呼吸消耗的有机物质的3倍;13℃时,呼吸作用增强,水分蒸发损耗的有机物质是呼吸消耗的1.3倍。

为了保质保量地贮藏马铃薯，必须有效地防止马铃薯萎蔫，贮藏场地的空气相对湿度应保持在85%～90%，贮藏地应经常通风换气，保持薯块表面干燥，没有小水珠，因为小水珠有利于真菌孢子的萌发和病原菌的发育。

(二)淀粉和糖在块茎贮藏期间的变化

薯块的干物质含量占其鲜重的25%，其中主要是淀粉和糖，淀粉约占薯块鲜重的17.3%，糖约占0.9%。在贮藏期间，薯块中的还原糖和氨基酸相互作用，形成黑蛋白素，黑蛋白素使马铃薯加工品质变坏，所含维生素的生物活性降低。因此，含糖量低的马铃薯品种最适于食品加工。

在贮藏期的不同温度条件下，薯块中的糖和淀粉相互转化。低温下，薯块中积累糖分较多，20℃时，糖转化为淀粉的过程明显加强。

马铃薯各品种之间，不仅薯块的含糖量不同，在贮藏期间糖的积累速度也不同。当温度由20℃降低到0℃时，淀粉转化为糖的速度减慢了1/3，而糖转化为淀粉的速度减慢至1/20，糖在呼吸中被氧化成水和二氧化碳的速度减慢至1/2，这三个反应速度在低温下都明显减慢，其中，糖合成淀粉的速度减慢最多，这就是低温下薯块中能积累糖的主要原因。随着温度的升高，糖合成淀粉的速度加快，而且比上述两个反应速度都快，因此，薯块由冷藏转为暖藏后，它所含的糖有2/3～3/4转化为淀粉，1%在呼吸过程中被氧化成水和二氧化碳，10%～15%转化为某种中间化合物。

(三)马铃薯在贮藏期间的生理阶段

马铃薯在贮藏期间要经过后熟期、休眠期和萌发期三个生理阶段。

(1)后熟期。收获后的马铃薯块茎还未充分成熟，生理年龄不完全相同，需要半个月到一个月的时间才能达到成熟，这一阶段称为后熟期。这一阶段块茎的呼吸强度由强逐渐变弱，表皮开始木栓化，块茎内的含水量在这一阶段迅速下降(大约下降5%)，同时释放大量的热量。因此，刚收获的马铃薯要在背阴、通风处摊开晾晒15d左右，使运输时破皮、挤伤、表皮擦伤的块茎进行伤口愈合，形成木栓层和伤口周皮并度过后熟阶段，然后再装袋入库或窖。

(2)休眠期。后熟期完成后，块茎芽眼中的幼芽处于稳定不萌发状态。块茎内的生理生化活动极微弱，有利于贮藏。0.5～2℃可显著延长贮藏期。

(3)萌发期。通过休眠期后，在适宜的温湿度下，马铃薯幼芽开始萌动生长，块茎重量明显减轻。作为食用和加工的块茎要采取措施防止发芽，如喷施抑芽剂等。在马铃薯贮藏过程中，前、后期要注意防热，中期要注意防冻。

三、马铃薯安全贮藏的温湿度条件

总的来讲，较低的温度对马铃薯贮藏是有利的。马铃薯最适宜的贮藏温度为1～3℃，最高不宜超过5℃，最适宜的空气相对湿度为80%～85%。在贮藏初期，低温不仅能延长块茎的休眠期，而且能抑制有害微生物的侵染，预防块茎感病和腐烂。温度降到0℃以下时，块茎即会受冻。贮藏期的窖温既要保持适宜的低温，又要尽可能保持稳定的适宜温度，防止忽高忽低。此外，贮藏马铃薯还要保持稳定的相对湿度，如果湿度过高，会使块茎腐烂；反之，如果湿度过低，会使块茎中的水分大量蒸发而软缩。

马铃薯贮藏期间的温度调节最为关键。因为贮藏温度是块茎贮藏寿命的主要因素之一。环境温度过低，块茎会受冻；环境温度过高，薯堆会伤热，导致烂薯。一般情况下，当环境温度为－1～3℃时，9 个小时块茎就冻硬；－5℃时，2 个小时块茎就受冻。长期在 0℃左右环境中贮藏块茎，芽的生长和萌发受到抑制，生命力减弱。高温下贮藏，块茎打破休眠的时间较短，也易引起烂薯。马铃薯最适宜的贮存温度是：商品薯 4～5℃，种薯 1～3℃，加工用的块茎 7～8℃。

马铃薯块茎具有水分含量高、呼吸作用强、营养物质不稳定等特点，从而形成了对贮藏条件的反应敏感性。一般在适宜的温湿度条件下贮藏，可以安全贮藏 6～7 个月，甚至更长的时间。马铃薯在贮藏期间块茎重量的自然损耗是不大的，伤热、受冻、腐烂所造成的损失是最主要的。因此要了解和掌握马铃薯贮藏过程与环境条件的关系及对环境条件的要求，采用科学管理方法，最大限度地减少贮藏期间的损失。

综上所述，安全贮藏必须做到以下几点。

(1)根据贮藏期间生理变化和气候变化，应两头防热，中间防寒，控制贮藏窖的温湿度。

(2)在收获、运输和贮藏过程中，要尽量减少转运次数，避免机械损伤，以减少块茎损耗和腐烂。

(3)入窖前要严格挑选薯块，凡是损伤、受冻、虫蛀、感病等薯块不能入窖，以免感染病菌(干腐和湿腐病)和烂薯。入选的薯块应先放在阴凉通风的地方摊晾几天，然后再入窖贮藏。

(4)贮藏窖要具备防水、防冻、通风等条件，以利安全贮藏。窖址应选择地势高燥、排水良好、地下水位低、向阳背风的地方。

(5)食用薯块，必须在无光条件下贮藏，见光后茄素含量会增加，食味会变麻，食用品质会降低。种用薯块，在散光或无光条件下贮藏均可，不会影响种用价值。

四、马铃薯的贮藏方法

(一)沟藏

辽宁大连地区在 7 月中旬收获马铃薯，收获后预贮在阴棚或空屋内，直到 10 月份下沟贮藏。沟深 1～1.2m，宽 1～1.5m，长不限，薯块堆至距地面 0.2m 处，上面覆土保温，覆土总厚度约 0.8m，随气温下降要分次覆盖。沟内堆薯不能过高，否则沟底及中部温度易偏高，薯受热会腐烂。

(二)窖藏或棚藏

辽宁北部、吉林、黑龙江等地多用棚窖贮藏马铃薯。我国西北地区土黏且更坚实，多用井窖或窑窖贮藏，这两种窖的贮量可达 3000～3500kg，由于只利用窖口通风调节温湿度，所以保温效果好。但入窖初期不易降温，这种特点在井窖中显得尤为明显。因此薯块不宜装得太多，一般以窖内容积的 1/2 为宜，最多不超过 2/3，并要注意窖口的启用。只要加强通风管理，使窖内温度经常保持在2～4℃、相对湿度保持在95%左右就能使薯块不发生冻害，又可使薯块不生芽。

(三)通风库贮藏

一般堆高不超过2m，堆内放置通风筒，也有的装筐码垛贮放，以便于管理及提高库容量。有的在库内设置木柜，因此通风好，贮量高，但需要木材，成本高。不管采用何种贮放方式，薯堆周围都要注意留有一定空隙以利通风散热。

(四)药物处理

南方各地夏秋季不易创造低温环境，马铃薯休眠期过后，萌芽损失严重，为抑制发芽，可采用α-萘乙酸甲酯或α-萘乙酸乙酯进行处理，有明显的抑芽效果。抑芽需在休眠中期进行，不能过晚，否则会降低药效。青鲜素(MH)对马铃薯也有抑芽作用，但需在薯块肥大期进行田间喷洒，用药浓度为0.3%～0.5%，在收获适期前的3～4周喷洒。如遇雨，应适当重喷。

(五)辐射处理

用^{60}Co或^{137}Cs产生的γ射线辐照马铃薯，有明显的抑芽作用，这是目前贮藏马铃薯抑芽效果较好的一种技术。早在1972年，日本就批准150Gy剂量辐射的马铃薯可供给消费者食用。在剂量相同时，剂量率愈高效果愈明显。经照射的马铃薯在常温下能够良好地贮藏几个月。

(六)马铃薯的筐贮

将选好的薯块用消毒筐装好，每筐装20～25kg，以顶层薯块距离筐边沿3～4cm为度。每三筐排成一行，码成垛，行间距1m，使空气易于流通。入库后一周内，每天用风机排换气2～3次，待薯块表皮干燥为止。这种方法的优点是翻动次数少，通风效果好，腐烂少。由于刚入库时气温较高且湿度大，薯块呼吸消耗物质多，应吹风排湿、排热换气。为减少损耗，送风时注意使库温维持在1～2℃，防止温度下降到0℃以下，因为温度太低、时间过长会引起生理失调及低温伤害，使细胞组织产生褐变。一般贮期可达7～8个月。

(七)马铃薯的埋藏

马铃薯喜冷凉而不耐高温和寒冷，挖出的马铃薯应放在阴凉处，放置20d左右，待表皮干燥后再进行埋藏。一般挖宽1～2m、深1.5～2m的坑，长度不限，底部垫一层干沙，然后一层马铃薯一层干沙。一般是30～40cm厚的马铃薯覆5～10cm厚的干沙，埋三层。其表面盖上稻草，再盖土20cm，中间竖一小捆秫秸用于通风，严冬时可增加盖土厚度。

(八)草木灰贮藏法

选择无破损的马铃薯放在干燥的木板上，然后用草木灰均匀覆盖，厚度以看不见薯块为宜。贮藏期间不要任意翻动，可保鲜5～6个月。

(九)苹果贮藏法

将收获的马铃薯放在阴凉处晾晒，待薯皮充分老化，愈伤组织完全形成后，剔除伤病薯，然后放入纸箱里，同时放进3～4只未成熟的苹果。苹果在贮藏期间能散发乙烯气体而使马铃薯保持新鲜。

五、马铃薯的分类贮藏

马铃薯的贮藏方法因其用途不同而不同，具体有以下三类用途。

(一)商品马铃薯的贮藏

商品马铃薯的贮藏主要指食用马铃薯的贮藏。食用马铃薯要黑暗贮藏，块茎不应受光线照射，否则块茎表皮会变绿，龙葵素含量会升高，影响品质。现将贮藏技术介绍如下。

1. 安全贮藏的条件

(1)原料。选择完整无病害的块茎，摊在阴凉通风处晾2～3个星期，使其表皮充分木栓化，减弱块茎的呼吸和蒸发强度，使其转入休眠期。

(2)温湿度。商品马铃薯入窖后要保持适宜的温湿度。冬季贮藏，以窖内温度保持在1～5℃、相对湿度85%左右为宜。夏季贮藏，要注意阴凉和通气，以地下室窖贮藏为好。

(3)通风。商品马铃薯在贮藏期间，由于块茎的水分蒸发和呼吸作用，产生二氧化碳、热量和水分，使温湿度提高。保持窖内通风可调节窖内的温湿度，维持马铃薯的正常呼吸，提高耐贮性。

(4)光线。贮藏食用马铃薯，窖内应保持黑暗；贮藏种用马铃薯，可适当透光，以增强对外界病菌的抵抗能力，抑制幼芽的生长。

贮存期间，不同品种应分别贮存，不要与种子、化肥等混放，也不要放到烟、气较大的地方，这样马铃薯就不易霉变、发芽。

2. 安全贮藏的方法

食用马铃薯一般结合药物贮藏来抑制块茎发芽，保持块茎的食用品质。方法是：把98% α-萘乙酸甲酯150g溶解于300g酒精中，并拌入10～12.5kg粉状细土，拌匀后装入麻布或纱布袋内，将其均匀撒在2500kg薯块上。马铃薯堆垛或装箱后，四周应遮盖一层纸或麻布，气温较高时，隔2个月须换药土1次。此外，用0.06%萘乙酸溶液喷洒在块茎上，贮藏到翌年新薯收获时薯块也不会萌芽。

3. 贮藏期间的管理

贮藏期间，为使马铃薯不萎缩、不发芽，保持良好的商品品质，必须加强管理，主要分为以下三个阶段。

前期：以降温、驱热、散湿为主，窖口和通气孔要经常打开，尽量通风散热。

中期：度过炎夏后，气温渐低，窖口和通气孔改为白天大开，夜间小开或关闭；同时要进行合理倒窖，剔除病薯。

末期：以防寒保温为主，因为冬季气温低，薯块进入深度休眠，呼吸作用弱，易受冻害。此时应经常检查窖温，密封窖口和通气孔，必要时可在薯堆上盖一层稻草吸湿防冻。

(二)种用马铃薯的贮藏

种用马铃薯的贮藏温度如不能控制在2～4℃的条件下,种用马铃薯就常会在贮藏期间发芽。如不及时处理,芽会大量消耗块茎养分,降低种用马铃薯质量。万一无法降温,则应把种用马铃薯转入散射光下贮藏,抑制幼芽生长。南方种用马铃薯多用架藏,主要是为了在散射光下抑制幼芽生长。贮藏的块茎如果有的幼芽太长无法播种,最多只能把幼芽掰掉1次,而后控制在散射光下,不要继续在黑暗窖内贮存。据试验,种用马铃薯去掉1次芽减产6%,去掉2次芽减产7%～17%,去掉3次芽减产30%。所以,最好在低温下贮藏,使种用马铃薯不过早发芽。

(三)加工马铃薯的贮藏

淀粉加工、全粉加工或炸片(炸条)加工用的马铃薯,都不宜在太低的温度下贮藏。在4～5℃下贮藏固然可以不发芽,但淀粉在低温下容易转化为糖,对加工产品不利。尤其是还原糖含量超过0.4%的块茎,炸片(炸条)都会出现褐色,影响产品质量和销售价格。贮藏时应根据品种的休眠期长短,调节贮藏温度。如果在20℃下32d可发芽的品种,则贮藏在10℃下64d才发芽,大部分品种基本都是在10℃下可延长1倍的发芽期时间。不过加工品种贮藏时间往往更长,为了防止块茎发芽仍需在4℃左右低温贮藏,在加工前2～3周把准备加工的块茎放在15～20℃下进行处理,还原糖仍可逆转为淀粉,可减轻对加工品质的影响。

六、马铃薯安全贮藏管理技术

马铃薯安全贮藏要做好防病、防冻、防腐等各项工作。

(1)做好田间的防病工作。及时拔除病株,喷洒药剂,防止病害蔓延。已感染病害的植株,应在收获前1～2d割掉茎叶。种用马铃薯可适当提早收获。

(2)老窖消毒。新马铃薯入窖前应把老窖打扫干净,并用来苏儿喷一遍消毒灭菌,而后贮藏新马铃薯。

(3)严格挑选马铃薯。入窖时严格剔除病、伤和虫咬的块茎,防止入窖后发病。

(4)控制堆高。窖内堆放马铃薯块的高度,因品种和窖的条件不同而不同。地下或半地下窖堆放时,不耐藏、易发芽的品种堆高为0.5～1m;耐贮藏、休眠期中等的品种堆高为1.5～2m;耐贮藏、休眠期长的品种堆高为2～3m,但最高不宜超过3m。同时还要考虑贮藏窖的容积,贮藏量不能超过全窖容积的2/3,最好为1/2左右,以便管理。沟藏时马铃薯堆的高度以1m左右为宜。

(5)控制温度、湿度。贮藏初期因马铃薯块刚入窖,窖温和湿度可能高一些,这是正常现象,但一般不会超过20℃,20d后窖温下降。长期贮藏的块茎,温度在2～4℃最合适,这样块茎不会发芽。湿度维持在85%～90%为宜,这样可使块茎不致抽缩,保持新鲜状态。商品薯在2～4℃低温下贮藏时,淀粉可转化为糖,食用时甜味增加,不影响食用品质。

(6)通风换气。不论固定窖或是沟藏,都必须有通风换气设备。把马铃薯呼吸产生的二氧化碳及时排出,使新鲜空气进入马铃薯堆,以保持块茎的正常生理活动。

(7)覆盖散湿。块茎入窖后,在窖温降低时应在马铃薯堆顶部覆盖一层干草或旧麻袋片等,使之吸湿,散发水分,因块茎贮藏期间堆内块茎呼吸散发的水分常凝结在上层块茎上,即所谓出汗。加覆盖物吸湿,散发水分,可防止上层块茎霉烂。

(8)薯窖检查。一般每隔 15d 左右进行一次薯窖检查,主要检查窖内温度、湿度及是否有烂薯。

(9)控制光照。应尽量避免见光,否则会使薯皮变绿而降低商品品质和食用价值。

七、马铃薯保鲜包装技术

现在世界上马铃薯的保鲜包装技术主要有日本的脱水保鲜包装技术和美国的超高气体透过膜包装技术,另外还有冷藏气调包装技术以及薄膜、辐射技术等。其中冷藏气调包装技术虽然有很大的优越性,但由于需降温设备及存在低温障碍和细胞质冰结障碍,因此推广使用受到了局限。而在常温条件下的保鲜包装技术则将会得到发展。

日本的脱水保鲜包装技术有两种方式,一种是采用将具有高吸水性的聚合物与活性炭置于袋状垫子中,通过吸收马铃薯呼吸作用中放出的水分,起到调节水分的作用,同时可吸收呼吸作用产生的乙烯、腐败产生的臭味气体等,还可防止结露;另外一种是采用氧化钪功能薄膜,它同时具有吸收乙烯和水蒸气的功能,能防止结露,又可调节包装内 O_2 和 CO_2 的浓度,还具有一定的防腐作用。

美国研究的超高气体透过膜,可使足够的氧气透过,从而避免无氧状态发生,达到最佳的气体控制,起到保鲜的作用。

在包装前,可对马铃薯进行一定的处理,以提高马铃薯保鲜包装的效果。

(一)辐射处理

美国专家的试验表明,应用 ^{60}Co 射线处理马铃薯,能使马铃薯的贮藏期明显增长,一般辐射的安全剂量为 1 万～2 万伦琴,出芽率降低 90%以上(从 21.4%降低到 1.05%),损伤与腐烂率降至 1%～2%(对照组为 4.1%);而且保鲜贮藏温度可明显提高,一般增加 10℃左右,甚至在常温(20～26℃)条件下也能取得好的保鲜贮藏效果。辐射处理能使马铃薯块茎生长素的合成遭到破坏,呼吸作用减弱。

(二)涂膜处理

涂膜处理即采用含有成膜剂、防腐剂等的溶液(涂液)对马铃薯进行处理,使之在马铃薯块茎表面形成一层薄膜状物质,该物质能增加马铃薯防微生物侵染和生理性病害的能力,产生良好的效果。马铃薯处理常用的防腐剂有噻苯达唑、萘乙酸乙酯等。

(三)严格选剔,适时采收

为了提高马铃薯的保鲜包装效果,应确立适当的采收时间,如秋薯应在早霜来临前的 11 月上旬收获,而不能遭受霜冻。采收应在土壤适当干燥后进行,刚采集的薯块,外皮柔嫩,应放在地面晾晒 1～2h,待表面稍干后收集;而夏季的晴天则不能久晒,收后就应收藏在阴凉处。贮藏前应严格剔除病变、虫咬、损伤、雨淋、受冻以及表皮有麻斑等不良的薯块。

(四)贮存消毒

包装材料、包装容器和库房里都存在大量引起马铃薯烂质的微生物,微生物的入侵会影响保鲜贮藏效果。因此,一定要做好包装和库房消毒工作,这是防腐减损的重要措施。

八、马铃薯贮藏常见问题及其防治技术

(一)抗褐变及灭菌

对于马铃薯抗褐变,次氯酸钠的最有效浓度为0.02‰左右,浸泡液pH值为4,浸泡时间5min以上,但浸泡护色效果不受溶液的pH值限制;抗坏血酸护色的最有效浓度为0.3%。2-磷酸-抗坏血酸是新开发出的效果良好的非硫护色剂。

(二)防腐与保鲜

防止保鲜薯在贮运过程中的腐烂,也是保鲜薯生产厂家必须重视、面对的问题。20世纪80年代之前,多用硫酸铜、多菌灵等保护性杀菌剂混溶于清洗、护色液中进行抑菌防腐处理。在马铃薯的防腐上,用仲丁胺熏蒸、洗薯块皆可。洗薯时,每1kg净含量为50%的仲丁胺商品制剂,用水稀释后,可洗块茎20000kg;熏蒸时,每1m^3空间每1kg薯块按照60mg～14g 50%仲丁胺的剂量来使用,熏蒸时间12min以上,防腐效果良好。

另一新开发的马铃薯保鲜措施是使用成膜保鲜剂,即用甲壳素、壳聚糖、麦芽糖糊精等成膜剂,加入一定的抑菌剂、抗氧化剂,通过浸泡成膜、刷膜或喷涂的办法进行被膜保鲜。被膜保鲜效果很好,兼有气调、抑制呼吸作用的功能,尤以壳聚糖等自身就有很强的抑菌作用的成膜剂应用前景最广泛。

最近,日本研制出了新型的天然食品保鲜剂,该产品是从核蛋白中提取的,抗菌防腐效果良好。主要成分有:鱼蛋白提取物35%,甘氨酸35%,醋酸钠25%,聚磷酸钠5%。该产品试用于马铃薯和马铃薯色拉保鲜,效果良好,且经过60～120℃高温加热30min后,抗菌活性仍然保持100%,将这种保鲜剂吃进人体,对健康也无妨碍。该保鲜剂已获美国食品药品监督管理局(FDA)等6个国家标准和专利的认可。

(三)抑制发芽

马铃薯在贮藏期间发芽是因为它是变态的块茎,茎上生有许多芽眼。马铃薯收获后有一个明显的生理休眠期,通常为2～4个月。在此期间,即便外界条件合适,马铃薯的芽眼也不萌芽。但当生理休眠期结束后,如果温度、湿度条件合适,芽眼处就要长出新芽。如果外界条件不合适,马铃薯就可以继续处于休眠状态而不发芽,这就是马铃薯的被迫休眠期。它决定着马铃薯贮藏保鲜期的长短。延长被迫休眠期的主要措施是:控制好贮藏环境的温度;采用抑芽保鲜剂抑制发芽。

保鲜薯一般要求贮藏在冷凉、避光、高湿度的条件下,有条件的地方宜进行高湿度气调贮藏(相对湿度为90%～95%)。在入贮之前和贮藏期间通常进行抑芽处理。常见抑芽剂有下面几种。

氯苯胺灵(CIPC)是目前世界上使用最广泛的马铃薯抑芽剂,欧洲国家、美国、澳大利亚和少数发展中国家在马铃薯贮藏中普遍使用了 CIPC。CIPC 的施用方法有熏蒸、粉施、喷雾和洗薯 4 种,以熏蒸的抑芽效果最好,可长达 9 个月。熏蒸的适宜量范围为 0.5%～1%,一次熏蒸的时间在 48h 左右;洗薯块的适宜浓度为 1%。1966 年,FDA 和美国环境保护署(EPA)公布的 CIPC 在薯块中允许残留的限量为 30mg/kg。

应用萘乙酸甲酯(MENA)对采后贮藏的马铃薯进行处理,可以延长其休眠和贮藏期,是植物生长调节剂在生产中应用最成功的事例之一。现在,世界上数以百万吨的马铃薯都以这种方法进行保存。应用方法有两种:其一是把萘乙酸甲酯与细土等填充剂混匀,再掺到采后两个月的薯堆里,用药量为 20～30mg/kg。其二是先将萘乙酸甲酯溶解后喷在纸屑上,再与薯块混匀。两种处理方法处理后均应贮藏在密闭库中,以利于萘乙酸甲酯挥发后作用于芽,干扰细胞分裂,进而抑制萌发。不过,在使用前应先将处理过的薯块在通风处摊放几天,以便萘乙酸甲酯挥发,除去毒害。

延迟马铃薯保鲜期的采前处理法,多用青鲜素(MH)进行处理。用青鲜素进行叶面喷洒的具体时间与剂量要根据品种特性与长势而定,青鲜素可以抑制采后芽萌发,延长贮藏时间。若进行采前处理并结合适当低温贮藏,则效果更佳。采前处理后,块茎上的芽的萌发能力弱,多数不能长成正常植株,因此不宜作为种用。

第三节　马铃薯的综合利用

一、马铃薯综合利用概况

(一)我国马铃薯休闲食品的发展与概况

油炸薯片、复合薯片、速冻薯条是我国市场上发展较快的三种马铃薯休闲食品。

我国从 20 世纪 80 年代末起先后从美国、瑞典、荷兰等国引进了 30 余条油炸马铃薯片生产线。全国的油炸马铃薯片的年总生产销量估计为 4 万～5 万吨,其中年生产和销售量均在 2000t 以上的企业仅约为 10 家,大部分使用的是从国外引进的加工设备。目前,国产设备中除中国农机院或某些食品机械厂生产的油炸薯片生产线具有一定的技术水平外,大部分设备在技术上显得较为落后,产量较低,质量较差,消耗较大。

复合马铃薯片是一种以马铃薯雪花粉为主要原料而复合生产的圆形薄片,由美国宝洁公司在 1970 年首创发明,因其口味独特、保质期长、携带方便等特点,已成为风靡世界的一种休闲食品。现在,复合马铃薯片的生产除美国外已发展到南美、欧洲、日本、中国、泰国等国家和地区。

速冻薯条是以优质的马铃薯为原料,经过漂烫、料理、干燥、油炸等多道工序制成的休闲食品,是美式快餐的主要食品之一。自 1992 年第一家麦当劳快餐店在北京开业以来,由麦当劳、肯德基等快餐店培育起来的消费群体正在快速增长,速冻薯条在中国的市场也在不断扩大。2010 年,国内速冻薯条产量达年产 9.8 万吨,全世界速冻薯条年总产量约为 800 万吨。荷兰、美国是生产速冻薯条的大国,其中美国马铃薯的出口总额中 59% 为速冻薯条。

(二)我国马铃薯产业化面临的问题与对策

1. 我国马铃薯加工业存在的问题

(1)缺乏马铃薯加工专用型品种。马铃薯加工需要特定的加工品种,原料品种对产品的质量有直接影响。加工品种要求薯块大而均匀,芽眼浅,薯肉白,无空心,干物质含量高于 19%,还原糖含量低于 0.4%,龙葵素含量低,多酚氧化酶活性低,无明显病虫害及腐烂症状,机械损伤率低,耐贮藏。而我国多年的育种工作重产量、轻品质,导致加工专用型品种缺乏,进而导致出现国内许多企业有加工能力却无原料可加工的局面。

(2)马铃薯贮藏技术不过关。我国虽有几个省份马铃薯贮藏窖规模较大,如内蒙古、黑龙江及山西等,但自动化控制设备不先进、不完善导致的烂窖、发芽和低温还原糖含量增加等问题,严重影响了马铃薯的品质及利用价值。

(3)加工技术和仪器设备不完善。缺乏一定数量的、合适的国产加工机械是妨碍我国马铃薯食品加工工业发展的一个原因。目前加工设备仍依赖进口,引进的设备虽然生产技术水平相对较高,但因价格较高,无法被大多数企业所接受,更无法大面积推广。要解决这一矛盾,只有发展我国的国产加工设备。

(4)农业产业化体系不配套。管理手段不健全,使产、供、销环节严重脱节,这些都是影响马铃薯工业的主要因素。即使原料丰产,如果得不到及时转化,也会致使马铃薯原料霉烂或只能用作廉价饲料,使资源潜力不能充分发挥。

2. 马铃薯加工品种的选育技术及加工业的发展对策

(1)种质资源搜集、鉴定、筛选、创新。我国加工品种选育的种质资源异常缺乏,而欧美等国家和地区已拥有系统的加工品种选育技术,使得加工品种专用化和亲本材料专用化。我们应在现有资源的基础上通过各种途径引进国外的优良加工品种和多优良基因的亲本材料,在我国的栽培条件下进行适应性种植、性状鉴定、评价和利用。

(2)亲本的选配。加工品种选育成功与否,亲本的选配至关重要。亲本应具有最少的不利性状和最多的有利性状。如加工品种要求还原糖含量低,炸片、炸条颜色浅,薯块整齐,芽眼浅等。双亲性状互补,至少亲本之一应具有优良的加工性状,另一亲本有较好的栽培适应性;用基因差异大或亲缘关系远、配合力强的亲本配制杂交组合。

(3)农艺性状和加工品质性状的评价。选育加工型品种应对其品质性状和主要农艺性状进行鉴定评价。一般农艺性状评价方法与其他品种选育相同,在此重点对加工品质性状进行评价。

加工品种根据用途不同大致可分为炸条、炸片、全粉加工、淀粉及变性淀粉、粉条、粉丝、粉皮以及膨化食品等,多数产品要求原料干物质含量高,一般占 13.1%～36.8%,其中的 65%～85%为淀粉,淀粉与薯片的品位、质地、松懈性和腐软性有关,淀粉测定一般用比重法,因为比重与块茎干物质含量和淀粉含量有绝对相关关系。炸片品种的比重要求高于 1.080,炸条品种的比重要求高于 1.085。其次还原糖含量也是加工品质的一项主要指标,理想的还原糖含量炸片应为鲜重的 0.1%,最高不宜超过 0.33%,炸条最高不应超过

0.5%。薯块在低温贮藏过程中还原糖含量升高导致“甜化”，影响加工品质。因此，在育种过程中，淀粉含量和炸片、炸条颜色一般在较高世代的无性系进行测定，而炸片、炸条的色泽和还原糖含量则需分别在不同的贮藏时期、贮藏温度下进行测定。马铃薯品种间的还原糖含量、低温贮藏下还原糖的增加及对回暖的反应均有很大的遗传差别。因此选育低还原糖含量的品种对加工品质而言也是很重要的一项工作。

(4)马铃薯加工业的发展对策。要发展马铃薯产业使之成为我国马铃薯增值的一个经济增长点，一是应加大加工品种选育的力度，这是保证产品质量的前提和基础；二是采用高新技术，应用先进设备，提高转化效率，达到马铃薯增值目的；三是发展旅游休闲食品和快餐食品，改善人们的生活，提高生活质量。建立和完善马铃薯的深度加工体系，加大综合开发力度，走产业化开发，生产、加工、销售一体化的经营之路。

(三)马铃薯精深加工及其成品类型

1. 马铃薯深加工发展

马铃薯是重要的粮食作物，产量在世界上仅次于小麦、玉米、水稻。我国是世界上马铃薯第一生产大国，常年种植面积为 300 万～330 万公顷，总产量约 400 亿千克。马铃薯的淀粉含量为 18%～21%，蛋白质含量为 2.0%～2.5%，并含有丰富的维生素及多种矿物元素(如 Ca、Mg 等)，是营养较为平衡的食品。

我国种植和利用马铃薯的历史悠久，但至今仍处于加工利用初级阶段。我国马铃薯约 30%用于鲜食，30%用于制淀粉，15%直接用作饲料，10%用作种薯，而用于深加工的却不到 5%。在美国，马铃薯用于鲜食占 30%，饲料仅占 2%，而用于深加工则高至 50%，可见马铃薯深加工是大有可为的。

2. 马铃薯加工成品类型

国外马铃薯食品的种类繁多，现就不同的加工制作工艺分类介绍如下。

(1)淀粉制品。马铃薯淀粉加工在我国马铃薯加工产品中所占的比例最大，根据中国淀粉工业协会数据，2006 年我国各大小企业共生产马铃薯淀粉 187790.62t，比上一年增长 36.65%。据测算，每吨马铃薯经当地企业加工为精淀粉增值率可达到 24%左右。

马铃薯淀粉与其他淀粉相比较，其淀粉糊黏度和透明度都很高，且颜色晶莹透明。马铃薯淀粉被广泛用于婴儿食品、休闲食品、方便食品、火腿肠、果冻布丁等产品的生产上；将马铃薯淀粉添加在聚氨酯塑料中形成的新型塑料被广泛用于高精密仪器、航天、军工等特殊领域，其塑料产品强度、硬度和抗磨性都优于以往的塑料产品；将马铃薯淀粉用于印染浆料，可形成稠厚而有黏性的色浆，有助于织物着色。遗憾的是，目前我国大部分马铃薯淀粉仍用于食品工业，用于纺织、造纸等其他行业的不足 10%，亟待加强相关产品的开发和利用。

(2)冷冻制品。国外冷冻马铃薯加工业很发达，每年用于制作冷冻制品的马铃薯占食品加工马铃薯总量的 40%左右。冷冻制品基本上分两种，一种是鲜薯直接冷冻，另一种是油炸加工后冷冻。把新鲜的马铃薯切成不同的形状，如条、薄片等，直接进行冷冻，这种制品的需求量大，它是人们日常生活中烹调的中间原料，不需人们再去清洗、去皮、切块，它方便了人们的日常生活，减轻了家务劳动强度。

(3)油炸制品。这类制品里有普通的炸片、炸条、法式油炸片、法式油炸条等，将新鲜的马铃薯切成不同形状后直接油炸，然后再喷涂调味料于制品的表面，即可直接食用。另外，也可用适当比例的马铃薯粉与其他原料混合，制成条、块、片、扣状等美观的外形，然后进行油炸，这类制品多用于娱乐场所，颇受儿童欢迎。

(4)膨化制品。膨化制品是近几年来发展很快，并且具有销售优势的一种人们喜食的食品。它是由马铃薯粉以一定的比例与其他配料混合后进行膨化制得的各种形状的食品。由于膨化食品松脆、易消化，所以深得人们尤其是儿童的欢迎。

(5)脱水制品。马铃薯脱水制品有着悠久的历史。马铃薯脱水制品在具体加工方法上有所不同，有的是将马铃薯切成不同形状后，直接干燥脱水，如汤用马铃薯丁、马铃薯块、马铃薯全粉等。目前国外所采用的脱水手段有滚筒干燥、气流干燥、冷冻干燥、隧道式干燥等。

在脱水制品中，目前最主要的品种是马铃薯粉。我国马铃薯全粉加工主要包括颗粒粉和雪花粉两种，颗粒粉和雪花粉是按其加工方式进行划分的。颗粒粉由于具有较高的干燥能耗、较低的出品率，且生产成本和售价均高于雪花粉，同时因其特有的品质，更好地保持了马铃薯原有的颗粒感、风味和营养价值，所以专用于生产高品质马铃薯产品。以马铃薯全粉为中间原料制成的后续产品主要有旅游快餐食品、(非)油炸制品、冷冻制品、食品添加剂、调味剂、膨化食品、儿童小食品等。相关数据显示，中国乃至亚洲对高品质马铃薯全粉的需求量在日益增大。

综上所述，从人类食用马铃薯的历史和它的营养价值，以及我国和国外一些发达国家马铃薯的利用加工情况来看，我们会得出结论：马铃薯的开发和利用在我国是大有潜力的，结合我国人民的食用特点，根据我国目前的国情，借鉴国外有益的经验，开展马铃薯制品研究，是势在必行、大有可为的。

二、马铃薯直接利用

马铃薯的块茎含有碳水化合物、蛋白质、纤维素、脂肪、多种维生素和无机盐，营养十分丰富。在欧美一些国家和地区，马铃薯与面包的食用量差不多；有的还把马铃薯当作保健食品，因为马铃薯的营养价值高，养分平衡，食用马铃薯有益于健康。俄罗斯人认为："马铃薯的营养价值与烹饪的多样化是任何一种农产品所不可与之相比的。"美国农业部门评价马铃薯时指出："每餐只吃全脂奶粉和马铃薯，便可得到人体所需的一切营养元素。"

马铃薯烹调时，可能会出现以下问题：

(1)马铃薯发黑。人们在烹调马铃薯时有时会发现马铃薯变黑。马铃薯变黑的原因有多个，其中一个明显的原因是马铃薯储藏时其储藏地氧气不足或二氧化碳过多，另一个原因是马铃薯在收获或运输过程中受到擦伤。还有一个使马铃薯发黑的原因是它生长的土壤中缺少钾肥。马铃薯在生长过程中对钾肥的需求要比氮肥和磷肥大，因此，在种植马铃薯时应向土壤中增施不含氯的钾肥。食用马铃薯时避免其变黑的做法很简单：在烹调马铃薯时如能在锅中放置1～2片月桂树叶，其菜肴就不会再变黑，且味道更为鲜美。

(2)马铃薯发芽。发芽的马铃薯中含有一种叫"龙葵素"的有害物质，人体内的龙葵素含量超过200mg就可能中毒，中毒者可能呼吸困难甚至心脏停搏。

三、马铃薯加工产品的生产原理和技术

(一)马铃薯炸薯片

1. 油炸马铃薯片

油炸马铃薯片是西方传统的休闲膨化食品。油炸薯片因其风味独特，蓬松香脆，营养丰富，易于消化吸收，多年来一直是欧洲最大众化的休闲膨化食品。生产厂商还可根据消费者的口味爱好，变换不同的佐料以生产出口味多样的薯片。

薯片制作工艺举例

· **原料配方**　马铃薯片 100kg，发酵粉 0.5kg，调味料 0.5kg，马铃薯淀粉 20kg，乳化剂 0.6kg，水 65kg，精盐 1.5kg。

· **工艺流程**　原料混合→压片、切片→油炸→成品。

· **制作要点**　压片、切片：将上述物料按比例混合后，用压片机将其压成 0.6～0.65cm 厚的薄片料(含水量约 39%)，再将压成的片按所需要的宽度切开，将两块片叠着放在一起，用冲压装置从其上方向下冲压，得到两层料叠压在一起的生料片。

油炸：将生料片直接放在 180～190℃的油中快炸，炸的时间为 40～45s，然后取出静置，即为成品。

· **产品特点**　该食品组织细密，质轻且香脆。

2. 马铃薯虾片

(1)产品特点。酥脆可口，营养丰富。

(2)工艺流程。备料→切片→浸洗→沸煮→晾晒→成品。

(3)制作要点。①备料。选无病虫、无霉烂、无发芽的马铃薯，用水洗净后沥干，用竹签刮去表皮。②切片。用不锈钢刀将马铃薯切成 0.2cm 厚的小片，倒入水池中放水，上下搅拌，将小片上的龙葵素和表面粘的淀粉浸掉。③沸煮。将浸好的马铃薯片倒入沸水锅中(不能用生铁锅)，沸煮 3～4min，当薯片熟而不烂时，迅速捞出放入冷水中，轻轻搅拌，使之尽快凉透，并去净薯片上的粉浆、黏沫，使薯片分离不黏。④晾晒。把凉透的薯片捞出，沥干水分，单层排放在席子上，在阳光下翻晒，晒至半干时翻动一次。晒至干透后包装即为成品。

3. 复合薯片

复合薯片是以马铃薯全粉、雪花粉、淀粉为基本原料，配以其他辅料，经混料、和面、压延、成型、油炸、调味、包装而成的一种高档休闲膨化食品。由于其特殊的配料和加工工艺，复合薯片具有极为独特的口感和风味，因此其产品在国内外市场上一直畅销不衰。

典型工艺：主料→混料(辅料加水→配制液料)→搅拌→压皮→成型→油炸→调味→整理→包装→重量检测→入库。

成品规格：52～66mm 椭圆形薄片，1.75g/片。

4. 马铃薯脆片

(1)概述。果蔬脆片是近年来开发的一种果蔬风味食品，由于其保持了果蔬的色、香、味，并有松脆的口感，低脂肪，低热量，因而在当今的食品界倍受瞩目。天然果蔬脆片是一种利用新鲜果蔬，经真空低温油炸脱水而得到的纯天然食品。作为一种休闲、方便、保健型食品，果蔬脆片已受到广大消费者的欢迎。

通常情况下，一条果蔬脆片生产线可以生产一系列产品，其中可用来加工的蔬菜类原料主要有香菇、胡萝卜、甜椒、南瓜、黄瓜、四季豆、马铃薯、番薯、萝卜、芹菜、豌豆荚等；水果类有香蕉、苹果、菠萝、木瓜、凤梨、桃子、杏子、山楂等。

(2)工艺流程。加工天然果蔬脆片的工艺流程，因果蔬品种不同而略有差异，但基本原理及主要方法是一致的。以加工马铃薯脆片为例，其加工工艺为：马铃薯→清洗→灭酶→脱水→混合→机械成型→轻炸→脱油→调味→冷却→包装。

(3)主要设备。加工天然果蔬脆片的主要设备有：真空油炸釜、切片机、沥油机、冷却水塔、真空油炸笼、浸泡箱、小径杀毒锅、电子秤、糖度计、包装机等。

5. 马铃薯香脆片

(1)原料处理。选大小均匀、无病虫害的薯块，用清水洗净，沥干后，去掉表皮，将薯块切成 1～2mm 厚的薄片，再投入清水中浸泡，洗去薯片表面的淀粉，避免变质发霉。

(2)水烫。在沸水中将薯片烫至半透明状、熟而不软时，捞出放入凉水中冷却，沥干表面水分后备用。

(3)渍制。将八角、花椒、桂皮、小茴香等调料放入布包中水煮 30～40min，待置凉后加适量的食糖、食盐，把薯片投入其中浸泡 2h 左右，捞出后晒干。

(4)油炸。先将食用植物油入锅煮沸，再放入干薯片，边炸边翻动，当炸至薯片膨胀且色呈微黄时即可出锅，冷却后包装。

6. 马铃薯香辣片

(1)备料。马铃薯粉 70%(过 60 目筛后，入锅炒至有香味时出锅备用)，辣椒粉 14%(过 60 目筛后备用)，芝麻粉 10%，胡椒粉 2%(入锅炒出香味后备用)，食盐 3%，食糖 1%。

(2)拌料。将以上各原料加适量优质酱油调成香辣湿料，然后置于成型模具中压成各种形状的湿片，晾干表面水分。

(3)炸制。将香辣片放入煮沸的油锅中炸制，待其表面微黄时出锅，冷却后包装出售。

7. 马铃薯香酥片

(1)选料。选择椭圆形、无病无烂的马铃薯，用流动清水洗净、沥干。

(2)剥皮。剥皮有两种方式：①利用剥皮机附有沙砾的圆盘或滚筒，摩擦掉马铃薯表皮；②利用蒸汽或利用 15%～25%的碱液洗涤(浸 2～6min)的方法去皮，然后用高压喷水冲去表皮。

(3)加热、切片。去皮后的马铃薯加热至 70～75℃，使块茎表面淀粉糊化形成膜层，用切片机切成厚度为 0.1～0.2cm 的薄片，用清水漂洗表面的淀粉。

(4)油炸。漂洗过的马铃薯片，沥干水分，直接入油锅炸制，油温掌握在 180～200℃，用棉籽油、菜籽油、花生油或玉米油均可。马铃薯片出锅后要立即加入调味料，包括食糖、食盐、香料、味精及奶酪等。

8. 马铃薯酥糖片

(1)选薯、切片。选择新鲜、无病虫害、50～100g 的马铃薯,将表皮泥土洗净,再放入20%的碱水中用木棒不断地搅动脱皮。待全部脱皮后,捞起冲洗一遍沥干备用。切片可按需要切成厚 1～2mm 的菱形或三角形薄片,切后浸在清水中,以免表面的淀粉变色。

(2)煮熟晾晒。将切好浸在水中的薄片,捞起投放到沸水中煮,当煮至 8 成熟时,立即熄火晾晒。在此工序中一定要掌握好火候,使马铃薯片熟而不烂。晾晒时晴天可放在阳光下,阴雨天可烘干(温度控制 30～40℃)。晒或烘的标准以一压即碎为准。

(3)油炸上糖衣。将晒或烘干的马铃薯片放入沸腾的香油或花生油锅里进行油炸。每次投入量可依据油的多少而定。在油炸过程中,要用勺轻轻荡动,使之受热均匀,膨化整齐。当炸到金黄色时,迅速捞起沥干油分。然后倒入融化了的糖液中(化糖时应尽量少放水,糖化开即可),不断地铲拌且烧小火暖烘,使糖液中的水分完全蒸发,而在马铃薯片表面形成一层透明的糖膜。此时即成品,盛起冷却。

(4)包装。完全冷却后立即包装,以 250g 或 500g 为单位进行盒装或袋装,彻底密封,这样可保存 1～2 年。

(二)马铃薯全粉

马铃薯全粉,是以马铃薯为原料制造的一种产品。其市场价格和市场容量,目前都处在上佳状态。

马铃薯全粉,是以马铃薯为原料,在加工过程中最大限度地保留了原料组织细胞的完整性,所以复水后的马铃薯全粉具有鲜薯的营养、风味和口感。马铃薯全粉,是一种呈颗粒状、外观呈淡黄色的特殊细粉产品。主要特点有:比重为 0.75～0.85kg/L,颗粒粒径<0.25mm,含水量为 7%～8%,游离淀粉,含量最多 4%;完全纯正的马铃薯味,粉状膨松。在参考了日本、美国、德国、俄罗斯的马铃薯全粉加工工艺的不同特点之后,充分考虑到国内原料、能源、人力资源、设备的具体情况,以及投资环境的特点,加工过程采用了回填工艺,使细胞结构不受破坏,游离淀粉含量减少,从而使产品保持了马铃薯的原有风味和较好的复水性。这些特性决定了马铃薯全粉在某些食品加工过程中具有不可替代的作用。

1. 马铃薯全营养粉

薯类全营养粉多以鲜薯(甘薯、马铃薯)为原料,整个生产过程不产生废水、废渣,产品保持了鲜薯的色、香、味和营养保健成分,适合于制作时令复合型营养粉、营养糊、即食营养麦片、膨化方便小食品、煎饼、面包、糕点等多种食品,用途十分广泛,是薯类加工的一条新途径。

2. 马铃薯雪花粉加工技术

马铃薯雪花粉是一种片状、外观呈淡黄色的产品,它在某些食品加工中具有重要作用。

(1)工艺流程。马铃薯清洗、去杂→蒸汽去皮→切削→预蒸漂烫→冷却→蒸煮→搅拌均质→干燥→过筛分级→贮存包装。

(2)产品规格。雪花状,比重 200～300kg/m³。

(3)工艺技术特点。采用滚筒干燥技术,在加工过程中细胞结构较少受到破坏,产品的复水性较好,而且马铃薯原有的风味得以保持。

(4)主要原料。鲜马铃薯,干物质含量>21%,淀粉含量>5%,圆形粒径>40mm,无不正常味道和颜色。

3. 马铃薯颗粒全粉生产线

马铃薯颗粒全粉是将马铃薯经去石、清洗、去皮、切片、预煮、冷却、蒸煮、混合、干燥、分级后制成的颗粒粉状产品。该产品保留了马铃薯的全部营养和风味，是当今流行快餐食品的主要原料。随着人民生活水平的不断提高，特别是随着快餐业、西餐业的发展，人们对以马铃薯全粉为原料加工的快餐食品特别青睐，市场的消耗量也在逐年增加，由此对马铃薯全粉的需求量也日益扩大。

(1)工艺流程。原料粗洗、去杂→精洗→蒸汽去皮→分离→切片→护色→蒸煮→冷却→制泥→调配→气流干燥→分离→成品。

(2)主要技术指标。①生产率2000吨/年；②全粉得率≥20%；③产品呈白色或微黄色，无异味，符合国家卫生标准，比重500～700kg/m^3；④生产线耗水量10t/h(处理水)；⑤生产线耗汽量10t/h；⑥装机容量200kVA；⑦厂区占地200亩，生产线占地面积1000～1200m^2。

4. 马铃薯干粉及冲剂的加工技术

(1)主要原料。马铃薯、亚硫酸氢盐。

(2)设备用具。奶粉厂用的喷雾干燥设备、滚筒式或搅笼式洗涤机、去皮机、锅、屉、碾粉机等。

(3)制作方法。如果是机械化生产，可将选好的马铃薯放入滚筒式洗涤机里进行洗涤；小作坊生产可在清洗池内，用水冲洗干净。马铃薯可采用去皮机去皮；也可采用烧碱溶液浸泡法(将马铃薯放在浓度为5%～10%的烧碱溶液中)，把马铃薯皮烧破，再用水冲撞去皮；还可将马铃薯装在滚动的料桶里，用100℃以上的蒸汽，使马铃薯皮软化，再用水冲撞去皮。去皮后的马铃薯可用稀亚硫酸溶液洗，边洗边去掉芽眼、虫眼、杂质等。然后将马铃薯切成食指粗的条或块，用锅蒸熟，将熟马铃薯用石磨磨成面泥。在马铃薯面泥中加少量亚硫酸氢盐，兑入2倍的水，用奶粉厂的喷雾干燥设备进行喷雾干燥，干燥后用60目的筛子过筛一次，将颗粒尽量搓开，即为成品。

(4)工艺流程。选料洗涤→去皮→酸洗→蒸煮→磨碎→喷雾→干燥→过筛→成品→装袋待售。

(三)马铃薯淀粉及其深加工

1. 马铃薯淀粉

马铃薯淀粉黏度大，吸水性强，口感良好，因此在食品工业应用中始终占有相当大的比例。马铃薯淀粉只是马铃薯深加工制品的一种。普通马铃薯淀粉颜色洁白，并伴有晶体状光泽，气味温和。马铃薯淀粉是常见商业淀粉中颗粒最大的产品之一，在显微镜下观察，粒径为15～100μm，马铃薯淀粉呈圆形或椭圆形，通常还能观察到轮纹。马铃薯淀粉颗粒有较强的吸水膨胀能力，表现为淀粉糊黏度和透明度很高。与其他种类淀粉相比，马铃薯淀粉还有糊化温度低的特点，利用这一特点可将其应用在某些方便食品中。但是马铃薯淀粉也存在一些缺陷，如耐剪切能力不好等。随着现代食品工业的发展，人们对食品原料的性能要求更加苛刻，单纯的原淀粉已经很难满足要求，这往往需要求助于变性淀粉。

2. 变性淀粉

变性淀粉是通过化学、物理或生物等方法改变原淀粉性能的一种淀粉。马铃薯变性淀粉就是在马铃薯原淀粉基础上经过变性的淀粉，它不仅具备马铃薯原淀粉的优点，还可弥补其缺点。通常淀粉化学变性的方法有酯化、醚化、氧化和交联等。比如，马铃薯氧化淀粉利用马铃薯原淀粉透明度高的优点，通过氧化提高淀粉的成膜性，这样的淀粉成膜性好、透明度高，用作食品被膜剂很有优势。再比如，马铃薯交联淀粉利用马铃薯原淀粉吸水性强、增稠效果好的特点，通过交联提高淀粉的耐剪切能力，从而增强稳定性，可用于酱类食品。此外，还可采用复合变性的方法提高淀粉的性能。可见，马铃薯变性淀粉将有很大的发展空间。

3. 马铃薯淀粉制作菠萝豆

马铃薯淀粉 25kg、精面粉 12.5kg、薄力粉 2kg、粉状葡萄粉 1.25kg、脱脂粉 0.5kg、鸡蛋 4kg、蜂蜜 1kg、碳酸氢铵 0.025kg、水 0.5kg，以上配方原料共计 46.775kg，可制得马铃薯菠萝豆约 40kg。主要制作工艺：将配方原料进行充分搅拌混合，压延成菠萝豆状，烘烤而成。菠萝豆极易被口水溶解，故已成为非常受欢迎的婴儿食品。

4. 马铃薯淀粉制餐具

新西兰某公司发明了一种经济环保的餐具，这种餐具是以马铃薯淀粉为原料制成的，用后的餐具可自然分解，不污染环境。目前，该公司已经生产出马铃薯碟子、茶杯、碗等，其市场售价与聚苯乙烯和塑料餐具相当。

5. 马铃薯制塑料薄膜

美国一家研究所利用马铃薯和乳清制成了一种能生物降解的塑料薄膜，这种塑料薄膜的最大优点是可以分解为对环境无害的乳酸。

这家研究所的制法是：先用酶将制乳酪时形成的乳清和废弃的马铃薯转化为葡萄糖浆，然后用细菌发酵成含乳酸的液体。液体中的乳酸经电渗析分离出来后，再加热使水分蒸发，留下的便是可以制薄膜和涂层的聚乳酸分子。

(四)马铃薯粉条

(1)产品特点：色白，条细，养分多。马铃薯粉条适用于熬菜、烹炒和凉拌。

(2)工艺流程：选料提粉→配料打芡→加明矾，和面→沸水漏条→冷浴晾条→打捆包装。

(3)制作要点：

①选料提粉。选择淀粉含量高、收获后 30d 以内的马铃薯作为原料。剔除冻、烂、腐块和杂质，将原料用水反复冲洗干净，粉碎，打浆，过滤，沉淀提取淀粉。

②配料打芡。按含水量 35%以下的马铃薯淀粉 100kg、水 50kg 的比例进行配料。先取 5kg 淀粉放入盆内，再加入其重 70%的温水调成稀浆，然后用开水从中间猛倒入盆内，迅速用木棒或打芡机按顺时针方向搅动，直到搅成有很大黏性的团即成芡。

③加矾和面。按 100kg 淀粉、0.2kg 明矾的比例，将明矾研成末放入和面盆中，再把打好的芡倒入，搅拌均匀，使和好的面含水量在 48%～50%，面温保持在 40℃左右。

④沸水漏条。先在锅内加水至九成满，煮沸，再把和好的面装入孔径 10mm 的漏条机上试漏，当漏出的粉条直径达到 0.6～0.8mm 时，为定距高度，然后往沸水锅里漏，边漏边往外捞，锅内水量始终保持在头次出条时的水位，锅内水控制在微开程度。

⑤冷却晾凉。将漏入沸水锅里的粉条，轻轻捞出放入冷水糟内，搭在棍上，再架放入

15℃水中浴5～10min，取出后架在3～10℃房内阴晾1～2h，以增强其韧性。然后架在日光下晾晒，当含水量到20%左右时，收敛成堆，去掉条棍，使其干燥。

⑥打捆包装。当含水量降至16%时，打捆包装，即可销售。

(五)速冻薯条

马铃薯不仅可制成方便食品，还可以制成各种速冻食品，有着广阔的市场前景。速冻薯条又称油炸薯条，因其富含淀粉、维生素、蛋白质及纤维素等营养成分，是一种老少皆宜且深受人们喜爱的速冻油炸方便快餐食品。速冻马铃薯采用油炸工艺，选用个大、圆滑、无病虫害的原料，去皮，切分成所需的形状，如片、块、丁、条等，用豆油炸成金黄色，沥油，冷却，快速冻结，包装，冷藏。成品在-18℃以下冷藏可达12个月。

除此以外，还可以加入其他原料制成土豆饼、土豆糕、膨胀土豆等方便食品。

(1)典型工艺：清洗→去皮→漂烫→油炸→冷冻→包装。

(2)成品规格：截面，0.8cm×0.8cm；长度，5～7.6cm；干物质含量，37%；含油量，5.5%。

(3)鲜马铃薯原料要求：干物质含量，20%；体积密度，288kg/m^3；薯形，圆柱形或长椭圆形，牙眼少，表面光滑，无裂缝空心。

(4)鲜马铃薯原料与速冻薯条间的加工率为(2.1～2.5)∶1。

(六)马铃薯果脯

马铃薯果脯是一种蜜饯型糖制品，制作设备简单，原料易取，操作简易，适于家庭和乡镇企业生产。

(1)选料。应选个大一致、薯块饱满、外表光滑的绿斑马铃薯为原料。

(2)选型制坯。首先用清水冲洗掉薯块外的泥土，去掉外皮，洗净，并可根据需要造成各种形状的坯，增加制品的美观度。

(3)灰浸、水漂。其目的为使石灰中的钙离子与马铃薯中的果胶反应形成果胶盐类，从而增强果实肉质的坚实度和产品的耐煮性，不致在煮制时被煮烂。将坯放入容器内，倒入一定浓度的淡石灰水浸泡16h，取出。放入清水中漂洗4次，每次2h，以洗去多余的石灰硬化剂为度。

(4)煮坯、水漂。将坯放入沸水中煮20min，之后放入清水中漂洗2次，每次2h，再放入100℃水中煮10min，随后放入清水中冲洗1h。

(5)糖渍。将坯放入空缸中，注入一定浓度的浓糖液，以坯能在其中稍稍活动为宜，4h后上下翻动一次，浸渍16h。

(6)糖煮。一般煮两次：第一次将坯同糖液倒入锅中，从糖液煮沸开始计时10min，使糖液达104℃，蜜制16h；第二次约煮30min，使糖液达108℃，蜜制成半成品。

(7)上糖衣。将糖和胚掏入锅中，约煮30min，使糖温达112℃，起锅滤干晾到60℃，即可上糖衣，以糖坯粘满糖为宜，不可过多或过少，然后干制即为成品。

(七)马铃薯制果酱

先将马铃薯洗净、蒸熟、剥皮摊开放凉后，再用打浆机打成泥状。然后将砂糖倒入夹层锅内，加适量水煮沸、溶化，倒入马铃薯泥搅拌，使马铃薯泥与糖水混合，继续加热并不停搅拌以防糊锅。当浆液温度达107～110℃时，用柠檬酸水调pH值为3～3.5，加入少量稀释的胭脂红色素，即可出锅冷却。酱体温度降至90℃左右时加入适量的山楂香精，继续搅拌。为延长保存期，可加入酱重0.1%的苯甲酸钠，趁热装入消过毒的瓶中，将盖旋紧。装瓶时若酱温超过85℃，可不灭菌；若酱温低于85℃，则封盖后可放入沸水中杀菌10～15min，然后冷却即可。

加工配料：马铃薯4kg，白砂糖4kg，柠檬酸10g，食用色素和食用香精适量，苯甲酸钠2～3g，水适量。

(八)马铃薯、胡萝卜制果丹皮

马铃薯的营养成分丰富而齐全，具有调和肠胃、健脾益气等营养保健作用。

工艺流程：新鲜的马铃薯、胡萝卜经清洗→软化→破碎→过筛→浓缩→刮片→烧烤→揭片→包装→成品。

产品特点：产品颜色为橘红色，如果汁般酸甜可口，颇受儿童欢迎。

主要原辅料：胡萝卜、马铃薯、白砂糖等。

(九)马铃薯酿醋

将马铃薯切成细丝，加水浸渍2h。捞起沥水后放入蒸笼蒸。如用马铃薯块，则要切成米粒大小，浸渍处理与细丝相同，蒸熟后拌入少量的炒麦粉，取鲜马铃薯50kg，加水45kg(或干马铃薯50kg，加水200kg)，在55℃条件下糖化约5h，冷却至30℃时加入酵母液(可用酒酿代替)，最后再加入醋种20kg。经2～3周后即可成熟，再于60℃条件下加热30min后放置沉淀，取出澄清的醋液。将醋粕再进行压榨，如混浊再进行过滤，这样便制成马铃薯醋。

(十)马铃薯酿造黄酒

(1)预处理。将无病虫、无烂斑的马铃薯洗净去皮，入锅煮熟，出锅摊凉后，倒入大瓷缸或不锈钢锅中用木棒用力将之捣烂成泥糊状。

(2)配曲料。按100kg马铃薯用花椒、茴香各100g，兑水20kg入锅后旺火烧开，再用文火熬制30～40min；出锅冷却后过滤去渣；再向10kg碎曲内倒入冷水，拌匀后备用。

(3)拌曲发酵。将曲料液倒入土豆泥缸中，拌成均匀的稀浆状，用塑料布封缸口，置于25℃左右的环境中发酵。每隔一天开缸搅拌一次。当浆内不断有气泡溢出，气泡散后有清澈的酒液浮在浆上时，应停止发酵。

(4)冷却降温。为了防止产生酸败现象，应迅速将缸搬到冷藏室内或气温相对较低的地方，开缸使其骤然冷却。一般在4～8℃温度条件下冷却效果较好，也可用流动清水冷却。

(5)压榨过滤。将酒浆冷却10～12h后，装入干净的棉花袋或用200目滤布作底，压榨出清澈的酒液。然后，再用酒类过滤仪过滤两遍后，即得香味醇厚的优质黄酒。

(十一)马铃薯生产丙酮和丁醇

丙醇、丁醇、乙醇都是化工、医药的重要原料，它们可以用马铃薯提取，提取工艺如下。

(1)选择干的马铃薯干，加入1%的麸皮或米糠，用磨面机或粉碎机粉碎磨成粉，过20～30目的筛子，加入一定浓度的醪，放入锅中加热糊化，再继续煮沸，消毒，杀菌。煮沸杀菌后即可装入事先用熏硫杀菌的缸(或坛)中,移入灭菌室。待醪温下降为37℃左右时,就可以进行接种,然后控制在37~39℃下进行发酵。经50~70h(冬长夏短),即可使淀粉分解成丁酸、醋酸等,后者再转化为丙酮、丁醇,后期出现少量不挥发酸等。在发酵过程中为了防止杂菌污染使发酵醪产生酸败,除了进行严格的杀灭杂菌消毒外,再需加入少量茯粉等中药以刺激丙酮丁醇梭菌的迅速繁殖,抑制杂菌衍生。再经3h后,当醪中的丙酮、丁醇含量达2%~3%时即可进行蒸馏。

(2)利用蒸馏塔(或土制蒸馏器),把发酵醪中的丙酮、丁醇、水、乙醇分离出来。首先滤去杂渣留下醪液(称作总溶剂),然后把总溶剂送入蒸馏塔中蒸馏。由于丙酮沸点为69℃,即可以从塔顶蒸出;丙酮提出后,再升温至78℃,提出乙醇;再加热至100℃,提出其中的水;而丁醇的沸点为117.6℃,控制在此温度下,就可提出丁醇,留下残渣,然后分别装瓶入库加标签。

(十二)马铃薯制成高营养饲料

利用马铃薯制成高营养饲料,其制法是:先将马铃薯粉碎成颗粒状或粉状,然后在130~150℃的温度下水解30min左右,再加入1%~3%的磷酸钙或氯化铵混合即可。这种马铃薯水解饲料,含有18%~25%的易消化的氨基酸和含糖类营养物质。另外,在5~15℃的条件下储存5个月以上,其生物指标并不会下降,是畜禽幼仔的高营养饲料。

(十三)马铃薯加工成副产品

1. 马铃薯渣制作饴糖

将六棱大麦在清水中浸泡1~2h(水温保持在20~25℃),当其含水量达45%左右时将水倒除,继而将膨胀后的大麦置于25℃室内让其发芽,并用喷壶给大麦洒水,每天2次。4d后当麦芽长到2cm以上时便可备用。同时制备马铃薯渣料,马铃薯渣经研细过滤后,加入25%谷壳,然后把80%左右的清水洒在调配好的原料上充分拌匀放置1h,分3次上屉。第一次上料40%,待上汽后加料30%,再上汽时加上最后的30%,待蒸汽蒸出起计时2h,把料蒸透,然后进行糖化。将蒸好的料放入木桶内,并加入适量浸泡过麦芽的水,充分搅拌,当温度降到60℃时,加入制好的麦芽(占10%为宜),然后上下搅拌均匀,再倒入些麦芽水。待温度下降到54℃时,保温4h。温度下降后再加入65℃的温水100kg,继续让其保温,经过充分糖化后,把糖饴滤出,将糖液置于锅内加温,经过熬制,浓度达到40°Bé时,即可成为马铃薯饴糖。

2. 马铃薯淀粉废液增值加工工艺

马铃薯生产淀粉时的废液含有丰富的营养成分,弃之可惜且污染环境。人们试图对马铃薯淀粉废液进行加工处理,将其用于食品工业,但因处理过的淀粉汁液具有马铃薯所特有的一种异味而裹足不前。为有效利用马铃薯淀粉废液,近年来一种使用葡萄糖转化酶处理的新工艺面世,该工艺不仅有效去除了废液中的不愉快口味,而且所得产品富含糖、氨基酸、有机酸与矿物质等营养成分,可作为食品添加剂广泛用于饼干、糕点、饮料、西式点心中,且完全符合食品卫生要求。

工艺流程:马铃薯淀粉废液加热浓缩→离子变换树脂处理→活性炭处理→葡萄糖转化酶处理→干燥→白色粉末或颗粒成品。

第五篇

油料作物的贮藏与综合利用

第十章

油菜贮藏与综合利用

第一节 概 述

一、油菜生产和资源概况

油菜是世界主要油料作物之一，分布甚广，除我国外，加拿大、印度、波兰、法国、巴基斯坦、德国、瑞典等国家也有大量种植。20世纪50年代，油菜籽总产量的95%在亚洲，尤其以我国产量为多，居世界之冠。至20世纪70年代，世界油菜种植的布局发生了很大变化，加拿大的油菜产量激增，一跃为世界首位。1978—1979年，世界油菜籽总产量为1018.5万吨，其中加拿大产量为347万吨，约占34%。1978年以后，世界油菜生产大幅度增加，尤其是我国，油菜籽产量几乎成倍增长。自1981年超过加拿大居世界第一后，除2008年和2011年外，这几年我国的油菜籽产量已稳居世界首位。德国汉堡的行业刊物《油世界》称，2018年度全球油菜籽产量为6420万吨，低于早先预测的6580万吨，也远远低于上年的6900万吨。

世界上栽培的油菜分三大类型，即甘蓝型、白菜型和芥菜型。菜油按芥酸含量高低又可分为三类：高芥酸菜油，芥酸含量在40%以上；中芥酸菜油，芥酸含量为5%～40%；低芥酸菜油，芥酸含量小于5%。高芥酸菜油不仅芥酸含量高，还含有硫代葡萄糖苷，以及少量的芥子碱、皂和单宁等，因此营养价值受到一定影响。硫代葡萄糖苷在芥子酶作用下，还会分解成异硫氰酸酯、硫氰酸盐等毒性物质，这些毒性物质影响了菜籽饼的充分利用。加拿大和欧洲一些国家，从20世纪50年代已经开始进行了油菜品种选育工作。经过多年研究，现已育出一批"单低"（低芥酸）、"双低"（低芥酸、低硫代葡萄糖苷）和"三低"（低芥酸、低硫代葡萄糖苷和低纤维）的油菜品种。其中双低油菜已在加拿大全国范围内大面积推广。加拿大还培育出了"双零"（零芥酸、零硫代葡萄糖苷）油菜品种。

此外，为了适应工业生产的要求，美国、瑞典、印度等国开展了高芥酸、低硫代葡萄糖苷油菜的品种选育工作，并取得了一些进展。据报道，海甘蓝被认为是一种有希望的新油源。

海甘蓝籽含油30%～40%，油中含芥酸60%以上，是一种很好的芥酸资源。

我国已有1800多年栽培油菜的历史，现已遍及我国20多个省(区、市)。从1981年至今，我国油菜籽总产量一直稳居世界前列。我国栽培的油菜多为高芥酸油菜，根据中国农业科学院油料作物研究所对我国17个省(区、市)1977年油菜品种的1000余份样品测定的结果，我国各品种油菜籽的含油量一般在30%～50%，其中最高含油量为51.83%、最低含油量为24.64%。含油量与品种类型密切相关，依甘蓝型、白菜型、芥菜型而递减。环境条件也显著影响油菜籽含油量，海拔高度和日照时间与油菜籽含油量呈正相关。因此，不同省(区、市)的油菜籽含油量差异较明显。除了海拔高度和日照时间以外，花期的长短和全生育期天数等对含油量亦有影响。据统计，油菜花期天数越长，种子含油量越高；全生育期越长，种子含油量往往有升高的趋势。

二、双低油菜籽资源的深度开发

近年来，我国已大面积推广种植双低油菜(油菜籽中硫代葡萄糖苷含量低于2～3mg/g，芥酸含量低于5%)，这为油菜籽的深度开发提供了良好的条件。加拿大、瑞典、法国等国对双低油菜籽的深加工都采用了脱皮、脱脂及制取低变性菜籽粕等工艺来制取菜籽浓缩蛋白或分离蛋白等。该加工工艺的关键技术是脱皮、挤压膨化和低温脱溶等。若在我国的各油菜产区全面推广种植双低油菜，再将这些双低油菜籽脱皮加工及深度开发，将获得显著的经济效益和社会效益。

以80t/d生产线为例，按加工130d计，则可加工10400t双低油菜籽，可产低芥酸菜籽高级烹调油3000t，产值达2700万元，由于该油比普通菜籽油价高900元/t左右，可增产值270万元。另可产低硫代葡萄糖苷、高蛋白菜籽饲料粕5000t左右，产值可达1000万元左右，由于该饲料粕含蛋白质达48%～50%，且无皮，将比普通菜籽粕价高约400元/t，可增产值200万元。若年产2000t低变性菜籽粕，可生产菜籽浓缩蛋白1000t，产值850万元左右。此外，还有菜籽皮的开发利用、菜籽蛋白的深度开发利用等。

第二节 油菜的贮藏

一、油菜籽的贮藏特点

油菜籽粒小，皮薄，含油量高，与空气接触面积大，很容易吸收潮气，故在贮藏中极易生芽，发热、霉变。如水分含量在13%以上的油菜籽，往往仅一昼夜时间，就可全部霉变，温度上升到50℃以上，粒面全部被菌落覆盖而成灰白色，使品质大为降低。油菜籽收获前后遇雨，入库水分含量高，如处理不及时，很快就会发热霉变并发芽。

油菜籽在夏季收获最宜日晒，但必须掌握其方法，菜籽不能冷铺，也不能带热进仓。冷铺会引起水分转移，干湿不匀，从而导致入库后，菜籽发生变质——表面无变化，手捻不显油，籽仁暗绿，影响出油率；晒后未摊晾，带热进仓，易形成“干烧”，影响品质。

二、油菜籽的贮藏方法

（一）油菜籽的分级储存

根据贮藏特性，贮藏油菜籽必须在入库前充分晒干，使水分含量控制在9%～10%以内。油菜籽入库必须按水分含量大小、品质好坏分别堆放。一般水分含量在9%以下、杂质不超过5%的油菜籽，适于长期贮存，可散堆1.5～2m高；水分含量在10%～12%的油菜籽，散堆1m高（包装袋6～8包高），并且只能短期贮藏；水分含量在12%以上的油菜籽应抓紧处理，否则随时都可能发热霉变。若在收获油菜籽时正逢梅雨季节，可用塑料薄膜密封自然缺氧贮藏，必要时，还可在密封油菜籽堆内施放低剂量磷化铝片实施化学贮藏。但这两种方法都只能作为临时的应急措施。

（二）新收油菜籽的保管方法

新收获的油菜籽水分含量高，呼吸旺盛，保存不好就会导致皮发白，肉质红，籽结块，有酒味或酸味，腐败变质，影响出油率，甚至一点油也榨不出来。变质的油菜籽勉强榨出的油液，浓稠质差，味苦辛辣，易引起食物中毒，影响身体健康。油菜籽采收后，如遇阴雨天气不能出晒，就必须采取救急措施，以防霉变。具体办法有四种：

（1）拌盐法。将盐拌入新收获的油菜籽中可以降低水分含量，抑制酶的活动，使脂肪不易分解。每100kg油菜籽里拌1kg食盐，能在5～6d内维持其贮藏稳定性，出油率仍能保持原来的95%。

（2）密闭法。油菜籽脱下以后，立即用塑料薄膜密闭。密闭以后，外界的氧气不能进入，里面的氧气又很快被耗光，形成了自然缺氧状态，籽粒的呼吸作用受到抑制，热量就不能增加了。用这种方法处理高水分含量的油菜籽，虽然品质稍有降低，但是可以使油菜籽在2～3周内不生芽、不发热、不霉烂，能赢得时间，待机出晒。

（3）摊晾法。将油菜籽铺在晾晒器具上，放在通风处。摊油菜籽时，既要薄，又要匀，并且每隔1h要翻动1次。

（4）烘干法。有条件的地方可用烘干机烘干，但通入的热风温度不能超过80～85℃，否则就会影响油菜籽的质量。

（三）油料的贮藏方法与技术

油料贮藏对于油料收购部门和食用植物油加工企业都是十分重要的，油料在贮藏期间，若能采用合理的贮藏条件，并能妥善管理，那就能保证油料不受损失或只有最低程度的损失，为制油过程取得较大的出油率创造了条件。关于油料贮藏，国内常采用以下四种方法。

1. 干燥贮藏

贮藏期间影响其发热霉变的主要因素是水分，因此若将油料水分含量降低到临界水分以下，即油料种子中的水分呈结合态，此时油料种子处于休眠状态，呼吸作用微弱，微生物及其他害虫的活动受到限制，则油料贮藏的稳定性将大大得到提高。

使油料达到贮藏安全水分的方法是干燥，同时辅以机械通风，常用的油料干燥设备有以下两种。①热风干燥机。热风干燥机亦称为热风干燥塔，适用于大豆、油菜籽、葵花籽等油料的干燥。在塔内，油料借助重力向下流动，而热空气与之逆向流动，以保证干燥效果。②振动流化床干燥机。该设备由振动床、振动槽、槽盖、进料口、底座和减震器等组成。

2. 通分贮藏

当外界空气温度和湿度适宜时，有效的通风可以降低贮藏油料的水分和温度，从而减少虫害和霉菌造成的损失。通分方式有自然通风和机械通风两种，后者对于易发热、不安全的贮料处理尤为有效果，费用也较低。

3. 低温贮藏

影响贮料中害虫繁殖的主要因素是温度。多数害虫在贮料温度为15℃以下时即停止发育繁殖，一般微生物在贮料温度为10℃以下时发育缓慢或完全被抑制。低温贮藏技术是利用冬季寒冷空气，或采用机械通风的制冷方式，使油料降温至10℃以下，然后再密闭隔热，低温贮藏。

4. 密闭贮藏

其原理主要是隔绝或减小大气温度、湿度对油料贮藏的影响，贮料保持在干燥和低温的稳定状态，防止外界虫源感染。同时，由于种子的生理活动使油料堆内的氧气被消耗，二氧化碳聚集，抑制了油料种子、害虫和微生物的生命活动。密闭贮藏的油料必须干燥、低温、无虫、无毒。仓房要密闭、隔热和防潮。

三、菜籽油的贮藏方法

菜籽油的贮藏方法基本上同大豆油相同。值得注意的是，机榨菜籽油色泽深黄而不发绿，透明度较强；土榨菜籽油色泽橙黄而发绿，透明度差。无论是机榨还是土榨的菜籽油，入库前都必须过滤或沉淀，将水分和杂质除去，方可长期贮藏。菜籽油在贮藏期间的主要变化是在温度、水分、光线、氧气、杂质等作用下发生酸败变质。所以，菜籽油安全储藏的关键是防止酸败变质。贮藏期间需要注意以下几点：

(1)严格控制菜籽油入库质量。菜籽油含水多，含杂质多，容易引起酸败变质。要求在入库或装桶前认真查验菜籽油，符合安全储藏要求的，才能装桶入库，否则应根据不同情况进行处理。一般菜籽油要求：含水量不超过0.2%，杂质含量不超过0.2%，pH值为4～6。

(2)保证装具清洁、不渗漏。装具的清洁与否，对菜籽油质量和贮藏稳定性影响很大，要求装油前认真做好装具的清洁工作，除去装具内的油脚、铁锈和异味。同时还要检查有无渗漏、破损情况，一旦发现要及时修补。菜籽油装具要在清洁、修补后，经干燥才能装油。

(3)合理灌装。向油桶灌油时，不宜灌得太满，以免发生泼洒、外溢、膨胀，甚至在高温季节发生爆炸事故。但灌得太少，也浪费装具，并且油桶内空气太多，易发生氧化酸败。一般每个标准油桶灌油175～180kg。

(4)密封静置。密封可防止外界污染，避免日光照射和与空气过多地接触；静置可起沉降作用，使水分和杂质沉于容器底部，因此可提高菜籽油的品质。这种措施对大型油池的作用更为明显。

(5)合理堆放。露天堆存时，将油桶一边垫高，桶身呈10°倾斜，以防雨水浸入。库内堆放时，可采用品形堆或多层堆。各种不同品种的食用油、精油和毛油等，以及供出口、内销用的油等都应分别堆放，有条不紊。特别是食用油与工业油的包装要加以区别，桶外加标记，且最好不要放在一个库内。

(6)储油场所要求没有日光直接照射，干燥和清洁。对储存的菜籽油要定期检查酸值、色泽和气味，发现问题及时处理。

第三节　油菜的综合利用

一、油菜深加工综合利用原料及其主要产品

从籽粒中提取的菜籽油是良好的食用油。无芥酸的菜籽油可用于制造人造奶油，并可做生菜油(色拉油)、起酥油和调味用油等。菜籽油中各种脂肪酸的组成，与其他食用植物油相比，其主要特点是芥酸含量很高(一般为 40%～55%)。芥酸为廿二碳的长链脂肪酸，不易被人体消化吸收，营养价值低。通过品质改良后，无芥酸的菜籽油中油酸和亚油酸的含量显著提高。亚油酸是动物油中所不具有的成分，只有依赖植物油的供应，但易为人体消化吸收，并具有降低人体内血清胆固醇含量、软化血管和阻止血栓形成，对人体脂肪代谢起着特别重要的作用。高芥酸(芥酸含量为 55%～60%)的菜籽油，是重要的工业原料，在铸钢工业中作为润滑油使用。一般菜籽油在机械、橡胶、塑料、油漆、纺织、制皂和医药等方面都有广泛用途(见图 10-1)。

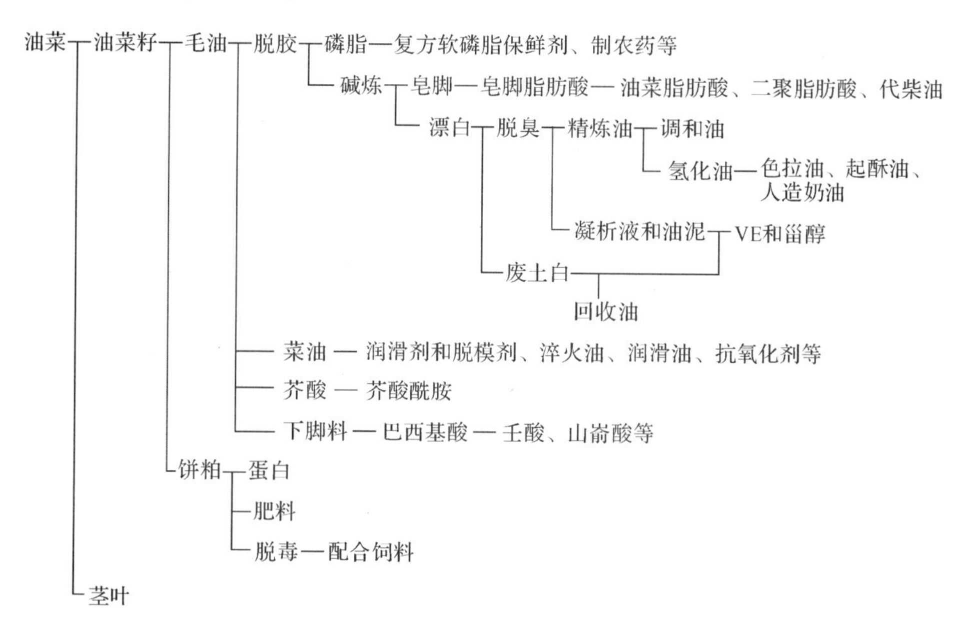

图 10-1　油菜综合利用图

榨油后，菜籽饼中的蛋白质含量高达 36%～38%，营养价值与大豆饼相近，是良好的精饲料。

二、油脂加工新技术及其应用

植物油脂加工更多地依赖高新加工技术，并重视对多种专用油脂产品和副产物的开发。

(一)油料膨化浸出技术

这是20世纪90年代国外采用的制油新技术，美国首先将膨化浸出技术应用于从米糠中制取米糠油，后又用于大豆油及棉籽油的制取。油料经过膨化后，颗粒膨松，粉末度降低，利于溶剂渗透，从而使浸出能力提高1倍，混合油的浓度提高20%～30%，溶剂损耗减少20%左右，并能减轻浸出粕脱溶时的机械负荷，降低动力消耗。

(二)油脂物理精炼技术

该技术不用化学试剂，不产生化学反应，而是在高温及真空下用水蒸馏出游离脂肪酸，故此得名。目前该技术仅用于含胶质少、含酸较高的油脂，例如椰子油和棕榈油等的精炼，不产生碱性废水，有利于环境保护，且精炼度高。中国已开始用于米糠油的物理精炼。

(三)专用油脂产品开发

应积极开发各种食用油脂系统，例如软的和硬的人造奶油，粉末油脂，微胶囊油脂，色拉油，调和油，流态起酥油，饼干，面包、膨化与焙烤食品等专用油脂等。

(四)副产品的深加工及综合利用

从大豆、油菜籽、棉籽等油料饼粕、油脚及油料外壳中可以制取以下高科技、高附加值的产品。

(1)生化类产品。①维酶素，原名粗制核黄素，有医疗及营养保健功能；②天然维生素E，有高生物活性及抗氧化功能；③植物甾醇，主要有谷甾醇、豆甾醇及菜油甾醇等，是一类具有生物活性的物质，有降低胆固醇、降血脂、抗肿瘤、防治心脏病等生物活性功能，是甾体药物和维生素D_3的重要生产原料，而且在日用化工、化妆品、动物生长剂等方面有着广泛的用途；④脂肪酸甲酯；⑤糠醋；⑥植酸钙；⑦肌醇；⑧糠醛等。

(2)磷脂类产品。例如，磷脂酰胆碱、醇不溶性磷脂、粉末磷脂、酶改性磷脂等。

(3)蛋白类产品。例如，分离蛋白、浓缩蛋白、组织蛋白、蛋白粉、多肽、超氧化物歧化酶等。

三、菜籽加工及发展趋势

菜籽油是我国人民的主要食用油之一，菜籽饼粕也是优质的蛋白资源，其饲用品质可以与大豆饼粕相媲美。另外，菜籽饼粕中的矿物质元素、B族元素含量都比大豆饼粕丰富。如今，菜籽饼粕的利用正越来越受到人们的重视。但是菜籽中所含有的多种抗营养因子和毒素，限制了菜籽甚至菜籽饼粕的进一步利用，其中的硫代葡萄糖苷在芥子酶的水解作用下，能生成毒性很强的腈类和异腈类化合物。因此有必要研究切实可行的加工及脱毒新工艺,在获取较高出油率的同时得到优质的蛋白。菜籽饼必须经过脱毒处理,才能用作饲料。

(一)菜籽取油工艺

常用的菜籽取油工艺主要有:预榨浸出、一次性浸出、酶-溶剂取油及水酶法取油等。

(二)菜籽脱毒工艺

1. 发酵法

有关菜籽发酵法脱毒的研究已有很多的报道,其原理是在外加酵母菌的作用下,对菜籽进行发酵,分解吸收有毒物质。有关资料表明,菜籽饼经发酵处理以后,除异亮氨酸、赖氨酸外,氨基酸含量均有所提高,饼粕蛋白及水溶性维生素的含量都有所提高,黏性好,钙、磷等易被吸收,噁唑烷硫酮(OZT)、异硫氰酸酯(ITC)含量显著降低,达到《饲料卫生标准》(GB 13078—2017)要求,因此可作为优良的饲用蛋白源。但是经发酵处理后,蛋白质混合发酵液的黏度很高,不利于进一步分离精制蛋白质。

2. 硫酸亚铁法

其原理是使菜籽饼中硫代葡萄糖苷的分解产物在处理过程中与硫酸亚铁中游离出来的铁离子发生络合作用,形成稳定的络合物,从而不被动物体吸收,达到去毒的目的。此法所造成的蛋白质损失较小,可基本保持全部的干物质。但是由于在脱毒过程中加入了硫酸亚铁类物质,会对蛋白质造成污染,影响其进一步的利用。

3. 钝化酶法

常用的钝化酶法有很多,如蒸汽加热法、烘烤法、醇类浸泡法以及微波处理法等。该法通过钝化芥子酶,阻断了芥子苷的分解途径,达到去毒的目的。此法同时存在一定的缺点,即尽管芥子酶被钝化,但芥子苷在进入动物体内以后,由于动物体内本身的酶作用,还可能引起芥子苷的分解,造成对肝脏器官的损伤。

4. 热喷法

将菜籽粕装入高压蒸煮罐中密封后,通入热蒸汽,使蒸煮罐达到一定的压力和温度,经过一段时间后,突然放气,降压使物料喷放到收集器中,然后干燥即可。实验表明,菜籽粕的毒性显著降低。但是该法同时会造成蛋白质结合和变性,不利于蛋白质的进一步加工利用。

5. 氨水处理法

这种方法是基于种子壁膜能够让低分子量的硫代葡萄糖苷通过,同时又阻挡大分子量物质通过,如蛋白质和廿三酯的渗透。这种方法基本上可以从菜籽中萃取出所有的芥子苷,而干物质的损失是进料量的 15.6%,其中 1.7%是脂肪、2.9%是粗蛋白、11.0%是其他固体物质。此法较容易与常用的加工工艺配套使用。

(三)水酶法菜籽加工

1. 水酶法的作用原理

油料经预处理破碎后,加入酶,调节水分含量和 pH 值,在一定温度下反应。菜籽细胞壁的主要成分是:39%的果胶,22%的纤维素,29%的半纤维素。因此,采用果胶酶及纤维素酶(或半纤维素酶)来破坏细胞壁,促进油脂的释放,然后以水为介质,因为油水不溶分层，蛋白质固相沉淀，从而达到取油及制取蛋白质的目的。

2. 水酶法取油的作用效果

近年来的研究表明，应用水酶法取油与传统取油工艺相比，具有以下优越性。

（1）酶预处理工艺与非酶预处理取油工艺的结果比较，前者处理一些油料时的得油率更高。一般来说，混合酶处理的效果优于单一酶处理。

（2）酶预处理工艺条件温和，所得毛油及饼粕质量都有所提高。采用酶预处理工艺所得的毛油除磷的含量较高外，各项指标大多低于其他工艺所得的毛油。毛油中的磷脂在后面的脱胶环节中易去除。

（3）酶预处理工艺所需的温度低于其他工艺，一般反应温度在 40～50℃，故而蛋白质的变性程度很小，有利于蛋白质的加工利用，可以最大限度地降低能耗。随着酶制剂工业的发展、酶价格的降低，水酶法制油的优势更会突出。水酶法处理所产生的废水与传统工艺相比，其生化需氧量（BOD）和化学需氧量（COD）均下降 30%～40%。为达到卫生标准及环保要求，采用膜废水处理工艺，使废水达到排放或回用的要求，同时脱除芥子苷，回收一部分水溶性蛋白质。

四、榨取菜籽油的实用新技术

压榨取油是广大农村用得非常广泛的一种小型制油工艺，但是只有掌握了正确的操作技术才能提高出油率，降低生产成本。具体操作如下。

（1）清理。原料菜籽先用振动筛过筛，除去大杂和小杂。如有必要除去菜籽料中的并肩泥，可用卧龙铁辊筒像碾米那样过碾，再用淌筛除去被碾碎的泥灰。最后料中含杂量要求不超过 0.5%，并须严防料中夹带铁类杂质进入榨机。

（2）破皮。利用小轧辊机进行碾轧，使菜籽粒破皮。要求破皮既不脱落，又不粉碎，呈"开口笑"状，破皮率不低于 85%，粉末度不超过 5%。操作中喂料要均匀，流量适当，碾轧辊的间距调节适当。

（3）加水。菜籽料入平底锅内，边搅拌边加入热水，加水量为物料的 13%～15%。

（4）炒料。榨油坊多采用平底锅（亦可用圆筒炒籽锅，效果同样良好），炒料的最终料温为 120～132℃，炒至熟料用手握料不漏油，有弹性，松手即散，熟度均匀不夹生。炒后熟料残余水分含量为 2.0%左右。同时要保证入榨机的料温为 120～125℃。

（5）压榨。榨膛预热正常后，即可开始正式投熟料，并调节出饼厚度为 1.25～2.5mm。压榨的效果好坏，可以通过随机抽检法判定炒料是否合格。所以压榨操作要勤观察，勤检查，勤调整。为了尽量提高压榨的出油率，榨饼宜调得偏薄一些，但要求出饼时不得冒青烟和焦煳，干饼残油控制在 5%～6%。

（6）毛油处理。榨出的毛油进入油池，先经沉淀除去固体杂质，如要求进一步除杂得到清油，则需要配置一台过滤机。

五、油菜综合利用的主要技术途径

油菜综合利用的主要途径有食品工业、化学工业等。其中，榨油是食品工业的主要途径。

（一）油料的预处理

油料的预处理包括油料的清理、干燥、破碎、软化、轧坯和蒸炒等工序。

1. 油料清理

油料在收获、晾晒、运输和贮藏等过程中会混进一些沙石、泥土、茎叶及金属等杂质，如果生产前不予清除，会对生产过程非常不利。油料中所含杂质可分为无机杂质、有机杂质和含油杂质三大类：①无机杂质，如泥土、沙石、灰尘及金属等；②有机杂质，如茎叶、绳索、皮壳及其他种子等；③含油杂质，如不成熟粒、异种油料、规定筛目以下的破损油料和病虫害粒等。

所谓油料清理，即除去油料中所含杂质的工序之总称。对清理的工艺要求，不但要限制油料中的杂质含量，同时还要规定清理后所得下脚料中油料的含量（见表 10-1、表 10-2）。

表 10-1　清理后油料含杂限量

单位：%

油料名称	冷榨大豆	热榨大豆	葵花仁（含壳）	芝麻
含杂限量	<0.05	<0.1	<10	<0.1
油料名称	花生仁	油菜籽	米糠	
含杂限量	<0.1	<0.5	<0.05	

表 10-2　清理后下脚料含油料限量

下脚料种类	下脚料中油料含量/%	检查筛规格		
		筛网		孔筛规格直径/mm
		规格/（目/cm）	金属丝直径/mm	
大豆下脚	≤0.5	4.72	0.55	1.70
葵花壳（含仁）	≤1.0	手拣	—	—
芝麻下脚	≤1.5	11.81	0.28	0.70
棉籽下脚	≤0.5	5.51	0.50	1.40
油菜籽下脚	≤1.5	11.81	0.28	0.70

（1）筛选。筛选是利用油料与杂质之间粒度（宽度、厚度、长度）的差别，借助筛孔分离杂质的方法。常用的筛选设备有固定筛、振动筛和旋转筛等。它们的主要工作部分是筛面，要根据油料和杂质颗粒形状及大小合理地选用筛孔。

（2）风选。风选是利用油料与杂质之间悬浮速度的差别，借助风力除杂的方法。风选的主要目的是清除轻杂质和灰尘，同时还能除去部分石子和土块等较重的杂质，此法常用于棉籽和葵花籽等油料的清理。风力分选器可分为吹式和吸式两种。

（3）磁选。磁选是利用磁力清除油料中磁性金属杂质的方法。油厂常用的磁选装置有两种：永磁滚筒和永磁筒。

（4）水选。水选是利用水与油料直接接触，以洗去附着在油料表面的泥灰，并根据比重不同的原料在水中沉降速度不等的原理，同时将油料中的石子、沙粒、金属等重杂质除去，而并肩泥则可在水的浸润作用下松散成细粒被水冲洗掉，采用水洗还可以有效地防止灰尘飞扬。

(5)并肩泥的清选。形状、大小与油料种子相等或相近，且比重与油料也相差不大的泥土团粒，称为并肩泥。特别是在菜籽和大豆中，并肩泥的含量较大，用筛选和风选设备均不能将其有效地清除，必须采用一种特殊的方法和设备。清选并肩泥的主要设备有铁辊筒碾米机、胶辊砻谷机、圆盘剥壳机、卧式圆筒打筛和立式圆筒打筛等。

2. 油料干燥

油料干燥是指高水分油料脱水至适宜水分含量的过程。油料收获时有时会碰上雨季，所以水分含量较高。为了安全贮藏，使之水分含量适宜，干燥就十分必要。

利用干燥设备加热油料，可使其中部分水分汽化，同时，油料周围空气中的湿度，必须小于油料在该温度下的表面湿度，这样形成湿度差，油料中的水分才能不断地汽化而逸入大气，并且在单位时间内，通过油料表面的空气量越多，则油料的脱水速度越快。干燥设备强制通入热风进行干燥，就是利用这个原理。常用的干燥设备有回转式干燥机、振动流化床干燥机和平板干燥机等。

3. 油料破碎

用机械的方法，将油料粒度变小的工序称为破碎。破碎的目的，对于大粒油料而言，是改变其粒度大小而利于轧坯；对于预榨饼来说，是使饼块大小适中，为浸出或第二次压榨创造良好的出油条件。破碎常用于大豆、花生仁、油棕仁、椰子干、油桐籽和油茶籽等颗粒较大的油料或预榨饼。

破碎设备的种类较多，常用的有牙板破碎机、辊式破碎机、齿辊破碎机和锤式破碎机四种。

4. 油料软化

软化是调节油料的水分含量和温度，使其变软，增加塑性的工序。为使轧坯效果达到要求，对于含油量较低的大豆、含水量较少的油菜籽以及棉籽等油料，软化是不可缺少的工序。对于大豆，由于含油量较低、质地较硬，如果含水量又少、温度又不高，未经软化就进行轧坯，势必会产生很多粉末；对于含水量少的油菜籽(尤其是陈油菜籽)，未经软化就进行轧坯，也难以达到要求。

5. 油料轧坯

轧坯亦称压片、轧片。它是利用机械的作用，将油料由粒状压成薄片的过程。轧坯的目的是破坏油料的细胞组织，为蒸炒创造有利的条件，以便在压榨或浸出时，使油脂能顺利地分离出来。

对轧坯的基本要求是料坯要薄、均匀，粉末少，不漏油，手捏发软，松手散开，粉末度控制在筛孔 1mm 的筛下物不超过 10%～15%。料坯的厚度：大豆 0.3mm 以下，棉仁 0.4mm 以下，油菜籽 0.35mm 以下，花生仁 0.5mm 以下。

轧完坯后再对料坯进行加热，使其入浸水分控制在 7%左右，粉末度控制在 10%以下。当料坯厚度增至 0.4mm 以上，即使增大溶剂量，也难以达到较低的残油率。因此，必须采用压力大的液压轧坯机，使坯片厚度控制在 0.25～0.30mm，且坯片坚实。这样既不会增加坯片的粉末度，又有利于溶剂的浸出。常用设备有：单对辊轧坯机、对辊轧坯机。

6. 油料蒸炒

油料蒸炒是指生坯经过湿润、加热、蒸坯和炒坯等处理，发生一定的物理化学变化，并使其内部的结构改变，转变成熟坯的过程。

蒸炒是制油工艺过程中重要的工序之一。因为蒸炒可以借助水分和温度的作用，使油料内部的结构发生很大变化，例如细胞受到进一步的破坏、蛋白质发生凝固变性、磷脂和棉酚离析与结合等，而这些变化不仅有利于油脂从油料中比较容易地分离出来，而且有利于毛油质量的提高。所以，蒸炒效果的好坏，对整个制油生产过程的顺利进行、出油率的高低以及油品/饼粕的质量都有着直接的影响。

在最初的蒸炒和脱溶阶段，可能出现蛋白质变性。整粒菜籽和轧坯坯料中的芥子酶采用微波处理使其钝化，则是防止蛋白质变性的有效方法。芥子酶钝化取决于初始原料水分含量(理想水分含量为 10%)。微波处理的缺点是油中含硫量增加，这是由长时间处理引起的。许多油菜籽加工厂家在预榨之后和浸出之前，在其工艺过程中增加了 1 台挤压机。这种挤压机是一种辅助设备，其效益足以使费用合算。最新的设计是，将预榨和挤压机组合成 1 台设备，其优点在于无须额外动力。

9. 油料挤压膨化

油料挤压膨化是指利用挤压膨化设备将经过破碎、压坯或整粒油料转变成多孔的膨化料粒的过程。油料挤压膨化主要应用于大豆生坯的膨化浸出工艺，也可应用于菜籽生坯、棉籽生坯以及米糠的膨化浸出工艺，还可对整粒油料(如大豆)做挤压膨化处理以供压榨取油之用。油料挤压膨化用于各种油料浸出前的预处理和各种预榨饼浸出前的处理，可提高 30%～50%的产量，并且能改善产品质量，降低粕中残油，减少能耗。

(二)压榨制油

1. 动力螺旋榨油机制油

螺旋榨油机是由动力传动，利用螺旋轴在榨笼中连续旋转对料坯进行压榨取油的榨油机械。目前国产的螺旋榨油机有 ZX-10 型(95 型)、ZX-18 型(200A-3 型)、ZX-24 型(202-3 型)等，它们的技术特征见表 10-3。

表 10-3　几种国产螺旋榨油机技术特征

项目	型号		
	ZX-10	ZX-18	ZX-24
有效容积/m^3		0.72	0.78
加热面积/m^2		4.5	5.8
搅拌轴转速/(r/min)		35	41
使用蒸汽压力/MPa		0.5～0.6	0.5～0.6
榨膛直径/mm	97	前段:180	前段:242
		后段:152	后段:202

续表

项目	型号		
	ZX-10	ZX-18	ZX-24
榨膛长度/mm	567	前段:178 后段:828 中间过渡段:30 总长:1036	前段:178 后段:828 中间过渡段:30 总长:1036
榨螺节数	8	7	7
榨条段数	前段榨条	1	1
	后段榨圈	3	3
榨条尺寸/mm		前段:178×19×10 后段:276×19×10	前段:178×19×10 后段:276×19×10
榨轴直径/mm	48	78～85	85
榨轴转速/(r/min)	30	≈8	≈15
喂料轴转速/(r/min)	24	≈69	≈49
压榨时间/s	30～45	≈150	≈65
干饼残油率/%	<6.5	6～7	11～13
饼厚度/mm	1.5～2	5～8	≈12

2. ZX-10 型螺旋榨油机

ZX-10 型螺旋榨油机是以原 95 型螺旋榨油机为基础,进行改良制造而成的。经技术鉴定,认为该机与原 95 型榨油机相比,结构更为合理,尤其是喂料部分和榨膛的改进,提高了工艺效果。该机具有操作简便、性能稳定、单机重量轻、运转平稳、无异常振动和噪声、齿轮箱无渗漏现象等优点。

3. ZX-18(200A-3)型螺旋榨油机

ZX-18(200A-3)型螺旋榨油机是目前比较好的一种榨油机,它具有结构紧凑、处理量大、操作简便、主要零部件坚固耐用等优点。该机还附装有榨机蒸炒锅,可调节入榨料坯的温度及水分,以取得较好的压榨效果。该机与蒸炒锅配合使用,基本上实现了连续化生产。

4. ZY-24(202-3)型预榨机

ZY-24 型预榨机,是在 202 型预榨机基础上重新设计的机型。它传动合理,结构紧凑,占地面积小。该机在蒸烘脱水、均匀进料、机械绞饼、榨笼装卸等方面做了较大幅度的改进,故具备蒸脱迅速、进料均匀、绞饼省力、装卸榨笼方便等优点。该机对压榨花生仁、棉籽、葵花籽、油菜籽等含油量较高的油料尤为适宜。

5. 榨油车间

榨油车间布置技术参数:对榨油机的布置,要求设备中心间距不少于 3m,榨机前面的操作通道要大于 2m,榨机炒锅顶净空要大于 0.85m,以便搅拌轴的装拆。

榨油车间作为预榨车间,本车间与浸出车间之间可考虑设置缓冲饼库,以便浸出车间出现故障时能暂时堆放预榨饼。

(三)浸出法制油

1. 浸出法制油的基本过程

浸出法制油是应用萃取的原理，选用某种能够溶解油脂的有机溶剂，经过对油料的接触(浸泡或喷淋)，使油料中的油脂被萃取出来的一种制油方法。其基本过程是：把油料坯(或预榨饼)浸于选定的溶剂中，使油脂溶解在溶剂内(组成混合油)，然后将混合油与固体残渣(粕)分离，混合油再按不同的沸点进行蒸发、汽提，使溶剂汽化变成蒸气与油分离，从而获得油脂(浸出毛油)。溶剂蒸气则经过冷凝、冷却回收后可继续使用。粕中亦含有一定数量的溶剂，经脱溶烘干处理后即得干粕，脱溶烘干过程中挥发出的溶剂蒸气仍经冷凝、冷却回收使用。

2. 浸出法制油的优点

浸出法制油具有粕中残油率低(出油率高)、劳动强度低、工作环境佳、粕的质量好等优点。由此可见，相较压榨法，浸出法制油的确是一种先进的制油方法，目前已得到普遍应用。

3. 油脂浸出的基本原理

油脂浸出亦称“萃取”，是用有机溶剂提取油料中油脂的工艺过程。油料的浸出，可视为固-液萃取，它是利用溶剂对不同物质具有不同溶解度的性质，将固体物料中有关成分加以分离的过程。在浸出时，油料用溶剂处理，其中易溶解的成分(主要是油脂)就溶解于溶剂中。当油料浸出在静止的情况下进行时，油脂以分子的形式进行转移，属“分子扩散”。但浸出过程大多是在溶剂与料粒之间有相对运动的情况下进行的，因此，它除了有分子扩散外，还有取决于溶剂流动情况的“对流扩散”过程。

4. 浸出法制油工艺

(1)浸出法制油工艺的分类

按操作方式划分，浸出法制油工艺可分成间歇式浸出和连续式浸出。①间歇式浸出。料坯进入浸出器，粕自浸出器中卸出，新鲜溶剂的注入和浓混合油的抽出等工艺操作，都是分批、间断、周期性进行的浸出过程，属于这种工艺类型。②连续式浸出。料坯进入浸出器，粕自浸出器中卸出，新鲜溶剂的注入和浓混合油的抽出等工艺操作，都是连续不断进行的浸出过程，属于这种工艺类型。

按接触方式划分，浸出法制油工艺可分成浸泡式浸出、喷淋式浸出和混合式浸出。①浸泡式浸出。料坯浸泡在溶剂中完成浸出过程的叫浸泡式浸出。属于浸泡式的浸出设备有罐组式浸出器，以及弓形、U 形和 Y 形浸出器等。②喷淋式浸出。溶剂呈喷淋状态与料坯接触而完成浸出过程者，被称为喷淋式浸出。属于喷淋式的浸出设备有履带式浸出器等。③混合式浸出。这是一种喷淋与浸泡相结合的浸出方式，属于混合式的浸出设备有平转式浸出器和环形浸出器等。

按生产方法划分，浸出法制油工艺可分为直接浸出和预榨浸出。①直接浸出。直接浸出也称“一次浸出”。它是将油料经预处理后直接进行浸出的制油工艺过程。此工艺适用于含油量较低的油料。②预榨浸出。预榨浸出是指油料经预榨取出部分油脂，再将含油较高的饼进行浸出的工艺过程。此工艺适用于含油量较高的油料。

(2)浸出工艺流程的选择

浸出生产能否顺利进行,与所选择的工艺流程关系密切,它直接影响到油厂投产后的产品质量、生产成本、生产能力和操作条件等诸多方面。因此,应该采用既先进又合理的工艺流程。选择工艺流程的依据是:

①根据原料的品种和性质进行选择。根据原料品种的不同,采用不同的工艺流程,如加工棉籽,其工艺流程为:棉籽→清洗→脱绒→剥壳→仁壳分离→软化→轧坯→蒸炒→预榨→浸出;若加工油菜籽,则工艺流程为:油菜籽→清选→轧坯→蒸炒→预榨→浸出。

②根据原料含油率的不同,确定是否采用一次浸出或预榨浸出。如上所述,油菜籽、棉籽仁都属于高含油原料,故应采用预榨浸出工艺;而大豆的含油量较低,则应采用一次浸出工艺:大豆→清选→破碎→软化→轧坯→干燥→浸出。

③根据对产品和副产品的要求进行选择。对产品和副产品的要求不同,工艺条件也不同,如同样是加工大豆,要用大豆粕来提取蛋白粉,就要求大豆脱皮,以减少粗纤维的含量,相对提高蛋白质含量,工艺流程为:大豆→清选→干燥→调温→破碎→脱皮→软化→轧坯→浸出→浸出粕→脱溶→烘烤→冷却→粉碎→高蛋白大豆粉。

④根据生产能力进行选择。生产能力大的油厂,可选择较复杂的工艺和较先进的设备;生产能力小的油厂,可选择比较简单的工艺和设备。如日处理能力 50t 以上的浸出车间,可考虑采用液状石蜡尾气吸收装置和冷冻尾气回收溶剂装置。

5. 油脂浸出

(1)工艺流程(见图 10-2)。油料经过预处理后所成的料坯(或预榨饼),由输送设备送入浸出器,经溶剂浸出后得到浓混合粕和湿粕。

溶剂
料胚(或预榨饼)
存料箱
封闭绞龙
浸出器
混合油
湿粕

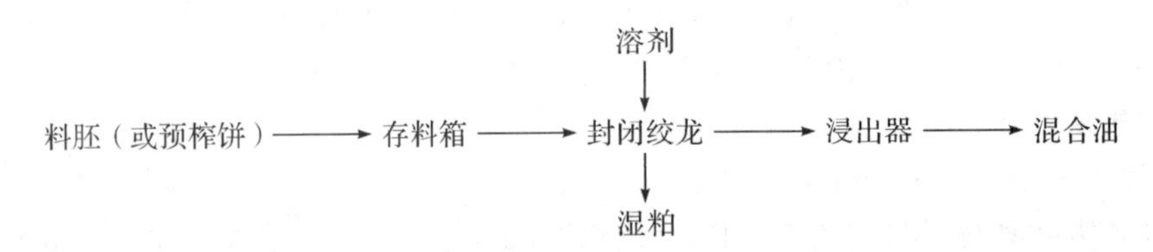

图 10-2 油脂浸出的工艺流程

(2)浸出设备。浸出系统的重要设备是浸出器,其形式很多。间歇式浸出器:浸出罐。连续式浸出器:平转式浸出器、环形浸出器、卫星式浸出器、履带式浸出器等。

6. 湿粕的脱溶烘干

(1)工艺流程(见图 10-3)。从浸出器卸出的粕中含有 25%~35%的溶剂,为了使这些溶剂得以回收和获得质量较好的粕,可采用加热以蒸脱溶剂。

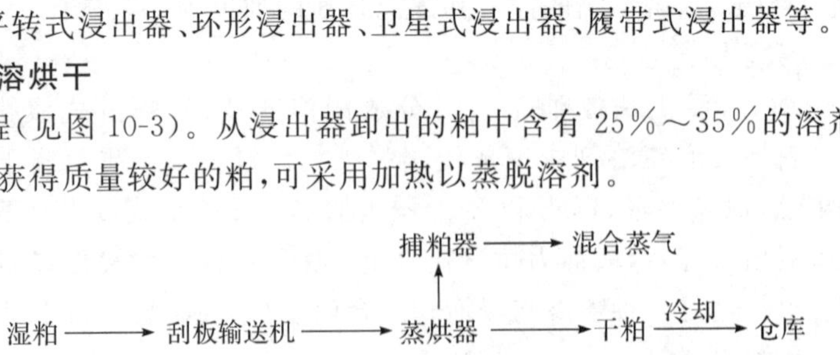

捕粕器
混合蒸气
湿粕
刮板输送机
蒸烘器
干粕
冷却
仓库

图 10-3 脱溶烘干的工艺流程

(2)脱溶烘干设备。对预榨饼浸出粕的脱溶烘干多采用高料层蒸烘机,对大豆一次浸粕的脱溶烘干,宜采用 DT(脱溶、烤粕)蒸脱机。

7. 混合油的蒸发和汽提

(1)工艺流程:混合油过滤→混合油贮罐→第一蒸发器→第二蒸发器→汽提塔→浸出毛油。

从浸出器泵出的混合油(油脂与溶剂组成的溶液),须经处理使油脂与溶剂分离。分离方法是利用油脂与溶剂的沸点不同,首先将混合油加热蒸发,使绝大部分溶剂汽化而与油脂分离。然后,再利用油脂与溶剂的挥发性不同,将浓混合油进行水蒸气蒸馏(即汽提),把毛油中残留溶剂蒸馏出去,从而获得含溶剂量很低的浸出毛油。但是在进行蒸发、汽提之前,须将混合油进行"预处理",以除去其中的固体粕末及胶状物质,为混合油的成分分离创造条件。

(2)过滤。让混合油通过过滤介质(筛网),其中所含的固体粕末即被截留,得到较为洁净的混合油。处理量较大的平转型浸出器内,在第Ⅱ级油格上装帐篷式过滤器,使滤网规格为 100 目,浓混合油经过滤后再泵出。

(3)离心沉降。现多采用旋液分离器来分离混合油中的粕末,它是利用混合油各组分的重量不同,采用离心旋转产生离心力大小的差别,使粕末下沉而液体上升,达到清洁混合油的目的。

(4)混合油的蒸发。蒸发是借加热作用使溶液中的一部分溶剂汽化,从而提高溶液中溶质的浓度,即使挥发性溶剂与不挥发性溶质分离的操作过程。混合油的蒸发是利用油脂几乎不挥发,而溶剂沸点低、易于挥发的特性,用加热使溶剂大部分汽化蒸出,从而使混合油中油脂的浓度大大提高的过程。

在蒸发设备的选用上,油厂多选用长管蒸发器(也称为"升膜式蒸发器")。其特点是加热管道长,混合油经预热后由下部进入加热管内,迅速沸腾,产生大量蒸气泡并迅速上升。混合油也被上升的蒸气泡带动并拉曳为一层液膜沿管壁上升,溶剂在此过程中继续蒸发。由于是在薄膜状态下进行传热的,故蒸发效率较高。

(5)混合油的汽提。通过蒸发,混合油的浓度大大提高,然而溶剂的沸点也随之升高。无论继续进行常压蒸发或改成减压蒸发,欲使混合油中剩余的溶剂基本除去都是相当困难的。只有采用汽提,才能将混合油内残余的溶剂基本除去。

汽提即水蒸气蒸馏,其原理是:混合油与水不相溶,向沸点很高的浓混合油内通入一定压力的直接蒸汽,同时在设备的夹套内通入间接蒸汽加热,使通入混合油的直接蒸汽不致冷凝。直接蒸汽与溶剂蒸气气压之和与外压平衡,溶剂即刻沸腾,从而降低了高沸点溶剂的沸点。未凝结的直接蒸汽夹带蒸馏出的溶剂一起进入冷凝器进行冷凝回收。其设备有管式汽提塔、层碟式汽提塔、斜板式汽提塔。

8. 溶剂蒸气的冷凝和冷却

(1)工艺流程(见图 10-4)。

由第一、第二蒸发器出来的溶剂蒸气因其不含水,经冷凝器冷却后直接流入循环溶剂罐;由汽提塔、蒸烘机出来的混合蒸气进入冷凝器,经冷凝后的溶剂-水混合液流入分水器进行分水,分离出的溶剂流入循环溶剂罐,而水进入水封池,再排入下水道。

若分水器排出的水中含有溶剂,则进入蒸煮罐,蒸去水中微量溶剂后,经冷凝器出来,冷凝液进入分水器,废水进入水封池。

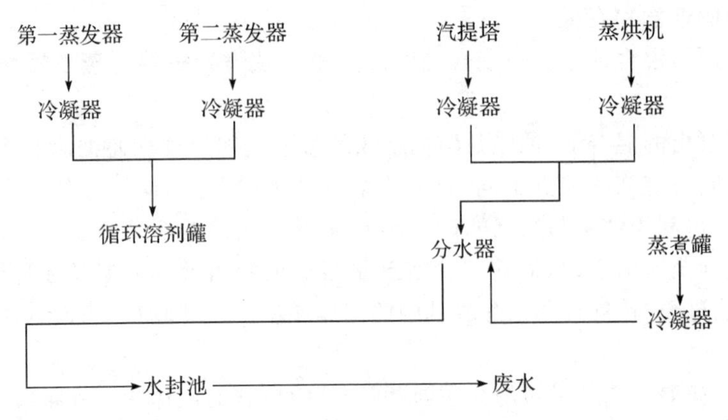

图 10-4 溶剂蒸气的冷凝和冷却流程

(2)溶剂蒸气的冷凝和冷却。所谓冷凝,即在一定的温度下,气体放出热量转变成液体的过程。而冷却是指热流体放出热量后温度降低但不发生物相变化的过程。单一的溶剂蒸气在固定冷凝温度下放出其本身的蒸发潜热而由气态变成液态。当溶剂蒸气刚刚冷凝完毕,就开始了冷凝液的冷却过程。因此,在冷凝器中进行的是冷凝和冷却两个过程。事实上这两个过程也不可能截然分开。两种互不相溶的蒸气混合物——水蒸气和溶剂蒸气,由于它们各自的冷凝点不同,因而在冷凝过程中,随温度的下降所得冷凝液的组成也不同。但在冷凝器中它们仍然经历冷凝、冷却两个过程。

目前常用的冷凝器有列管式冷凝器、喷淋式冷凝器和板式冷凝器。

(3)溶剂和水分离。来自蒸烘机或汽提塔的混合蒸气冷凝后,含有较多的水。利用溶剂不易溶于水且比水轻的特性,使溶剂和水分离,以回收溶剂。这种分离设备就称为“溶剂-水分离器”,目前使用得较多的是分水箱。

(4)废水中溶剂的回收。分水箱排出的废水要经水封池处理。水封池要靠近浸出车间,水封池为三室水泥结构,其保护高度不应小于 0.4m,封闭水柱高度大于保护高度 2.4 倍,容量不小于车间分水箱容积的 1.5 倍,水流的入口和出口的管道均为水封闭式。

在正常情况下,分水器排出的废水须经水封池处理,但当水中夹杂有大量粕屑时,呈乳化状态的一部分废水,应送入废水蒸煮罐,用蒸汽加热到 92℃以上(但不超过 98℃),使其中所含的溶剂蒸发,再经冷凝器回收。

9. 自由气体中溶剂的回收

(1)工艺方法

自由气体中溶剂的回收方法主要有液状石蜡油尾气回收法、低温冷冻法。

(2)工艺流程(见图 10-5)。空气可以随着投料进入浸出器,并进入整个浸出设备系统与溶剂蒸气混合,这部分空气因不能冷凝成液体,故称为“自由气体”。自由气体长期积聚会增大系统内的压力而影响生产的顺利进行,因此要从系统中及时排出自由气体。但这部分空气中含有大量溶剂蒸气,在排出前需将其中所含溶剂回收。来自浸出器、分水箱、混合油贮罐、冷凝器、溶剂循环罐的自由气体全部汇集于空气平衡罐,再进入最后冷凝器。某些油厂把空气平衡罐与最后冷凝器合二为一。自由气体中所含的溶剂被部分冷凝回收后,尚有未凝结的气体,仍含有少量溶剂,应尽量予以回收后再将废气排空。

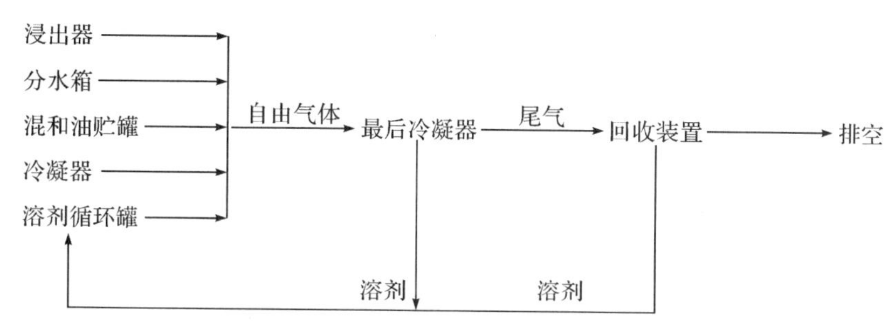

图 10-5　自由气体中溶剂的回收流程

10. 浸出车间工艺技术参数

(1)工艺参数

①进浸出器料坯的质量要求。直接浸出工艺:料坯厚度为 0.3mm 以下,水分含量为 10%以下;预榨浸出工艺、饼块最大对角线不超过 15mm,粉末度(30 目以下)为 5%以下,水分含量为 5%以下。

②料坯在平转浸出器中浸出,其转速不大于 100r/min;在环型浸出器中浸出,其转速不小于 0.3r/min。

③浸出温度:50～55℃。

④混合油浓度。入浸料坯含油量 18%以上者,混合油浓度不小于 20%;入浸料坯含油量大于 10%者,混合油浓度不小于 15%;入浸料坯含油量在 5%～10%者,混合油浓度不小于 10%。

⑤粕在蒸脱层的停留时间,高温粕不小于 30min;蒸脱机气相温度为 74～80℃;蒸脱机粕出口温度,高温粕不小于 105℃,低温粕不大于 80℃。带冷却层的蒸脱机(DTDC)粕出口温度不高于环境温度 10℃。

⑥混合油蒸发系统。汽提塔出口毛油含总挥发物 0.2%以下,温度 105℃。

⑦溶剂回收系统。冷凝器冷却水进口水温 30℃以下,出口温度 45℃以下;凝结液温度 40℃以下。

(2)产品质量

①毛油总挥发物含量 0.2%以下。

②粕残油率 1%以下(粉状料 2%以下),水分含量 12%以下,引爆试验合格。

③一般要求毛油达到如表 10-4 所示标准。

表 10-4　毛油的标准

测试指标	质量要求	测试指标	质量要求
色泽、气味、滋味	正常	杂质	≤0.5%
水分及挥发物	≤0.5%	酸价	参看原料质量标准,不高于规定要求

④预榨饼质量，在预榨机出口处检验，其要求如表10-5所示。

表10-5 预榨饼质量要求

测试指标	质量要求
饼厚度	≥12mm
饼水分	≤6%
饼残油	≥13%，但根据浸出工艺需要，可提高到18%

(3)有关设备计算采用的参数(见表10-6)

表10-6 层式蒸炒锅的要求

测试指标	要求
料坯密度	400～450kg/m^3
饼块密度	560～620kg/m^3
层式蒸炒锅总传热系数	K=628kJ/(m^2·h·℃)
入浸出器料坯的容重	大豆粕按360kg/m^3，预榨饼按600kg/m^3，浸出时间90min

有关列管式传热设备的总传热系数，常压蒸发应不低于如表10-7所示数据。

表10-7 列管式传热设备的总传热系数 单位：kJ/(m^2·h·℃)

测试指标	要求	测试指标	要求
第一蒸发器总传热系数	1170	溶剂冷凝器的总传热系数	754
第二蒸发器总传热系数	420	溶剂加热器的总传热系数	420

设备布置应紧凑，在充分考虑供操作维修的空间后，可考虑车间主要通道为1.2m，两设备突出部分间距如需操作人员通过则为0.8m，如不考虑操作人员通过可为0.4m。靠墙壁无人路过的贮槽与墙距离为0.2m。如有管路经过，上述尺寸尚需考虑管子及保温层所占空间。车间内不准设地坑、管沟，以免溶剂蒸气积聚。

(4)消耗指标(见表10-8)

表10-8 设备的消耗指标

指标	限值	指标	限值
蒸汽消耗量	500(350)kg/t	冷却水量	20(30)t/t
电消耗量	15kW·h/t	溶剂消耗量	<5kg/t

注意：蒸汽消耗量中，括号内数字为采用负压蒸发工艺时的消耗量。

(5)管路系统设计

对每条管线进行管径计算，同时按输送的原料选择所需管的型号、材质。每条管线应进行编号，并编制管路、阀门、疏水器、仪表明细表。浸出车间管径计算，可选用流速数据如下：主蒸汽管25m/s，支蒸汽管20m/s，水管1.5m/s，混合油溶剂管1.0m/s。

(四)油脂精炼

毛油的主要成分是甘油三酯(俗称中性油)。除中性油外,毛油中还含有非甘油三酯物质(统称杂质),按其种类、性质、状态,大致可分为机械杂质、脂溶性杂质和水溶性杂质三大类。

1.油脂精炼的目的和方法

(1)油脂精炼的目的。油脂精炼,通常是指对毛油进行精制。毛油中杂质的存在,不仅影响油脂的食用价值和贮藏安全性,而且给深加工带来困难。但精炼的目的,又不是将油中所有的杂质都除去,而是将其中对食用、贮藏、工业生产等有害无益的杂质除去,如将棉酚、蛋白质、磷脂、黏液、水分等都除去,而有益的杂质,如生育酚等要保留。因此,根据不同的要求和用途,将不需要的和有害的杂质从油脂中除去,得到符合一定质量标准的成品油,就是油脂精炼的目的。

(2)油脂精炼的方法。根据操作特点和所选用的原料,油脂精炼的方法可大致分为机械法、化学法和物理化学法三种(见图 10-6)。

油脂精炼的方法
- 机械法:沉淀、过滤、离心分离等
- 化学法:酸炼、碱炼、酯化、氧化还原(脱色)等
- 物理化学法:水化、中和(脱酸)、吸附(脱色)、冷冻(脱蜡、硬酯)、蒸馏(脱臭)、液-液萃取、混合油精炼

图 10-6　油脂精炼的方法

上述精炼方法往往不能截然分开。有时采用一种方法,会同时产生另一种精炼作用。例如碱炼(中和游离脂肪酸)是典型的化学法,然而,中和反应生产的皂脚能吸附部分色素、黏液和蛋白质等,将其一起从油中分离出来。由此可见,碱炼时伴有物理化学过程。

油脂精炼是比较复杂而具有灵活性的工作,必须根据油脂精炼的目的,兼顾技术条件和经济效益,选择合适的精炼方法。

2.机械法

(1)沉淀。沉淀是利用油和杂质的不同比重,借助重力的作用,达到自然分离目的的一种方法。

常用沉淀设备:油池、油槽、油罐、油箱和油桶等。

沉淀方法:沉淀时,将毛油置于沉淀设备内,一般在 20～30℃温度下,使之自然沉淀。由于很多杂质的颗粒较小,与油的比重差别不大,因此杂质的自然沉淀速度很慢。另外,因油脂的黏度随着温度升高而降低,所以提高油的温度可加快某些杂质的沉淀速度。但是,提高温度也会使磷脂等杂质在油中的溶解度增大而造成分离不完全,故应适可而止。

沉淀法的特点是设备简单,操作方便,但其所需的时间很长(有时要 10 多天),又因不能完全除去水和磷脂等胶体杂质,油脂易氧化、水解而增大酸值,影响油脂质量。不仅如此,它还不能满足大规模生产的要求,所以,这种纯粹的沉淀法,只适用于小规模的乡镇企业。

(2)过滤。过滤是将毛油在一定压力(高压或负压)和温度下,通过带有毛细孔的介质(滤布),让净油通过而使杂质截留在介质上,达到油和杂质分离的一种方法。

常用过滤设备:箱式压滤机、板框式过滤机、振动排渣过滤机和水平滤叶过滤机等。

(3)离心分离。离心分离是利用离心力分离悬浮杂质的一种方法。

卧式螺旋卸料沉降式离心机是轻化工业应用已久的一类机械产品,近年来在部分油厂用以分离机榨毛油中的悬浮杂质,取得较好的工艺效果。目前国内油厂用于毛油除杂的WL型离心机的技术参数如表10-9所示。

表10-9 WL型离心机技术参数

技术参数	机型	
	WL-350	WL-380
转鼓大端直径/mm	350	380
转鼓工作长度/mm	650	618
转鼓转速/(r/min)	3100~3500	3500
分离因素	1800~2400	2560
螺旋速差/(r/min)	28~45	22
生产能力/(t/h)	1~2	2.5
电机功率/kW	7.5	7.5~11
工作温度/℃	0~90	0~90
净油含量/%	≤0.2	≤0.2
渣中含油/%	≤40	≤40
外形尺寸/mm	1600×900×540	1800×900×530
整机质量/kg	670	800

3. 水化法

(1)水化原理

所谓水化,是指将一定数量的热水或稀碱、盐及其他电解质溶液,加入毛油中,使水溶性杂质凝聚沉淀而与油脂分离的一种去杂方法。

水化时,凝聚沉淀的水溶性杂质以磷脂为主,磷脂的分子结构中,既含有疏水基团,又含有亲水基团。当毛油中不含水分或含水量极低时,它能溶解分散于油中;当磷脂吸水湿润时,磷脂的亲水基团和水结合后,其吸水能力增强。随着吸水量的增加,磷脂质点体积逐渐膨胀,并且相互凝结成胶粒。胶粒又相互吸引,形成胶体,其比重比油脂大得多,因而从油中沉淀析出。

(2)水化设备

目前广泛使用的水化设备是水化锅。一般油厂往往配备2~3只水化锅,轮流使用。水化锅也可作为碱炼(中和)锅使用。

(3)工艺流程(见图10-7)

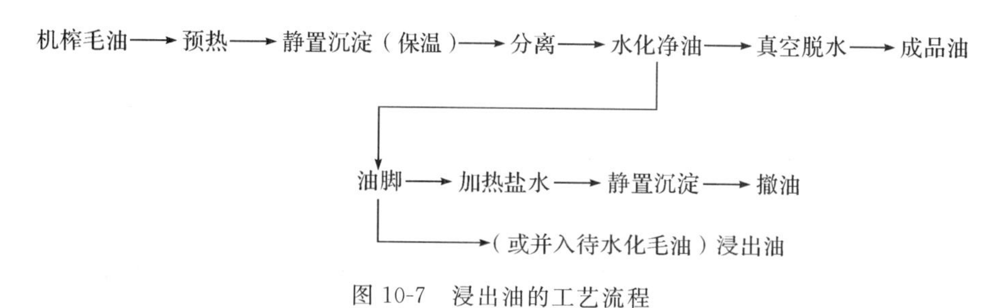

图10-7　浸出油的工艺流程

(4)水化脱胶工艺参数

①毛油的质量要求:水分及挥发物≤0.3%;杂质≤0.4%。

②水的质量要求:总硬度(以CaO计)<250mg/L;其他指标应符合生活饮用水卫生标准。

③间歇式脱磷加水量可为胶质含量的3～5倍;连续式脱磷加水量可为油量的1%～3%。

④水化温度通常采用70～85℃,水化的搅拌速度,应能变动,间歇式的应至少有两种速度可供选择。

⑤水化脱磷工艺中若添加酸类等物质,添加量可考虑为油量的0.05%～0.10%。因连续式脱磷设备进行胶质分离时带有少量杂质,大型厂宜采用排渣式离心机,以节省清洗碟片的时间。

⑥水化脱磷设备的选用:处理量小于20t/d的宜采用间歇式设备,处理量大于50t/d的应采用连续式设备。

⑦水化脱磷设备宜布置在二层楼房车间,主要设备及操作的仪表开关应安装在楼上,中间贮罐及辅助设施放置在楼下。

⑧一般新设计的车间中,间歇式水化锅之间的净空距离可为0.6～0.8m,两两成组,组之间的净空距离可为1.2～1.5m;连续式水化离心机之间的距离可为1.5～1.8m。

⑨成品质量要求如表10-10所示。

表10-10　成品质量要求

指标	限值	指标	限值
磷脂含油(干基)	<50%	杂质	<0.15%
含磷脂量	<0.15%～0.45%(据不同油品和要求)	水分	<0.2%
含磷量	<50～150mg/kg		

⑩(连续式工艺)消耗指标如表10-11所示。

表10-11　消耗指标

指标	限值	指标	限值
蒸汽(0.2MPa)	60～80kg/t	电	3～5kW·h/t
水(20℃)	0.2～0.4m^3/t		

4. 碱炼法

碱炼指是用碱中和游离脂肪酸，并同时除去部分其他杂质的一种精炼方法。所用的碱类物质有多种，如石灰水、有机碱和烧碱等。国内应用最广泛的是烧碱。

(1)碱炼的基本原理

碱炼的原理是碱溶液与毛油中的游离脂肪酸发生中和反应。反应式如下：

$$RCOOH + NaOH \longrightarrow RCOONa + H_2O$$

碱炼过程中除了发生中和反应外，还会发生其他一些物理化学反应。

①烧碱能中和毛油中的游离脂肪酸，使之生成钠皂(通称为皂脚)，它在油中成为不易溶解的胶状物沉淀。

②皂脚具有很强的吸附能力，因此相当数量的其他杂质(如蛋白质、黏液、色素等)被其吸附而沉淀，甚至机械杂质也不例外。

③毛棉油中所含的游离棉酚可与烧碱反应，变成酚盐。这种酚盐在碱炼过程中更易被皂脚吸附沉淀，因而能提高纯净度，提高精炼棉油的质量。

碱炼所生成的皂脚内含有相当数量的中性油，其原因主要在于：皂脚与中性油之间有胶溶性；中性油被皂脚包裹；皂脚凝聚成絮状时吸附中性油。

在中和游离脂肪酸的同时，中性油也可能被皂化而增加损耗。因此，必须选择最佳条件，以提高精油率。

(2)碱炼方法

按设备来分，有间歇式和连续式两种碱炼法，而前者又可分为低温和高温两种操作方法。小型油厂一般采用的是间歇式低温法。

①间歇式碱炼工艺流程如图10-8所示。

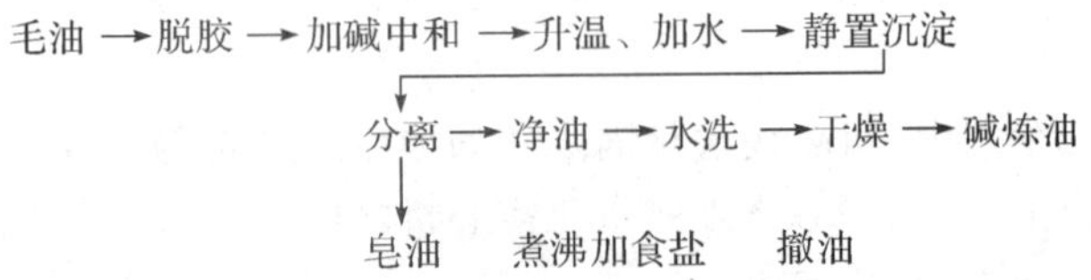

毛油 → 脱胶 → 加碱中和 → 升温、加水 → 静置沉淀

→ 分离 → 净油 → 水洗 → 干燥 → 碱炼油

分离 ↓ 皂油　煮沸加食盐　撤油

图10-8　间歇式碱炼工艺流程

②连续式碱炼。连续式碱炼即生成过程连续化。其中有些设备能够自动调节，操作简单，生产效率高。此法所用的主要设备是高速离心机，常用的有管式和碟式高速离心机。

(3)碱炼脱酸工艺参数

①脱胶油的质量要求：水分<0.2%；杂质<0.15%；磷脂<0.05%。水的质量要求：总硬度(以CaO计)<50mg/L；其他指标应符合生活饮用水卫生标准。烧碱的质量要求：固体碱或液体碱，杂质≤5%。

②从处理量来考虑，小于20t/d的宜采用间歇式碱炼法，大于50t/d的应采用连续式碱炼法。

③碱炼中碱液的浓度和用量，应根据油的酸价(加入其他酸时亦包括在内)、色泽、杂质和加工方式等，通过计算和经验来确定，碱液浓度一般为10～30°Bé，碱炼时的超碱量一般为理论值的20%～40%。

④间歇式碱炼应采用较低的温度。设备应有二级搅拌速度。

⑤连续式碱炼可采用较高的温度和较短的混合时间。在采用较高温度时，必须避免油与空气的接触，以防止油的氧化。

⑥水洗作业可采用二次水洗，或一次复炼和一次水洗，复炼宜用淡碱，水洗水应用软水，水洗水量一般为油重的10%～20%，水洗温度可为80～95℃。

⑦水洗并脱水后的油的干燥应采用真空干燥，温度一般为85～100℃，真空残压为4000～7000Pa，干燥后的油应冷却至70℃以下才能进入下面的作业或贮存。

⑧成品质量(见表10-12)。

表10-12　成品质量

指标	限值	指标	限值
酸价	间歇式≤0.4，连续式≤0.15，或按要求	油中含水	<0.1%(或0.2%)
油中含皂	间歇式<150～300mg/kg；连续式<80mg/kg，不再脱色可取<150mg/kg	油中含杂	<0.1%(或0.2%)

⑨消耗指标(见表10-13)。

表10-13　消耗指标

指标	限值	指标	限值
蒸汽(0.2MPa)	200～250kg/t	电	5～20kW·h/t
软水	0.4～0.6m^3/t	烧碱(固体碱，含量95%)	游离脂肪酸(FFA)含量的1.5～2倍
冷却水(20℃，循环使用的补充水量)	1～1.5m^3/t	碱炼损耗	(1.2～1.6)×韦森损耗

⑩非冷却用水废水排放量及其主要指标。碱炼时的非冷却用水是植物油厂产生废水的重要来源，应尽量减少废水的产生和对环境的污染程度，主要指标见表10-14。

表10-14　非冷却用水废水排放量及其主要指标

指标	限值	指标	限值
排放量	<0.4～0.6m^3/t	化学需氧量(COD)	5000～10000mg/L
pH值	8～10	生化需氧量(BOD)	8000～15000mg/L
悬浮物(SS)含量	2000～5000mg/L	含油量	500～1000mg/L

5.塔式炼油法

塔式炼油法又称泽尼斯炼油法。该法已用于菜籽油、花生油、玉米胚油和牛羊油等的碱炼，同时也适用于棉籽油的第二道碱炼。

一般的碱炼法是碱液分散在油相中中和游离脂肪酸，即油包水滴(W/O)型。塔式炼油法与一般的碱炼方法有明显区别：它是使油分散在碱液层，碱与游离脂肪酸在碱液中进行中和，即水包油滴(O/W)型。

塔式炼油法由三个阶段组成：第一阶段是毛油脱胶，第二阶段是脱酸，第三阶段是脱色。其工艺过程如图 10-9 所示。

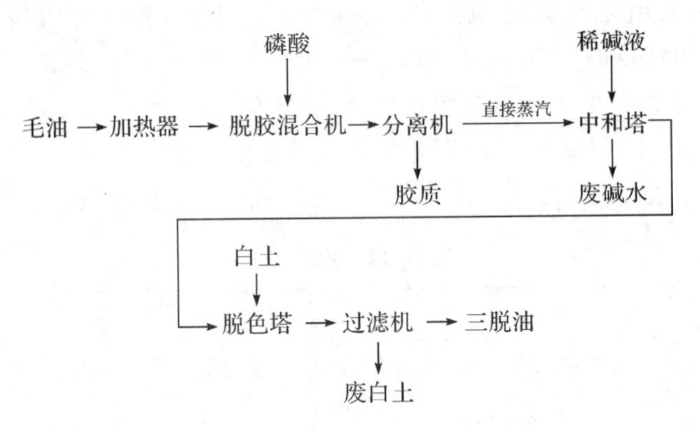

图 10-9　塔式炼油法的工艺流程

6. 物理精炼

油脂的物理精炼即蒸馏脱酸，是根据甘油三酯与游离脂肪酸（在真空条件下）挥发度差异显著的特点，在较高真空（残压 600Pa 以下）和较高温度（240～260℃）下进行水蒸气蒸馏，达到脱除油中游离脂肪酸和其他挥发性物质的目的。在蒸馏脱酸的同时，也伴随有脱溶（对浸出油而言）、脱臭、脱毒（米糠油中的有机氯及一些环状碳氢化合物等有毒物质）和部分脱色等。

油脂的物理精炼适合于处理高酸价油脂，如米糠油和棕榈油等。

油脂的物理精炼工艺包括两个部分，即毛油的预处理和蒸馏脱酸。预处理包括毛油的除杂（指机械杂质，如饼渣、泥沙和草屑等）、脱胶（包括磷脂和其他胶黏物质等）、脱色三个工序。通过预处理，使毛油成为符合蒸馏脱酸工艺条件的预处理油，这是进行物理精炼的前提，如果预处理环节处理得不好，会使蒸馏脱酸无法进行或得不到合格的成品油。蒸馏脱酸主要包括油的加热、冷却、蒸馏和脂肪酸回收等工序。物理精炼的工艺流程如图 10-10 所示。

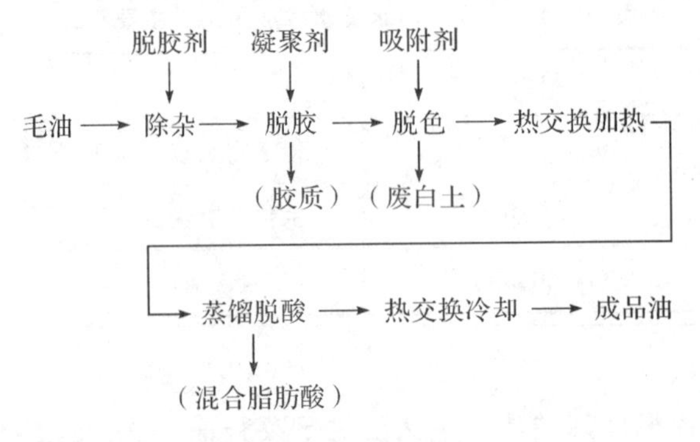

图 10-10　油脂的物理精炼工艺流程

物理精炼使用的主要设备有除杂机、过滤机、脱胶罐、脱色罐、油热交换罐、油加热罐、蒸馏脱酸罐、脂肪酸冷凝器和真空装置等。

7. 脱溶

(1)脱溶原理

由于6号溶剂(也称溶剂油,主要成分是己烷类)的沸程宽(60~90℃),其组成又比较复杂,虽经蒸发和汽提可回收混合油中的溶剂,但残留在油中的高沸点组分仍难除尽,致使浸出毛油中残留溶剂含量较高。脱除浸出油中残留溶剂的操作即为“脱溶”。脱溶后油中的溶剂残留量应不超过50mg/L。目前,国内外采用最多的是水蒸气蒸馏脱溶法。其原理在于水蒸气通过浸出毛油时,气-液表面接触,水蒸气被挥发出的溶剂所饱和,并按其分压比例逸出,从而脱除浸出油中的溶剂。因为溶剂和油脂的挥发性差别极大,水蒸气蒸馏可使易挥发的溶剂从几乎不挥发的油脂中除去。脱溶在较高温度下进行,同时配有较高的真空条件,其目的是:提高溶剂的挥发性;保护油脂在高温下不被氧化;降低蒸汽的耗用量。

(2)间歇式脱溶工艺

①间歇式脱溶工艺流程:水化或碱炼后的浸出油→脱溶→冷却→成品油。

②操作步骤:第一步,开动真空泵,使脱溶系统真空度稳定在7000Pa左右,将浸出油吸入脱溶锅,装油量约为锅容量的60%。第二步,开间接蒸汽,将油温升至100℃。通入压力为0.1MPa左右的直接蒸汽,使锅内油脂充分翻动,继续用间接蒸汽使油温升至140℃,同时计时,脱溶开始。第三步,脱溶时间视浸出油的质量不同而不同,一般为4h左右,其间保持油温为140℃、真空度为8000Pa左右。第四步,脱溶结束前0.5h,关闭间接蒸汽,达到规定时间才能关闭直接蒸汽。第五步,将脱溶油脂通过冷却器,或在锅内冷却至70℃后,降至常压,放出即为成品油。

(3)脱溶设备

当脱溶设备用于脱溶时称为脱溶锅。其壳体为一立式圆筒,顶、底为一碟形封头;顶盖上有汽包以保持一定的汽化空间;照明灯和窥视灯成180°布置,以便于观察锅内情况;锅内顶部装有泡沫挡板,以减少油脂的飞溅损失;锅内设有两排蛇管,可通入间接蒸汽加热油脂或通水冷却油脂;锅底部装有直接蒸汽分散盘,其上开有很多小孔,以使直接蒸汽喷入油内;在脱溶锅的中心还装有循环管,并借喷嘴射出直接蒸汽,使循环管内油脂和蒸汽呈乳浊液柱快速地沿循环管上升,让油脂喷溅在充满蒸汽的脱溶锅上部,使溶剂更易挥发除去,同时,这个装置也加强了锅内油脂的循环翻动。此外,脱溶锅外壳上还有人孔和各种接管。

其他辅助设备,有W形机械真空泵或汽水串联喷射泵、大气冷凝器、空气平衡罐和液沫捕集器等。

8. 脱色

(1)脱色的目的

各种油脂都带有不同的颜色,这是因为它们含有不同的色素。例如,叶绿素使油脂呈墨绿色;胡萝卜素使油脂呈黄色;在贮藏中,糖类及蛋白质分解使油脂呈棕褐色;棉酚使棉籽油呈深褐色等。

前面所述的精炼方法,虽可同时除去油脂中的部分色素,但不能达到令人满意的效果。因此,高档油脂(如色拉油、化妆品用油、浅色油漆、浅色肥皂及人造奶油用的油脂等),因其要求颜色浅,若只用前面所讲的精炼方法,尚不能达到要求,必须经过脱色处理。

(2)脱色的方法

油脂脱色的方法有日光脱色法(亦称氧化法)、化学药剂脱色法、加热脱色法和吸附脱色法等。目前应用最广的是吸附脱色法，即将某些具有强吸附能力的物质（如酸性活性白土、漂白土和活性炭等）加入油脂，在加热情况下吸附除去油中的色素及其他杂质（如蛋白质、黏液、树脂类及肥皂等）。

（3）工艺流程

间歇脱色即油脂与吸附剂在间歇状态下通过一次吸附平衡而完成脱色过程的工艺。脱色油经贮槽转入脱色罐，在真空下加热干燥后，与由吸附剂罐吸入的吸附剂充分搅拌接触，完成吸附平衡，然后经冷却后由油泵泵入压滤机分离吸附剂。滤后的脱色油汇入贮槽，借真空吸力或输油泵转入脱臭工序，压滤机中的吸附剂滤饼则转入处理罐回收残油。

（4）吸附脱色工艺参数

①脱酸油质量如表 10-15 所示。

表 10-15　脱酸油质量要求

指标	生产高级烹调油	生产色拉油
水分及挥发物	≤0.2%	≤0.2%
杂质	≤0.2%	≤0.2%
含皂量	≤100mg/kg	≤100mg/kg
酸价（以 KOH 计）	≤0.4mg/kg	≤0.2mg/kg
色泽（罗维朋比色计，25.4mm）	Y50，R3	Y50，R3

②消耗指标如表 10-16 所示。

表 10-16　消耗指标

指标	限值	指标	限值
冷却水量（20℃，0.3MPa）	$3.5m^3/t$	蒸汽（1MPa）	120kg/t
电（380V，2206.5W，50Hz）	7kW·h/t	废白土含油量	<35%

9. 脱臭

（1）脱臭的目的

纯甘油三酯无色、无味，但天然油脂通常都有自己特殊的气味。该气味是氧化产物进一步氧化生成过氧化合物，分解成醛而产生的。此外，在制油过程中也会产生臭味，如溶剂味、肥皂味和泥土味等。除去油脂特有气味（呈味物质）的工艺过程就称为油脂的“脱臭”。其目的是脱去以上异味，满足消费者的需求。

浸出油的脱臭（工艺参数达不到脱臭要求时称为“脱溶”）十分重要，在脱臭之前，必须先行水化、碱炼和脱色，创造良好的脱臭条件，利于油脂中残留溶剂及其他气味的去除。

（2）脱臭的方法

脱臭的方法很多，有真空蒸汽脱臭法、气体吹入法、加氢法和聚合法等。目前国内外应用最广、效果最好的是真空蒸汽脱臭法。

真空蒸汽脱臭法是指在脱臭锅内用过热蒸汽（真空条件下）将油内呈味物质除去的工艺过程。真空蒸汽脱臭的原理是水蒸气通过含有呈味物质的油脂，经过气-液接触，水蒸气被挥发出来的臭味组分所饱和，并按其分压比例脱除。

(3)脱臭工艺参数

①间歇式脱臭：油温为160～180℃，时间为4～6h，残压为800Pa，直接蒸汽喷入量为油重的10%～15%。

②连续式脱臭：油温为240～260℃，时间为1～2h，残压在800Pa以下，直接蒸汽喷入量为油重的2%～4%。

③柠檬酸加入量应小于油重的0.02%。

④导热油温度应控制在270～290℃。

(4)设备选择注意事项

①脱臭设备有单壳体塔式、双壳体塔式和罐式、卧式等多种形式，设计时可按具体情况选用。

②真空装置可采用三级或四级蒸汽喷射泵，选用的动力蒸汽压力要适应配备锅炉的压力，但不宜低于0.6MPa压力，以节约用汽量。

③脱臭油应经保鲜过滤器，以进一步除去油中的微量杂质。

④回收热能的油-油热交换器有列管式和螺旋板式，设计时应优先使用螺旋板式热交换器。

⑤脂肪酸捕集器应采用直接喷淋冷凝式。

⑥脱臭油抽出泵应选用密封性好、耐高温的离心泵。优先采用高温屏蔽泵。

⑦导热油加热系统应配置温度计、压力表、止回阀、过滤器、警报器等仪表仪器，对运行情况进行监督、测量、指示、报警，以确保安全生产。为防止突然停电而造成事故，导热油加热系统应设置手摇泵，以便停电后导热油能继续循环降温。

(5)设备布置

①导热炉房应单独设置或在车间内用墙单独隔开，在布置时应尽量靠近脱臭塔，减少热量浪费。

②蒸汽喷射泵冷凝器出水口应高于水封池液面11米以上。

③析气器应放在二楼上，脱臭塔位置也应适当放高些，以利于抽出泵将油抽出。

(6)脱臭油质量

①脱臭油的质量标准，按相应油品的国家标准和国家专业标准执行。

②柠檬酸质量如表10-17所示。

表10-17　柠檬酸质量要求

指标	性状	品级	纯度
质量要求	白色粉末或颗粒	食用级	≥99%

③导热油质量。导热油应选用无毒无味、热稳定性好、抗氧化性强、对设备无腐蚀的品种，其主要组成是长直链饱和烃。

(7)工艺方法选择原则

①脱臭工艺可分为间歇式、连续式和半连续式3种，处理量小于20t/d的宜采用间歇式脱臭工艺；处理量大于50t/d的可采用连续式脱臭工艺。

②连续式脱臭的加热方法宜采用导热油加热法，间歇式脱臭可采用蒸汽加热法或电加热法。

③油脂在加热脱臭前，应设置真空析气器，以除去油中空气，防止油在高温时变质。

④脱臭时，喷入油中的直接蒸汽宜进行除氧。

⑤油脂在脱臭前或脱臭后应加入适量柠檬酸，以提高成品油的质量和稳定性。

⑥在条件许可的情况下，成品油中可加适量的合格抗氧化剂，或进行充氮保护。

⑦为提高油品质量，连续式脱臭工艺中所有接触高于150℃热油的管路、阀门、仪表等的材质，应均用不锈钢，当油温冷却到70℃以下时方可接触碳钢和空气。

⑧为节约能源，连续式脱臭工艺的热能回收利用率应在60%以上。

(8)消耗指标

消耗指标如表10-18所示。

表10-18 消耗指标

指标	要求	指标	要求
柠檬酸	0.2kg/t	蒸汽(1MPa)	≤240kg/t
冷却水量	≤17m³/t	煤(发热量21MJ/kg)	≤15kg/t
电(380V,2206.5W,50Hz)	≤25kW·h/t	炼耗	≤1%

(9)卫生防护

①废气排放。导热炉烟道气最高排放浓度为200mg/m³。

②废水排放。水封池排放的废水要求符合《污水综合排放标准》，即废水排放量必须小于13m³/t。

10. 脱蜡

毛糠油与一般植物油(如菜籽油、大豆油、花生油等)相比，不仅酸价高、色泽深，还含有2%～7%的蜡。米糠油中的蜡称为“糠蜡”，它与矿物蜡(即石蜡)成分不同，后者是长碳链的正烷烃，而糠蜡的主要成分是高级脂肪酸与高级脂肪醇形成的酯。

在温度较高时，糠蜡以分子分散状态溶解于油中。因其熔点较高，当温度逐渐降低时，糠蜡会从油相中结晶析出，使油呈不透明状态而影响油脂的外观。同时，含蜡量高的米糠油吃起来糊嘴，影响食欲，进入人体后也不能为人体所消化吸收，所以有必要将其除去。脱除油中蜡的工艺过程称为“脱蜡”。用玉米油生产色拉油时也需脱蜡。

目前，我国米糠油脱蜡的方法有三种：压滤机过滤法、布袋吊滤法和离心分离法。所谓布袋吊滤法，就是将脱臭油先泵入冷凝结晶罐内冷却结晶，然后将冷却好的油放入布袋内，再将布袋悬空吊着，依靠重力作用，油从布袋孔眼中流出，蜡留在布袋内，从而达到油蜡分离的目的。此法所得成品油质量虽好，但劳动强度大，设备占地面积也大，成品油得率低，所以现在采用此法的生产厂家已不多了。

11. 脱硬脂

油脂是各种三甘油脂肪酸酯的混合物(简称甘三酯)。其组成的脂肪酸含量不同，油脂的熔点也不一样，饱和度高的甘三酯的熔点很高，而饱和度低的甘三酯的熔点较低。

米糠油等经过脱胶、脱酸、脱色、脱臭、脱蜡后，已经可以食用，但随着用途不同，人们对油脂的要求也不一样。例如色拉油，要求它不能含有固体脂（简称“硬脂”），以便能在0℃（冰水混合物）中5.5h内保持透明。米糠油经过上述“五脱”后，仍含有部分固体脂，达不到色拉油的质量标准，要得到米糠色拉油，就必须将这些固体脂也脱除。这种脱除油脂中的固体脂的工艺过程，称为油脂的脱硬脂，其方法是进行冬化。用棕榈油、花生油或棉籽油生产色拉油时也需脱硬脂。

固体脂在液体油中的溶解度随着温度升高而增大，当温度逐渐降至某一点时，固体脂开始呈晶粒析出，此时的温度称为饱和温度。固体脂浓度越大，饱和温度越高。

（五）油脂加工产品

1. 氢化油

（1）油脂氢化的基本原理。在加热含较多不饱和脂肪酸的植物油时，加入金属催化剂（镍系、铜-铬系等），通入氢气，使不饱和脂肪酸分子中的双键与氢原子结合成为不饱和程度较低的脂肪酸，其结果是油脂的熔点升高（硬度加大）。因为在上述反应中添加了氢气，而且使油脂出现了“硬化”，所以经过这样处理而获得的油脂与原来的性质不同，叫作“氢化油”或“硬化油”，其过程也因此叫作“氢化”。

（2）氢化工艺流程如图10-11所示。

催化剂（↓氢化）　氢气（↓过滤）

原料油 → 预处理（精炼）→ 除氧、脱水 → 氢化 → 过滤 → 后脱色 → 脱臭 → 氢化油

图10-11　氢化工艺流程

2. 调和油

调和油是用两种或两种以上的食用油脂，根据某种需要，以适当比例调配成的一类新型食用油产品，即用几种不同脂肪酸组成的油脂调配成的油脂制品，它有助于改善油品的营养价值或风味。

（1）调和油的品种

调和油的品种很多，根据我国人民的食用习惯和市场需要，可以生产出多种调和油。常用调和油有以下几种类型。

①风味调和油。根据群众爱吃花生油、芝麻油的习惯，可以把菜籽油、米糠油和棉籽油等全精炼，然后与香味浓郁的花生油或芝麻油按一定比例调和，以“轻味花生油”或“轻味芝麻油”的名字供应市场。

②营养调和油。利用玉米胚油、葵花籽油、红花籽油、米糠油和大豆油配制富含亚油酸和维生素E，而且比例合理的营养保健油，供高血压、高血脂、冠心病以及必需脂肪酸缺乏症患者食用。营养调和油（或称亚油酸调和油），一般以向日葵油为主，配以大豆油、玉米胚油和棉籽油，调至亚油酸含量约为60%、油酸含量约为30%、软脂含量约为10%。

③煎炸调和油。用氢化油和经全精炼的棉籽油、菜籽油、猪油或其他油脂可调配成脂肪酸组成平衡、起酥性能好和烟点高的煎炸用油脂。

④经济调和油。经济调和油以菜籽油为主，配以一定比例的大豆油，其价格比较低廉。

(2)调和油的加工

调和油的加工较简便,在一般全精炼车间均可调制,不需添置特殊设备。

调制风味调和油时,将全精炼的油脂计量,在搅拌的情况下升温到35～40℃,按比例加入香味浓厚的油脂或其他油脂,继续搅拌30min,即可贮藏或包装。如调制高亚油酸营养油,则在常温下进行,并加入一定量的维生素E;如调制饱和程度较高的煎炸调和油,则调和时温度要高些,一般为50～60℃,最好再按规定加入一定量的抗氧化剂,如加入0.05%的茶多酚或0.02%的特丁基对苯二酚(TBHQ)或0.02%的二丁基羟基甲苯(BHT)等抗氧化剂。

营养调和油的配比原则要求其脂肪酸成分基本均衡,其中饱和脂肪酸∶单不饱和脂肪酸∶多不饱和脂肪酸的比例为1∶1∶1。营养调和油通常由大豆色拉油或菜籽色拉油(占90%左右)、浓香花生油(占8%)、小磨香油(芝麻油)(占2%)调和而成。

第十一章

花生的贮藏与综合利用

第一节 概 述

花生原名落花生，是我国产量丰富、食用广泛的一种坚果，又名长生果、泥豆、番豆等。花生属蔷薇目，豆科一年生草本植物，茎直立或匍匐，长30～80cm，翼瓣与龙骨瓣分离，荚果长2～5cm、宽1～1.3cm，膨胀，荚厚，花果期为6—8月。花生主要分布于巴西、中国、埃及等地。

花生中含有25%～35%的蛋白质，主要有水溶性蛋白和盐溶性蛋白。其中，水溶性蛋白又称为乳清蛋白，占花生蛋白的10%左右，盐溶性蛋白占花生蛋白的90%。盐溶性蛋白主要包括花生球蛋白和伴花生球蛋白，其中，花生球蛋白是由两个亚基组成的二聚体，伴花生球蛋白由6～7个亚基组成。花生蛋白与动物性蛋白的营养差异不大，而且不含胆固醇，花生蛋白的生物价为58，蛋白效价为1.7，其营养价值在植物性蛋白质中仅次于大豆蛋白。花生果实中含有脂肪、糖类、维生素A、维生素B_6、维生素E、维生素K，以及矿物质钙、磷、铁等营养成分，含有8种人体所需的氨基酸及不饱和脂肪酸，且含有卵磷脂、胆碱、胡萝卜素、粗纤维等物质。花生含有一般杂粮少有的胆碱、卵磷脂，可促进人体的新陈代谢、增强记忆力，可益智、抗衰老、延寿。按籽粒的大小，花生可分为大花生、中花生和小花生三类。按生育期的长短，花生可分为早熟、中熟、晚熟三类。

花生茎叶中含脂肪2%、蛋白质14.3%、碳水化合物42.4%、纤维素23.9%、灰分5.7%、水分11.7%，其中，可消化蛋白质含量为6.9%，高于大豆、豌豆和玉米的茎叶或秸秆。花生茎叶的饲料单位也较高，含钙、磷较丰富，是反刍动物的优质饲料。

花生红衣是一味重要的药材，据医药资料记载，利用花生红衣可以制作具有止血等功效的药物。以花生红衣为原料可制成止血宁片剂、针剂、糖浆剂等。这些药物经临床试验，对治疗血友病、血小板减少性紫癜效果良好，有效率达80%以上；对障碍性贫血、消化道出血、各种原因引起的齿龈出血等疾病有较好的止血和促使血小板回升的效果；对胃炎、放疗、化疗并发症等也有同程度的疗效。吃食花生红衣不需忌口，对人体无副作用。

花生壳占粒重的28%～32%，其中含水分9%～12%、粗脂肪1.2%～4%、蛋白质

5%～9%、粗纤维58%～79%、碳水化合物11%～20%。目前，国内外都在围绕花生壳的开发利用积极地开展工作，取得了许多令人瞩目的科研成果，开拓出了不少有经济效益的利用途径，如制作食用纤维、酱油、食用菌培养基、人造板、胶黏剂、饲料、肥料等。

第二节 花生的贮藏

一、花生的贮藏特点

花生的贮藏包括花生果(带壳)贮藏和花生仁贮藏。花生果比花生仁更易于贮藏，但多占仓容两倍以上，花生仁只要保管妥当，亦能安全贮藏。

花生仁在贮藏过程中最易发生的问题是：受冻后易丧失发芽力、发热、生虫及霉变。花生收获正值晚秋，气温低，花生果的含水量高达30%～50%，收获过迟或收后未及时干燥，均会霉烂或浇灌冻坏。受冻的花生不但丧失发芽力，而且花生籽粒变软，色泽发暗，含油量降低，酸价增高，还原糖含量增加，食味变哈变臭，同时由于受冻后组织受到破坏，易受霉菌侵害，导致霉烂腐坏。因此，适时收获并进行恰当的干燥和清理，对花生的安全贮藏十分重要。

花生收获后，含水量大、泥杂较多，壳又易碎，很易引起虫霉侵害。因此，在贮藏过程中，如果保管条件不良(如高温高湿)，就会使花生发热、生虫、霉变，引起走油酸败、脂肪含量降低等一系列的品质变化。

脱壳后的花生仁，更易吸湿受潮。花生仁受潮后色泽发暗，籽粒发软，并易生虫生霉。生霉首先由破碎粒开始，破碎粒所产生的黏液与完整粒黏结，促使完整粒也跟着霉变。虫害一般以印度谷蛾最为严重。

花生仁种皮薄，含油量高(40%～50%)，不宜进行高温曝晒。花生仁受高温作用后，即发生走油、变色、起皱等现象，引起榨油品质降低。如果花生仁含水量较高，可以进行低温(25℃以下)处理或间接曝晒。花生仁如进行强烈日光曝晒，容易裂皮变色，并且易在贮藏期间走油酸败、食味变哈，同时在曝晒过程中多次翻动会使破碎粒增多，故花生带壳曝晒有利于贮藏。

二、花生在贮藏期间的品质变化

(一)脂肪酸的变化

脂肪是花生籽粒中的主要成分，一般含量在45%以上，脂肪在贮藏过程中较不稳定，因此测定脂肪酸的变化，可以判断花生的贮藏情况。刚收获后，由于花生仁还处在后熟作用的合成阶段，脂肪酸含量有微量下降，之后会升高，升高的速度视含水量、温度的高低而异。含水量在8%、温度在20℃时，脂肪酸含量基本稳定；温度增高到25℃时，脂肪酸就有较明显的增加，若温度降至20℃，则稳定在已有水平。发生虫害和受冻、受损伤的花生，脂肪酸含量都有显著的提高，提高到一定程度后，就会使整个籽粒酸败。

（二）走油变哈

走油是花生品质变化的外表现象，花生籽粒脂肪酸发生变化到一定程度时，就会出现走油现象。走油花生种皮失去原有色泽，变为深褐色，子叶由乳白色慢慢变得透明如蜡质，食味变哈，严重的会散发腥臭味。花生果含水量在10%、温度升至25℃或花生仁含水量在8%、温度升至30℃时，即可开始走油。含水量愈高，则走油速度愈快、愈严重。正常干燥的花生，经过夏季，脂肪酸含量显著增高，这种现象多发生于7—9月份，即温度在30℃左右的季节。走油变哈的现象为，花生仁重于花生果，堆在外围使外部密度大于内部。走油变哈的花生出油率降低，食用品质恶化。

（三）种皮变色

种皮变色也是花生品质降低的一种现象。过夏的花生仁，即使没有走油变哈，其种皮由于色素受光、氧气和高温的影响，也会发生变化，由新鲜时的浅红色变为深红色，直至紫红色。变色的花生仁容易脱皮。

三、花生果的主要贮藏措施

（一）适时收获，及时干燥

花生收获后，应进行植株荚果干燥，以促进后熟，提高品质。花生摘果后再晾晒5～6d，堆积1～2d，使其内部的水分进一步向外散失，达到安全含水量的要求。通常晚熟品种应在寒露至霜降期间收获完毕，刨出土后，应采取先整株摊晒、摘果以后再进一步摊晒的方法。

（二）控制安全含水量

花生果的安全含水量标准，一般冬季为12%，春、秋季为11%，夏季为10%。花生果在贮藏期间浸油的临界温度一般在30℃左右，因此为避免浸油现象发生，长期贮藏花生果时含水量应控制在9%～10%，温度应控制在28℃以内。已经干燥的花生果应在冬季通风降温以后，趁低温密闭贮藏。含水量在10%～15%的花生果，冬季可以临时露天小囤贮藏，经冬季通风干燥后，再入仓密闭贮藏。如果通风后含水量仍未达到安全标准，则曝晒后贮藏。冬季入库含水量超过15%的花生果，温度在0℃以下时，就会遭受冻害。在北方宜露天囤放以利通风降温，抓紧曝晒，降低含水量，然后贮藏。

种用花生以贮藏花生果为宜，最好是晒干以后，先露囤贮存，通风降温，待温度降至10℃以下时，再入仓保管，这样既可以防止花生早期入仓发热，又可以推迟堆温上升。花生入库初期，尚未完成后熟，呼吸作用比较旺盛，如不加强通风，容易发热，造成闷仓、闷囤、闷垛，严重影响发芽力。次年播种前，脱壳不宜过早，过早会影响发芽力，一般在播种前10d左右脱壳。保管种用花生的要领归纳起来是：适时收获（防冻），及时干燥（防冻、防发热），降温入仓，低温密闭，播前脱壳。从贮藏角度来看，花生果比花生仁更易于保管。

(三)做好通风密闭管理工作

花生果在仓内外散藏、囤藏均可,但由于花生果吸湿性强,所以要长期贮藏的花生果,应彻底进行密闭,结合有利时期,适当通风。冬季,含水量较高但不超过15%的花生果,可以先在仓外进行小囤贮藏;含水量超过15%的花生果,温度过低时会遭受冻害,一般不露天堆放,应抓紧处理,降低含水量后再密闭保管。

(四)低温密闭

需要贮藏的花生,以低温密闭贮藏为宜。河沙压盖密闭保管花生仁的试验显示,从4月份贮藏到7月份,密闭保管的花生仁在含油量、色泽、气味等方面均较通风保管的更好。

四、花生仁的主要贮藏措施

花生仁贮藏的关键是干燥、低温和密闭,掌握好这些环节就能安全贮藏。

(一)控制安全水分

花生仁的安全含水量,冬季一般为10%,春、秋季为10%,夏季为9%,长期贮藏含水量为8%。含水量在9%以下的花生仁可基本安全贮藏,而含水量在9%~16%的花生仁,冬季即使加强通风,但也只能做短期贮藏。

(二)保持低温

在含水量达到安全标准条件时,长期贮藏的花生仁在贮藏过程中最高温度不宜超过30℃,过此界限,酸值就会显著增高,容易引起败坏。因此,低温密闭保管花生仁,关键在于保冷防热。花生仁入库后,利用冬季大力通风降温,在2月底之前实现低温蓄冷。

(三)加强密闭

花生仁吸湿性较强,过夏后的花生仁,容易吸湿生霉,所以干燥的花生仁待春暖后密闭贮藏较好。密闭方法是:先盖一层席子,上面再压盖一层麻袋片。席子的作用除隔热、隔潮外,还可以防止人走动时踩碎花生仁;麻袋片可吸收空气中的水汽,吸潮后的麻袋片可以晾晒后再放进去。密闭贮藏还可防止害虫侵害,隔绝外界空气的影响,既能保持低温,又能防止脂肪氧化,增强花生仁贮藏的稳定性。但也应指出,长期密闭贮藏,对种用花生的发芽有一定的影响。

密闭宜在3月份进行,或气温在5℃以内开始密闭。密闭的方式可因地制宜,仓内整囤覆盖、密闭仓房、散装覆盖密闭等均可。

(四)缺氧充氮贮藏室

为使花生仁安全度过高温季节,采用缺氧充氮贮藏室,也可收到良好效果。充以一定量的氮气,可很快隔绝氧气,有效地抑制花生仁的呼吸作用与霉菌活动,并能消灭害虫。用缺氧充氮方法贮藏,从3月份贮藏到9月份,可基本保持花生仁原有的色泽和品质。

(五)防治害虫

花生仁贮藏要注意做好防治虫害工作。危害花生仁的害虫有印度谷蛾、锯谷盗、玉米象等,其中以印度谷蛾危害最严重,多发生在花生仁堆表层30cm左右,有时会由于印度谷蛾吐丝而出现封顶现象,可用敌敌畏、磷化铝进行防治,或用自然缺氧、“双低”贮藏等办法进行除治。

花生仁在贮藏过程中,较之其他作物更易遭受鼠害,应注意加强防鼠工作。此外,花生不耐压,无论贮藏花生果或花生仁,堆高以不超过2m为宜。

第三节　花生的综合利用

一、水剂法制取花生油及花生蛋白粉

(一)原理

利用花生蛋白(球蛋白为主)溶于稀碱液或稀盐溶液的特性,借助水的作用,把油、蛋白质及碳水化合物分开。

(二)工艺特点

水剂法不采用易燃易爆溶剂,提取的食品安全性好,能同时生产出油脂、蛋白质和淀粉渣等产品。提取的花生油色浅,品质好,但出油率较低,工艺路线长。

(三)工艺流程

水剂法的工艺流程如图11-1所示。

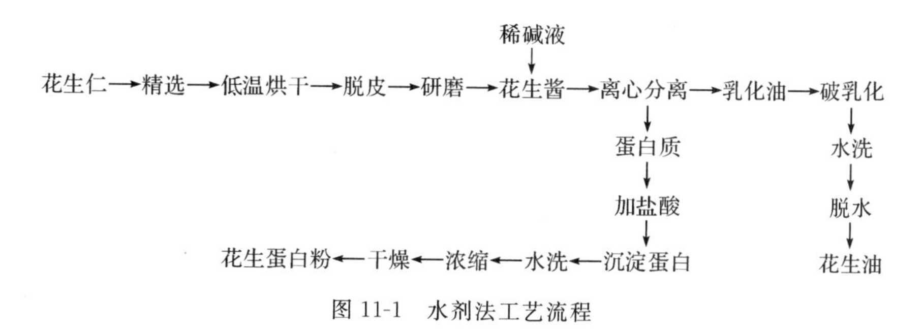

图11-1　水剂法工艺流程

(四)操作要点

首先将花生仁烘干、脱皮,然后研磨成酱,加入数倍的稀碱溶液,促使花生蛋白溶解,油从蛋白质中分离出来,微小的油滴在溶液内聚集。由于油比重小而上浮,部分油与水形成乳化油，也浮在溶液表层。将表面油层从溶液中分离出来，加热水混合再脱水后即可得到质量良好的花生油。另外，在蛋白质溶液中加盐酸，调节溶液的氢离子浓度（pH 值）在等电位处，蛋白质凝聚沉淀，最后经水洗、浓缩、干燥而制成花生蛋白粉。

二、利用花生红衣制止血宁片剂

在用花生制取食用油或食品时，需要脱除外皮红衣。过去脱除的花生红衣，一般都随花生壳作为燃料，没有得到更好的利用。

（一）工艺流程

其工艺流程为：花生红衣→筛选→水洗→煎煮→过滤→沉淀→上层清液浓缩→烘干→粉碎→配料→压片→检验→包装。

（二）操作要点

生产止血宁一定要用没有霉变和没有经过高温处理（不能超过 85℃，以防破坏有效成分）的花生红衣作为原料。花生仁经低温（80℃）烘干脱皮即得红衣。

（1）筛选。将花生红衣用 30 目筛网筛选去杂。

（2）水洗。用清水洗涤，除去尘土等杂物。

（3）煎煮。将原料与水按照 1∶8 的质量比例在 100℃下煎煮 2h，尽可能把花生红衣中的有效成分提取出来，煎煮时附回流冷凝，以免过多损失水分。

（4）过滤。用 50 目筛布过滤。

（5）沉淀。将过滤溶液放入瓷缸内，在 20℃恒温下静置 15～20h，待溶液中的不溶物沉淀后，收集上层清液。

（6）浓缩。取上层清液放入浓缩罐内，温度保持 100℃，浓缩至黏稠状液体。有条件的可采用真空浓缩。

（7）烘干。在 85℃下烘干成块状浸膏（得率为 4%～5%）。

（8）粉碎。药粉细度为全部通过 64 目筛。

（9）配料。配料比例：药粉 1000g，白糖 160g（白糖细度和药粉相同），药用淀粉 240g。把各种物料混合搅拌均匀，其中淀粉在药中作为填充剂，白糖用于增加片剂硬度，也常作填充剂。

（10）压片。压片前，每 50kg 药粉要加入浓度 70%～75%的乙醇 7.5～8kg 作湿润剂，要边加工边搅拌，并随时观察使粒度适中，通过 30 目筛，使颗粒均匀适当，然后装入密闭容器里待用。容器应放在阴凉干燥处，以免乙醇挥发，药品过干会影响压片质量。压片时应先检查压片机，保证其运转正常，压片速度均匀，冲模要装准确，压片力度应适宜，使压出的药片结实、光滑、质量好。

（11）止血宁片质量标准和检验方法。除崩解时间 60min 外，其他均按照《中华人民共和国药典》中关于片剂药品的有关规定执行。①重量差异度：对止血宁片来说，每片重 0.35g，含花生红衣浸膏 0.25g，重量差异度不得超过 5%。②崩解时限：60min。③硬度检查：取 10 片药品从 1m 高处平落在检木板上，碎片不得超过 2 片。

(12)包装。用棕色玻璃瓶,内外盖封蜡。贮藏于阴凉处,严防受潮。

(三)主要生产设备

主要生产设备包括蒸煮罐、浓缩罐、粉碎机、压片机、烘干室(或烘干塔)和锅炉等。

三、利用花生壳加工饲料

我国花生壳资源相当可观,但目前除少量用作燃料和粗饲料外,大部分都白白扔掉了,没有得到合理利用。因此,如何有效地开发利用花生壳这一资源,是一项不容忽视的重要课题。

未经处理的花生壳消化率低,不宜作饲料,但经过化学处理、生物处理和粉碎加工后,便可以用作畜禽的饲料。

方法1:花生壳经硝酸处理后,再用一种连鞘状芽孢菌分解木质或添加酿造用的酵母发酵,可使消化率提高到70%,蛋白质含量高达5%,这样花生壳也可以成为有营养、易消化的饲料。

方法2:将花生壳碾碎,拌入10%的麦麸和10%的精糠,加适量水,再送入制粒机制粒,可得颗粒饲料,用于饲养家畜或喂养鱼虾等。

方法3:花生壳经粉碎后,同水混合,然后用0.75%～6.8%的臭氧在室温和101～172kPa的压力下处理若干小时(一般4～8h),能够得到纤维素质,这种纤维素质适宜于作反刍动物的饲料。

方法4:将花生壳蒸煮后晾干,拌入一定比例的发酵粉和分解菌种,发酵4d,过筛,去掉没有分解的粗壳,可作为牛饲料,其消化率可达45%以上。

四、花生酱生产

(一)天然纯花生酱

原料:优质干燥花生仁。

制法:称取一定量的花生仁,在180～200℃温度条件下烘烤10min左右,直至熟透为止。取出摊凉。变脆后,带衣粉碎并磨成酱,直接装罐,杀菌。

特点:色泽微黄,花生香味浓郁,细腻,口感好。

(二)花生甜面酱

原料:花生仁、精盐、砂糖、果味香精。

制法:称取100kg花生仁,加3倍的水磨浆。浆液中加入100kg糖和2kg精盐后加热浓缩,当固形物达到70%以上时趁热装罐,并及时高温消毒。

特点:色泽微白,香味好。

第六篇

其他作物的贮藏与综合利用

第十二章

棉花的贮藏与综合利用

第一节　概　　述

一、棉籽

棉籽是棉花作物的种子。由棉铃中采取的棉花称籽棉，由籽棉上轧下来的棉纤维称皮棉，籽棉除去皮棉后，即可取得棉籽。棉籽外部为坚硬的褐色籽壳，形状大小也因品种而异。籽壳内有胚，是棉籽的主要部分，也称籽仁。籽仁含油量可达35%～45%，含蛋白质39%左右、棉酚0.2%～2%。

棉酚是一种对人体有害的化学物质，可造成人体红肿出血、食欲不振、神经失常、体重减轻，甚至会影响生育力。农村土榨毛油和棉饼中游离棉酚的含量较高，而机制油和用浸出法所制的棉油中，游离棉酚的含量较少。

二、棉籽油

棉籽油是以棉籽为原料制备的油，可用于烹调食用，亦可作为工业生产原料。目前我国没有统一的评定毛棉油的质量标准，但部分省（区、市）制有企业标准。棉籽油中含有大量的必需脂肪酸，其中亚油酸的含量最高，可达44.0%～55.0%，亚油酸能降低人体血液中的胆固醇含量，有利于人体健康。此外，棉籽油中还含有21.6%～24.8%的棕榈酸、1.9%～2.4%的硬脂酸、18%～30.7%的油酸、0～0.1%的花生酸，人体对棉籽油的消化吸收率为98%。棉籽油在工业上一般可用于生产肥皂、甘油、油墨、润滑油及农药溶剂等。

第二节　棉花的贮藏

要贮藏好棉籽，首先要选质量好的棉籽。霜前花种仁饱满，种质坚硬，成熟度好，耐贮藏。所以应对不同时期收获的籽棉分期进行轧花，选用霜前收获的成熟棉籽进行贮藏留种。棉籽种皮坚硬，外有短绒，种皮与种仁之间有空气层，在低温干燥条件下可以长期贮藏，是农作物中寿命较长的种子。但是，如果贮藏不当，从轧花到播种的5～6个月里也会发热霉变，丧失生命力。在棉籽贮藏中应注意以下两点：

(1)降低含水量。含水量11%以下的棉籽适宜长期贮藏，即使受热、受冻，都不至于影响种子发芽率。如果种子含水量在13%以上，往往因为呼吸作用旺盛而造成种子发热变质，所以对高含水量的棉籽要及时晾晒，使其干燥，降低含水量。

(2)堆垛贮藏。棉籽的散落性较差，宜于堆垛贮藏。库内散装一般不宜超过库容的1/2，以利于通风换气。冬春雨雪较少的地区，可采用露天堆垛。垛的大小可以根据种子的数量而定。一般做法是：垫好垛底，铺50cm厚的棉籽，逐层堆高，逐层踩实，并用力踩使四周紧实，由下而上逐渐收缩，形成下宽上窄、高3～4m的棉籽垛，顶部堆成椭圆形。堆好垛后，将垛顶和四周扎好，或用草帘围严，防止雨雪侵入。

第三节　棉花的综合利用

一、棉花综合利用概况

棉花的综合利用情况如图12-1所示。

二、棉籽的综合深加工

棉花是我国主要经济作物之一，在全国各地都有广泛的栽培。棉籽的重量约占籽棉总量的2/3，2017年我国棉籽产量为760万吨。深入开展棉籽的综合利用，不仅可生产满足人们需要的产品，还可大量生产化工产品，支援工农业生产建设。

(一)棉短绒的深加工

棉籽壳外的棉短绒一般占皮棉总量的20%左右，由于其纤维较短，不适合作为纺织原料。如果用脱绒机脱去棉短绒，可用作纤维素化学工业主要原料，如苄基纤维素、羟乙基纤维素、羧甲基纤维素、醋酸丁酸纤维素等化工产品，也可用于生产高档纸张。棉短绒经过碱煮脱脂，是生产赛璐珞塑料、纤维素类人造纤维织物的主要原料。

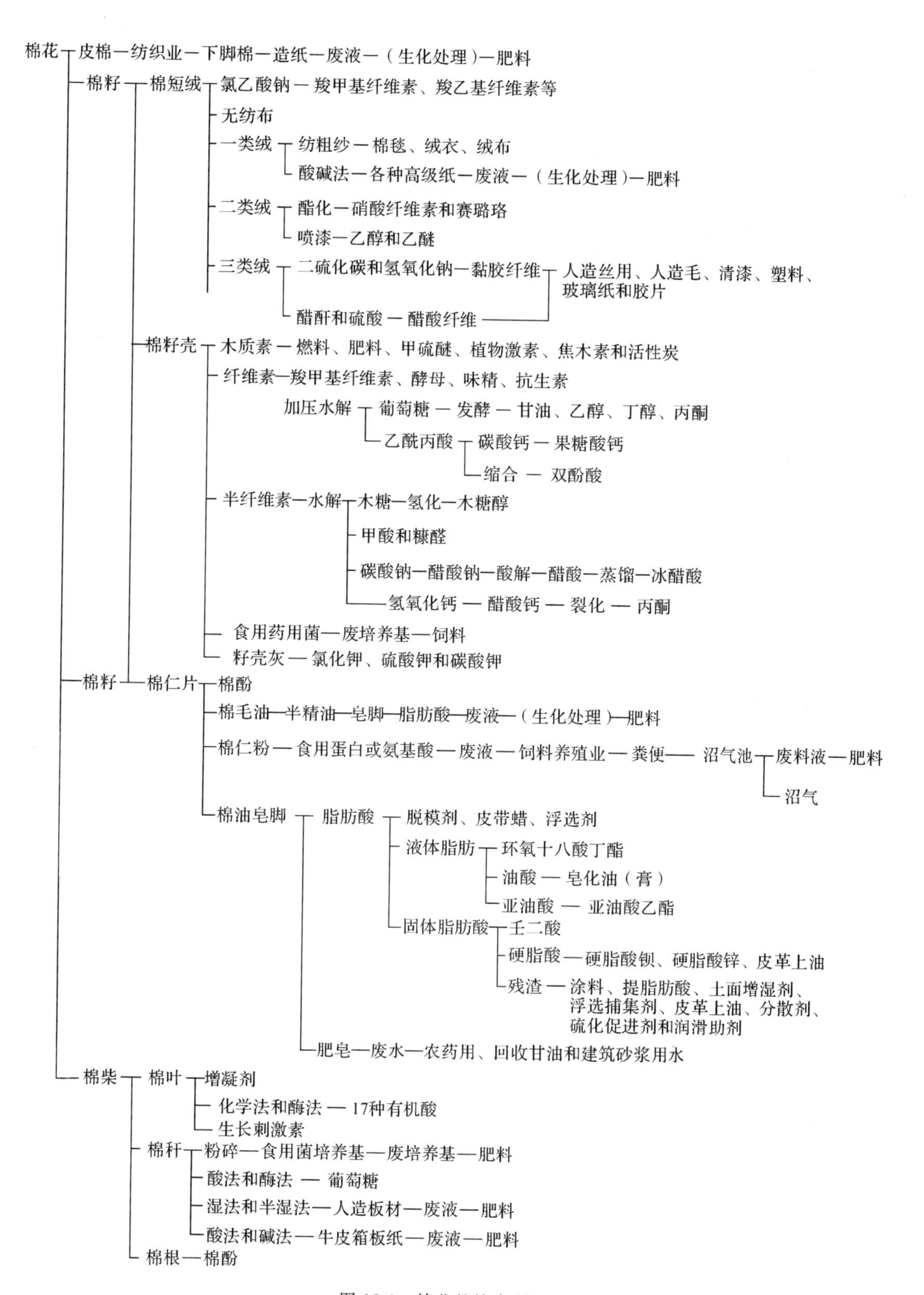

图 12-1　棉花的综合利用

(二)棉籽油、棉籽饼和棉籽油脚的生产加工

脱绒棉籽经脱皮、筛分后,将棉籽仁(含油率达30%~40%)压成薄片,可产毛棉籽油及棉籽饼。毛棉籽油再经碱炼除去酸性棉酚、植酸等杂质,制得精炼棉籽油,可供食用或加工硬化成工业用油。棉籽饼中含蛋白质38%左右,经脱毒处理除去棉酚后,可用作优质饲料和肥料,也可用于生产酱油、味精、食醋等。精炼棉籽油剩余残液即棉油脚,可直接皂化生产洗涤皂,也可与骨油、硬化油、糠油、松香等组成混合油脂再皂化生产洗涤皂,皂化废液经热析处理等工艺后可生产甘油。

(三)糠醛的生产加工

以棉籽皮为原料,经硫酸溶液水解后,可生产糠醛。工艺条件为:硫酸浓度为5%,棉籽皮与硫酸的重量比例为1∶0.5,水解压力为3.0MPa,糠醛含量在92%左右,用真空蒸馏法精制后,纯度可达99%以上。

精制糠醛时排出的废液中,含醋酸2%左右,若加纯碱中和,再经浓缩、脱色、结晶、分离等工艺可制得优质醋酸钠,而初馏液中含有甲醇,若加以回收,每处理1t糠醛可得副产品2kg甲醇。最后,糠醛渣经晒干、高温燃烧可制得炭及活性炭。

(四)棉籽油渣制沥青

1. 主要设备与原料

主要设备:夹层锅、棉油皂池、运棉油皂桶、温度计(200℃)、硫酸坛、搅拌棒、成品桶等。

原料:棉籽油渣、烧碱、硫酸、硝酸、生石灰、煤等。

2. 制作过程

①取棉籽油渣,加水,入锅搅拌均匀,然后根据棉油皂脚中含烧碱的多少加入硫酸,以中和棉油皂脚中的烧碱。中和后开始加热,直至120℃。再缓缓加入硝酸,开始停火。充分搅拌,使温度逐步下降。待温度到80~90℃,再加水搅拌,利用油、水比重不同的原理,使油上浮,使油渣中原有的杂质下沉,以水隔绝,时间不限,以相互分离为原则。

②把经过沉淀后分离出的净油取出,倒入另外一口锅内(清除水与沉淀杂质)。逐渐加温,使油温加至150℃,然后加入粉碎去杂的生石灰,边加边搅拌进行凝固,使油体变浆状。再开始二次加温,边加边搅,直至温度升到180℃时停火。待油温降到110℃时即可检查,将制品倒入凉水中,能够变成像石油沥青状即成。否则浓缩不够,还得再继续加温浓缩;若是过浓,还可以加未熬的沉淀净油,充分搅拌稀释,加温使其便于使用即可。然后,装桶或者装入油纸,待冷却后待用或出售。

三、棉籽油在食品工业中的开发应用

充分认识棉籽油的利用价值,提高产品质量,拓宽应用范围,是棉籽油生产加工发展的一个重要内容。棉籽油是一种重要的植物油,其在食品工业上的应用主要包括:

(1)煎炸油。用棉籽色拉油煎炸的食品,其风味比用棕榈油、氢化大豆油煎炸的食品要好,且煎炸品的货架寿命更长。在美国,马铃薯片等煎炸用油大部分采用棉籽色拉油。

(2)人造奶油。人造奶油是在食用油脂中添加水、调味料等并经过一定处理加工出来的具有可塑性的油脂制品。人造奶油主要用于涂抹面包和制作冰淇淋。为保证有细密的结构和细腻的口感,要求所用油脂为选择性氢化油,而氢化棉籽油完全能满足要求,因此制取人造奶油时常选用氢化棉籽油。

(3)蛋黄酱。蛋黄酱是由食用植物油、蛋黄、醋酸等乳化制得的半固体制品。其原料中的食用油脂多选用冬化棉籽油。

(4)起酥油。起酥油是指由食用油脂与脂溶性添加物(如乳化剂、调味剂、强化剂等)制成的固态或流动态的油脂制品。起酥油按状态可分为固态、流质态和液态起酥油。其中,固态起酥油是主要类型。固体起酥油的 β′型结晶是保证其具有较高起酥性和酪化性的关键因素。因此要求制作固态起酥油的油脂具有稳定的 β′结晶型,氢化或冬化棉籽油是生产固态棉籽油的首选原料。

(5)代可可脂。可可脂广泛用于糖果(如巧克力等)中,但由于天然可可脂产量少、价格贵,人们一般采用代可可脂。氢化棉籽油也是一种生产代可可脂的良好原料。

四、棉籽饼(粕)脱毒原理和方法

随着畜牧业的发展,蛋白饲料资源日益匮乏。2012 年,我国棉籽饼(粕)年产量约为 600 万吨,其粗蛋白含量一般在 34%～38%,除蛋氨酸外,其他必需氨基酸含量丰富而平衡。但棉仁中含有 0.7%～4.8%的棉酚,经加工提油后的饼粕中仍含有 0.12%～0.28%游离棉酚(Free Gossypol,FG)。棉酚对畜禽有毒害作用,须脱毒后才能作饲料(FG<400mg/kg)。棉酚是一种聚酚类物质,其中具有活性醛基与活性羟基的棉酚称为游离棉酚,其具有较强的生理效果。棉酚中毒的原因是棉酚与蛋白质分子中的游离氨基和赖氨酸中的 ε-氨基结合,直接降低了蛋白质和赖氨酸的利用率,使消化道中酶的活性降低进而影响了整个消化过程。

因此,研究适宜的工业化生产方法脱除和钝化棉籽饼粕中的游离棉酚,使之变成饲料蛋白,对促进饲料工业的发展意义重大。国内外对棉籽饼粕脱毒进行了许多研究,其方法主要可归纳为:化学脱毒法、物理脱毒法、微生物发酵脱毒法、复合脱毒法和膨化脱毒法等。

(一)化学脱毒法

化学脱毒法包括药物钝化法和溶剂萃取法。

1. 药物钝化法

药物钝化法是添加适当的化学药剂使棉酚失去活性,如添加硫酸亚铁、硫酸锌、硫酸铜、碳酸钙等,使棉酚与金属离子螯合,棉酚的活性基因失去作用;添加尿毒与棉酚形成席夫碱加成物;添加碱使棉酚在碱性条件下氧化;添加过氧化氢使棉酚氧化等。药物钝化法工艺较简单,时间短,操作容易,但一般只可以除去游离棉酚,总棉酚含量几乎不降低,尽管结合棉酚毒性较小,但在微生物的作用下仍会分解出游离棉酚。本法一般适用于在饲料厂、养殖场使用。药物钝化法去除棉酚的方法如表 12-1 所示。

表 12-1 药物钝化法去除棉酚的方法

脱毒剂	方法
金属盐	加游离棉酚 5 倍脱毒剂,反应温度为 30～50℃,脱毒率 95%
硫酸亚铁和石灰水	1%～0.2%硫酸亚铁及 1.5%石灰粉浸泡 2～4h,压滤,干燥
	5%～2%硫酸亚铁及 1%熟石灰粉,130℃下加热 60～90min
硫酸亚铁	1% $FeSO_4 \cdot 7H_2O$ 处理,脱毒率 51.7%,FG 含量为 305mg/kg
碳酸钠	0.5%和 1% Na_2CO_3 处理,脱毒率分别为 37.4%和 46.1%,FG 含量分别为 350mg/kg 和 390mg/kg
尿素	0.5%和 1%尿素处理,脱毒率分别为 44.5%和 38.2%,FG 含量分别为 350mg/kg 和 390mg/kg
氢氧化钙	1% $Ca(OH)_2$ 处理,脱毒率为 41.6%,FG 含量为 370mg/kg
复合化学脱毒剂	1%复合化学脱毒剂处理 6h,脱毒率为 60.7%,FG 含量为 248mg/kg

其基本工艺为:棉籽饼→去杂→粉碎→入缸→添加脱毒剂→调温→浸泡→过滤→干燥。

2. 溶剂萃取法

溶剂萃取法是利用某些溶剂(如丙酮、乙醇、甲醇、异丙醇等)与乙烷的混合溶剂能够溶解游离棉酚的特性,通过浸出棉籽胚或饼粕达到脱除棉酚的目的。由于这些溶剂能除去棉籽饼粕中的色素,使得生产出的产品色泽浅,易于被用户接受。该工艺较复杂,溶剂价格一般偏高,回收和净化溶剂较难,且要消耗大量能量,单独用于脱毒成本高,一般是和制油工艺结合在一起,即在制得毛油的同时又脱除棉酚,这样脱毒效果较好,而毛油质量一般较差。采用丙酮-乙烷-水混合溶剂浸出棉籽胚,可使 FG 含量降至 0.014%,残油含量降至 1.5%。溶剂萃取法是十分有效的方法,通过浸取溶剂特别是混合溶剂,可降低溶剂的价格,改善溶剂回收工艺,提高毛油质量,降低生产成本。溶剂萃取法有大工业化生产的潜力。

(二)物理脱毒法

因棉酚对温度敏感,随着温度升高,自身会不断分解而失去活性。物理脱毒法可使游离棉酚的脱除率达 70%以上,它可使游离棉酚与蛋白质结合成毒性较小的结合棉酚,但该法须在高温条件下进行,主要缺点是有效营养成分被大量破坏,蛋白质的可消化性降低。可将棉仁粉用适量水混拌后,置锅中常压蒸煮 6h 或置高压灭菌锅中高压蒸煮 2h,脱毒率可达 73.7%～89.0%,FG 含量均小于 200mg/kg。该法一般和制油工艺结合进行,适用于油厂大规模连续生产。

(三)微生物发酵脱毒法

某些酶和微生物有降解棉酚的作用,在一定条件下通过对棉籽饼粕发酵处理可达到脱毒目的。微生物发酵除了可以降解棉酚外,还产生了微生物代谢作用的副产物,使棉籽饼粕在发酵后，VB_2、VB_6、烟酸等物质含量增加，同时使饼粕中的纤维素水解生成易于被动物吸收的葡萄糖。该法既除去了棉酚，又提高了饼粕的营养价值。中国农业工程研究设计院研究了棉籽饼粕生物脱毒生产工艺及成套设备，并进行了菌种的筛选，其生产工艺流程为：通过对酵母菌 AE_2～AE_6 的生长特性及脱毒能力的试验，选定了 AE_2、AE_3、AE_4、AE_6 四株菌种混合发酵，经正交实验，其生长条件为 28～32℃，pH 值为 4.5～5.0，培养物配比为棉饼∶玉米蛋白粉∶麸皮＝70∶20∶10，物料与水分配比为 1∶0.9，培养时间 24h，添加尿素 1%，综合脱毒率 AE_2 达 91.5%，培养物最终粗蛋白含量为 52.1%，粗蛋白提高 8%～10%，且富有动物易于吸收的蛋白质、氨基酸、多肽、B 族维生素、微量元素及活性酶等。该方法脱毒效果好，产品营养价值高，生产周期长，工艺过程要求严格，产品干燥成本较高，一般为间歇式生产。

(四)复合脱毒法

复合脱毒法是在各种脱毒方法的基础上，各取其长，又各避其短地发展起来的一种方法。棉酚对温度敏感，且活性醛基和羟基易同还原性物质结合，利用此特性，可用物理、化学复合脱毒法处理棉籽饼粕，选用多种还原剂组成复合脱毒剂，把复合脱毒剂同待脱毒的棉籽饼粕充分混合，再用蒸汽把物料加热到一定的温度范围，利用化学因素和物理因素的协同作用达到脱除 FG 的目的。工业生产结果表明，脱毒棉籽饼粕 FG 含量小于 150mg/kg，脱除率在 92%以上，而赖氨酸含量几乎不降低，每吨棉籽饼粕脱毒费用仅为 40～50 元。这项研究获得了国家专利。还有多种复合脱毒法：①物理、化学复合脱毒法，即棉仁粉分别用 1% $FeSO_4 \cdot 7H_2O$、1% Na_2CO_3、0.5%尿素、1%复合化学脱毒剂预处理后，再置蒸锅中常压蒸煮 6h，脱毒率分别为 79.4%、82.6%、74.2%、83.8%，FG 含量均小于 170mg/kg，与化学法相比，FG 含量降低了 146～230mg/kg；②物理、生物复合脱毒法，即将棉仁粉加少许辅料和适量的水蒸煮后，分别接入 8 种不同的真菌菌株，30℃下恒温培养发酵 24h，脱毒率为 73.9%～88.4%，FG 含量均小于 170mg/kg，与纯蒸煮法相比，FG 降低了 1～93mg/kg；③化学、生物复合脱毒法，即用 1%复合化学脱毒剂预处理棉仁粉，然后加入少许辅料，立即加入脱毒菌株及生产单细胞蛋白(SCP)的多菌种于 30℃混合发酵(生料发酵)24h，FG 含量由 631mg/kg 降至 129mg/kg；④物理、化学、生物复合脱毒法，即将棉仁粉经化学脱毒剂预处理后，加入少许辅料和适量水蒸煮，分别接入 SCP 系列菌株、QT_9 和 QT_{25} 真菌菌株，30℃发酵 24h，FG 含量均小于 100mg/kg，脱毒率为 85.0%～91.0%。

(五)膨化脱毒法

膨化是一种高温、高压、高剪切作用的工艺操作，在这种操作中会发生许多在一般条件下不能发生的物理和化学变化及组织结构变化，在此过程中强烈的挤压使棉籽中的 FG 与蛋白质结合成毒性较小的结合棉酚，这是一种新型脱毒方法。直接用棉籽进行膨化，粗纤维含量较高，不适于在畜禽饲料中应用。若用棉仁或制油后的棉籽粕与大豆以合适比例进行膨化，并对氨基酸进行有效保护，探索最佳工艺条件，可以达到更好的脱毒效果和经济效益。借鉴全脂大豆膨化工艺，棉籽与大豆混合膨化脱毒具有一定的工业开发前景。

(六)其他脱毒法

1. 液-液-固三相萃取脱毒技术

液-液-固三相萃取脱毒技术既避开了化学脱毒法和微生物发酵脱毒法的缺点，也发挥了溶剂萃取法的优点（尽可能避免蛋白质的热变性和蛋白质氨基酸与游离棉酚的结合），又解决了溶剂萃取法中溶剂分离回收困难的问题。该技术的特点是：

(1)采用两种溶剂分步萃取油中的棉酚，保证了脱酚和油品质量，并有一系列措施保证溶剂的分离和回收，使溶剂的消耗降到最低程度，从而保证项目有很好的经济效益。

(2)采用一次浸出，尽可能地避免了油脂制取过程中对蛋白质和各种必需氨基酸的破坏。

(3)脱毒工序是在浸出提油之后，对含溶剂的湿粕直接进行萃取提酚，粕未经高温烘干处理，既降低了能耗又避免了蛋白质的热变性，使得产品质量好、营养价值高。

2. 混合溶剂脱酚制取棉籽蛋白技术

棉仁生坯（不能高温蒸炒和预榨）采用混合溶剂进行一次浸出，同时得到苯胺棉酚副产品，并可进一步研究开发其在化工、医药等领域中的应用。本技术属国际首创，与国内其他棉籽脱毒方法相比，最大特点是棉籽蛋白粉的蛋白质含量高（大于50%），蛋白质变性小，氨基酸营养损失低，色泽浅。

棉籽蛋白粕的水分≤12%，粕中游离棉酚≤0.04%，粕中蛋白质（干基）≥50%，粕中残油（干基）≤1.5%，粕中总棉酚≤0.9%（扣除棉仁中原有结合棉酚后），外观色泽为黄色片粉状。利用该技术制得的棉籽精炼油，达到国家食用棉籽油标准。

五、棉秆的开发利用

棉秆富含纤维素、木质素和多缩戊糖，具有多种利用价值。目前，棉秆开发利用的主要途径有：

(1)造纸及包装箱纸板。棉秆用作造纸原料，其质量远胜稻草、麦秆，可以制造坚实耐用的牛皮纸和工业用包装纸，一般每1t棉秆可生产牛皮纸6令或包装纸350kg。利用棉秆生产中高档包装纸可节约大量进口木浆。

(2)加工刨花板。棉秆的化学组成与阔叶木材相似，因此可以用棉秆代替木材加工人造板材，一般每800kg棉秆可以生产1m³刨花板。棉秆刨花板具有不崩不裂、价廉耐用等优点。

(3)加工纤维板。用棉秆加工的纤维板，不起层，不断裂，价格低，可作室内装饰、箱板、车辆船舶的内壁板和各种家具的装饰板等。一般每1.5t棉秆可生产200cm×100cm×0.4cm规格的纤维板120块左右。

(4)加工建筑材料。用棉秆作水泥制品的骨料，如棉秆水泥装饰板、水泥瓦等，所制水泥制品具有质轻、价廉、坚固、隔热和保温等优点。

(5)用棉秆皮制作麻袋和绳索。新鲜棉秆经脱枝、捶秆、剥皮、吊把浸泡、发酵脱胶、敲打漂洗等工序，每100kg棉秆可得棉秆纤维25～30kg，可用于制作麻袋和绳索等。

第十三章

糖料作物与中药的贮藏与综合利用

第一节　糖料作物(甘蔗)的贮藏与综合利用

一、甘蔗的资源概况

甘蔗为禾本科甘蔗属作物,是重要的糖料和能源作物。现主要集中种植于南北纬25°之间,巴西、印度和中国是世界上种植甘蔗面积最大的国家。中华人民共和国成立以来,我国甘蔗生产取得很大发展,种植面积从1949年的10.82万公顷发展到2002年的121万公顷,占糖料种植总面积(165.43万公顷)的73%;甘蔗单产从24吨/公顷提高到66.35吨/公顷,略高于世界平均水平(65.26吨/公顷);甘蔗总产从264.2万吨增加到8030万吨,产糖765万吨,占全国食糖总产(850万吨)的90%。我国甘蔗种植区主要分布在广西、云南、广东、海南、福建等南方地区。

甘蔗在浙江省以鲜食为主,主要集中在金华等地。据史料记载,在清朝顺治年间,义乌就开始种植甘蔗,种蔗历史已有300多年。甘蔗一直是义乌农民重要的传统经济作物,1949年后种蔗面积基本稳定在0.2万公顷。由于这里生产的果蔗皮薄、肉脆、汁多、味甜、爽口,因而深受消费者的欢迎。

二、甘蔗贮藏原理和技术

(一)越冬贮藏的方法

甘蔗食用时间较长,一般可延续到来年的清明时节,而且甘蔗经入窖贮藏一段时间后味道更鲜美。下面结合实践经验,谈谈甘蔗越冬贮藏的方法。

1. 甘蔗贮藏窖址的选择

甘蔗窖宜选择地势高低适中、易排水、太阳能照射到的地方。要确保窖中不积水,防止冬天窖面冰冻。

2. 甘蔗窖开挖技术要点

(1)窖的深度为30～40cm，开挖出的泥堆放在窖的四周。

(2)宽度视甘蔗的长度而定，一般为3.6～4m，中间开出一条排水沟，沟宽20cm、深15cm。

(3)长度视甘蔗数量而定。甘蔗叠放时一般每10捆为一列，每捆宽度为20～25cm。

3. 入窖操作方法

甘蔗收获时应根据大、中、小分开捆扎，以便入窖贮藏。入窖时的操作方法如下。

(1)并列三捆为一层，堆放三层，每捆甘蔗之间要留有空隙，根部放在中间的沟边，底层左右两列之间留空30～40cm，根部与根部不能紧靠，以利于通气散热，待堆高后，再逐步将根部之间靠紧，越到顶部所留空隙越小。

(2)堆放三层后，甘蔗两头各放一枝废残的小甘蔗等硬物(以下相同)，使第一列的三层甘蔗固定，以防倒塌。

(3)第四层堆放时根、顶部易位，并在甘蔗的两头再各垫1根小甘蔗，第5、6层的根部与第1、2、3层同向叠放，堆放好后两头再垫小甘蔗，第1、2、3层和第5、6层同向。第一列不能一下子堆放10层，应将顶上的几捆甘蔗靠在旁边，防止第二、三列堆放时倒塌。

(4)甘蔗全部入窖后，用捆扎好的鲜甘蔗叶(甘蔗叶稍上扎结)把窖的四周全部遮好，然后把高出甘蔗的叶子向内压倒，最后在上面盖上甘蔗叶子。

4. 加强管理，保证甘蔗安全过冬

甘蔗入窖后，管理工作很重要，切勿粗心大意。

(1)要做好翻窖工作。甘蔗入窖15d左右，应根据天气情况，适当浇水；如果甘蔗入窖后天气连续晴燥，10d左右就应浇水；如果天气连续阴雨，就不必浇水；如果出现冷空气，应及时翻窖，并将四周的甘蔗叶子用泥覆盖住，并在上面加厚叶子，同时适当加泥；如果是强冷空气，应加泥5cm左右。

(2)在翻窖时浇足水分。翻窖时应将覆盖的叶子全部拿掉，四周往内压倒的叶子同样向外铺开，保证水均匀地流到每枝甘蔗上。要求每100捆甘蔗浇200kg水，均匀地将水泼浇在甘蔗上，让其自上而下流入。

(3)设置出气洞。根据甘蔗的多少，留好出气洞，窖穴大的，多设几处出气洞，以便于观察窖内温度。窖内温度一般控制在5～10℃。温度过低，甘蔗易受冷冻伤，此时要及时堵塞出气洞，并适当加泥；温度过高，甘蔗要发芽出根，此时要打开出气洞，及时散热。

以上是甘蔗入窖贮藏的传统方法，目前一些地方开始采用地膜覆盖等新的贮藏方法，此法虽然简便，但容易出问题，因此尚不宜普遍推广。

(二)白糖在贮存时的变色

白糖长期存放时色泽会逐渐变黄变深，这是一种普遍性的现象。近年来由于糖厂贮存白糖时间的延长及用糖户对白糖质量要求的提高，一些糖厂因白糖变色造成了较大的经济损失。这个问题已成为不少糖厂的重大技术问题，需要深入研究和采取有效措施来解决。

英国学者Shore等对糖产品的有色物进行了深入的研究，结果表明，不论是哪一种糖，甚至是精炼糖，在长期存放时特别是在温度较高时，都会不可避免地发生某些化学反应，使色泽逐渐变深，只是速度和程度不同而已。

亚硫酸法生产的白糖会变黄是大家所共知的。国内糖业界有这样一种说法：白糖存放时色泽加深，是由于生产过程中加入的二氧化硫对色素的漂白作用是暂时的，待色素复原了就使白糖变黄；白糖含二氧化硫多者，变色速度较快。这种说法大部分是误解。

碳酸法生产的白糖也会变黄，有些碳酸法生产的白糖的变色速度更快。国外也有这种情况，印度学者 Gupta 等和 Ramaiah 分别在 20 世纪 70 年代和 90 年代进行了研究，研究表明碳酸法生产的白糖存放时的变色比亚硫酸法白糖更厉害。

因此，白糖变色问题不在于采用的是亚硫酸法还是碳酸法。广东有不少用亚硫酸法生产的质量良好的白糖，特别是炼糖生产的优级糖，存放几年也很少变色。碳酸法生产的白糖的质量一般较好，但有些产品在存放时也会变色。

白糖存放时的变色是由于它所含的各种微量杂质氧化形成了深色的物质。变色的程度主要取决于杂质的种类和数量，杂质越多，变色越快、越明显。机械化生产的红糖在放置几个月后甚至会变成深黑色。

白糖变色的速度与温度有极大关系：温度越高，变色越快。余卓荦对白糖的变色问题进行了详细的研究，其将碳酸法白糖样本分别在不同温度下进行存放，经过数天后测定其色值，算出白糖的增色率(%)，白糖的变色速度与温度的关系如表 13-1 所示。

表 13-1　白糖变色速度与温度的关系　　单位：%

温度/℃	存放时间		
	2d	5d	10d
40	2	1.5	11.6
50	9.1	25.3	53
60	10.6	26.8	58.6
70	19.3	55.2	121.1

杨万善等人也进行了深入的研究：一种碳酸法优级白糖原来的色值为 59IU，在 40℃下放 11d 无增色，但在 60℃下放 1d 即增色 6.6%，在 73℃下放 1d 增色 15.8%；在这两个温度下放 11d，糖的色值分别增加到 90IU 和 275IU。

高温对白糖变色的加速效应和多数化学反应是一致的，如蔗糖转化和还原糖分解等许多常见的化学反应，其反应速度都随温度升高而大大加快。

白糖存放时的变色速度一般在初期较慢，以后逐渐加快，特别是在几个月以后，每个月的色值增加更大。很多实测数据都显示了这种规律，如 Ramaiah 发现一种碳酸法白糖在几种温度下存放不同时间后出现了色泽变深的情况，余卓荦研究证实碳酸法白糖的三个样本在存放不同时间后出现了色值增加的情况。

酚类物是影响白糖色泽和色值的最重要因素，它是由甘蔗原料带入的。酚类物易被氧化而产生缩聚反应，生成深色的高分子物质，其颜色由黄色变至红棕色。这是一种普遍的自然现象，例如切开的水果在空气中逐渐变黄至红色、旧报纸日久变黄等。酚类物含量高的白糖变色较快。克拉克的研究发现，阿魏酸(一种酚酸)是精糖存放时变色的重要成分。

白糖中的氨基氮化合物主要是还原糖与氨基酸反应(褐变反应)生成的类黑精。在制糖过程中，还原糖分解、还原糖与氨基酸反应较强时，以及赤糖回溶、糖浆回煮白糖时，产品中的氨基氮含量较高。这些物质都能被氧化而缩聚形成高分子量的深色物质。

铁是影响白糖颜色的另一重要因素。铁和各种有机物结合形成深色的络合物,这是糖品中色素含量不多而颜色却相当深的主要原因之一。铁在化合物中有二价和三价两种形式,二价铁化合物色泽较浅,而三价铁化合物的颜色较深。蓝黑墨水在空气中变黑就是由于二价铁被氧化成了三价铁。白糖中的铁最初以二价铁形式存在(由于生产过程中并存亚硫酸的还原作用),但之后会被氧化成三价铁。优质的白糖含铁量很低,通常为0.2～0.5mg/kg,但也有些白糖含铁量超过1mg/kg。含铁量高的糖在存放时会很快变深色。例如将不同糖厂采集的7个白糖样本放在不密封的瓶中在室温下放置两个月,它们的最初色值、后期色值及其增色率如表13-2所示。

表13-2 白糖色值与含铁量的关系

序号	含铁量/(mg/kg)	最初色值/IU	后期色值/IU	增色率/%
1	1	149	195	131
2	1.1	159	203	128
3	1.5	153	247	161
4	2.1	170	295	173
5	3.3	157	359	228
6	3.4	171	383	224
7	4.1	175	400	229

这些白糖样本的最初色值相差并不大。但在两个月后,含铁量高的白糖的色值明显较高,后三个含铁量高的白糖的色值增加超过100%,增幅很大。

特别是在酸性条件下,糖汁在制糖生产过程中因不断与铁器接触,会将铁逐渐腐蚀溶解。混合汁中的大部分铁在清净工序中被除去,但如果糖浆的pH值偏低,特别是硫熏pH 6.0以下,煮糖系统中各种物料的含铁量又会逐渐增加。糖浆硫熏的pH值越低,这个问题就越明显。目前仍有一些糖厂还存在此类问题。主要原因是在清净工序中未处理好,清汁色值高,并想通过压低二次硫熏pH值来"弥补",但它只是起到表面的暂时作用,时间稍长就会适得其反。

我们还应当注意煮炼间所用热水的质量。它们主要是后效蒸发罐等的蒸汽冷凝水,正常时pH值接近7.0,含铁量很低。但有些糖厂清汁pH值偏低或蒸发罐跑糖,蒸汽冷凝水pH值大幅度下降,低于5.0甚至低于4.0,水中含大量铁或铁锈,明显降低了白糖的质量。

此外,个别糖厂曾用酸洗罐后没有彻底洗净,导致糖浆含铁量增加,白糖在存放两个月后色泽就变得很难看。

大量的研究和实践都证明,二氧化硫能抑制糖液和白糖中不饱和有机物的缩聚反应,抑制美拉德反应,减少物料色值的增加。白糖存放时的变色是氧化作用导致的,二氧化硫因有还原性,能减弱氧化作用,减少白糖的变色。这些都是国外普遍认同的观点。因此,欧洲的甜菜糖厂虽然清净效率很高,但还普遍使用清汁硫漂和糖浆硫漂。

白糖中的二氧化硫减缓了白糖中杂质的氧化和变色速度，但在较长时间后，二氧化硫逐渐被氧化而消失，白糖的氧化增色就变快，因而白糖存放后期色值增加得更快。

二氧化硫含量和糖浆 pH 值过低都会对白糖色泽产生影响。后者会加速铁器的腐蚀和溶解，导致白糖含铁量高、变色加快。国外常用亚硫酸盐来避免酸的含量问题。二氧化硫的添加对白糖的色泽会产生有益的影响，但是二氧化硫的添加量应符合国家食品安全的相关规定。

总的来说，白糖存放时的变色是由其所含杂质被氧化而形成的。这些杂质原来对可见光的吸收能力较弱，故色泽不深，但它们多数对紫外线的吸收能力较强。酚类物及还原糖分解生成的醛类、酮类及各种含双键的不饱和有机物（它们都能产生缩聚反应形成高分子物质），都对某些波长的紫外线有较强的吸收能力。因此，测定白糖对紫外线的吸收光谱有助于了解它所含的“色素前身”——不饱和有机物的功能团和相对数量，有助于对白糖变色问题的进一步研究。

碳酸澄清法对酚类物的除去率较高，而且较完全地除去了对白糖质量影响较大的高分子有色物质，因而产品的最初色值和观感都较好。但为什么一些产品还有较明显的变色问题呢？这主要是由于碳酸碱度较高或温度较高，或经过时间（包括沉降与过滤时间）较长，导致还原糖分解或与氨基酸反应，形成类黑精或其他醛、酮类物质，它们在以后的蒸煮糖过程中继续发生缩聚反应，并有微量进入白糖中，存放时这些物质再被氧化而变深色。一些碳酸法糖厂使用单层沉降器，强碱性的蔗汁温度较高，停留时间较长，较易出现这个问题。如果将赤糖回煮甲糖，会有较多的这类物质返回甲糖母液，故影响较大。应当注意，这类物质不同于蔗汁中原有的色素，即使再通过碳酸法饱充处理，色素的除去率也不高，反而会因再次经过高碱性和高温（蒸发罐中）处理而促进其缩聚反应，增大不良影响。多个碳酸法糖厂都体会到，赤糖回煮对白糖变色有较大影响。

碳酸法生产的白糖和亚硫酸法生产的产品的外观有差异，亦和此有关。质量良好的碳酸法白糖高分子色素很少，且不溶物较少，故外观清而白；亚硫酸法白糖一般含有微量高分子色素，且不溶物较多，外观略带淡黄色或浅灰色；但质量较差的碳酸法白糖在长期存放后，却带较明显的黄色。这种差别可以通过测定各种白糖对不同波长（420～700nm）光线的吸收光谱来阐明，带红色或灰色的糖对高波长吸收的比值（对 420nm）相对较大。

为了减少白糖存放时的变色，应当采取如下措施：

（1）降低白糖装包时的温度，最好能够降低到 40℃以下。但现在不少糖厂的装包温度偏高，甚至达到 55℃以上。应当尽可能降低分蜜打汽的温度和时间，并改进砂糖冷却设备的性能，例如采用流化床或振动流化床等新式设备。

（2）提高清净效果，减少白糖中的酚类物、氨基氮和铁。糖浆硫熏时的 pH 值不可过低（一般不要低于 6.0）。采用碳酸法的糖厂要尽量缩短碱性条件下的时间，保证温度和碱度不可偏高。煮糖操作要控制好母液浓度，减少晶体对母液的包裹作用。分蜜时要把母液排净。

（3）赤糖尽量不回煮甲糖，不要将回溶糖浆再过澄清全流程，要加强研究回溶糖浆的清净处理方法。

三、甘蔗综合利用原理和技术

(一)甘蔗综合利用概况

甘蔗的综合利用途径如图 13-1 所示。

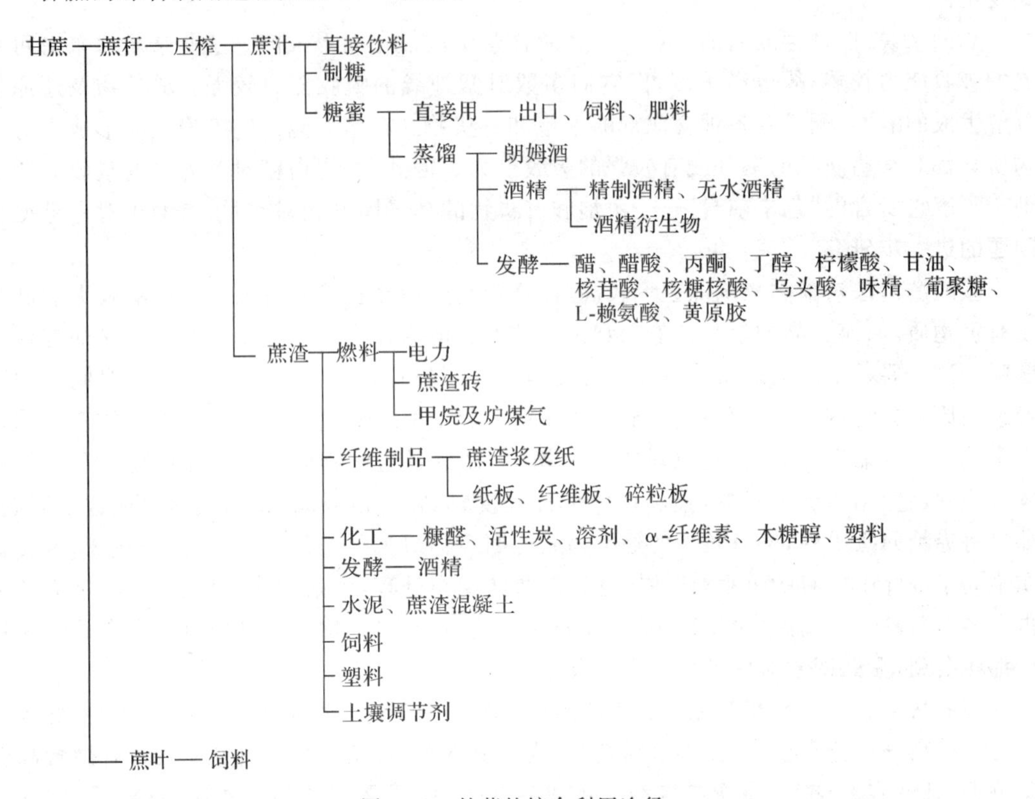

图 13-1 甘蔗的综合利用途径

(二)制糖工艺

糖是人们的主要生活资料之一，糖与蛋白质、脂肪及无机盐等是保证人体健康的主要营养品，每克糖可在人体内产生 16748J 热量，维持人体的活动。因此，糖是人类特别是运动员、婴儿的重要食品。与此同时，糖又是人们日常生活中的重要调味品之一。

糖除直接供食用以外，还是一种重要的工业原料。食品工业、医药工业和化学工业都与糖有着密切的关系。

制糖工艺主要分为以下几个过程：

(1)甘蔗原料来源。甘蔗是生产食糖的主要原料之一，分布于北纬 30°以南和南纬 30°以北之间的地带。在我国，甘蔗产区分布很广，跨越热带、亚热带和温带。我国华南、西南、华东等地区均有甘蔗种植，其中以广东、广西、福建、云南、海南、江西、四川等省产量较高。这些地区均是我国甘蔗原料的主要供应源。其中，甘蔗是制糖的原料。

(2)甘蔗的预处理。甘蔗在进入压榨机或渗出器之前必须先进行破碎处理，这一过程称为预处理。预处理的目的是将条状的甘蔗破碎成片状或丝状的蔗料，使甘蔗的纤维组织撕裂，糖分细胞充分破裂。

(3)甘蔗的压榨。甘蔗压榨就是将预处理过的蔗料用压榨机进行压榨，压出蔗汁的过程。

(4)蔗汁的清净。压榨出来的蔗汁还含有很多杂质，必须经过多道工序来进行蔗汁的处理，才能保证下道工序的顺利进行。这些工序包括：亚硫酸法清净(或其他方法的清净)、石灰水预处理和加热工序、蔗汁的硫熏中和、蔗汁的沉降、蔗汁的过滤等。蔗汁经过清净处理后得到的清汁浓度为12～14°Bx(即含水86%～88%)。

(5)蔗汁的蒸发。如果将含大量水分的稀汁直接送去结晶(即煮糖)，将要消耗大量的蒸汽，这样既消耗能源，又会延长煮糖的时间。因此，清汁必须经过蒸发工段，除去大量的水分，浓缩成60°Bx左右的糖浆，才能进行结晶。

(6)煮糖。由蔗汁到制成糖浆，虽然清净过程经过了一系列的化学和物理处理，除去了一部分胶体和其他非糖成分，而且在蒸发时也沉积出了一部分积垢，但是，经过蒸发后的糖浆大多微带混浊。这是因为蒸发后不但糖的浓度增高，非糖分物质的浓度也大大地增高了，已超过溶解度的非糖分物质析出或成为悬浮微粒，使得糖浆混浊。所以，粗糖浆必须再经硫熏，有时还需再进行过滤处理，得到的清净糖浆才能作为煮炼白砂糖的原料。将处理得到的清净糖浆煮沸，蒸去其中的水分，留下含蔗糖的固溶物，即可制成片糖(糖块)及糖粉。

(7)砂糖的干燥。一般情况下，自离心机卸下的白砂糖还含有0.5%～1.5%的水分，必须经过充分干燥及冷却，才能装包和贮存。其原理就是在低于水的沸点的温度下将物料中含有的微量水分除去。砂糖的干燥，基本就是以空气为介质，使空气流过砂糖表面，从而将砂糖中所含的水分带走，或者说砂糖干燥就是砂糖水分向空气扩散的过程。

(三)用原糖制造精糖

在国外，精糖是大量生产的产品，欧美、日本等发达国家以及中东、北非的不少国家都是精糖(或优质的甜菜白糖)的主要消费对象。欧美和日本等国都有大规模的炼糖厂，这些炼糖厂从热带地区的国家购买原糖进行精炼。由于原糖的价格低廉，又便于大量远途运输，且炼糖厂的规模大，处理量和产糖率高，故成本低，利润很可观。

20世纪60年代以后，很多热带国家的甘蔗糖厂，特别是新建厂和改造扩建的糖厂，都增建了炼糖车间，用自己生产的原糖制造精糖，既满足了当地市场的需要，又增加了糖厂的高值产品，明显提高了经济效益。由于糖厂普遍有蔗渣剩余，蒸汽和动力很便宜，且这些地区的土地和劳动力的价格较低，故生产成本较低，在甘蔗糖厂附设炼糖车间就逐渐成为一种世界性的潮流。这些糖厂同时生产原糖和精糖，而且产品多样化，包括不同等级的精糖和白糖，以及无色、黄色或棕色的液体糖浆等。

国外生产精糖多数是用原糖作为原料。原糖蜜洗后回溶，再用碳酸法或磷浮法进行澄清处理。20世纪80年代以后，新的磷浮法被普遍应用，美国的精炼糖厂大部分采用磷浮法。

磷浮法的工艺流程为：原糖蜜洗后回溶，糖浆浓度为65°Bx，加磷酸(按P_2O_5计)150～200mg/kg，加石灰至pH值为7.2，用加压溶气法充气，压缩空气压力至0.8MPa，溶气时间为1～2min。加絮凝剂7mg/kg，然后进浮清器。浮渣用水洗后再浮升分离，二次浮渣加水洗糖后沉淀，沉淀物用吸滤机过滤除去。

制糖工艺的基本方法，包括石灰法、亚硫酸法和碳酸法等，都有百年或百年以上的历史。它们都不同程度地存在一定缺点：石灰法不能生产白糖，亚硫酸法的产品质量难以适应市场对优质产品的需求，碳酸法产生的滤泥对环境的污染严重。多年来，国内外为改进制糖工艺方法进行了大量的研究和试验，然而，这些问题仍不能得到很好的解决。几十年来制糖工艺的基本流程变化不大，而且糖厂使用的石灰等化学剂量越来越大，导致成本增加，废弃物量增大。磷浮法工艺用在碳酸法糖厂，在保持清净效果好和产品质量高的前提下，可以彻底解决滤泥污染问题，把滤泥都变成可利用的资源，并大幅度减少石灰用量和滤泥产量。这种工艺也可以用在亚硫酸法糖厂，可大幅度提高澄清效果，生产低色值的白糖，亦可以降低硫熏强度和硫黄用量。而且，在这种方法的基础上我们还可以进一步开发出多种简单而高效的澄清方法，应用前景非常广阔。

1. 低温磷浮法的机理与特点

低温磷浮法的主要特点是将混合汁先在低温（约50℃）下进行磷浮处理，所得的浮清汁再用简化的碳酸法或亚硫酸法或其他新方法进行处理。这是针对传统澄清方法的主要缺点采取的根本性改革。

采用传统的石灰法和亚硫酸法，澄清时都要将蔗汁加热到100℃左右。加热可以杀菌，使蛋白质凝聚沉淀，并加速磷酸、亚硫酸与石灰的化学反应。如果加热温度不足，澄清效果一般较差。

不过，若蔗汁的加热温度过高会产生多种不良的化学反应，但这在过去没有引起足够的重视。甘蔗压榨汁中含有很多悬浮微粒（如蔗糠、蔗蜡等），还有大量的半悬浮微粒（如淀粉等）。这些物质原来是不溶解于蔗汁中的，但在加热特别是长时间高温后，会有相当部分以不同的方式分散到液体中，一些原来浅色的物质在高温下变为深色物质。主要问题如下：

第一，蔗脂在55℃以上熔融，蔗蜡在80℃以上熔融，熔融后就分散到水中形成乳浊液；在温度降低时又复变为固体或半固体。在糖厂的设备中经常发现这类物质，特别是在滤布的表面，蔗脂和蔗蜡的积聚明显地降低了滤布的过滤性能。国外生产的原糖中常含有不少类脂物，呈棕黄色或绿色，加入有机溶剂可以将它抽提出来；若糖液被加热，它则会分散在糖液中，使糖液变乳浊和深色。据国外研究，石灰法澄清良好的清汁和所生产的原糖中的胶体物质，有30%～33%是类脂物；如将它们除去，糖液的过滤速度可提高几倍。

第二，淀粉在60～80℃的热水中吸水糊化，随后分散形成很黏稠的胶体溶液。外国的甘蔗糖厂对淀粉很重视，对各种糖品的淀粉含量有许多分析数据。糊化后的淀粉使糖汁的沉淀和过滤变得困难，增大糖膏黏度，降低蔗糖的结晶速度和晶体质量。国内过去较少关注此类问题，最近的一些研究报告表明，亚硫酸法糖厂的白糖含淀粉量普遍超过50mg/kg，有些厂甚至超过100mg/kg，它增大了白糖的浊度，降低了质量。相比来看，碳酸法糖厂的白糖含淀粉量只为10～30mg/kg。这个巨大的差别是由于碳酸法糖厂在约55℃下进行过滤（或沉淀）可除去蔗汁中的不溶物，而大部分淀粉未及糊化就被除去；而亚硫酸法糖厂将蔗汁高温加热，这样就难免使较多的淀粉糊化而分散溶解。

第三，蔗糠中所含的果胶和一些多糖类物质，原来也是不溶解的，但在高温下会逐渐溶解或水解溶入糖汁中。压榨过程如用高温渗透法，会大大增加蔗汁的胶体含量和澄清的难度，其原因是相同的。又据苏联的研究，甜菜渗出时如温度超过80℃，果胶就大量溶入汁中，会造成澄清、过滤和结晶困难。国内也有研究指出了混合汁中的蔗糠对制糖的不良影响，其中一个重要因素是它在高温下会溶解一些有色物和高分子有机物。

第四，蔗汁中的多种酚类物受热时会水解、断裂或缩合形成更深色的物质，蔗汁中原来无色或浅色的前花色素苷在受热时逐渐水解成为有色的花色素（以及单糖）。只是由于澄清工序生成了大量的亚硫酸钙、磷酸钙或碳酸钙沉淀，这些沉淀物吸附除去了大量的色素，才使糖汁颜色变浅。如果没有那么多的沉淀物起吸附作用，加热使糖汁颜色加深还是很显著的。

国内过去有一种观点，认为加热可以使胶体物质凝聚沉淀。其实，在种类繁多的亲水胶体物质中，只有蛋白质可以加热使之变性凝固，其他亲水胶体并无此作用。加热反而使一些原来不溶或微溶的物质水解、溶胀、熔融而进一步分散到糖汁中，使它们更难被除去。

因此，最好在低温（如约50℃或以下）下除去汁中原有的各种悬浮物，包括类脂物、淀粉、蔗糠等，得到基本清晰的糖汁，再按需要提高温度进行下一步处理。这样就可以消除这些杂质在高温下的不良反应。

在低温下处理蔗汁时要做好防菌、杀菌工作，要最大限度地缩短物料经过的时间，现用的低温磷浮法全过程的时间为12～15min。所用的设备要尽量减少死角。同时，还要适当使用化学杀菌剂，定时杀菌。

低温磷浮法形成的浮渣相当浓稠，含蔗糠和其他不溶物的比例很高，沉淀物的颗粒结实稳固、黏性低，没有明显的胶体特征，容易过滤，在低温下亦能滤干。滤泥很易干燥，能在空气中自然风干。滤泥的主要成分是磷酸钙、蛋白质和蔗糠等有机物质，以及甘蔗带入的泥沙，是良好的肥料，它所含的锌也是动植物普遍需要的；它不含亚硫酸钙，是比亚硫酸法滤泥更好的天然肥料。

低温磷浮法还采用了多项措施提高清净效果和加快气浮分离的速度，主要有：

其一，用“以泡制泡”法制造气浮所需的气泡。蔗汁经常生成大量粗泡，它们对气浮系统有多种不良影响：在浮清器内产生扰动，使浮渣松散，并形成大量难以流动和处理的白泡，严重时甚至使气浮系统不能正常工作。在低温磷浮系统中配置新型的粗泡分离器，将蔗汁中的粗泡分离除去。进入浮清器的蔗汁和浮清器表面极少有粗泡，浮渣很结实、稳定并易于流动和排出。将分离出的粗泡再处理成为微细的气泡，它们特别稳定，不易合并或破裂，能有效提高气浮过程的稳定性。分析数据表明，粗泡表面的汁液含有大量表面活性物质特别是含氮物，它们形成的气泡特别稳固，而且与磷酸钙絮凝物有较大的亲和力。

其二，使用新改进的高速制泡机。它的性能更好，生成的气泡细而均匀，直径10～30μm，数量很易控制，能单机长时间连续运行，运转负荷只为5A。

其三，使用喷射抽吸式反应器，物料混合与反应迅速良好，稳定性容易控制，停留时间短，为良好的磷浮处理打下基础。

其四，新式的絮凝剂溶解器对絮凝剂大分子无不良影响，溶解速度快，用冷水也只需20min就可完全溶解，且一次完成，操作方便。

其五，新式的药剂抽吸器和药剂配置器性能好、效率高，且操作与维护方便。

2. 低温磷浮法与各种澄清方法的组合

混合汁经过低温磷浮法处理，除去大量的杂质并使纯度明显提高后，可以采用各种澄清方法对蔗汁做进一步的清净处理。在清净处理阶段，要大幅减少石灰的用量。糖厂以石灰和钙盐作为主澄清剂已有百年以上的历史。虽然石灰价格低廉，钙盐也有一定的澄清作用，但是钙盐的溶解度较高，这就使得澄清后糖汁中的含钙量明显升高。糖厂的设备和管路常常形成大量的积垢，钙盐是其主要成分，它不仅降低了设备的效能，在生产上造成很多麻烦，还增加了白糖的灰分含量。可以说，大量加石灰是糖厂生产上存在多种问题的重要原因，减少石灰添加量会有很好的效果。简而言之，澄清方法可以简化，所用的澄清剂量可大幅度减少，并且可以使用多种不同的方法和流程。

(1)低温磷浮法应用于原来的碳酸法糖厂，有望获得良好效果。碳酸法清净效率高，产品质量好，但它的石灰用量很大(对甘蔗比为2%或以上)，生成大量强碱性的滤泥(对甘蔗比为9%～10%)。这种滤泥是无法利用的：它与土壤混合会使土壤严重碱化，对土质十分有害，故不能作肥料(只有极少数强酸性的土壤例外)；它又含有不少的有机物特别是含氮物，高温下分解会产生恶臭气体，故又不能用于烧制水泥。有多个糖厂曾试验将这种滤泥混合在水泥原料中灼烧，所得的水泥质量没有问题，其造成的严重空气污染却使之不能得以推行。

采用低温磷浮法后，碳酸法糖厂的滤泥可分为两大部分，按其成分可分别作为肥料或水泥原料，将全部废弃物都变成有用的资源，不再外排。一个年榨甘蔗50万吨的碳酸法糖厂，每年可得到肥料数千吨和水泥原料1万多吨(均以干基计)。它的经济效益和社会效益都很大，完全符合良性生态循环的要求。

经过低温磷浮法处理后再用碳酸法进行清净，石灰用量可以大幅度减少。多次室内试验表明，一碳饱充加灰量可以降低到1%左右，清净效果包括清汁纯度、色值和钙盐含量等指标都可达到目前加灰量2%～2.2%的水平，这样，石灰用量、碳酸法清净的成本和滤泥产量可减少约一半。在此基础上，还可以对传统的二次碳酸法进行改革和简化，缩短流程，甚至可能简化为一次饱充(碱度相应降低)，进而形成一种崭新的碳酸法工艺，使得清净效果高，没有污染，成本和设备投资大幅度降低。

(2)低温磷浮法用在亚硫酸法糖厂也有很大效果，由于该处理除去了大量的有机非糖分，没有上述的不良反应，澄清处理就容易得多。硫熏中和加热生成的沉淀物主要是无机物，其比重高而结实，很少有难沉淀的低比重的悬浮物。加入微量的絮凝剂后沉降很快，极少有分散悬浮的微粒，也很少有浮泡或浮渣，清汁清晰有光泽，泥汁体积大为减少，只约10%，过滤性能很好。硫黄用量可以减少约一半，清汁含钙量变低，CaO含量为0.35%～0.4%(常规亚硫酸法清汁含钙量通常为0.4%～0.5%)，纯度比普通亚硫酸法高0.8～2.0。沉淀器和过滤机的体积(或数量)可以大大缩小(或减少)。

(3)低温磷浮法和中间汁碳酸磷浮法配套使用有很好的前景。混合汁经低温磷浮法除去其中的不溶物和部分溶解性杂质后，流程和设备都比原有的亚硫酸法简化很多。清汁升温后进入蒸发罐，中间汁用碳酸磷浮法处理，利用酒精发酵的二氧化碳进行简化的碳酸法处理，总的清净效果可接近常规的碳酸法，能明显提高产品质量和煮炼收回率。整个流程不算很复杂，设备增加不多，澄清剂的总费用低于常规亚硫酸法。中间汁碳酸磷浮法在广西昌菱实业发展公司试验已取得良好效果，能显著降低糖汁色值和钙盐，提高纯度，只是原来的总流程过长，不便管理，配套低温磷浮法将可呈现崭新的面貌。

澄清后的糖浆要再脱色精制，传统的方法是用骨炭，它有良好的脱色和除去灰分的效能，但设备（特别是再生设备）的投资费用大，新建的糖厂已很少再用。20世纪70年代后普遍使用颗粒活性炭和离子交换树脂，它们不仅能较彻底地除去色素和灰分，而且还都可以再生，且再生成本较低，有效降低了糖厂的正常生产成本。也有些糖厂使用粉状活性炭。

活性炭善于吸附除去芳香族有机物，糖品中的色素主要是多酚类物质，用活性炭脱色是很适合的。但活性炭不能除去无机物，为此要结合离子交换树脂。一些生产规模较小的糖厂只用粉状活性炭脱色，不需要大量的设备投资，但活性炭的消耗和经费稍高，且效果不够理想；有些大糖厂将澄清后的糖浆加活性炭和硅藻土一起过滤，然后再经离子交换树脂。前一道处理除去了大量的色素和大分子物质，减轻了树脂的负担。如果不用活性炭，糖浆也应该加硅藻土进行精细的过滤，以除去糖浆中的悬浮微粒，防止它污染树脂，硅藻土加入量为糖量的5%～7%。过滤设备通常用圆筒形的密闭压滤机，要求过滤后的糖浆晶莹有光泽。

离子交换树脂有很多品种，各有不同的功能和特性，可以根据工艺要求和物料特点选用适当的树脂及其组合。炼糖厂中较多使用大孔强碱性阴离子树脂、苯乙烯系或丙烯酸系树脂。它们善于吸附糖液中的色素，特别是带负电的色素，也能吸附分子量较大的有机物，吸附容量较大，且可以用氯化钠溶液将其所吸附的杂质洗脱而再生。丙烯酸树脂耐污染，较易再生，通常放在前面；苯乙烯系树脂善于吸附芳香族有机物（包括丙烯酸树脂难以除去的成分），可以单独使用，也可以与丙烯酸树脂串联使用。

应当注意，高质量的糖浆不但能提高产品质量，而且可以提高煮炼系统的产糖率和处理量。

为了节约能源和缩短煮糖时间，国外多数先进的炼糖厂采用三效蒸发罐将精糖浆浓缩到73～75°Bx再煮糖。由于蒸发水量不大，所需的蒸发罐面积和体积都不大，但效益显著（特别是在能源费用较高的欧美国家）。

（四）用白糖制造精糖

结合我国的具体情况，用白糖制造精糖有不少优点：

（1）糖厂本身有白糖，不需外购，并且可以省去原糖澄清的工序。

（2）白糖的质量比原糖（澄清后的糖浆）高很多，可以大大减轻精制的负担，减少离子交换树脂或活性炭的用量，降低它们（以及再生剂）的费用与成本。

（3）白糖的灰分含量已较低，精糖的灰分更低。

（4）可以用不能做成品的白糖粉、糖块甚至质量略差的白糖作为原料，以降低成本，但糖液精制的负担较大。

（五）微晶糖与速溶糖

世界上很多国家都有生产微晶糖和速溶糖产品。微晶糖和速溶糖有多种不同的生产方法，也有多种不同的名称，如英国的T糖、日本的Q糖、德国的凝聚糖、巴西的无定形糖等。

这些糖的晶粒很微细，是不经过分蜜、干燥而松散的食糖，在水中能迅速溶解，很便于加在饮料中食用。它要用优质糖液制造，将糖液中的全部干固物一次回收成为产品，此时得率最高。它与传统的结晶法相比，生产流程大大简化，设备也简单很多。

1. T 糖

英国 Tate & Lyle 公司开发了一种新工艺，制造的产品称为“转变糖”(transform sugar，简称 T 糖)。它由纯度 90 以上的糖液制成，是一种微细的晶体，结构疏松，松密度为 0.4～0.9g/cm^3，约为一般结晶糖的 70%，流动性能良好，而且可以在生产过程中加入其他成分(如咖啡或葡萄糖等)，制成具有某些特色的产品。

T 糖的生产原理：蔗糖溶液可以保持很高的过饱和度而不起晶，然而一旦起晶，就会迅速进行下去；蔗糖结晶时放出一定的热量(即结晶热)，这个热量可以将母液中的水分大量蒸发。

利用结晶热将糖液的全部水分蒸发有一个前提，即这个过程要高速进行，使放出的结晶热完全用于蒸发水分。如果晶体析出速度慢，时间长，散热损失大，那么蒸发的水分量就会大大减少。

该公司开发的生产方法如下：经过离子交换树脂提纯的优质糖浆 (或精糖厂的高纯度糖蜜)，用板式蒸发器浓缩到 92°Bx，时间约 1min，温度升高到 126℃，连续放入高速剪切器。高速剪切器是一个直立的锥形磨，糖浆从顶部管子(A)进入，在高速旋转的磨体和外壳的间隙之间受到很大的剪切力。这种强烈的刺激作用使蔗糖在它的出口(B)处迅速结晶，放出结晶热将水分急速蒸发，转变成微晶糖，物料经过剪切器内的时间不到 1s。它落到输送机上继续放出水蒸气，经过约 10m 长的输送机后，温度降到约 110℃，含水量约为 2%。由于它含有除蔗糖以外的成分，且结构疏松、表面积大，故虽含水分但松散。如果物料纯度更高，这个水分含量将更低。物料再经过打碎、干燥、冷却和筛分便成为产品。整个生产过程很快，从进蒸发罐到成品只有 4min。

在这个工艺中，糖液的质量是最重要的影响因素。高纯度糖液中蔗糖的结晶速度很快，能够在短时间内大量析出晶体，是这个方法的基础。如果糖液纯度低，蔗糖晶体析出就慢，放出结晶热的时间就长，散热损失就大，就不能将水分充分蒸发。特别是糖液中的无机非糖分，它们可增大蔗糖的溶解度，减少结晶的析出量，并增大糖液黏度，妨碍水蒸气的蒸发和排出，延长转变时间，使产品水分含量升高。通常，纯度低于 90 的糖液难以应用这种方法。

应用这个工艺的具体浓度和温度，要根据物料情况来决定，并严格控制。如糖液纯度不是很高，制得的转变糖还要经过干燥器。

2. Q 糖

Q 糖是日本对速溶糖(quick sugar)的简称。日本三井制糖株式会社开发了一种特殊的喷雾造粒技术，制成一种多孔性颗粒状的产品。

在食品工业中，用喷雾干燥法制造多种食品(如奶粉和蛋黄粉) 已有多年成熟的经验。那么，能否用这种方法处理糖浆，直接制成干燥的产品？这个问题早已成为各国糖业界的研究课题，广东在 20 世纪 60 年代初也进行过几次试验。由于喷雾形成的糖粉很细，容易黏附和积聚在设备的内壁上，加上糖粉的吸湿性很强，极易吸潮和黏结，故未能取得成功。

Q 糖的生产也用喷雾干燥法，但采用新的技术解决了上述问题。这种方法的特点是：加入幼细的颗粒作为核心，使它与高浓度糖液(65～70°Bx)瞬间均匀混合，糖液黏附在整个晶体的表面并形成薄层，然后喷散到热空气中，干燥成为多孔性的颗粒，再经筛选和进一步干燥而得到成品，筛出的细颗粒则返回作为颗粒的核心。这样的产品不是传统喷雾干燥法得的微细粉末，不易吸潮，保存性较好。此法的关键是要在干燥器的顶部装一个特殊结构的高速旋转的离心喷散器，用来进行两种物料的混合和喷散。晶种由一处落入转盘的上方，受离心力作用向圆周方向甩出，形成一薄层；高浓度的糖浆从另一处流入转盘内，受离心力作用甩出成雾状，与晶种接触而覆盖在晶种的表面上。转盘之外还有一个同轴旋转的、倒置碗形的圆罩，晶种与糖浆沿着它的内壁进一步滚动混合，然后从圆罩的底边向外高速喷射，散布到干燥器中，与热空气接触而被干燥。由于晶体表面的液层很薄，表面积很大，所以干燥的速度很快。在它们自然降落到设备的下部时，就已基本干燥。用这种方法制造的Q糖的规格有白色的AQ糖和浅褐色的BQ糖两种。AQ糖是用离子交换树脂脱色后近乎无色的糖浆制造，BQ糖则是用经过几级煮制精糖后分出的糖蜜。

Q糖是由许多细晶体聚集而成的，容重较低，溶解速度比一般砂糖快几倍，适用于制作果汁粉、冰淇淋等食品。它的流动性好，容易计量与配料，可以与其他粉状食品混合压制成一定形状和有特种风味的糖粒（片）；也可以将添加的成分与晶种一起喷雾，或事先溶解或分散在糖浆中一起喷雾，得到成分均一的多种多样的产品。

Q糖产品中有很多毛细管，保存水分的性能良好，即使水分稍高也不易黏结成团，潮解性低，保存性能较好。不过，由于喷雾干燥的热能消耗较大，热利用率和设备的蒸发强度不高，所以难以用于大规模生产。它最适于与食品工业结合生产特种产品。

3. 凝聚糖

这是德国生产的一种速溶糖。生产方法：把精糖用磨碎机磨成适当的细度，经振动器送入“连续凝聚器”。连续凝聚器是一个卧式长槽形的流化床，从底部通入潮湿的热空气，将糖粉吹起成为流化状态。空气用鼓风机吸入，糖粉经过过滤器和空气加热器后，喷入水蒸气，使其水蒸气含量超过饱和点，然后分开从几个进口吹入流化床。进入的冷糖粉与热的湿空气滚动接触，从而黏结凝聚成小颗粒。它们随后经过流化干燥器、冷却器和筛选机，即为凝聚糖成品。这种速溶糖的售价比结晶糖高很多。

4. 无定形糖

这种糖主要在巴西生产，也是一种微晶糖，产量不小。它也是不经分蜜的糖，洁白而有光泽，还原糖、灰分和水分的含量都高于结晶糖。一般成分为：蔗糖99.1%～99.3%，还原糖0.05%～0.25%，灰分0.08%～0.15%，水分0.1%～0.3%。

它的原料是经过离子交换树脂和活性炭脱色的精糖浆，色值30IU以下，先连续蒸发到78°Bx，然后用间歇式带搅拌的开口蒸发锅每次浓缩1t，加入亚硫酸钠200g作脱色剂，蒸发时间5～6min，达到93°Bx和125～130℃，放入成粉机中，用250rpm的搅拌器刺激起晶和蒸发部分水分，冷却到90～100℃，然后经转筒干燥机，再冷却到50℃左右。

这种糖的表面积较大，容易吸潮，保存性较差，包装要紧密防潮。

5. 方糖

方糖亦称半方糖，是用细晶粒精制砂糖为原料压制成的半方块状（立方体的一半）的高级糖产品，在国外已有多年的历史。它的消费量随着人们生活水平的提高而迅速增大。国内现有数家小型的工厂用购回的精幼砂糖来生产，但只有很少的糖厂制造方糖。

方糖的特点是质量纯净，洁白而有光泽，糖块棱角完整，牢固，不易碎裂，但在水中能快速溶解，溶液清晰透明。它的理化成分和精糖基本相同，密度 0.95～1.04，孔隙率 0.35～0.40。

方糖的生产是用尺寸粒度适当的晶体精糖，与少量的精糖浓溶液（或结净水）混合，成为含水量 1.5%～2.5%的湿糖，然后用成型机制成半方块状，再经干燥机干燥到含水量 0.5%以下，冷却后即可包装。

传统的方糖成型机用压缩成型法制方糖。成型机的主要部分是一个卧式圆筒形的转鼓，在它的圆周表面上横排着许多列（通常为 24 列）长条形模具，每条模具有 10 多个方形孔。转鼓以每分钟 10 余转的速度旋转。调湿好的砂糖经过振动式加料斗落入位于转鼓顶部的方孔中，随转鼓旋转，被从中心向外运动的压头逐渐压紧，形成方块。它们在旋转至底部位置时被压头推出孔外，卸落在输送带上。这种成型法亦称 Adant 法或 Hersey 法。它制得的方糖较硬，棱角分明。

20 世纪 70 年代瑞典糖业公司成功研究出了新的制造方糖的振动成型法。它应用现代固结技术，用高频振动使糖的晶粒固结成为均匀而结实的方块。这种方法制得的方糖具有更好的光泽（因表面上的晶粒不会被压碎），晶粒间孔隙均匀，孔隙率较高，溶解速度更快。这种成型机类似带式输送机，能连续循环运行，它装有 250 个用特种合金制成的表面覆盖聚四氟乙烯的长条形模具，每条有 18 个方形孔。利用电振动器使模具产生水平方向的高频振动，促使湿砂糖装入小方格中，并紧密聚集和黏结成方块。之后用另一个振动器产生的垂直振动和模具升高攻效将模具中的方糖卸出到输送带上。这些模具卸空后，经过喷射热水洗涤和热风吹干，又再入料。这种方法更适合大规模生产。

从成型机卸出的方糖平排放在连续运行的输送带上进入干燥机。先用红外线或微波照射，将它快速、均匀地加热，再用热空气干燥 5～10min，然后用洁净的空气将它冷却，再输送到包装间。方糖的装包要用专门的自动包装机，先将输送带上的方糖按照包装的要求（盒内每层方糖的件数为 25 件）分组，用自动的真空吸头将它们一齐吸起，平放在包装纸之上成为一层，在达到所需的层数后，就自动将包装纸折叠、封闭，成为一盒产品。包装过程完全无须人手接触，方糖质量高，棱角完整，且包装速度快。

第二节　中药的贮藏与综合利用

一、中药贮藏原理和技术

（一）中药贮藏

中药也称中草药，是以中国传统医药理论指导采集、炮制、制剂，说明作用机理，指导临床应用的药物。中药主要由植物药（根、茎、叶、果）、动物药（内脏、皮、骨、器官等）和矿物药组成。因植物药占中药的大多数，故有“诸药以草为本”的说法。

中药在贮存保管中，因受周围环境和自然条件等因素的影响，常会发生霉烂、虫蛀、变色、泛油等现象，导致药材变质，影响或失去疗效，因此必须贮存和保管好药材。

1. 药材的防霉

大气中存在着大量的霉菌孢子，如散落在药材表面上，在适当的温度（25℃左右）、湿度（空气中相对湿度在85%以上或药材含水率超过15%），以及适宜的环境（如阴暗不通风的场所）、足够的营养条件下，即萌发成菌丝，分泌酵素，分解和溶蚀药材，使药材腐坏甚至产生秽臭恶味。

因此，防霉的重要措施是保证药材的干燥，入库后要做好防湿、防热、通风措施，对已生霉的药材，可通过干刷、撞击、晾晒等方法简单除霉；对霉迹严重的药材，可用水、醋、酒等洗刷后再晾晒。

（1）干刷去霉。干刷去霉是指用棕丝刷或猪鬃刷或牙刷直接去除药材表面的霉菌，去菌前后需经日光暴晒。部分根茎类、皮类等形体较大的药材霉变后可用此法。

（2）撞击去霉。对于发霉情况不严重的药材，经日晒或烘烤干透后，可放入麻袋或布袋内来回摇晃，通过药材间的互相撞击、摩擦，可以将霉菌去掉。有些圆形、类圆形或椭圆形的药材霉变后可用此法。

2. 药材的防虫

虫蛀对药材的影响甚大，对于虫害的预防和消灭，大量贮存保管的药材仓库，主要是用氯化苦、磷化铝等化学药剂进行熏蒸。对于药房中少量保存的药材，除药剂杀虫外，可采用下列方法防虫。

（1）密封法。一般按件密封，可采用适当容器，可用蜡封固；怕热的药材可用干砂或稻糠埋藏密封；贵细药材，可充二氧化碳或氮气密封。

（2）冷藏法。温度在5℃左右即不易生虫，因此可采用冷窖、冷库等干燥冷藏。

（3）对抗法。这是一种传统方法，适用于数量不多的药材。如泽泻与丹皮同贮，泽泻不生虫，丹皮不变色；蕲蛇中放花椒，鹿茸中放樟脑，瓜蒌、蛤士蟆油中放酒等均不易生虫。

3. 药材的其他变质情况

（1）变色。酶引起的变色原因：药材中如含酚羟基，其在酶的作用下，经过氧化、聚合，形成大分子的有色化合物，从而使药材变色；如含黄酮类、羟基蒽醌类、鞣质类等物质，则容易引起药材变色；等等。非酶引起的变色原因较为复杂，如药材中含有的氨基酸与还原糖作用，生成大分子的棕色物质，使药材变色等。此外，某些外部因素，如温度、湿度、光照强度、氧气含量、杀虫剂等也与药材的变色快慢有关。因此，为了防止药材变色，常需干燥、避光、冷藏。

（2）泛油。泛油俗称走油，指含油药材的油质泛于药材表面，以及某些药材受潮、变色后表面泛出油样物质。前者如柏子仁、杏仁、桃仁、郁李仁（含脂肪油）、当归、肉桂（含挥发油）等，后者如天门冬、孩儿参、枸杞（含糖质）等。药材泛油，除油质成分损失外，常与药材的变质现象相联系，防止泛油的主要方法是冷藏和避光保存。

此外，如中草药由于化学成分自然分解、挥发、升华而不能久贮的，应注意贮存期限。其他注意事项包括：松香久贮在石油醚中溶解度降低；明矾、芒硝久贮易风化失水；洋地黄、麦角久贮有效成分易分解等。

(二)贮藏中草药有讲究

随着人们生活水平的提高，许多家庭或多或少都贮有一些滋补药品，如三七、天麻、参类等，不少人将这些药品一藏数年以备使用。那么，中草药经过长期贮藏之后，是否保有原来的质量呢？

中药学家通过实践证明，多数中草药在一定时间内如果贮藏方法得当，仍可保持其质量和疗效。同时也发现一些中草药，经过贮藏后虽然外观没有发生霉蛀现象，但是疗效降低了，这说明其内在质量已经有了影响。那么是什么原因呢？

有一部分药材在贮藏过程中，除了受外界的空气、水分、日光、温度、微生物等因素影响外，本身也会发生一系列化学变化，不断改变着成分。如虎杖等含有大量的鞣质，能在酶的作用下不断氧化，聚合成其他物质，从而降低疗效；当归、党参、枸杞等含有大量油脂、黏液质等成分，极易出现走油现象；薄荷、藿香等含挥发性成分，贮藏过久则香气不在，因而影响质量。

反之，也有一些药材需经过一定时间贮藏，让其成分自然分解，以减少毒性，如乳香、阿胶等各种胶类，人们习惯贮藏一段时间，让其挥发"腥气"以便于服用，又能增加疗效。

总之，千万不能因为是补药，就不顾其是否变质而坚持服用，结果往往是得不偿失的。从用药安全有效的角度出发，草本质(含叶、花)贮藏一般不超过 2 年，木本植物(含根、茎、皮)不超过 6 年，果实、种子类不超过 4 年，矿物质不超过 10 年。

(三)中药材的贮藏方法

中药材采收加工后，必须及时进行科学的包装、贮藏，才能保持其药效、质量和价值。否则，若包装贮藏不当，会使其出现虫蛀、霉烂、变质、挥发和变味等现象，不仅失去药效，而且服用后还会产生毒副作用。

1. 含挥发油类药材的贮藏

细辛、川芎、白芷、玫瑰花、佛手花、月季花、木香和牛膝等多含挥发油，气味浓郁芳香，色彩鲜艳，不宜长期暴露在空气中。因此，此类药材宜用双层无毒塑膜袋包装。袋中放少量石灰或明矾、干燥的锯木屑或谷壳等物。扎紧后贮藏于干燥、通风、避光处。

2. 果实、种子类药材的贮藏

郁李仁、薏苡仁、柏子仁、杏仁、芡实、巴豆、木鳖子和莲子肉等药材多含淀粉、脂肪、糖类和蛋白质等成分。若遇高温则其油易外渗，使药材出现油斑污点，引起变质、酸败和变味。因此，此类药材不宜贮藏在高温场所，更不宜用火烘烤，应放在陶瓷缸(坛)、玻璃缸(瓶)内或金属桶等容器内，贮藏于阴凉、干燥、避光处，可防虫蛀和霉烂变质。

3. 淀粉类药材的贮藏

明党参、北沙参、何首乌、大黄、山药(淮山)、葛根、泽泻和贝母等多含淀粉、蛋白质、氨基酸等多种成分。因此，宜用双层无毒塑膜袋包装，扎紧后放在装有生石灰或明矾、干燥锯木屑或谷壳等物的容器内贮藏，可防虫蛀、回潮、变质和霉烂。

4. 含糖类药材的贮藏

白芨、知母、枸杞子、玉竹、黄精、何首乌、地黄、天冬、党参和玄参等含糖类较高的药材，易吸潮而糖化发黏，且不易干燥，致使其容易霉烂变质。因此，这类药材首先应充分干燥，然后装入双层无毒的塑料袋内包好扎紧，放在干燥、通风而又密封的陶瓷缸、坛、罐内，再放些生石灰或明矾、干燥且新鲜的锯木屑或谷壳等物覆盖防潮。

（四）如何贮藏保管中药

1. 外界影响因素

中药的性状及其所含成分是决定该药品质量的主要标志，贮藏的好坏直接影响到中药的成分与性状的变化。导致这些变化发生的外界因素，主要是温度、湿度、阳光、空气、霉菌、害虫等，保管人员要了解影响药物质量的各种外界因素，从而做出相应处理，以保证药物的质量。

（1）温度。通常在室温 25℃以上时，微生物极易繁殖生长，从而使药物生虫、变质、发霉。

（2）湿度。相对湿度达 70%时，含淀粉、黏液质、糖类的药物及炒焦的药物易吸收空气中的水分而分解变质，或易使霉菌各行其是，如山药、天冬、地黄等。无机盐结晶形成的矿物药材，因吸湿过多而使固体液化或成分分解，如脑砂等。也有药品由于空气干燥而失去结晶水，变成非结晶形粉末，俗称“风化”，如芒硝等。一般饮片可因空气中的湿度大而出现湿润变软受潮现象。粉末药物可因受潮，出现黏结等变质现象。

（3）阳光。含色素及挥发油的药物因日光照射而出现颜色改变和挥发油散失的现象，进而影响质量。

（4）空气。药物所含的挥发油，在空气中挥发散失，如麝香、沉香等；含油脂、糖类的药物若长期接触空气会使颜色改变及至变质，如天门冬、柏子仁等。

（5）霉菌。大气中存在大量的霉菌孢子，如散落在药材表面，在适当的温度和湿度下，即萌发菌丝，分泌酵素，溶蚀药材的内部组织，并促使有效成分分解及至失效。富含营养成分的药物较易生霉，如淡豆豉等药物。

（6）害虫。在一定的湿度下，含淀粉、蛋白质、糖类等营养成分的药物，如泽泻、党参、鸡内金等药品易引起虫蛀。

2. 贮藏方法

为了防止各种外界因素对药物质量的影响，库房应装温度计、湿度计。当晴天天气干燥，库房的湿度大于 70%，温度高于库外的温度时，应开放门窗、排气窗以调节库内的温度、湿度，但应避免在阴雨天、雾天或雨后刚晴时开窗通风，炎热夏季也不宜通风，要紧闭门窗以免湿热空气侵入。对高温、日晒不易失效变质的药材，可常翻晒或烘炕。根据药材的特性，可用以下贮藏方法进行保管：

（1）剧毒药物应装入陶瓷或玻璃瓶中密封，以防毒药粉混入它药；贵重药物也应如此，以避免其损耗。要做到专人负责、专柜、专锁、专账、专册登记的“五专”管理，并要实行交接班制度，如牛黄、蟾酥、番红花等药品。

（2）芳香性中药含有挥发油，如薄荷、荆芥、沉香等，应当和有香气的中药分开贮藏，并要放在温度较低的场所，有条件的可设低温库贮藏，并要防止日光照射及空气接触。

（3）油性、黏性较大的药物，如柏子仁、天门冬等，特别容易吸湿发霉变质，应干燥后贮于密闭容器中。含油脂药材应避免挤压，以防药材走油的现象。

（4）易于吸湿的药物宜装入有石灰的贮存器内，一旦药物生虫、发霉，应采取烘、晒、硫黄熏蒸等予以处理。

(5)对于在一定温度条件下易风化及潮解的药物,宜科学调节库内温湿度,最好采用密闭式贮藏。

此外,还有对抗贮藏法,如泽泻与丹皮放在一起贮藏,泽泻不虫驻,丹皮也不易变色等。花椒(或细辛)与有腥气的动物类中药共同存放,可防止动物类药材虫蛀变质。

二、中草药的采收

(一)中草药的一般采收原则

根据有效成分含量或有效成分总量来指导中草药的采收,虽然比较合理,但还需要做大量的科研工作,同时很多中草药的有效成分目前尚未明了,因此,利用传统的采药经验及根据各种药用部分的生长特点,分别掌握合理的采收季节,仍是十分重要的。

(1)根和根茎类。宜在植物生长停止、花叶萎谢的休眠期,或在春季发芽前采收。但也有例外情况,如柴胡、明党参在春天采收较好,孩儿参则在夏季采收较好;延胡索立夏后地上部分枯萎,不易寻找,故多在谷雨和立夏之间采挖。

(2)叶类和全草。应在植物生长最旺盛时,或在花蕾将开放时,或在花盛开而果实、种子尚未成熟时采收。但桑叶需经霜后采收,枇杷叶、银杏叶需落地后收集。

(3)树皮和根皮。树皮多在春夏之交采收,此时植物生长旺盛,皮内养分较多,也易于剥离。根皮多在秋季采收。因为树皮、根皮的采收,容易损害植物生长,故应当注意采收方法。有些干皮的采收可结合林木采伐来进行。

(4)花类。一般在花开放时采收。有些则于花蕾期采收,如槐米、蛔蒿、丁香等。此外,如除虫菊宜在花头半开放时采收,红花则宜在花冠由黄变橙红时采收。

(5)果实、种子。果实应在已成熟或将成熟时采收,少数应采摘未成熟的果实,如积实,种子多应在完全成熟后采收。

(6)菌、藻、孢粉类药材。各自情况不一,如麦角在寄主(黑麦等)收割前采收,生物碱含量较高;茯苓在立秋后采收质量较好;马勃应在子实体刚成熟期采收,过迟则孢子飞散。

(7)动物类。昆虫类药材,必须掌握其孵化发育活动季节。以卵鞘入药的,如桑螵蛸,则三月收集,过时则虫卵孵化成虫,影响药效;以成虫入药的,均应在活动期捕捉。有翅昆虫,在清晨露水未干时便于捕捉;两栖动物如蛤士蟆,则于秋末当其进入"冬眠期"时捕捉;鹿茸须在清明后适时采收,过时则角化。

(二)适宜采收期的确定

合理采收中草药,对保证药材质量,保护和扩大药源具有重要意义。中国劳动人民在中草药的采收方面积累了丰富的经验。如"春采茵陈夏采蒿,知母、黄芩全年刨,九月中旬采菊花,十月上山摘连翘",说明采收季节对保证中草药质量的重要性。中草药的合理采收不但与采收季节有关,而且与中草药的种类、药用部分有关。药用植物在不同生长发育阶段,其有效成分的含量不同,同时也受气候、产地、土壤等多种因素的影响,因此采收时,不但要考虑中草药的单位面积产量,而且还要考虑有效成分的含量,只有这样才能获得高产优质的药材。

要确定中草药的适宜采收期，必须把有效成分的积累动态与植物生长发育阶段这两个指标结合起来考虑，但这两个指标有时是一致的，有时是不一致的。因此，必须根据具体情况加以分析研究，以确定适宜采收期。一般常见的有下述几种情况：

(1)有效成分的含量有显著的高峰期，而药用部分的产量变化不显著。此时，含量高峰期，即为适宜采收期。如蛔蒿中含有的驱蛔成分山道年，有两个含量高峰期，因此，这两个含量高峰期即为蛔蒿的适宜采收期。第一高峰期在营养期，叶中山道年含量可达2.4%，高峰期持续4～5d，沈阳地区为7月16日左右，过此期间含量迅速下降。第二高峰期为开花前期，蕾中山道年含量为2.4%，高峰期持续1周左右，沈阳地区为8月25日至9月1日左右，过此期间含量迅速下降。含量高峰期，蛔蒿花蕾的顶端由尖而长变为圆而钝，颜色由绿色变为黄绿，手握已不发黏，此时采收最为适宜。又如根据甘草的不同生长发育阶段，进行甘草酸的含量测定，确定甘草应在开花前期采收为宜。

(2)有效成分含量高峰与药用部分产量高峰不一致时，要考虑有效成分的总含量。即有效成分的总量＝单产量×有效成分含量(%)，总量最大值时，即为适宜采收期。

(三)采收中应注意的事项

(1)扩大药用部分。如杜仲为乔木，药用树皮，通过对树皮、树枝、叶及种子中化学成分的分析可知，枝、叶中也含有与树皮相似的成分，可代杜仲皮入药；蛔蒿原用花蕾，但经试验，营养期叶中也含有山道年，含量与花蕾相似，也可药用；浙贝母花制成流浸膏或浸膏片，可代浙贝母入药。动物类药材中有以僵蛹代僵蚕等。

(2)保护野生药源。①计划采药，不要积压浪费，有些中草药(如铃兰)久贮易失效。②合理采收，凡用地上部分者要留根，凡用地下部分者要采大留小、采密留稀、合理轮采。动物药材要以锯茸代砍茸、活麝取香等。③封山育药，有条件的地方，在查清当地药源和实际需要之后，在所属山地分区轮采，实行封山育药。

(四)影响中草药成分积累的其他因素

中草药的采收受多种因素的制约，除了社会因素(如耕作制度等)外，有效成分的积累尚受一些自然因素的影响，因此在采收中草药时，也应加以考虑。如兴安杜鹃在同一时期采收，由于产地不同，挥发油的含量有很大差异，含量可相差3～6倍。

从经纬度来看，越向南中草药中挥发油的含量越高，而越向北蛋白质的含量越高。金鸡纳树皮中的生物碱含量随温度增高而增高，而亚麻中的不饱和酸则随温度降低而增高。当寒潮来到时，茄科某些植物的晶形生物碱会变成非晶形且没有疗效的生物碱。

栽培在同一地块的薄荷，如阳光充沛，挥发油含量高，且油中薄荷脑的含量也高；若阴雨连绵，或久雨初晴2～3d内来采收，含油量下降至正常量的3/4。

曼陀罗在碱性土壤中生长，生物碱含量高；薄荷在砂质土壤中生长，挥发油含量高。

三、中药材切片的保鲜加工

中药材切片暴露在空气中，很容易受到微生物和杂质的污染，发生腐烂变质。现将一种延长中药材切片保鲜期的方法介绍如下。

(1)选料、清洗。选择新鲜、无腐烂变质的中药材，用去离子水或杀菌水清洗干净，沥干表面水分备用。

(2)切分。可根据药材的质地和作用的不同，将需要加工的药材切成薄片、中片、厚片、段、块或丝。

(3)配制保鲜液。保鲜液配方：柠檬酸0.1%，肌醇六磷酸酯复配液0.05%，苯甲酸0.1%，焦亚硫酸钠0.02%，氯化钠1%～2%，白糖适量，其余为去离子水。将上述几种原料按配方比例充分混合，搅拌均匀，即得保鲜液。

(4)包装。将切好的中药材切片与配制好的保鲜液一同装入耐高温塑料包装袋中，抽真空封口。

(5)灭菌。将包装好的中药材切片连同塑料袋放在100℃的水中，水煮或用水蒸气蒸12～17min，然后迅速放入冷水中冷却至40℃以下，捞出沥干水分，存放在阴凉干燥处。

经该法保鲜的中药材切片保鲜期可达4个月以上，比同等条件下不保鲜的中药材保鲜期长4～5倍。该法成本低廉，非常适合中、小药材加工厂和药材供应商使用。

四、中药产地加工

(一)干燥

潮湿是引起中草药虫蛀、霉变及有效成分分解的主要原因，因此中草药贮藏前需经干燥。常用的干燥方法有阴干法、阳干法及烘干法等数种。干燥温度则因各种不同药材而异，通常50～60℃可抑制植物体内酶的作用而避免成分的分解，各类中草药干燥温度范围如下：花、叶、全草类20～300℃，根、根茎、皮类30～650℃，果类70～900℃，含挥发油类25～300℃，含苷类与生物碱类50～600℃，含维生素类70～900℃。

(二)中药产地加工

中草药除少数(如鲜生地、鲜石斛、鲜芦根等)鲜用外，大多数均需在产地加工干燥后备用，将采得之药材，经过挑选、洗刷、切、烫或蒸等再进行干燥，以便贮藏。如延胡索、天麻、北沙参、百合、马齿苋等含淀粉、黏液质较多的药材，多用开水煮烫或蒸煮后再干燥。对于厚、坚硬或粗大的药材，可趁鲜切片，然后干燥，如穿地龙、狼毒、商陆、乌药等。目前，药材的趁鲜切片越来越受到重视和推广，如有些药材栽培单位在药材采收后就地趁鲜切片加工，这样可避免药材因水润切片面造成的成分流失。对于难以去皮的药材，可趁鲜除去外皮(或栓皮)然后干燥，如知母、半夏、大黄等，有些药材尚有一些特殊的加工方法。

参考文献

[1] Gupat A,et al. 耕地白糖所含酚类的定量研究[C]//国际甘蔗糖学会第十七届年会论文选集(中译本下集). 广东省制糖学会,1983:52.
[2] Ramaiah N. 耕地白糖颜色变深的进一步研究[C]//国际甘蔗糖学会第二十届年会论文选集(中译本). 广东省制糖学会,1989:31.
[3] Shore M,Broughton N W,Dutton J V,et al. Factors afecting white sugar colour[J]. Sugar Technology Review,1984,12:1-99.
[4] 陈维钧,许斯欣. 甘蔗制糖原理与技术(第 2 分册):蔗汁清净[M]. 北京:中国轻工业出版社,2001.
[5] 陈维钧,许斯欣. 甘蔗制糖原理与技术(第 4 分册):蔗糖结晶与成糖[M]. 北京:中国轻工业出版社 2001.
[6] 陈维钧,许斯欣. 甘配制糖原理与技术(第 3 分册):精汁加热与蒸发[M]. 北京:中国轻工业出版社,2001.
[7] 陈维钧,许斯欣. 甘蔗制糖原理与技术(第 1 分册):甘蔗提汁[M]. 北京:中国轻工业出版社,2001.
[8] 陈中伦. 食品开发指南[M]. 北京:轻工业出版社,1990.
[9] 董绍华,陈建初. 农产品加工学[M]. 天津:天津科学技术出版社,1994.
[10] 高文红. 现代甘薯产业技术[M]. 北京:中国农业大学出版社,2014.
[11] 湖南农学院,华中农业大学,江西农业大学. 实用作物栽培学[M]. 长沙:湖南大学出版社,1987.
[12] 霍汉镇. 现代制糖化学与工艺学[M]. 北京:化学工业出版社,2008.
[13] 江永,黄振瑞. 原料蔗生产技术[M]. 北京:中国农业大学出版社,2014.
[14] 克拉克. 制糖过程中糖品的色素与脱色[J]. 甘蔗糖业,1985(2):1-26.
[15] 李全宏. 农副产品综合利用[M]. 北京:中国农业大学出版社,2009.
[16] 刘其堂,张发林. 薯类的加工与利用[M]. 合肥:安徽科学技术出版社,1987.
[17] 刘亚琼. 农产品深加工技术[M]. 石家庄:河北科学技术出版社,2016.
[18] 刘祖荫,丁纯孝. 玉米及薯类深加工[M]. 北京:北京科学技术出版社,1988.
[19] 罗云波. 园艺产品贮藏加工学[M]. 2 版. 北京:中国农业大学出版社,2010.
[20] 吕季璋,金其荣. 食品加工与贮藏[M]. 南京:江苏科学技术出版社,1986.
[21] 南方十五省(区),市农业科技情报研究协作网. 主要农副产品深度加工及综合利用[M]. 长沙:湖南科学技术出版社,1987.

[22] 汪磊.食品加工新技术丛书——薯制品加工工艺与配方[M].北京:化学工业出版社,2017.
[23] 王海.粮食产地加工与贮藏[M].北京:中国农业科学技术出版社,2007.
[24] 王肇慈.三薯综合加工利用[M].北京:中国食品出版社,1988.
[25] 吴卫华.农产品加工工程设计[M].北京:中国轻工业出版社,1994.
[26] 席屿芳,应铁进.农产品加工和深度利用[M].上海:上海科学技术出版社,1990.
[27] 杨万善,等.降低白糖库存增色探讨[C].全国甘蔗糖学会厂广东省制糖学会联合年会论文选集,1991:46.
[28] 姚惠源,陈祥树.稻米深加工[M].北京:中国食品出版社,1988.
[29] 姚惠源.稻米深加工[M].北京:化学工业出版社,2004.
[30] 尤新.农产品综合利用及深加工[M].北京:中国轻工业出版社,1995.
[31] 尤新.玉米深加工技术[M].2版.北京:中国轻工业出版社,2008.
[32] 余卓荦.成品白糖贮存期增色探讨[C].广东省制糖学会,1992.
[33] 张国平,周伟军.作物栽培学[M].2版.杭州:浙江大学出版社,2016.
[34] 郑友军,张坤生.最新名特优食品配方与加工[M].北京:中国农业科学技术出版社,1993.
[35] 郑友军.新兴食品加工实用手册[M].北京:中国农业科学技术出版社,1990.
[36] 周奇文,丁纯孝.实用食品加工新技术(1)[M].北京:中国食品出版社,1986.